高等学校“十二五”规划教材
市政与环境工程系列研究生教材

恢复生态学原理与应用

主　编　魏志刚　李永峰　张百慧　段怡彤
主　审　张　颖

哈爾濱工業大學出版社

内容简介

本书可分为两大部分：第一部分，基础介绍，1～11章，主要介绍恢复生态学的研究进展、基础概念、基本原理；生态系统退化的成因与分类，生态系统结构与功能的恢复过程，植被恢复误区与方法，污染生态效应的发生机制与防治，生态恢复及其监测的研究技术，生态系统健康评价；全球变化、可持续发展、低碳经济与退化生态系统的恢复的关系。第二部分，专项介绍，12～18章，介绍森林、草地、荒漠、农田、湿地、农牧、矿山诸多生态系统退化的恢复途径与方法。

本书可作为生态学、环境科学、环境工程等专业的研究生教材和相关专业的培训教材。

图书在版编目(CIP)数据

恢复生态学原理与应用. 魏志刚等主编.
—哈尔滨：哈尔滨工业大学出版社，2012.5(2020.6 重印)
ISBN 978-7-5603-3601-5

Ⅰ.①恢…　Ⅱ.①魏…　Ⅲ.①生态系生态学-研究
Ⅳ.①Q148

中国版本图书馆 CIP 数据核字(2012)第 111968 号

策划编辑　王桂芝　贾学斌
责任编辑　苗金英
出版发行　哈尔滨工业大学出版社
社　　址　哈尔滨市南岗区复华四道街 10 号　邮编 150006
传　　真　0451-86414749
网　　址　http://hitpress.hit.edu.cn
印　　刷　哈尔滨圣铂印刷有限公司
开　　本　787mm×1092mm　1/16　印张 18　字数 430 千字
版　　次　2012 年 6 月第 1 版　2020 年 6 月第 3 次印刷
书　　号　ISBN 978-7-5603-3601-5
定　　价　48.00 元

《恢复生态学原理与应用》编写人员与分工

主　　编　魏志刚　李永峰　张百慧　段怡彤
主　　审　张　颖
编写人员　魏志刚：第 9 ~ 13 章
李永峰：第 1 ~ 6 章
张百慧：第 7 ~ 8 章
段怡彤：第 15 章
王　迪：第 14 章
张百慧、刘方婧：第 16 章
张百慧、陈　红：第 17 章
刘雪梅：第 18 章
文字整理和图表制作：王艺璇、刘方婧、赵倩、杨建宇

前　　言

恢复生态学形成于20世纪80年代，是研究生态整合性的恢复和管理过程的科学。生态整合性包括生物多样性、生态过程和结构、区域和历史情况以及可持续的社会实践等诸多方面。由于生态系统具有复杂性，退化生态系统恢复的方向和恢复时间具有不确定性，因此其恢复的机理可用临界阈值理论进行解释。本书第1、3、12、13、14、15、16、17、18章介绍了恢复生态学的一些基础内容、相关理论以及部分实际应用情况；第2章通过介绍退化生态系统内部结构和功能变化的外在表现，阐述了退化生态系统的类型、特征和成因；第4章从气候变化、植被和微生物对环境的作用以及景观格驱动理论等方面阐述退化生态系统的自然恢复机制；第5章从生态系统结构入手，介绍了群落、食物网、景观生态系统的恢复重建过程；第6章通过人们熟知的植被恢复，介绍其恢复的误区和天然植被的恢复技术与方法；第7章在介绍环境污染与生态效应的基础上着重介绍土壤重金属和农药污染系统的生态效应；第9章阐述了生态系统管理的首要前提——生态系统的恢复状态、生态恢复程度以及生态系统健康状况，为生态系统可持续健康发展提供决策支持；恢复生态学由于发展历史较短，研究的深度、广度和系统性有限，不仅未形成自己的理论体系，而且没有提出自己的方法论；第10章参照相关学科已有研究方法，对生态恢复研究方法作了一些探讨；第8、11章探讨了全球变化、可持续发展、低碳经济等热门话题与恢复生态学的内在关系。

本书的出版得到东北林业大学主持的“溪水林场生态公园的生态规划与建设（No.43209029）”项目和环保部公益性科研项目（200909043）的技术成果和资金的支持，特此感谢！东北林业大学、黑龙江省环境保护厅依兰监测站、中国城市建设研究院、上海工程技术大学、东北农业大学的专家们编撰。使用本教材的学校可免费获取电子课件，需要者可与李永峰教授联系（mr_lyf@163.com）。由于编者业务水平和编写经验有限，书中难免存在不足之处，希望有关专家、老师及同学们随时提出宝贵意见，使之更臻完善。

编　者

2012年6月

目　　录

第1章　绪　　论

恢复生态学起源于100多年前对山地、草原、森林和野生生物等自然资源的管理研究，形成于20世纪80年代。它是研究生态整合性的恢复和管理过程的科学。生态整合性包括生物多样性、生态过程和结构、区域和历史情况以及可持续的社会实践等诸多方面。恢复生态学的研究对象是在自然或人为干扰下形成的偏离自然状态的退化生态系统。生态恢复的目标包括恢复退化生态系统的结构、功能、动态平衡和公共效益，其长期目标是通过恢复与保护相结合，实现生态系统的可持续发展。恢复生态学的理论与方法较多，它们均源于生态学等相关学科。由于生态系统具有复杂性，退化生态系统恢复的方向和恢复时间具有不确定性，因此其恢复的机理可用临界阈值理论进行解释。本章将介绍恢复生态学的一些相关理论与部分实际应用情况。

1.1　恢复生态学的概念与研究任务

1.1.1　恢复生态学的概念与特点

1. 恢复生态学的定义

恢复生态学（restoration ecology）是20世纪80年代迅速发展起来的现代生态科学的分支学科。作为科学术语提出恢复生态学一词的是美国学者Aber和Jordan（1985），但把生态恢复作为一种新思想并进行试验的却是美国人Leppold（1935）。他在麦迪逊的一块废弃矿地上种植高杆草，同时在废弃矿地上进行恢复工作，使人们认识到把受损的废弃矿地恢复为原来的草原、森林在理论上是可能的并且在技术上可行。

恢复生态学是一门关于生态恢复（ecological restoration）的学科，由于恢复生态学具有理论性和实践性，从不同的角度看会有不同的理解，因此关于恢复生态学的定义有很多，其中具有代表性的如下所述：

（1）受损生态系统的结构和功能恢复到受干扰前状态的过程，即重建该系统干扰前的结构与功能及有关的物理、化学和生物学特征（Cairns，1995）。

（2）有意识地改造一个地点，建成一个确定的、本土的、历史的生态系统的过程，这个过程的目的是竭力仿效生态系统的结构、功能、多样性和动态（Aronson，1993）。

（3）研究如何修复由于人类活动引起的原生生态系统生物多样性和动态损害的一门学科（美国生态恢复学会，1995）。

（4）帮助研究生态整合性的恢复和管理过程的科学，生态整合性包括生物多样性、生态过程和结构、区域和历史情况以及可持续的社会实践等诸多方面（国际恢复生态学会，1995）。

（5）重建某区域历史上有的植物和动物群落，并且保持生态系统和人类的传统文化功能的持续性的过程（Egan，1996）。

（6）研究生态系统退化的原因、退化生态系统恢复与重建的技术和方法以及生态学过程与机理的学科（余作岳，1996）。

上述定义包含几层意思：①恢复生态学是一门应用与理论研究结合的科学；②恢复生态需要人工干预；③恢复过程可能是自然恢复、逼近原生生态系统或根据人类自己的需要对生态系统进行重建以达到人类的目的。

前五种定义强调受损的生态系统要恢复到理想的状态。但由于缺乏对生态系统历史的了解、恢复时间太长以及费用高等现实条件的限制，这种理想状态不可能达到，于是余作岳等人的恢复生态学的定义被广大学者所接受。

2. 与恢复生态学有关的其他概念

（1）退化生态系统是指生态系统在自然或人为干扰下形成的偏离自然状态的系统。与自然系统相比，退化生态系统的种类组成、群落或系统结构改变，生物多样性减少，生物生产力降低，土壤和微环境恶化，生物间相互关系改变。退化生态系统形成的直接原因是人类活动，部分来自自然灾害，有时两者叠加发生作用。生态系统退化的过程由干扰的强度、持续时间和规模所决定。

（2）与生态恢复（restoration）相关的概念：

重建（rehabilitation）：去除干扰并使生态系统回复原有的利用方式。就生态恢复的意义来讲，该定义过度强调了人对退化生态系统重新建设和改造的能力。同时，该词在更多意义上是指对社会与经济的调整。所以，除了完全的人工生态系统外，很难对退化的自然生态做到重建。

改良（reclamation）：改良地理的条件以便使原有的生物生存，一般指原有景观彻底破坏后的恢复。

改进（enhancement）：对原有的受损系统进行改进，提高某方面的结构与功能。无论是对退化的生态系统，还是对未退化的生态系统，改进的系统都可能导致生态系统的不稳定，而且与恢复无关。

修补（remedy）：修复部分受损的结构。

更新（renewal）：指生态系统发育及更新。

再植（revegetation）：恢复生态系统的部分结构和功能，或先前土地利用方式；也指重新建立植被，使已破坏植被的土地（如侵蚀过的土地）生长出新的植被覆盖物，或再次生长出新的植被。

这些概念可看做广义的恢复概念，一般所说的"恢复"实际上包括了这些内容。

生态恢复与重建是指根据生态学原理，通过一定的生物与工程的技术和方法，人为地改变和消减导致生态系统退化的主导因子或过程，调整、配置和优化系统内部及其与外界的物质、能量和信息的流动过程与时空秩序，使生态系统的结构、功能和生态潜力尽快成功地恢复到一定的或原有的乃至更高的水平。

3. 恢复生态学与生态学的关系

恢复生态学作为生态科学的一个分支，具有生态学的一般特性，与生态学的理论、方法密不可分。恢复生态学的许多理论、方法来源于生态学、生物学、地理学、经济学、社会学、数学和系统科学，以及工程学、林学、农学、环境学等。生态学可概括为研究生物与生物之间环境的相互关系的科学，其以生物个体种群、群落为经，生存环境为纬，在动态平衡中研究其相互作用、相互影响的机制。恢复生态学与生态学的相同点在于都以生态系统为基本单位，并有许多共同的理论和方法；不同点在于恢复生态学更注重实践。作为生态系统层次上的实验生态学，可以验证生态学理论，也可以对天然生态系统进行直接观察和实验室模拟。

4. 恢复生态学的特点

恢复生态学有如下特点：①具有充分的自然生态系统背景；②由于生态恢复是在生态系统受到破坏或损害的基础上进行的，所以它对导致生态系统破坏的主要和次要因素较为清楚，对在这些因素作用下生态系统退化的全过程较为了解，对人们设计的恢复措施有预定的科学依据，对生态系统恢复中的环境、生物参数可进行有效的监测和控制；③由于它采取了人为附加的措施，从而使受损或遭破坏的生态系统的演进过程比自然过程的时间大大缩短，因此，可在较短时间内和恰当的空间尺度上认识自然生态系统内在的变化机制，建立生态系统演替的定量化指标参数。

1.1.2　恢复生态学理论基础

恢复生态学是生态学的应用性分支，从生态系统层次考虑和解决问题，是对社会经济活动导致的退化生态系统、各类废弃地和废弃水域进行生态治理的科学技术基础；它融合了生物学、地理学、生态学、社会学、经济学、数学、管理生态学和地理信息系统科学等诸多学科。因此，恢复生态学理论可以通过引用和借鉴与物质、能量、时间和空间有关的基础性与应用性知识，对退化生态系统恢复重建过程中物质能量的变化、时空转换等进行准确表述。

1. 生态因子间的不可替代性和可调剂性规律

植物在生长发育过程中，所需要的光、热、水分、空气、无机盐类等对植物的作用是不可缺少的，同时也不能由另一个因子来替代，但某一因子量的不足在一定情况下可以通过其他因子的增加或加强而得到调剂，并且仍然可能获得相似或相等的生态效益。

2. 制约因子的制约性原理

在生态系统的演变过程中，任何一个过程的正常运行与系统组成要素之间的作用在受到其他过程或要素的影响时，必然存在一个影响最为严重或者是作用最为关键的因子，这个因子常常被称为制约因子。制约因子的作用随着其他因素的改变而发生变化，原来的制约因子可能转化为非制约因子，或者由于其他因素作用的改善，使得原来制约因子较强的制约性逐渐减弱，为此在研究生态系统的同时，识别制约因子和量化制约因子的作用就成为认识生态系统过程与机理的关键，但是这并不意味着忽视其他因子的作用。

3. 耐性定律

耐性定律：生物的存在与繁殖，要依赖于某种综合环境因子的存在，其中一项因子的量不足或过多，超过了某种生物的耐性限度，则使该物种不能生存，甚至灭绝。任何一个生态因子在数量上和质量上都存在一个使有关的生理活动正常发生的范围。

4. 物质循环与能量流动原理

物质循环与能量流动原理是生态学的基本原理。物质是生物和非生物构成的基础。

生态系统通过生产者的吸收与利用、消费者的摄入与转化以及分解者的释放,使得物质在生态系统的各个组成或功能单元之间转化与循环,并把能量提供给系统的各个功能单元。系统能量的转化遵循热力学定律。

5. 种群空间分布格局原理

种群的空间分布格局在总体上有随机、均匀和集群分布格局的方式,由种的生物学特性、种内与种间关系和环境因素的综合影响决定;包括生态位原理和边缘效应原理。

6. 种群密度制约原理

种群不是简单的个体集合体,而是一个具有一定的自我调节机制的系统。种群能按自身的性质及环境的状况调节它们的数量,在一定的空间和时间里,常有一定的相对稳定性。

7. 最小风险原则与效益最大原则

由于生态系统的复杂性及某些环境要素的突变性,加之人们对生态过程及其内在运行机制认识的局限性,往往不可能对生态恢复与重建的后果以及生态最终演替方向进行准确的估计和把握,在某种意义上,退化生态系统的恢复与重建具有一定的风险性。这就要求我们要认真地透彻地研究被恢复对象,经过综合的分析、评价、论证,在实施过程中将恢复风险降到最低限度。同时,生态恢复往往又是一个高成本投入工程,在考虑当前经济的承受能力的同时,又要考虑生态恢复的经济效益和收益周期,这是生态恢复与重建工作中十分现实而又为人们所关心的问题。保持最小风险并获得最大效益是生态系统恢复的重要目标之一,这是实现生态效益、经济效益和社会效益完美统一的必然要求,也是最终目的。

8. 自我设计和人为设计理论

自我设计与人为设计理论是从恢复生态学中产生的理论,是唯一起源于恢复生态学的理论。自我设计理论指只要有足够的时间,随着事件的进程,退化生态系统将根据环境条件合理地组织自己并会最终改变其组分。人为设计理论则认为,通过工程方法和植物重建可直接恢复退化生态系统,但恢复的类型可能是多样的。前者主要在生态系统层次上考虑生态恢复,后者主要从个体和种群的尺度上考虑生态恢复。事实上两者没有严格的界限,人工生态系统的恢复设计,必须依据自然演替进程,但通过工程方法,也可以加速自然生态恢复的进程。

1.1.3 恢复生态学的研究对象、内容及任务

1. 恢复生态学的研究对象

恢复生态学的研究对象为退化的生态系统。退化生态系统是相对于正常的顶极生态系统(群落)而言的,顶极生态系统是一种结构相对稳定、功能高效、信息畅通以及处于动态平衡之中的系统;退化生态系统则是指人类和自然灾害的干扰,破坏了生态系统的原有特性,使系统的物质循环、能量流动、信息联系发生了变化,形成破坏性的波动或恶性循环。退化生态系统包括裸地、湿地、森林等,以及由人为活动产生的弃耕地、沙漠、采矿废弃地、喀斯特石漠化山地、垃圾堆放场等。

2. 恢复生态学的研究内容

恢复生态学的主要研究内容包含三个方面:

(1)干扰和受损。干扰是使生态系统发生变化的主要原因。正常的生态系统是生物和自然环境之间的平衡的自我维持系统,但在人为或自然因素的干扰下,生态系统的结构与

功能会发生位移(displacement),位移的结果打破了原有生态系统的平衡状态,使系统的结构和功能发生变化,形成破坏性或恶性循环的生态系统。这样就形成了受损生态系统或退化生态系统。所以要研究干扰的类型、强度、频度和时间,以及受损生态系统的表现形式并对受损程度进行评估。

(2)受损机理与受损过程。研究受损机理和过程就是要深入研究生物个体、种群、群落及环境在不同程度致损因子的作用下的反应和表现。重点要找出生态系统受损害的临界值,从而为制定恢复措施和揭示退化的实质提供依据。

(3)恢复措施与恢复途径。恢复措施主要包括:①非生物或环境要素的恢复技术,通常指工程技术等方面的措施;②与生物有关的恢复技术,如引种、间伐、优化配置群落结构等。Todd 认为恢复有两种途径,一种是重建原来的生态系统;另一种是建立一种符合人类经济需求的生态系统。

3. 恢复生态学的研究任务

根据恢复生态学的定义和生态恢复实践的要求,恢复生态学主要包括基础理论和应用技术两方面的研究任务。事实上,另外两个任务也很重要,即示范和决策支持。

(1)恢复生态学的基础理论研究:

①生态系统的结构与组成(包括生物部分的空间组成,不同地理单元内各个生态要素的空间组成及营养结构等)、功能以及生态系统内在的生态学过程与相互作用机制。

②生态系统的恢复力、生产力、稳定性、多样性和抗逆性。

③从先锋到顶级不同级次生态系统发生、发展机理与演替规律研究。

④不同干扰条件下生态系统的受损过程及其响应机制。

⑤生态系统退化过程的动态监测、响应机制及其模拟、预警与预测。

⑥生态系统退化的诊断与评价指标体系。

⑦生态系统健康与持续服务。

(2)退化生态系统恢复、重建技术:

①退化生态系统的恢复与重建的关键技术体系。

②生态系统结构与功能的优化配置与重构及其调控技术。

③物种与生物多样性的保护、恢复与维持技术。

④生态工程设计与实施技术。

⑤环境规划与景观生态规划技术。

在社会和文化方面,生态恢复研究还包括生态恢复的规划和生态发展的合理构架、实施恢复项目过程中社区和社会的参与以及生态恢复带来的机遇和挑战。

1.2 恢复生态学的形成与发展

恢复生态学的发展历程虽然较短,但发展速度较快。特别是近几年来,随着国际社会对生态问题的重视和科研投入的增加,恢复生态学在众多方面都取得了丰硕的成果。了解恢复生态学的发展历程,对于正确把握恢复生态学的发展方向和研究趋势是有益的。

自 1940 年以来,由于科学技术的进步,人类生产、生活和探险的足迹遍及全球。在人类的居住地,人们为了生存,大部分的自然生态系统被改造为城镇和农田,原有的生态系统结构及功能退化,有的甚至已失去了原有的生产力。随着人口的持续增长,对自然资源的需求及索取也在不断增加。环境污染、植被破坏、土地退化、水资源短缺、气候变化、生物多样性丧失、海洋污染、温室效应、臭氧层破坏等增加了对自然生态系统的威胁,并使人类的生存陷入危机之中。人类面临着合理恢复、保护和开发利用自然资源的挑战。20 世纪 80 年代,恢复生态学(restoration ecology)应运而生。恢复生态学从理论与实践两方面研究生态系统退化、恢复、开发和保护机理,这将为解决人类生态问题和实现可持续发展提供机遇。

从 20 世纪 40 年代至今,恢复生态学经历了从生态恢复实践、恢复生态学理论诞生到学科方兴未艾的发展历程。其间发生了许多重要的事情,从中可以看出恢复生态学的不断发展和成熟。

1.2.1 恢复生态学的形成与发展

1. 恢复生态学早期阶段

恢复生态学研究起源于 100 多年前关于山地、草原、森林和野生生物等自然资源管理的研究,在 19 世纪后期已有一些论著。1935 年,Alpo Leppold 对美国威斯康星州草原的恢复重建进行了研究。

20 世纪 50 ~60 年代,世界各地尤其是欧洲、北美洲和中国都注意到了各自的环境问题,开展了一些工程技术与生物措施相结合的矿山、水体和水土流失等环境恢复和治理的工程,并取得了一些成效。工业革命的兴起,人类对土地的破坏,导致了土地破坏程度由局部发展为普遍,特别是工业革命时期的欧洲,如英国、法国。直到 1966 年英国威尔士阿伯方发生了一场灾难,环境问题才引起了人们的极大关注。这场灾难使人们越来越感觉到对这些矿业废弃地进行整治的必要性,这为恢复生态学的诞生奠定了坚实的应用基础。从 20 世纪 70 年代开始,欧美一些发达国家开始开展水体恢复的研究。在此期间,虽有部分国家开始定位观测和研究,但还没有关于生态恢复机理的研究。Farnworth 等(1973)提出了热带雨林恢复的研究方向。1975 年 3 月,在美国弗吉尼亚工学院召开了"受损生态系统的恢复"国际会议。会议讨论了受损生态系统恢复重建的许多重要生态学问题和生态恢复过程中的原理、概念与特征,提出了对加速生态系统恢复重建的初步设想、规划和展望。

2. 恢复生态学建立阶段

恢复生态学作为一门学科开始于 20 世纪 80 年代,之后迅速兴起,成为现代生态学的热点之一。

在这个阶段,恢复生态学的研究与实践得到了进一步拓展,不仅包括工矿废弃地与城镇边缘区退化土地的恢复,而且包括退化森林、草地、湿地和水体等生态系统的恢复。影响较大的研究有日本宫胁昭教授在大阪与横滨等地开展的环境保护林的研究与恢复实践。其方法是首先研究当地的植被,然后筛选出那些适合于当地气候、土壤和地理环境的植物种类。

Cairns 在 1977 年出版了《受损生态系统的恢复与重建》,从不同角度探讨了受损生态系统恢复过程中的重要生态学理论和应用问题。1980 年,Bradshaw 和 Chadwick 出版了《土地恢复——受损及退化土地的修复与生态学》,系统地阐述了废弃地的问题,探讨了有关露天矿、深井矿、采石场等地的植被恢复与重建的技术和方法。同年,Cairns 主编了《受损生态系统的恢复过程》一书,邀请了 8 位科学家从不同角度探讨了受损生态系统恢复过程中的重要生态学理论和应用问题。1983 年,在美国斯坦福大学召开了“干扰与生态系统”国际研讨会,探讨了干扰对生态系统各个层面的影响。1984 年,在美国威斯康星大学召开了恢复生态学研讨会,来自美国和加拿大的 300 多位生态学家向会议提交了 14 篇关于生态恢复的正式报告,会后出版了《恢复生态学论文集》,虽然没有系统全面地阐述恢复生态学的基本理论和基本内容,也没有进一步明确恢复生态学的定义,但明确指出恢复生态学的环境技术和生态学是一门综合科学,是在群落和生态系统水平上的恢复科学和技术,强调了恢复生态学中理论与实践的统一性,并提出恢复生态学在生态系统的保护与开发中起着重要的桥梁作用。1985 年,美国成立了“恢复地球”组织,该组织先后开展了森林、草地、海岸带、矿山、流域、湿地等生态系统的恢复实践工作,并出版了一系列生态恢复实例专著。Abet 等人于 1985 年提出了恢复生态学的术语,并于 1987 年出版了《恢复生态学:一种综合的生态研究方法》一书。1985 年,国际恢复生态学学会成立,标志着恢复生态学学科已经形成;1989 年 9 月,在意大利 Siena 举行的第五次欧洲生态学研讨会把生态系统恢复作为会议讨论的主题之一。

3. 恢复生态学的发展阶段

近 30 年恢复生态学得到了进一步的发展与完善,世界各国也根据自己的具体情况逐渐开始重视和开展有关生态恢复的研究。1991 年,在澳大利亚举行了“热带退化林地的恢复”国际研讨会;1993 年,在中国香港举行了“华南退化坡地恢复与利用”国际研讨会,系统介绍了中国华南地区退化坡地的形成及恢复问题;同年创刊了 *restoration Ecology* 杂志,Bradshaw(1993)发表了 *restoration Ecology, a Science*,真正确立了恢复生态学的学科地位及其在退化生态系统恢复中的理论意义;1996 年,在瑞士召开了第一届世界恢复生态学大会,大会强调了恢复生态学在生态学中的地位、恢复技术与生态学的联结,以及恢复过程中经济与社会内容的重要性,迄今已举办了 18 届国际恢复生态学国际研讨会。各国每年都发表大量关于恢复生态学的论文。

此外,与恢复生态学有关的主要学术刊物还有 *Ecological restoration/NorthAmerican*(原为 *restoration&Management Notes*)、*Land Degradation & Development*、*Conservation Biology*。

除了“恢复生态”在国际生态学大会上继续作为大会议题外,如 1994 年 8 月英国曼彻斯特第六届国际生态学大会、1998 年美国生态学年会和 2000 年日本长野市(Nagano)国际植被学学会年会等,从 1996 年瑞士第一届国际恢复生态学大会至 2001 年加拿大尼亚加拉瀑布城第十三届恢复生态学国际大会,在短短的 6 年之中,国际恢复生态学会议频频召开。这反映了作为现代生物领域三大热点的恢复生态学越来越受到全球的关注和重视,这门新生边缘交叉学科体现出了旺盛的生命力。

1.2.2　恢复生态学在我国的发展历程

根据文献记载,我国恢复生态学的发展基本上与国际其他国家同步。研究始于 20 世纪 50 年代,那时我国有关专家开始注意到资源不合理利用及由此产生的生态环境问题,从最早的中国科学院华南植物研究所余作岳等人在 1959 年对广东的热带沿海侵蚀台地开展的退化生态系统恢复技术与机理研究,到后来的其他各个科研机构和高等院校先后对不同退化生态系统的研究。在20世纪60～70年代，我国曾提出过要“改造黄山，绿化祖国”。当时的工作重点是从林业的角度出发，如何提高我国的绿化覆盖率，其间也曾开展过有关植被恢复演替的研究。如周家俊等（1976）对浙江建德山区的幼年次生林通过间伐、施肥等人工措施来改造森林的有益尝试。80年代以来，特别是近些年来，生态退化、环境污染等问题已日益成为困扰我国农业持续发展的重要因素，从而引起了有关政府部门和相关科学家的关注和重视。长江和沿海防护林工程的建设和太行山绿化工程的实施以及80年代末在农牧交错区、风蚀水蚀区、干旱荒漠区、丘陵、山地、干热河谷和湿地等也开展了退化或脆弱生态系统的恢复重建研究与试验示范。“七五”和“八五”期间，国家有关部委及地方政府分别从不同角度支持了有关恢复生态学的研究，开展了“生态环境综合整治与恢复技术研究”、“我国主要类型生态系统结构、功能及提高生产力途径研究”等项目以及“亚热带退化生态系统的恢复研究”、“建立北方草地主要类型优化生态模式研究”和“内蒙古典型草原草地退化原因、过程、防治途径及优化模式”等课题。余作岳等人在广东沿海侵蚀地上开展热带亚热带退化生态系统的恢复生态学研究，总结出了国内外先进的集水区法、植被恢复三步法和时空互代法等行之有效的方法，论证了热带极度退化的生态系统通过人工辅助，实现了恢复的可行性。我国的恢复生态学研究，最初主要是以土地退化，尤其是土壤退化为主，主要针对水土流失、风蚀沙化、草场退化及盐渍化对农林牧业的危害进行，也包括岩化、裸土化、砾化、土地污染及肥力贫瘠化等。近期，有关生态系统退化的研究除前期的研究内容外，重点逐渐向区域退化生态系统的形成机理、评价指标及恢复重建研究上转移。目前，已在生态系统退化的原因、程度、机理、诊断以及退化生态系统恢复重建的机理、模式和技术方面作了大量的研究。同时，对退化生态系统的定义、内容及恢复理论也有了一定的完善和提高，提出了一些具有指导意义的应用基础理论。这些研究已取得了显著的生态效益、社会效益和经济效益，为地方自然资源的持续利用和生态环境的改善发挥了重要的作用；先后出版了《热带亚热带退化生态系统的植被恢复生态学研究》、《中国退化生态系统研究》和《恢复生态学导论》等专著，许多专家和学者从中国的国情出发，提出了适合中国的恢复生态学的理论和技术方法。这些著作在系统总结恢复生态学部分研究成果的同时，推动了地理学、生物学和包括恢复生态学在内的生态学的发展。比较著名的是余作岳和彭少麟在森林恢复方面提出的“在一定的人工启动下热带极度退化的森林可恢复”观点；任海等人提出了次生林地生态系统的恢复需采用封山育林、林分改造、透光抚育等措施。其他的还有相关学者在湿地、沙地、草地和黄土高原恢复等方面的研究，并取得了相当好的成果。许多学者研究表明控制水土流失问题是治理黄土高原的关键突破口之一，水土保持生态恢复是黄土高原生态环境建设的有效途径，并提出了修复机理和一些治理的措施，如打淤地坝、治理坡耕地等。

总之，我国近年来恢复生态学的研究工作开展得较多，发展也较为迅速，归纳起来主要有以下特点：

（1）注重实用性。生态学是研究生物与环境之间相互关系的学科，我国的生态学研究自新中国成立以来得到了蓬勃的发展，取得了长足的进步，然而运用生态学知识解决重大国计民生问题的成功范例却极少。纵观近十年来我国恢复生态学的研究，不难看出不论是对采石场、煤矿、铅锌尾矿的复垦研究，还是对退化草场、退化裸地上的植被恢复研究，无不与社会生产需求密切相关，这充分体现了恢复生态学注重实际需要与效果的特点。

(2)理论上进行了有益的探索和总结。恢复生态学是一门新兴的综合性的学科,其科学理论体系还很不完备。我国近年来的研究者们从不同的角度和研究领域,进行了多方面的大胆的尝试,一些研究专著也陆续出版,如陈灵芝等(1995)的《中国退化生态系统研究》;余作岳等的《热带亚热带退化生态系统植被恢复生态学的研究》和孙鸿烈的《中国生态系统》,总结了恢复生态学的部分研究成果,促进了我国恢复生态学的发展。

(3)研究重点发生了转移。我国的恢复生态学研究,早期的工作主要是针对水土流失、风蚀沙化、草场退化及盐渍化对农林牧业的危害而进行的,其中也包括岩化、裸土化、砾化、土地污染土壤贫瘠化等,近期的研究工作除了延续前期的主要工作之外,更加关注区域和全球尺度的生态系统退化,在不同尺度上研究和探索区域退化生态系统的形成过程、演变机理、评价指标体系及恢复重建的模式与技术等。

(4)显示出地域特色。我国历史悠久,幅员辽阔,自然生态系统复杂多样,随着经济的发展,对环境的压力也越来越大,过度放牧、乱砍滥伐、毁林垦殖等人类活动都将扩大和加剧已有的退化生态系统。单以采矿地计,90 年代初我国采矿占用的土地面积就已高达 200 hm^2。各地因自然地貌、原有植被、生产活动各不相同,其退化生态系统类型也有差别。我国西部干旱、半干旱与半湿润地区约占我国陆地面积的2/3,其生态恢复的主要对象是沙漠化土地、盐渍化土地和特殊目标的保护,并且恢复与保护的难度比较大;中部地区的主要生态问题是水土流失,恢复的主要任务是退化土地和生态系统功能持续性的培育;东部地区的生态恢复主要体现在生产功能和美学功能的保护与恢复上。所以因地制宜、结合当地的社会实际需求,切实开展恢复生态学的研究,意义十分重大。

(5)实行定点观测。恢复生态学基础是对生态系统演变过程的把握与规律的深刻认识。要做到这一点就必须有能够反映生态系统变化过程的长期数据,为此国内自 1988 年起就开始建立"中国生态系统研究网络(CERN)",一些地方性的生态站也已建立,这为我国恢复生态学的定位观测创造了有利的条件。迄今,中国生态系统研究网已经发展成为一个能够进行森林、草地、农田、水体、海洋、荒漠和山地等生态系统长期定位监测的,拥有 34 个台站、一个综合中心和五个分中心的网络系统,成为世界上规模最大的长期生态系统研究网络。已经运行的试验台站代表了不同生态系统类型,它们分布在不同的地域。其中不少台站如中科院鹤山站、内蒙古草原站、海北高寒草甸站、沙坡头站等都结合当地的退化生态系统积极开展了有关恢复生态学的研究,有的已起到了良好的示范样板效果,并已着手试行推广,部分研究成果还引起了国际学术界的关注。其中不少有关恢复生态学的研究成果陆续展现在《中国生态系统网络丛书》之中。

1.2.3　国外恢复生态学研究概况

英国、美国、澳大利亚等发达国家有着悠久的工业史(开矿史),他们最初在恢复生态学方面的工作主要集中在对山地、草原、森林和野生生物等自然资源管理方面,"恢复生态学"一词最初缘于此。20 世纪 80 年代以来随着各类生态系统的日益退化以及相继引起的环境问题的加剧,他们开始注重不同退化生态系统恢复重建的研究和实践,在生态恢复的实践中,开展了不同受害生态系统恢复与重建的研究。近十年来,国外在恢复生态学的理论与技术方面都进行了大量的研究工作。美国早在 20 世纪 30 年代就成功恢复了一片温带高杆草草原;在 20 世纪 60 ~70 年代又开始了北方阔叶林、混交林等生态系统的恢复试验研究,探讨采伐破坏及干扰后系统生态学过程的动态变化及其机制研究,取得了重要发现;20世纪90年代开始了世界著名的佛罗里达大沼泽的生态修复研究与实验,至今仍在进行;英国对工业革命以来留下的大片采矿地以及欧石楠灌丛地进行了生态恢复研究;在澳大利亚、非洲大陆和地中海沿岸的欧洲各国,研究的重点是干旱土地退化及其人工重建。此外,澳大利亚对采矿地的生态恢复也是一个研究历史长、研究深入的重点方向。到目前为止,由国家、区域、国际组织或重大的国际合作项目支持的网络共有90多个,其中已经参加ILTER的国家长期生态研究网络有21个。目前有10个国家正在建立国家长期生态研究网络,表示有兴趣建立长期生态研究网络的国家有14个,可见,建立国家长期生态研究网络的重要性已经被广泛接受。

美国生态恢复学会提出了被恢复的生态系统的9大特征,用于监测、评价生态系统是否恢复。这些特征包括无机环境、生物特征,有的可以实际测量,有的必须进行间接评价。

西方恢复生态学近年来研究进展包括三个方面:①退化生态系统营养物质积累和动态,提出资源比率的变化最终可导致群落物种组成成分的变化,即资源比率决定生态系统的演替过程;②外来物种对退化生态系统的适应对策;③生态环境的非稳定性机制。研究对象涉及森林、草地、灌丛、水体、公路建设环境、机场、采矿地、山地灾害地段等在大气污染、重金属污染、放牧等干扰体影响下的退化与自然恢复,注重在理论与实践研究相结合的基础上对受损后的自然环境的恢复过程及其恢复机制的研究。

1.2.4 恢复生态学的发展前景

经过近二三十年的发展,恢复生态学的研究已经取得了长足的进步,一些与之相关的边缘学科也相继提出,如景观恢复生态学、植被恢复生态学等,这表明恢复生态学有着广阔的研究和发展前景。但其创立时间毕竟不长,无论是在理论还是在研究实践方法上仍然有待于进一步探索。今后恢复生态学的研究在方法上应更加注重多学科不同研究方法和手段的综合运用和交叉,对于恢复实践中用过的新技术、新方法要及时地加以总结,试图从理论上提高,并设法进行推广和应用。此外,要特别加强对退化生态系统退化机理的研究,这是当前恢复生态学研究中的一个薄弱环节。

1.3 生态恢复与社会经济发展

我国经济在高速发展的同时,对自然生态系统造成的压力也在增加,退化生态系统面积不断扩大。近年来,国内的恢复生态学领域,无论是研究项目、科研队伍,还是每年发表的论文数量,都大大地增加了。可以说,国家的迫切需求极大地推动了我国恢复生态学的发展,而学科的发展又有效地指导了生态恢复的社会实践。

地球上大部分自然生态系统具有维持其稳定、持久、种间协调共存的特点,这是生物长期进化的结果。然而,随着人口急剧增长和社会经济的迅速发展,人类对自然资源掠夺性的开发趋势并未得到遏制,反而越来越严重。人为干扰使得生态与环境不断恶化,水土流失、土地荒漠化、能源短缺、生物多样性丧失、淡水资源匮乏、各种自然灾害频繁发生与生态系统服务功能下降等问题日趋突出,使人类陷于了自身导演的生态困境之中,并严重威胁到人类社会的可持续发展。这些问题既是生态系统退化的结果,同时也是生态系统进一步退化的诱因。事实表明对于人类活动的过度干扰,大自然总会以直接或间接的方式施以报复。频繁多发的自然灾害和资源匮乏直接影响了社会经济发展和人类的生命财产安全。这是恢复生态学面临的巨大挑战,同时也是对世界社会经济的持续发展和维持生态安全所展示的重大意义和作用。

"可持续发展"一词自 1987 年世界环境与发展委员会提出以来,已被广泛应用于各行业。关于该词的定义最初是出现在布伦特兰报告中(1987),即"可持续发展即既满足当代需要,又不对后代满足其需要的能力构成危害的发展"。它包含了可持续发展的公平性原则(fairness)、持续性原则(sustainable)、共同性原则(common)。

由于人口与发展的压力,在过去相当长的一段时间里,我国在资源开发利用方面急功近利,片面追求速度,忽视了生态质量,把生态与环境的保护战略置于社会与经济发展战略之后,其直接的后果是不仅浪费了大量珍贵的资源,损害了环境,而且影响了政府决策能力和公众形象。

在当前经济发展的浪潮中,必须改变过去对生态与经济关系的认识,提倡经济发展与生态环境互动的理念,提高人们的生态伦理思想,革除经济发展中"资源高消耗、环境高污染、人类高消费"的旧模式,把社会经济发展和进步纳入"资源、环境、社会"的复合系统中,切实保证进入资源节约型环境友好型社会。

因此,为了保证社会进步、经济的可持续发展,应该强调资源的有效利用与保护并重,正确认识中国生态与环境的脆弱性,认识资源的有限性和紧迫性,把生态安全与国家利益紧密结合起来,切实做好区域经济、环境和社会的协调发展,在合理、科学评估国家资源平衡和可利用性的基础上,制定基于资源承载力的经济发展规划,实现人类的可持续发展。

第 2 章　生态系统退化

当生态系统受到内、外各种因素干扰而偏离原来的稳定状态时，这个生态系统即已发生了退化，成为退化生态系统。和原有生态系统相比，退化生态系统在内部结构和功能上会发生一定的变化，并且有了外在表现。了解退化生态系统的类型、特征和成因，是进行退化生态系统的恢复与重建研究与实践的基础。

2.1　退化生态系统分类

生态系统是一种处于不断变化之中的生态系统，正常的生态系统是生物群落与自然环境处于平衡状态的自我维持系统，各种组分按照一定规律发展变化并在某一平衡位置发生一定程度的波动，从而达到一种动态平衡状态。地球上的生态系统是复杂多样的，受到干扰的方式和程度也不尽相同，退化过程更是有很大差别，因而站在不同角度对退化生态系统进行类型划分得出的结果也就不同。

2.1.1　根据退化过程及生态学特征划分

根据退化过程及生态学特征，可以把生态系统的退化概括为陆地系统退化、水生系统退化、大气系统退化和人类 - 自然复合生态系统退化四个方面，每一方面有多种退化类型。如水生生态系统退化包括水体富营养化、干涸、盐渍化、潜育化等，大气系统的退化包括大气污染、全球气候变化等。根据生态系统的层次与尺度，章家恩把退化生态系统划分为局部退化生态系统、中尺度的区域退化生态系统和全球退化生态系统。

（1）彭少麟依据土地利用类型，将陆地退化生态系统分为以下几种：

①裸地：又称光板地，是没有植物生长的裸露地面，是群落形成、发育和演替的最初条件和场所环境条件，分为原生裸地（过去从未生长过植物，自然干扰形成）和次生裸地（原来有植物生长，后经破坏而形成，人为干扰形成）。

裸地形成的原因多种多样，或者是干旱、严寒、大风、暴雪等恶劣气候；或者是洪水对土地的侵蚀而在另一个地方却又是泥沙沉积，以及大风刮起沙土而后堆积，还有重力下塌（山坡滑塌）等等地形变迁；或者是动物的严重危害，使原有群落全部毁去。但是规模最大和方式最为多样的，是人为的活动。

②森林采伐迹地：人为干扰形成，其退化状态因采伐的强度和频度而异。与这种类型相同的退化生态系统包括过度干扰破坏形成的草原迹地和灌丛迹地。

要注意对采伐迹地的清理，清理的目的是防止森林火灾、水土流失和病虫害发生，改良土壤，促进森林更新，提高木材利用率。清理时一般将小径材、短材和薪炭材以及其他采伐剩余物尽量运出利用；无法运出的采伐剩余物成堆烧掉，或任其自然腐朽；对坡度较大的拖拉机集材主道辙沟应采取防止冲刷措施。

③弃耕地：人为干扰形成，退化状态因弃耕时间而定。

④荒漠化地：荒漠化由自然干扰或人为干扰而形成。最严重的荒漠化地即为不长植物的荒漠化、石漠化裸地。目前荒漠化现象日趋严重，未来20年内全世界约有1/3的耕地将会因为荒漠化现象而消失。

⑤采矿废弃地：指被采矿活动破坏的、未经治理而无法使用的土地，包括四类：废石堆废弃地，由剥离表土、开采的废石及低品位矿石堆积所形成的；开采坑废弃地，随着矿物的开采形成大量的采空区域；尾矿废弃地，利用各种分选方法选出精矿后的剩余物排放形成的；采石矿废弃地，开采石料而形成的。

⑥垃圾堆放场：又称垃圾填埋场，是人为干扰形成的堆积来自家庭、城市、工业等的废弃物的地方。

随着人口的持续增长，人类对自然资源的需求也在不断增加。人类对资源的过度利用，增加了对自然生态系统的胁迫，导致气候恶化、环境污染、植被破坏、生物多样性丧失等，生态系统的退化日益严重，外观表现也日趋明显。现在，全世界大面积的土地被退化生态系统所覆盖。据统计，在全球土地1.3×10^{10} hm^2的总面积中，因人类的活动引起土地退化的面积为2×10^9 hm^2，约占土地总面积的15%。其中水蚀占55%，风蚀占28%，土壤贫瘠化占7%，盐渍化占4%，土壤压实占3%，沼泽化占2%，土壤污染占1%，见表2.1。

表2.1 全球陆地范围因人类活动而引起的土地退化面积（任海等，2001）

退化形式	土地退化面积/10^4 hm^2						
	非洲	亚洲	拉丁美洲	北美洲	欧洲	大洋洲	全世界
水蚀	22 700	44 000	16 900	6 000	11 400	8 300	109 300
风蚀	18 700	22 200	4 700	3 500	4 200	1 600	54 900
养分衰退	4 500	1 400	7 200	-	300	+	13 400
盐渍化	1 500	5 300	400	+	400	100	7 700
污染	+	200	+	-	1 900	-	2 100
酸化	200	400	-	+	+	-	600
压实	1 800	1 000	400	100	3 300	200	6 800
水涝	+	+	900	-	100	-	1 000
有机质降低	-	200	-	-	200	-	400
总计	49 400	74 700	30 500	9 600	21 800	10 200	196 500
受影响的土地面积所占比例	17%	18%	15%	5%	23%	12%	15%

注：“+”表增加，“-”表减少。

（2）水生生态系统是指海洋、江河、湖泊等水域中，由水生生物与其环境共同构成的生态系统。水体生态系统的生产者主要为藻类、浮游植物、水草等，次级消费者为浮游动物、游泳动物、底栖动物等。水生生态系统分为淡水生态系统和海洋生态系统，前者主要指陆地湖泊和河流生态系统，后者为广阔的海洋。此外水生生态系统还包括在陆地中的干旱、半干旱地区以及少量的咸水湖泊。水生生态系统的退化主要在于输入水量减少、水体面积缩减、水体污染和富营养化，导致水生生物种群数量减少，甚至灭绝。

潜育化则主要表现为土壤潜育化，土壤潜育化是土壤长期滞水，严重缺氧，产生较多还原物质，使高价铁、锰化合物转化为低价状态，使土壤变成蓝灰色或青灰色的现象。

土壤潜育化的形成原因主要有：

a. 排水不良——土壤处于洼地、比较小的平原、山谷涧地等地区，排水不良是形成潜育化的根本原因。

b. 水过多——首先是水利工程，沟渠水库周围由于坝渠漏水，其次可能是潜水出露，排灌不分离、串灌造成土壤长期浸泡。

c. 过度耕垦——我国南方大力推广三季稻，复种指数大大提高，干湿交替时间缩短，犁底层加厚并更紧实，阻碍了透水。

全球水生、湿地生态系统退化非常严重。美国自殖民时期（1607～1776年）以来，已经有50%的湿地消失，即便是现在，湿地仍然以每年8 000～16 000 hm^2 的速度消失。从全球来看，湿地生态系统退化状况在发达国家中已经受到重视并正在加以控制，但在发展中国家则更趋恶化。随着全球人口的快速增长，人类的用水量也持续增加，缺水成为世界性的焦点之一。此外，人类对水生生态系统的干扰也日趋严重，世界范围内的水生生态系统被严重改变或破坏：许多水体被填埋；水体中的生物资源被过度开发；化肥、农药、废油、生活污水和工业"三废"已严重污染了许多水体，并导致水体水质下降。水体的退化严重制约了人类的用水需求。如何遏制水生、湿地生态系统的退化，进行有效的生态恢复，已成为一个关系人类生存的全球性挑战。

（3）大气系统退化：

①大气污染（图2.1）。按照国际标准化组织（ISO）的定义，"大气污染通常是指由于人类活动或自然过程引起某些物质进入大气中，呈现出足够的浓度，达到足够的时间，并因此危害了人体的舒适、健康和福利或环境污染的现象"。

图2.1　大气污染

现今众多学者比较关注的是酸雨、光化学烟雾、硫酸型烟雾等众多大气污染现象，越来越多的居民开始注重生活环境的空气质量，相关部门也把空气污染指数作为相关评价的重要指标。

PH值小于5.6的降水称为酸雨，也叫湿沉降。

汽车、工厂等污染源排入大气的碳氢化合物和氮氧化物（NO_x）等一次污染物在阳光（紫外线）作用下发生光化学反应造成二次污染，参与光化学反应过程的一次污染物和二次污染物的混合物（其中有气体污染物，也有气溶胶）所形成的烟雾污染现象，称为光化学烟雾。

硫酸烟雾也称为伦敦烟雾，因其最早发生在英国伦敦。它主要是由于燃煤而排放出来的 SO_2、颗粒物以及由 SO_2 氧化所形成的硫酸盐颗粒物所造成的大气污染现象。

②全球气候变化。全球气候变化是指在全球范围内，气候平均状态统计学意义上的巨大改变或者维持较长一段时间（典型的为10年或更长）的气候变动。气候变化的原因既有内因又有外因，或者是人为的持续对大气组成成分和土地利用的改变。尽管还存在一点不确定因素，但大多数科学家仍认为及时采取预防措施是必要的。针对气候变化的国际响应是随着联合国气候变化框架条约（UNFCCC）的发展而逐渐形成的。1992年UNFCCC阐明

了其行动框架，力求把温室气体的大气浓度稳定在某一水平，从而防止人类活动对气候系统产生“负面影响”。（其详细的内容会在以后的章节中作进一步介绍）

据研究报道，自1940年以来，由于科学技术的进步，人类生产、开发和探险遍及全球，人类对生态系统的干扰已经成为一个全球性的问题。由于不合理的土地利用，全球43%的陆地生态系统生产能力下降，为人类社会提供的生态福利减少。在全球气候变化的影响下，各类生态系统的退化过程正在加速。

（4）人类－自然复合生态系统

人类社会是一类以人的行为为主导、自然环境为依托、资源流动为命脉、社会体制为经络的人工生态系统。

复合生态系统的功能可用八面体来表示，其六个顶点分别表示系统的生产加工、生活消费、资源供给、环境接纳、人工控制和自然缓冲功能，它们相生相克，构成了错综复杂的人类生态关系，包括人与自然之间的促进、抑制、适应、改造关系，人对资源的开发利用、储存、扬弃关系以及人类生产、生活活动中的竞争、共生、隶属、互补关系。

2.1.2　根据生态系统性质划分

生态系统可以分为自然、半自然生态系统和人工生态系统。在自然、半自然生态系统中，主要包括森林生态系统、草地生态系统、苔原生态系统、荒漠生态系统、湿地生态系统和水生生态系统等自然形成的未经人工改造的生态系统。在人工生态系统中，主要包括农田生态系统、城市生态系统和工矿生态系统，也包括部分半自然的湿地生态系统和水生生态系统。因此，按生态系统类型，退化生态系统可以分为以下类型：

1. 自然生态系统

（1）森林退化生态系统。森林生态系统是以乔木和灌木为主体的生物群落与其周围环境构成的生态系统，是最重要的陆地生态系统类型之一。森林生态系统主要分布于降水量在500 mm以上的湿润、半湿润地区，在干旱区的绿洲边缘，地下水埋深较浅的半干旱地区也有分布。现存森林中，由于受到人为活动的强烈干扰，大部分处于退化状态。

国际组织对森林退化定义的基本内涵是一致的，即指林木产品和生态服务功能的逆向改变。总结归纳为，森林退化的动力是人为干扰（人类活动）和自然干扰（异常性自然灾害），其中最主要的是人为因素（强度干扰）；自然干扰对森林退化的作用远远小于人为干扰的作用。影响森林退化的表现有森林面积减少、结构丧失、质量降低、功能下降。森林退化生态系统的基本特征是生物多样性降低，层次减少，郁闭度下降，结构趋于简单，功能减退，严重时生产力也降低。森林退化的定义存在着很多不确定因子，如森林面积减少多少，结构、质量及功能降低到何种程度才称为森林退化，对此尚没有定量化。

总体上，近代森林面积减少表现的森林退化是由过度干扰造成的，尤其是来自人类的过度干扰。其中，森林的过度采伐是最主要的干扰，而森林的采伐又是环境、社会、经济、文化和政治等诸多因素相互作用的结果。这些因素在各个时期、各个国家的交互作用与变化是不同的。

（2）草原退化生态系统。草原生态系统是草原地区生物（植物、动物、微生物）和草原地区非生物环境构成的，进行物质循环与能量交换的基本机能单位，是由各种多年生草本植物和草食动物占优势的生物群落与其环境构成的功能综合体，草原生态系统在其结构、功能过程等方面与森林生态系统、农田生态系统具有完全不同的特点，它不仅是重要的畜牧业生产基地，而且是重要的生态屏障。草原生态系统主要分布于降水量 250～450 mm、干燥度指数 1.0～4.0 的半干旱地区，在其他地区的山地中也存在面积较大的山地草原生态系统。在陆地生态系统中，草原（包括草地）生态系统总面积 5×10^7 km^2，占陆地总面积的 33.56%，仅次于森林生态系统。由于过度放牧，以及鼠害、虫害等原因世界很多地方的草地都处于退化状态。退化草地生态系统的主要特征是生物多样性降低、层次减少、盖度降低、草地产量和质量下降、载畜能力降低等。

（3）荒漠退化生态系统。荒漠生态系统是由超旱生的小乔木、灌木、半灌木占优势的生物群落与其周围环境共同构成的一类生态系统。包括气候变化和人类活动在内的种种因素造成的干旱、半干旱和亚湿润干旱地区的土地退化，也包括风蚀和水蚀致使土壤物质流失，土壤的物理、化学和生物特性或经济特性退化，以及自然植被长期丧失等。荒漠生态系统主要分布于降水量低于 200 mm 的干旱地区，但在降水量 300～400 mm 的半干旱地区也有一定半隐域性的荒漠、半荒漠生态系统分布。全球荒漠、半荒漠总面积为 $3.004\,29\times10^7$ km^2，占陆地总面积的 20.16%。由于受气候干旱化的影响和人类乱砍滥伐、滥用水资源、过度放牧、不合理的中药材采挖的危害，世界的荒漠生态系统，特别是绿洲边缘、河流沿岸、村镇附近的荒漠生态系统，普遍处于退化之中，形成了退化荒漠生态系统。退化荒漠生态系统的主要特征是植被覆盖度明显下降，生态系统生产力更加低下，风沙活动更加强烈。拯救土地资源、扼制荒漠化扩展、逆转已经荒漠化的土地，成为迫在眉睫的重要议题。

（4）湿地退化生态系统。湿地是指被间歇性或永久性浅水层（6 cm 以下）所覆盖的土地。湿地生态系统是指由湿地动植物与周围环境共同构成的生态系统，它是陆地生态系统与水生生态系统的过渡类型，是分布于陆生生态系统和水生生态系统之间具有独特水文、土壤、植被与生物特性的生态系统。全世界湿地有 5.14×10^6 km^2，占陆地总面积的 3.45%。其中，加拿大有湿地 1.27×10^6 km^2，美国有湿地 1.11×10^6 km^2，中国有湿地 6.12×10^5 km^2。湿地生态系统是自然界最富生物多样性的生态景观和人类最重要的的生存环境之一，在蓄洪防旱、调节气候、控制土壤侵蚀、促淤造陆、降解环境污染等方面起着极其重要的作用。湿地是地球上最脆弱的生态系统之一，在维持自然平衡中起着重要作用。由于气候干旱和人类对水资源利用不合理，目前世界很多地区，尤其是亚洲地区的湿地正在萎缩和退化，导致湿地生态系统调蓄旱涝、纳垢消污、消浪护岸等生态系统功能趋于衰弱。

（5）水生退化生态系统。前面已讲述（见 2.1.1）。

（6）苔原退化生态系统。苔原生态系统是由苔原生物与其周围环境所组成的生态系统。苔原生态系统主要分布于常年温度都很低的极地地区以及高山苔原地区，如地处北极圈和亚北极圈的北冰洋周围海岸。其气候特点是极其寒冷，年均温度在 0 ℃以下，年最低温度达 −70 ℃，一年当中有近 6 个月见不到太阳。其土壤中存有多年冻层，植物全年为长绿多年生植物。苔原生态系统是地球上食物网结构比较简单的生态系统，因而也是地球上比较脆弱和外力干扰比较敏感的生态系统。虽然苔原生态系统中的生物能够忍受地球上最严寒的气候，但是苔原的动植物种类与草原和森林生态系统相比却少得多，食物网的结构也简单得多，因此，个别物种的兴衰有可能导致整个苔原生态系统的失调或毁灭。苔原生态系统的退化主要源于气候变暖，导致动植物生存环境改变，引起生态系统功能减退。

（7）高山退化生态系统。高山生态系统是一类系统结构和功能具有垂直变化特征的生态系统。研究表明,山地系统中的植被类型和结构功能的垂直变化与其环境的垂直变化是一致的,环境条件的垂直变化,特别是温度的垂直变化,是导致植被垂直变化,乃至山地生态系统垂直变化的根本原因。例如,在热带地区,一个足够高的典型山地生态系统,从其基部到山顶可能依次分布有热带雨林、高山草地、高山草甸、高山森林、高山苔原等植被序列,而在干旱半干旱地区的典型高山生态系统则依次分布干旱荒漠、荒漠化草原、典型草原、高山草甸、高山森林、高山苔原植被序列。而且在山地生态系统中,随海拔的增减,平均气温、极端温度、无霜期、降水、蒸发量、土壤条件也都发生着明显变化;在山体的阴坡和阳坡,气温、降水、土壤和植被类型也有很大差别。

2. 人工生态系统

(1)农田退化生态系统。农业是人类文明的发端,是人类最早开展的生产活动之一,而农田则是人类创造的最早的人工生态系统。农田生态系统是以农田为基础、人工管理下的由目标作物与周围环境共同构成的一类生态系统。农田生态系统来源于自然生态系统,是一个在人类参与及主宰下,由社会、经济、自然诸多因素结合而成的,具有多种经济、生态、社会功能和自然、社会双重属性的复合生态系统。农田生态系统是与人类关系最密切的生态系统,它既是人类开发时间最长、投入最多、经营管理最严格的生态系统,也是为人类提供粮食、蔬菜水果等食品,关系人类生存发展的生态系统。由于农田生态系统是在人工严格经营管理下运行的,因此其生态系统的结构和功能主要受制于人工治理或修复。但是,如果利用方式不当或管理不善,农田生态系统也是很容易退化的。农田退化主要是指其土壤理化结构的变化导致土壤生态系统和作物系统功能的退化。导致农田生态系统退化的原因主要有滥施农药化肥、长期使用污水灌溉、投入不足、保护不当等,其生态系统的主要退化特征表现为土壤肥力下降,再生产过程受阻,产出降低。

(2)城市退化生态系统。城市生态系统是社会－经济－生态的复合系统,是市民(包括常住人口和流动人口)与城市自然－人工环境系统和城市社会－经济系统相互作用而形成的多功能开放系统。随着城市规模的不断扩大,城市人口的过度膨胀,世界许多城市都存在楼房密集、林草稀少、交通拥挤、污染严重等问题,显现出明显的退化特征。在影响城市生态环境质量的因素中,“三废”污染是最主要的因素。退化城市生态系统主要表现为污染严重、热岛效应强烈、服务功能降低。城市污染包括煤烟、粉尘、NO_x 等有害气体污染和工业废水、生活污水等污水污染,以及噪声污染、光污染、电磁辐射及放射性物质辐射污染等,使城市空气污浊、烟雾弥漫、污水蔓延、土壤退化、周边林草植被破坏,进而带来水土流失、水源枯竭等恶化的生态环境问题。城市的热岛效应主要源于城市人工建筑面积占绝对优势,植被相对较少,下垫面的热容量大,大气逆辐射强,使城市内部的气温比其他地方高,出现“热岛现象”。城市热岛改变了温度生态因子,特别是极端高温,从而影响到生态系统的各个方面。城市生态系统的生物地球化学循环,各个环节均受到温度的影响。温度是生物生理生态过程的关键因子之一,城市热岛也影响城市生态系统中生物的生理过程。同时温度还影响气候,使城市的植物物候期早于自然生态系统。城市服务功能降低主要表现为交通不畅,物流不通,生活不便,生活水准和质量下降,缺乏可持续发展的动力。

(3)矿山退化生态系统。矿山生态系统是在石油、煤矿、砂矿、金属矿等矿产资源开发过程中形成的生态系统。这类生态系统因其开发时间、规模、配套设施、管理水平的不同,而在其独立性和结构、功能等方面表现出很大差异。矿山开采包括露天和地下开采两种方式:①露天开采以剥离挖损土地为主,明显地改变了地表景观;②地下开采将矿物采出后,其上覆岩层失去支撑,岩体内部应力平衡受到破坏,从而导致采空区上覆岩层发生位移、变形直至破坏。矿山开采前一般多为森林、草地等自然植被覆盖的山体;开采后砍伐森林,压覆、毁坏土地,山体遭到破坏,废石与垃圾堆置,严重破坏地表自然景观。矿山生态系统的退化,一方面来自于一些矿产资源长期采挖造成的资源衰竭,形成资源衰退型退化生态系统;另一方面源于矿产地乱采乱挖、矿渣粉尘乱放、污水污气乱排乱放等,导致周围植被受到破坏、环境受到污染、生态系统退化;另外,由于采矿过程中对地质结构的强烈扰动,常造成地裂缝、崩塌、滑坡、泥石流、地面塌陷、地面沉降、尾矿坝溃决以及地震等危害性较大的地质灾害,导致生态系统的退化。靠开发矿产、森林等自然资源来达到急速发展经济,对环境造成了很大的破坏,酿造了巨大的环境灾害(特别是人为的地质灾害)。如1966年,在英国威尔士阿伯方,由于以前堆积在山上的煤矸石突然崩塌,向山下倾泻,摧毁了山下村庄的一座学校,造成116个孩子和26个成人全部死亡的惨剧,也掩埋了山下大片农田。在我国,每年因矿区发生地面塌陷造成的经济损失就在4亿元以上。

(4)其他退化生态系统。世界上的人工生态系统种类还有很多,如独立的人工绿洲、军事基地、人工林、养鱼池、养殖场、苗圃、花园等。如果经营不善,这些生态系统都存在退化的可能。因此,还有很多不同类型的退化生态系统,只是这些生态系统面积小,分布零散,功能特殊,此处不再赘述。

2.2 生态系统退化特征

生态系统的退化特征是指生态系统偏离原有稳定状态后,所表现出来的与原有状态不同的一些特征。这些特征是生态系统受损后结构损伤的外部表现,又是其系统功能下降的具体体现。研究和认识生态系统退化特征,是正确判断生态系统受损程度和退化过程的基础。

生态系统一旦退化,就会表现出多方面的退化特征,从不同的方面或不同的角度分析其退化特征,会总结出多种多样的规律。例如,可以从生态退化、环境退化、系统物质循环和能量流动过程的变化等方面研究生态系统的退化特征,也可以从其结构、服务功能、生物多样性、生态安全等方面来研究其退化特征。本节主要是从土壤、生物和环境三个方面论述生态系统的退化特征。

2.2.1 土壤的退化特征

土壤是岩石圈表面能够生长植物的疏松表层,它既是陆生植物生长生活的物质基础,为植物提供生活所必需的矿物质元素和水分,又是植物与土壤进行物质、能量交换的重要平台,为生态系统的正常运行提供重要保障。土壤作为生态系统的重要组成部分,特别是作为陆地生态系统的一个亚系统,在生态系统退化过程中扮演着极为重要的角色。进行土壤亚系统退化特征、成因和机制的分析将有助于我们对退化生态系统的了解。

土壤是固体(无机物和有机物)、液体(土壤水分)和气体(土壤空气)三个部分的三相系统。固体物质包括土壤矿物质、有机质和微生物等;液体物质主要指土壤水分;气体是存在于土壤孔隙中的空气。土壤中这三类物质构成了一个矛盾的统一体。其中,液、气两相都受固相颗粒的组成、特性及其排列方式的影响。土壤颗粒的组成、性质及排列方式,又决定着土壤的物理、化学和生物特性,与植物生长发育所需要的水分、养分、空气和热量有着密切的关系。它们互相联系,互相制约,为作物提供必需的生活条件,是土壤肥力的物质基础。当土壤发生退化时,随着不同的组分稳定性的破坏,土壤物理、化学特性发生明显恶化。

1. 土壤物理环境退化特征

土壤的物理环境特征包括土壤的质地、结构、容重、孔隙度等,也包括由此引起的土壤水分、空气和土壤热度的变化特征。其中,土壤质地是土壤物理性质之一,是指土壤固相颗粒的组成,与土壤通气、保肥、保水状况及耕作的难易有密切关系。土壤在退化过程中,由于外部干扰因子存在很大差异,其土壤质地的退化特征也有很大差异。一般来说,因施肥管理不当等而退化的土地的土壤质地变化较小,而对于那些因水蚀、风蚀作用而存在土壤颗粒分选、流失的退化土地,土壤质地的变化会非常明显。

(1)土壤质地退化。土壤质地又称土壤的机械组成或颗粒组成,是指土壤中不同粒径土壤颗粒的构成关系,常用不同粒径土壤颗粒搭配比例来表示。土壤质地一般分为沙粒、粉粒和黏粒三类,其类别和特点,主要是继承了成土母质的类型和特点,又受到耕作、施肥、排灌、平整土地等人为因素的影响,是土壤的一种十分稳定的自然属性,对土壤肥力有很大影响。土壤质地是决定土壤黏结性、容重、通透性和持水力等其他特性的重要因素,对于维系土壤的稳定性、肥力的大小和有效性都具有重要作用。其中,沙粒的质地疏松,无黏着性,通气性良好,水分极易流通,则持水能力差,毛管吸附力很弱,对养分的吸收能力差,为此沙粒土壤上要强调增施有机肥,适时追肥,并掌握勤浇薄施的原则;粉粒质轻而小,呈粉末状,黏性稍大,透水性不大,则毛管吸附力稍强,通气性及排水性较差,保水力和对养分的吸收能力均较强;黏粒质较重而颗粒微小,黏结力和团聚力均很强,则容水量大,通气及排水力差,保水力很大,毛管吸附力强,对养分的吸收性很强且稳定。一般来说,不同粒径颗粒配比不同的土壤。例如,土壤一般不易板结,并具有一定的抗侵蚀能力,其通气性好,持水力强,肥力高,对此类土壤,在生产上要注意开沟排水,降低地下水位,以避免或减轻涝害,并选择在适宜的土壤含水条件下精耕细作,以改善土壤的结构和耕性,以便促进土壤养分的释放。如果土壤中沙粒或黏粒含量过高,导致土壤过砂或过黏,都会影响土壤的质地和肥力,降低土壤的生产潜力。

土壤质地的退化一般有两种表现:①土壤的粗化,即土壤中细颗粒减少,沙粒比例增加,导致土壤质地粗化,严重时可使土壤成为沙土、沙砾土,甚至是流动风沙土,这种退化主要是由于土壤侵蚀引起的。土壤粗化后,土壤的蓄水保肥能力很差,不但土壤容易干燥,并且土壤养分会在降水或灌溉过程中随水分下渗而流失。②土壤的黏性化,即由于冲积洪积等作用,导致土壤中黏粒比例剧增,土壤黏性增强。对于大多数地区来说,土壤质地的退化表现不明显,退化过程极为缓慢。但对于水土流失严重的地区,或经常发生洪涝灾害的地区来说,土壤质地的退化风险会加剧。

(2)土壤结构退化。土壤结构一般分为块状结构、片状结构、柱状结构、团粒结构(0.25~10.0 mm)等。一般来说,土壤中有较高的团粒含量,特别是大于0.25 mm水稳性团粒含量、土壤的松散性及分散性得到改善,同时也可提高土壤的总孔隙及大孔隙度,有利于雨水渗透,减缓地表径流。土壤退化以后,土壤中的微团粒、水稳性团粒含量会下降,导致土壤抗剪切能力减弱,稳定性降低。

(3)土壤其他物理特性变化。土壤孔隙度、毛管作用、持水力和透气性决定着土壤质地和结构,伴随着土壤质地和结构的变化,土壤的通气性、持水性和土壤传导性都会发生明显变化。但是,土壤这些特性的变化随土壤质地变化趋向不同而有很大差异。

土壤粗化时,土壤容重一般会增加,硬度降低,土壤流动性增强,非毛管孔隙度和通气孔隙度增加,总孔隙度和毛管孔隙度下降,土壤含水量下降,土壤温度会有所增高,上下层土壤温度的日较差增加。

土壤黏性化时,土壤容重一般会降低,硬度增加,容易发生板结,非毛管孔隙度和通气孔隙度降低,总孔隙度和毛管孔隙度增加,土壤持水能力增强,土壤温度会有所下降,上下层土壤温度的日较差降低或没有变化。

土壤层厚度的下降是土壤退化的另外一个物理特征,土层越来越薄,土层厚度的降低首先表现为腐殖质层变薄,然后逐步消失,之后下层土壤开始受到侵蚀而变薄,严重时整个土壤层都会受到破坏,使母岩或成土母质外露。在我国北方的一些沙地中,土层很薄,一旦土层受到破坏,则使下伏深度的第四纪松散沉积物外露,可造成沙漠化的迅速发展。

2. 土壤化学特性的退化特征

有机质和养分含量、土壤酸度、各种盐离子浓度及矿物质元素等土壤化学性质与植物生长有关。土壤退化,无论是起因于水土流失、土壤风蚀沙化,还是长期耕作和管理不当所致,其土壤化学特性都会发生变化。

(1)土壤有机质和养分含量的变化。土壤成分比例如图2.2所示。土壤有机质含量的下降是土壤化学特性退化的最重要特征之一。土壤有机质含量的下降,主要源于进入土壤的有机质含量相对减少,从而土壤中丧失的有机质含量的比例增加,使有机质收支失衡。土壤有机质是土壤的重要组成部分。它和矿物质紧密地结合在一起。在一般耕地耕层中有机质含量只占土壤干重的0.5%~2.5%,耕层以下更少,但它的作用却很大,人们常把含有机质较多的土壤称为"油土"。它不仅能直接为植物提供生长所需养分,还具有改善土壤物理和化学性质,促进土壤团粒结构的形成及保水、供水和通气的作用。因此,土壤有机质含量被作为衡量土壤肥力的重要指标之一。

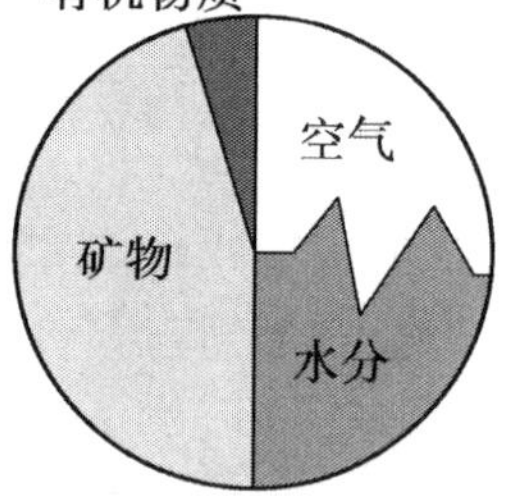

图2.2 土壤成分比例图

土壤养分含量的降低既是土壤化学特性退化特征之一,也是土壤生产潜力退化特征之一。

(2)土壤酸碱度的变化特征。土壤酸碱度又称"土壤反应"。它是土壤溶液的酸碱反应,主要取决于土壤溶液中氢离子的浓度,以pH值表示。土壤酸度是土壤很多化学特性特别是盐基状况的综合反映。土壤酸度分为酸性强度(活性酸度)和酸度数量(潜在酸度),前者反映的是土壤溶液中氢离子的浓度,即酸碱度,用pH值表示;后者是指土壤中有机质合成与分解,氮磷养分的转化与释放,微量元素的有效性、土壤保持养分的能力,微生物的活动等,都会受到土壤酸度的影响。实验表明,在酸性环境下植物会更多地吸收阴离子,同时抑制阳离子吸收,放出OH^-,使环境向中介点移动。在碱性环境中植物会更多地吸收阳离子,抑制阴离子交换,向外放出较多H^+,同样使外部环境向中介点移动。说明植物吸收物质是 pH 值变化的原因。土壤退化过程中，土壤酸度也会发生变化，这种变化因导致土壤退化的成因不同而有很大差异，一般表现为土壤 pH 值升高，土壤碱性增强；在湿润地区，或酸雨较多的地区，一般表现为 pH 值降低，土壤酸性增强。

(3) 土壤污染物超标。土壤污染物含量的超标也是土壤退化的重要特征之一。土壤污染物种类很多，主要包括重金属、石油烃污染物、有毒痕量有机污染物、富营养废弃物、放射性核素、治病生物和其他工业化学品。当土壤被病原体、有毒化学物质和放射性物质污染后，便能传播疾病，引起中毒和诱发癌症。这些物质在土壤中积累并超过一定量以后，就会破坏土壤的质地和结构，导致化学性状的恶化，并会通过食物链富集到高营养级，危及土壤动物和微生物的生存，并使植物不能正常生长甚至死亡。据报道，目前我国受镉、砷、铬、铅等重金属污染的耕地面积近 2×10^7 hm^2，约占总耕地面积的 1/5，其中工业“三废”污染耕地 10^7 hm^2，污水灌溉的农田面积已达 3.3×10^6 hm^2。例如，某省曾对 47 个县和郊区的 2.59×10^6 hm^2 耕地（占全省耕地面积的 2/5）进行过调查，其结果表明，75% 的县已受到不同程度的重金属污染的潜在威胁，而且污染趋势仍在加重。因此，检测土壤中污染物含量是否超标，是衡量土壤退化的重要指标之一。在我国因土壤污染而导致的土壤退化是非常普遍的。

土壤污染越来越受到人们的重视，人们也进一步了解了土壤污染的危害：①土壤污染导致严重的经济损失，如农作物的污染、减产；②土壤污染导致生物品质不断下降，我国大多数城市近郊土壤都受到了不同程度的污染，有许多地方粮食、蔬菜、水果等食物中镉、铬、砷、铅等重金属含量超标或接近临界值；③土壤污染危害人体健康；④土壤污染导致其他环境问题，土地受到污染后，含重金属浓度较高的污染表土容易在风力和水力的作用下分别进入到大气和水体中，导致大气污染、地表水污染、地下水污染和生态系统退化等其他次生生态环境问题。

3. 土壤生物特性的退化特征

土壤的生物特性是土壤动物、植物和微生物活动所造成的一种生物化学和生物物理学特性，这些生物特性一般都是有利于土壤理化性质的改善，促进植物的生长，加快植物的生长，加快生态系统中物质的循环和能量的转换。其在土壤系统中起的作用也很大，分解有机质、矿物质，固定氮素等。因此，土壤生物，特别是土壤微生物的数量下降，也意味着土壤的退化，或者说土壤生物数量的下降，也是土壤退化的一个重要特征。

(1) 土壤微生物种类和数量减少。当土壤发生退化时，随着土壤环境的恶化，土壤微生物种类和数量会明显下降，微生物生物量明显减少。一方面表现为微生物总的种类和绝对数量的下降，另一方面微生物的种类组成和数量关系也会发生明显变化。

土壤微生物的种类很多，有细菌、真菌、放线菌、藻类和原生动物等。土壤微生物的数量也很大，1 g 土壤中就有几亿到几百亿个。1 亩（1 亩 ≈ 667 m^2）地耕层土壤中，微生物的质量有几百斤（1 斤 $= 0.5$ kg）到上千斤。土壤越肥沃，微生物越多。总体来讲，随着土壤的退化，这些土壤微生物的种类和数量都会下降。但由于各种微生物的生态位和适应性不同，对土壤环境变化的响应也就不同，反映在种类和数量变化上也有很大差异。

(2) 土壤动物种类和数量变化。土壤动物的减少也是土壤环境恶化的重要特征。当土壤中有机质数量减少和水分、养分、温度条件恶化以后，环境则变得不适于大多数土壤动物的生长，不仅土壤动物种类和数量会减少，而且其优势种还会发生演替，产生新的适应退化环境的优势种。

2.2.2 植被的退化特征

植被就是覆盖地表的植物群落的总称。它是一个植物学、生态学、农学和地球科学的名词。植被可以根据生长环境的不同分为高山植被、草原植被、海岛植被等。环境因素如光照、温度和雨量等会影响植物的生长和分布,因此形成了不同的植被。植物作为生态系统的初级生产者,不仅对于维持生态系统的正常运行具有重要影响,而且在保证人类和生活的需要,保护人类生存环境等方面发挥着重要的作用。正是因为植物群落与人类社会的生存与发展息息相关,它也就更多地受到了人类社会的干扰,过去几百年来,特别是过去几十年来,受到了较为严重的破坏,导致大面积植被发生退化,一些地方的植被甚至受到彻底破坏。

1. 群落结构的退化特征

(1)群落的物种组成和多样性的下降。生物群落(biotic community 或 biocoenosis)是指在特定时间聚集在一定地域或生境中所有生物种群的集合。生物多样性是指一定范围内多种多样活的有机体(动物、植物、微生物) 有规律地结合,构成稳定的生态综合体。这种多样性包括动物、植物、微生物的物种多样性,物种的遗传与变异的多样性及生态系统的多样性。物种多样性是指物种水平的生物多样性。对于生物种群来说,是指其群落构成的所有生物资源及其种群间的相互关系。物种多样性对于生态系统的功能、生态系统的稳定性和可持续性具有重要意义。在生态系统中,物种多样性最终能反映生物组分的特征。实际上,物种多样性又是生态系统其他诸多特性的集中反映。一般来说,生态系统的稳定性随其物种多样性的增加而增高,物种多样性越复杂,系统越不容易退化,受到外界干扰后也越容易恢复,因而其可持续性也越强。物种多样性也影响系统功能的多样性,多样性越复杂,其生态系统所展现的功能特征越多样化,越能为人类提供多种多样的产品服务,物种多样性的变化常作为衡量系统变化的重要指标。

一个正常稳定的天然植物群落是由各种各样的植物种类构成的,具有一定的多样性特征。但是,一旦植被发生退化,群落的物种组成数量就会减少,生物多样性指数就会下降,从而导致群落物种结构趋于简单。当环境极度恶化时,群落中大部分物种都会消失,最终可能形成单一种群群落。物种结构复杂的群落较为稳定,物种结构简单或仅含单种种群则稳定性较差。而且,群落物种组成和多样性的降低,还反映了区域物种资源的减少和植物遗传多样性的降低,是植物亚系统结构退化和物种资源减少的重要特征。

(2)群落层片结构和生活型的变化。除了群落的物种结构外,群落的另一个重要结构特征是其层片结构。层片结构是群落的成层现象,是外貌特征的重要表现。层片属于植物群落的结构部分,具有一定的生活型组成和空间(或时间)分布特点,形成特殊的小环境。属于某一生活型的植物,有相当的数量,在群落中占据一定的空间,所形成的特定结构就叫做层片。群落的层片结构,按其生活型和植物的生长型,通常可划分为乔木层、灌木层、草本层和地被层四个基本层次。但并不是所有群落类型都具有四个层片结构。一般情况下,只有发育良好的森林群落才具备四个层片结构。如:分布于大兴安岭的兴安落叶松纯林,兴安落叶松是该群落的落叶针叶乔木层片,同时又是乔木层的建造者,这时,层片和层是一致的。又如,在常绿阔叶林内,由壳斗科、山茶科、樟科的常绿种类组成的常绿阔叶高位芽植物层片，是森林的建群层片，这个层片相当于乔木层的第一、第二亚层，表现为相当于层的一部分，那里的层间植物一般具有两个藤本植物层片，一是常绿的，一是落叶的。荒漠群落一般只有灌木层、草本层和地被层三个层片，典型草原群落只有草本层和地被层两个层片。在植被退化过程中，随着群落物种组成的变化，群落的层片结构也会发生变化。总体上讲，随着植被的退化，群落的层片减少，层片结构趋于简单。严重退化的植物群落，往往只有一个层片。

在人们的长期探索中发现植被的退化有一定的规律性。一个植物种的生活型往往是一种稳定的特征。比较多个植物群落的生活型谱可以发现控制群落的主要因素是气候和植物群落与环境之间的关系。并且，群落组成种的外貌特征是随着地理位置或生境的改变而发生变化的。一般在人为强烈干扰下，植物种群会按照高位芽植物、中位芽植物、地位芽植物、地上芽植物、地面芽植物、地下芽植物这样一个顺序而依次减少。因为在大多数情况下，人们会首先利用高位芽乔木，然后是中位芽和低位芽的灌木，只有在缺少乔灌木的情况下，人们才会更多地利用草本植物。有时情况则相反，人们有时也会根据需要优先利用低矮植物，从而导致低位芽或地上芽植物首先消失。但不管怎样，在人为过度利用下，退化植被的生活型谱总是趋于简单化。

在皖南山区，黄山的生活型谱是以高位芽植物占绝对优势，这与亚热带标准生活型谱各项比率相近似。同时说明皖南具有丰富的水热资源和典型的亚热带气候条件，发育着典型的常绿阔叶林植被。表 2.2 中的皇藏峪的生活型谱，虽以高位芽植物为主，但地面芽植物仅次于高位芽植物，并占有很大比例，皇藏峪山体由石灰岩组成，发育着以榆科植物为主的落叶阔叶林植被。琅琊山位于江淮丘陵东部，其生活型谱与皇藏峪的生活型谱非常相似，以高位芽植物为主，地面芽植物也得到充分发育，并且琅琊山的顶级群落也是落叶阔叶林。

表 2.2　安徽不同地带性植物群落生活型谱

地区	高位芽植物	地上芽植物	地面芽植物	地下芽植物	一年生植物
黄山北坡	72.54	1.47	18.14	5.88	1.96
琅琊山	56.71	4.94	28.34	7.41	3.60
皇藏峪	51.10	5.90	36.50	5.10	1.40

2. 植被功能特征的退化

(1) 植被盖度、高度和密度的变化。植被的盖度、高度和密度不仅直接影响着群落的生产性能，而且与其保护环境的功效密切相关，因此被归入植被的功能特征。植被盖度指植物群落总体或个体的地上部分的垂直投影面积与样方面积之比的百分数。它反映植被的茂密程度和植物进行光合作用面积的大小，有时盖度也称为优势度。植被的盖度、高度和密度对环境的变化和外界的干扰非常敏感，因而当环境恶化或受到人为强烈干扰时，往往表现出明显的变化。

任何一个稳定的群落都有一个基本固定的盖度、高度和密度。而对于一个变化中的群落，其高度、盖度和密度往往也是变化的。在大多数情况下，当植被处于恢复演替时，其盖度、高度和密度总是增加的，而当植被处于逆行演替时，其盖度、高度和密度则总是下降的。对于同一种植物来说，当受到人为干扰或环境胁迫时，其盖度、高度和密度总是下降的。但对于一个群落来讲，由于组成群落的物种在生态位和适应性上有很大差别，环境胁迫下则可能导致一些物种的盖度、高度和密度有所下降，而另一些物种的盖度、高度和密度有所增加。因此，衡量退化植被的盖度、高度和密度变化时，既要与其未退化植被加以比较，又要考虑环境等其他因素。

（2）初级生产力的下降。植物是第一级生产者或初级生产者，其生产力的高低和生产量的多少，既关系其生态系统的功能和价值，又影响到次级生产者的生存繁衍和生产量的多少。大多数情况下，植被发生退化时，群落的生产力会明显下降，但下降的幅度和速度因群落的成因不同、群落类型不同、退化程度不同，而有很大差异。

研究发现，由过度放牧啃食和践踏引起的草地植被退化，其植被生产力的下降速度较快；由虫、鼠、病等灾害引起的植被退化，其生产力下降明显；由气候干旱和地下水位降低等环境变化引起的植被退化，其生产力下降较为缓慢；由人类滥垦、滥伐、滥挖引起的植被退化，其生产力的下降幅度和速度取决于人类破坏强度的大小和速度的快慢。

（3）草地质量退化。草地属于可再生的生产资源。作为生产资源，其草地质量的好坏，直接影响着草地经济价值和生产力潜力。草地退化的一个重要特征，是草地质量的劣化。草地质量的劣化，主要表现为优良牧草种类减少、各类牧草质量变劣、单位面积产草量下降等。造成草场退化的原因包括：①自然因素，如水、热、土壤条件变劣，草场病虫害严重。②人为因素，如毁草开荒、乱采滥伐、超载放牧等。例如，在我国青藏高原的高山草地，由于过度放牧引起的退化草地中，披碱草、早熟禾、莎草、苔草等草地优良牧草的种类和数量减少，狼毒、毛茛、毒芹等有毒有害牧草泛滥，这使得草地利用价值大幅度下降。

3. 群落外貌特征的变化

每个稳定的群落都有基本固定的外貌特征。当植被发生退化时，其外貌特征也会发生变化。这种外貌特征的变化，是群落内部各组分关系变化的外部表现。群落的外貌特征主要包括群落的层次、高度、郁闭度、物种丰富度、优势种、季相、植物长势等。

（1）群落的层次。如前所述，群落因其群种和优势种的不同而表现出不同的层次。未退化的天然林一般都有乔木层、灌木层、草本层和地被层等4～5个层片。未退化的典型草原植被一般都有高草层、低草层和地被层等3～4个层片。当草地发生退化时，其层次就会明显减少，层次的完整性遭到破坏，因而可作为其植被退化的鉴别指标。

（2）群落的郁闭度。每一种正常发育的群落都有一个基本固定的郁闭度。郁闭度指森林中乔木树冠遮蔽地面的程度，它是反映林分密度的指标。它是林地树冠垂直投影面积与林地面积的比值，以十分数表示，完全覆盖地面为1。简单地说，郁闭度就是指林冠覆盖面积与地表面积的比例。这种郁闭度因群落所处地带和类型的不同而有较大的差异。例如，我国湿润地区热带雨林的郁闭度可以达到1，而地处干旱地区的梭林的郁闭度只有0.3～0.5。当植被发生退化时，植被的郁闭度会明显下降，明显低于正常发育群落的郁闭度。严重退化的植被，其植物稀疏，群落郁闭度甚至为零。

（3）物种丰富度。群落的丰富度可以直接测定。虽然不同气候条件下的植物群落，其丰富度有很大差别，但每一个生物气候带或区域的植被，其群落物种组成都用一定的丰富度表征。例如，热带雨林的物种丰富度非常高，草原植被的物种丰富度相对较低，而荒漠植被的物种丰富度更低。当植被发生明显退化时，其物种丰富度一般会显著下降。掌握区域植被原有丰富度的情况，在野外即可直接判别其植被的退化程度。

(4)季相变化。每个稳定的群落都有一个固定的季相谱,包括它的春季季相、夏季季相、秋季季相和冬季季相。群落中层片结构随时间季节而变化,例如荒漠群落雨后迅速萌发的短生植物层片、落叶阔叶林春季树冠未长满新叶时的早春草本植物层片等,它们与种群物候变化共同决定群落的季相特征。此外,各种群年龄结构也随时间变化,并且幼年期与成熟期的植株密度和高度将影响整个群落的结构。例如,在温带草原的禾本科群落中,冬季季相表现为枯黄色,春季季相表现为嫩绿色,夏季季相为墨绿色,到秋季转变为黄绿色。但其群落发生退化后,其季相就会改变。其变化随着退化的不同阶段和优势种的不同而有很大差别。如退化黄蒿阶段时,其春季和初夏的季相为土白色,夏季季相为黄绿色,秋季季相为黄色,冬季季相为枯黄色。退化到冷蒿阶段时,一年四季的季相基本为土白色。因此,季相的变化也是植被退化的另一个特征。

2.2.3　动物种群的退化特征

在生态系统中,动物系统属于物质转换和能量流动中较高的亚系统,是食物链的高级消费者和最终物质出口之一。在这个系统中,植物生产的植物性有机物被动物转化成动物性有机物,光合作用产生的植物化学能被转化为动物化学能,使人类能够从中获取所需要的动物蛋白质、脂肪和其他动物产品,以及役动力等。因此,动物对人类的生产与生活起着至关重要的作用。

在自然或半自然生态系统中,与人类生产目的关系最为密切的动物主要分为两大类,一类是放养的马、牛、羊、鹿等家畜,另一类是鱼、虾、贝等水生动物。这两类动物虽然经由人管理,却主要生活于自然环境中,其生存和繁衍既要受到自然攻击和自身发展规律的限制,还要受到人类管理条件和生产需要的制约。因此,如果环境恶化或人类管理不当,这两类动物种类都可能出现退化,其特征主要表现在以下几个方面。

1. 物种多样性降低

动物的种类繁多,它们生活在世界的各个角落,具有各种各样的生活方式。当外界干扰加剧或生存环境恶化时,由于一些物种不能适应环境的变化,其生存和繁衍受到限制,数量减少,甚至消亡,导致其物种多样性的降低。特别是一些濒危动物种类,由于不能适应变化中的环境条件,种群数量很少,甚至达不到生存和繁衍所需的基本种群数量,在人类活动的干扰下更易灭绝。资料显示,近几个世纪以来,特别是近百年来,随着人口的急剧增加和工农业生产带来的严重环境污染,已经导致地球上大量生物灭绝。

2. 种群数量减少

种群数量是指一定面积或范围内某个物种个体的总数。近百年来,随着世界人口的急剧增加和活动范围、强度的迅速扩展,已经导致许多野生动物种群遭受严重破坏,导致大量动物种群衰退,数量减少,甚至灭绝。种群数量的多少取决于种群的出生率和死亡率的对比关系。当死亡率大于出生率时,种群数量就会减少。死亡率持续大于出生率时,种群数量就会锐减。当种群数量减少到一定数量,种群繁殖出现障碍时,其种群就会灭绝。

3. 个体平均尺寸变小

受基因控制,在统计学上每种动物成年个体都有基本固定的大小或尺寸。由于受环境胁迫、病疫、人为管理不善等原因的影响,一些动物种群的个体平均尺度或体重会出现明显下降,繁殖率和生产力也相应降低,从而表现出明显的退化特征。

4. 育龄个体的比例及繁殖能力下降

育龄个体的数量及其繁殖能力是种群增长潜力的一个重要指标，而其在种群中的比例，是决定种群繁殖速度的重要指标。当育龄个体数量大、繁殖力强时，意味着种群具有较高的增长潜力。当种群中育龄个体的比例很大时，则种群可能会出现较快的增长速度。如果一个种群育龄个体数量持续下降，繁殖力降低。说明该种群数量趋于降低，处于退化状态。

对于处于衰退的动物种群来说，种群中育龄的个体比例一般很低。而且由于干旱、高温、营养不良等环境胁迫和体弱多病等原因，很多育龄雌性个体并不一定能够成功进行繁殖。

5. 生产能力下降

衡量人工养殖的动物种群是否发生退化，一个很重要的经济指标是其生产能力。其生产能力包括个体平均生产能力和群体的生产总量。前者反映的是种群平均生产水平，与个体的平均生产力有关，后者显示群体总体生产量。当一个种群生产者的平均生产水平很高，且生产者群体数量很大时，其总体生产能力一定很大。当其个体平均生产能力很低时，即使其具有生产能力的群体很大，其总生产能力也不一定很大。

2.3 生态系统退化的成因

任何事件的发生都有其相应的因果联系，生态系统的退化也不例外。了解生态系统的退化原因，对于防止生态系统的进一步退化，进行退化生态系统的恢复重建都是十分重要的。现就几种比较公认的原因作如下讨论。

2.3.1 森林植被

自然植被在维持生态系统平衡中具有极为重要的意义，自然森林植被的减少与破坏是陆地生态系统退化的主要原因之一。由于过度利用与破坏，世界天然森林的面积在不断减少，尽管世界人工林面积有所增加，但世界总森林面积仍在减少。

自然森林的减少与破坏主要指人类的滥采、滥伐、滥挖。滥采、滥挖是指对一些具有较高经济价值的植物资源进行无计划、无节制的采集或采挖。无计划、无节制地滥采、滥挖，不仅对植物资源本身破坏很大，造成其资源枯竭，而且可能对周围环境造成破坏和生态系统退化。薪柴是我国广大农村主要的生活燃料，随着人口的不断增长，农村生活燃料需求量也在不断增加，每年需消耗大量的薪柴。而这些薪柴除了部分来源于作物秸秆等外，大部分取之于天然植被。而大规模樵柴是导致天然植被退化的重要原因。

联合国农粮组织（FAO）发表的《1997 年世界森林状况》报告中提供了关于全球森林覆盖的情况和森林覆盖率的变化情况。报告显示，1995 年世界森林覆盖面积大约为 3.554×10^9 hm^2，约占世界总土地面积的 26.6%，这一数字包括未受干扰的森林、被人类利用和管理过的森林以及人工绿化造林或再造林创造的人工林。报告显示，1980 ~ 1995 年，世界森林面积减少约 1.8×10^8 hm^2，这约等于印度尼西亚或墨西哥的国土面积。

2000 年的报道情况更为严重，世界森林正在以每年 1.3×10^7 hm^2 的速度被砍伐，几乎是整个英国的面积或德国的面积的 1/2。据统计，由于人们大量使用木材（特别是用于造纸和饲养牲畜），以及遭遇森林大火等原因，迄今为止，世界原始森林有 2/3 已消失，据联合国、欧洲等有关机构联合调查，1990～2025 年，全球森林每年将以 $1.6\times10^{7}\sim2\times10^{7}$ hm^2 的速度消失，与最后一次冰川期结束后相比，亚太地区原始森林覆盖面积减少了 88%；欧洲、非洲、拉丁美洲、北美洲分别减少了 62%，45%，41% 和 39%。

亚洲的情况正在好转，20 世纪 90 年代亚洲每年森林的净损失量为 8×10^{5} hm^2，而过去五年每年净增加 10^{6} hm^2，这主要归功于中国大规模的植树造林。尽管我国的人工造林面积在逐年增加，但天然林的破坏情况非常严重。在我国的十大自然资源中，森林资源最为短缺，人均占有森林面积仅相当于世界平均水平的 11.7%。1971～1975 年期间，我国天然林的面积为 9.817×10^{7} hm^2，1981～1985 年下降到 8.635×10^{7} hm^2。黑龙江省重点原始林区，1975 年天然林面积为 2.316×10^{7} hm^2，1985 年下降到 1.238×10^{7} hm^2。西南林区的云南省，1975 年天然林的面积为 9.12×10^{6} hm^2，1985 年下降到 8.14×10^{6} hm^2。

森林面积的缩小对生态系统的危害主要有：①导致目标植物生长受限制，种群数量减少，植物资源受到破坏；②导致植被覆盖度降低，生态系统的生态服务功能下降；③导致地表植物受到破坏，下垫面微环境明显改变，不利于其他生物的生存；④导致土壤层破损，在风和水的作用下容易引发地表侵蚀、泥石流等自然灾害。

2.3.2　土壤变化

1. 侵蚀

侵蚀一词很早就用于地学研究。《中国大百科全书 · 水利卷》对土壤侵蚀所下的定义是：土壤及其母质在水力、风力、冻融、重力等外营力作用下，被破坏、侵蚀、搬运和沉积的过程。人类对土地的利用，特别是对水土资源不合理的开发和经营，使土壤的覆盖物遭受破坏，裸露的土壤受水力冲蚀，流失量大于母质层育化成土壤的量，土壤流失由表土流失、心土流失直至母质流失，最终使岩石暴露，造成水土流失。水土流失作为专门术语起源于中国，我国多数人把土壤侵蚀或土壤流失称为水土流失。土壤侵蚀是土壤退化的主要原因，也是导致生态环境恶化的最严重的问题，联合国粮农组织将其列为世界土地退化的首要问题。

水土流失的危害有以下几方面：①水土流失容易破坏地面完整。水土流失中的沟蚀是破坏地面完整的"元凶"。破坏地面完整是破坏生态环境的一个重要方面。②水土流失使土壤肥力衰退，耕地减少，土地退化严重，严重影响农业生产。暴雨时陡坡耕地的水土流失特别严重，据科学观测，15°～25°的坡耕地每年每公顷流失水量 400～600 m^3，流失土壤 30～150 t；土壤中的氮、磷、钾、有机质等养分都同时流掉，造成土地日益瘠薄，田间持水能力下降，耐旱性减弱，加剧了干旱的发展，其结果是农作物产量很低，群众生活贫困。③水土流失严重影响水资源的开发利用。水土流失造成大量泥沙下泄，淤积山塘、水库，降低了这些水利设施的蓄水功能，影响水资源的开发利用。④水土流失影响交通运输。由于水土流失，泥沙淤积在河道，加上其他因素，使国内许多河流航程缩短。⑤生态环境恶化，加剧贫困。水土流失是中国生态环境恶化的主要特征，是贫困的根源。尤其是在水土流失严重地区，土地肥力下降，产量下降，形成"越穷越垦，越垦越穷"的恶性循环。目前全国农村贫困人口 90% 以上都生活在生态环境比较恶劣的水土流失地区。

全世界每年因土壤侵蚀而损失的土地面积为 7×10^{6} hm^2，全球每年流失的表土为 7.5×10^{10} t，每年为此多支出 4×10^{9} 美元。失去的土壤无法补偿，1 cm 厚的土壤要花 500 年甚至更长的时间才能形成，但却会在 1 年内流失。美国损失表土的速率 17 $t/(hm^2\cdot a)$，这意味着每年每公顷土地损失 4×10^9 t 土壤和 1.3×10^{12} t 水。所损失的营养素、水和产量加起来总价值约为 270 亿美元。水土流失进入河流造成的损失更大，1 hm^2 土地在一场风暴中损失 15 t 土壤，即减少表土 1 mm，每秒钟大约有 1 000 t 泥沙从密西西比河流入墨西哥湾。1993 年，由于密西西比、密苏里等河的泛滥，美国大约蒙受了 200 亿美元的损失。据 FAO 估计，2000 年世界农业的生产潜力由于水土流失大约损失 20%。

现今水土流失问题越来越受到各国的关注。我国是世界上水土流失最为严重的国家之一，几乎所有的大流域都存在严重的水土流失问题。北方的黄土、南方的花岗岩风化壳红土，是中国境内侵蚀最严重的地质－地貌单元；华南的丘陵红壤区、北方的土石山区、东北的黑土区和西部的黄土区，都是水土流失较强烈的地区。

新中国成立初期，水土流失面积为 1.16×10^6 km^2，50 多年来虽经不断治理，但随着人口的快速增加和经济高速增长，资源过度利用，原生植被大量丧失，水土流失面积仍在继续扩大。

根据全国第二次水土流失遥感调查，20 世纪 90 年代末，中国水土流失面积 3.56×10^6 km^2，其中，水蚀面积 1.65×10^6 km^2，风蚀面积 1.91×10^6 km^2，在水蚀、风蚀面积中，水蚀风蚀交错区水土流失面积 2.6×10^5 km^2。在 1.65×10^6 km^2 的水蚀面积中，轻度水蚀 8.3×10^5 km^2，中度水蚀 5.5×10^5 km^2，强度水蚀 1.8×10^5 km^2，极强水蚀 6×10^4 km^2，剧烈水蚀 3×10^4 km^2。在 1.91×10^6 km^2 风蚀面积中，轻度风蚀 7.9×10^5 km^2，中度风蚀 2.5×10^5 km^2，强度风蚀 2.5×10^5 km^2，极强风蚀 2.7×10^5 km^2，剧烈风蚀 3.5×10^5 km^2。冻融侵蚀面积 $1.25 \times 10^6 km^2$，没有统计在我国公布的水土流失面积当中。

2. 荒漠化

荒漠化，就是指土质的恶化，有机物质下降乃至消失，从而造成表面沙化或板结而成为不毛之地，包括沙漠和戈壁。根据地表形态特征和物质构成，荒漠化分为风蚀荒漠化、水蚀荒漠化、盐渍化、冻融及石漠化。荒漠化可由自然干扰或人为干扰而形成。据资料显示，目前全球荒漠化土地面积达 3.6×10^7 km^2，占全球陆地面积的 1/4，现在全球荒漠化土地正以 1.5×10^5 km^2/a 的惊人速度扩展。全球 100 多个国家和地区的 12 亿多人口受到荒漠化的威胁，3.6×10^9 hm^2 土地受到荒漠化的影响。

造成荒漠的原因很多，主要是气候等自然原因，如全球变暖、北半球日益严重的干旱半干旱化趋势等。但是人类活动，如对大自然的过度开发、破坏森林植被等，也是不可忽视的重要原因。

据联合国环境署估计，1978～1991 年，全球土地荒漠化造成的损失达 300 亿～6 000 亿美元，20 世纪 90 年代以来，每年的损失更是高达约 500 亿美元，人类面临着合理恢复、保护和开发自然资源的挑战。现在，全球每年因进行荒漠化生态恢复而投入的经费达 100 亿～224 亿美元。

荒漠化及其引发的土地沙化被称为“地球溃疡症”，危害表现在许多方面，已成为严重制约我国经济社会可持续发展的重大环境问题。据统计，我国每年因荒漠化造成的直接经济损失达 540 亿元，相当于 1996 年西北五省区财政收入总和的 3 倍，平均每天损失近 1.5 亿元。现今中国荒漠化土地面积为 3.34×10^5 km^2。其中，正在发展中的荒漠化土地占 24.2%，强烈发展中的荒漠化土地占 18.3%，严重荒漠化土地占 10.2%，三者合计占 52.7%，约 1.76×10^5 km^2（其中属人类史前形成的沙漠化土地约为 1.2×10^5 km^2，近半个世纪形成的荒漠化土地面积约 5×10^4 km^2）；存在潜在沙漠化危险的土地面积为 1.58×10^5 km^2，占 47.3%。在风沙危害严重的地区,许多农田因风沙毁种,粮食产量长期低而不稳,人们形象地称为"种一坡,拉一车,打一箩,蒸一锅"。在内蒙古自治区鄂托克旗,30 年间流沙压埋房屋 2 200 多间,近 700 户村民被迫迁移他乡。

图 2.3 是 2005 年统计我国的荒漠化现状,风蚀荒漠化土地面积 $1.839\ 4\times10^6\ km^2$,占荒漠化土地总面积的 69.77%;水蚀荒漠化土地面积 $2.593\times10^5\ km^2$,占 9.84%;盐渍化土地面积 $1.738\times10^5 km^2$,占 6.59%;冻融荒漠化土地面积 $3.637\times10^5\ km^2$,占 13.80%。

从总体来看,在我国,土地退化,特别是大面积的土壤侵蚀和不断加剧的土地荒漠化,严重制约土地生产力的提高,也是土地质量下降的重要原因。

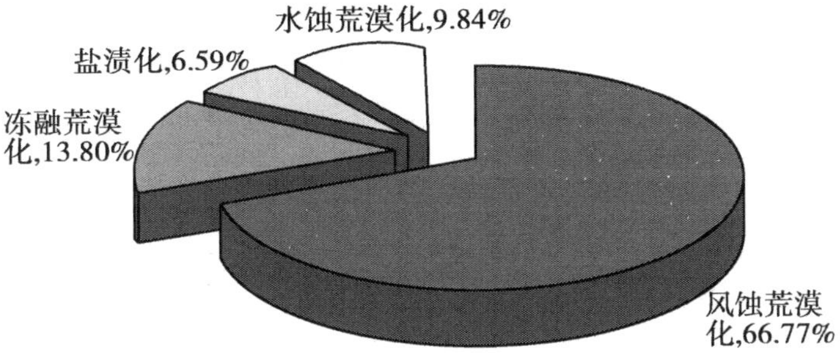

图 2.3 不同类型荒漠化土地分布

3. 石漠化

石漠化(stony desertification)是指自然干扰或人为干扰或二者同时作用,在热带、亚热带湿润、半湿润气候条件和岩溶极其发育的自然背景下,使地表植被遭到破坏,导致土壤大量流失,基岩大面积裸露或砾石堆积的土地退化,也是岩溶地区土地退化的极端形式。我国许多侵蚀区,特别是南方山丘地,植被破坏后严重的水土流失可使石漠化过程不断加快,最终导致土壤完全失去生产能力和承载能力。

在石漠化地区,岩石裸露,岩层漏水性强,储水能力低或无储水能力,降雨时水无阻挡地顺坡而下,极易发生山洪、滑坡和泥石流等灾害,给人民生命财产安全带来严重危害。雨过天晴后,石漠化地区则立即缺水干旱,水旱灾害频发,几乎连年旱涝相伴,是我国山洪、泥石流多发地带。此外,这些地区位于江河的上游,严重的土壤侵蚀还导致河床淤高、中道淤塞,危及江河沿岸及下游人民群众生命财产安全。图 2.4 为我国粤北山区石漠化的情景,这里高低连绵的丘陵山地已经成为石头的海洋,只有零星的杂草在石缝中顽强地生存,而这片所剩无几的绿色,正因为石漠化问题而变得枯黄。

图 2.4 粤北山区村民遭遇石漠化威胁

据资料统计,我国严重石漠化面积达 $4.63\times10^4\ km^2$,短期内有潜在石漠化趋势的土地

达 8.76×10^4 km^2。石漠化区域共涉及429个县，总人口12 893.56万。如贵州省1975年的石山、半石山面积为 9.8×10^5 hm^2，而1980年已达到 $1.346\ 6\times10^6$ hm^2。目前，贵州省石漠化面积已达 2.257×10^6 hm^2，约占全省土地面积的7.9%，并以 5.08×10^4 hm^2/a 的速度扩展。

石漠化的治理原则：①以水土流失综合治理为核心。石漠化治理应遵循水土保持的原则，因地制宜；要坚持以水土流失综合治理为核心，以提高水土资源的永续利用率为目的，把石漠化治理与退耕还林、长江和珠江防护林、水土保持、人畜饮水、扶贫开发等生态工程有机地结合起来，从而加以综合防治。②防治石漠化须多管齐下。比如搞好封山育林、荒山造林、退耕还林、转变群众生产生活方式、实施生态移民等；同时要制定优惠扶持政策，鼓励支持企事业单位、个人及非公有制经济组织参与石漠化治理；尤其是要重视调整石漠化地区能源结构，加快农村能源建设步伐，减少森林资源的能源性消耗。

石漠化正在使生态系统的稳定性减弱、敏感性增强、自然灾害频繁、耕地面积不断减少、土地生产力趋于枯竭、井泉干涸，从而部分人口完全丧失最基本的生存条件，成为生态难民，同时也影响着当地经济发展。

4. 土壤贫瘠化

土壤贫瘠化即指土壤肥力减退，是土地退化的又一种方式。引起土壤贫瘠化的因素不少，但主要是水土流失、土地的过度利用和不合理利用。

严重的水土流失是加剧生态系统退化的主要原因之一。水土流失使我国每年流失土壤 5×10^9 t，并带走大量的氮、磷、钾等营养元素，流失量大大高于进入土壤中的物质量，使物质循环得不偿失，从而造成土壤严重贫瘠化。在南方红壤区，水土流失使2/3以上的耕地土壤养分贫瘠，土壤普遍缺乏氮元素和有机质，78%的土壤缺磷，58%的土壤缺钾，缺乏的程度尤以侵蚀坡底为重。

对土壤的过度利用也会导致土壤贫瘠化。对土地资源的过度利用主要包括：①对土地资源的过度开发利用；②对土地进行掠夺式经营，只进行索取不进行投入，完全依靠土地的自然生产潜力组织生产，当土地自然生产潜力耗尽时，即进行撂荒；③对土地资源反复不合理利用。部分地区重用轻养，土壤负荷过大，有机肥投入减少，加上肥料结构不合理，氮磷钾比例失调，严重缺磷、缺钾，导致土壤肥力下降，地力衰退。20世纪80年代末全国土壤普查结果表明，在我国耕地中，缺磷土壤面积占59.1%，缺钾土壤面积占22.9%，有机质低于0.6%的土壤面积占13.8%，中低产田面积占79.2%。

随着人口的增长，人均占有粮食的数量不断下降，农牧民在粮食单产较低的生产条件下，为了增加粮食产量盲目开垦草地；在传统的耕作方式下，农作的经济效益远高于放牧，农牧民为了追求更高的经济效益，将草地开垦成农田；受国家或地方政策的影响，进行有组织的开荒等因素导致了土地资源的过度利用。

此外，对耕地的管理利用不当，也会导致土壤贫瘠化。在我国黄淮海平原，不合理的施肥制度、轮作制度、收割制度等，使一些地方出现了大面积的土壤肥力衰退现象。

2.3.3 环境污染

污染物质主要来源于工业和城市的废弃物、农药和化肥，以及放射性物质等。未经处理的“三废”不但破坏了环境，也造成了严重的土地污染、水域污染和大气污染。其恶果之

一就是导致生态系统的退化。目前,导致生态系统退化的污染源主要包括以下几方面:

(1)酸雨污染。pH 值小于 5.6 的雨雪或其他形式的大气降水称为酸雨。最早被观察到的是酸性降雨,在 20 世纪 50 年代由英国的 R. A. Smith 最早观察到了酸雨,所以习惯上统称为“酸雨”。20 世纪至今,全世界酸雨污染范围日益扩大,由北欧扩展到中欧,又由中欧扩展到东欧,几乎整个欧洲地区都在降酸雨。酸雨对土壤环境的污染是多方面的,主要表现在土壤酸化、活性铝溶出量增加、盐基离子大量淋失、有毒金属离子活化和土壤酶活性受抑制等方面。当酸雨输入超过土壤缓冲能力时,土壤呈现酸化。随着土壤酸化的发展,土壤中钾、钙、镁、铵等营养成分逐渐被淋失,土壤将变得贫瘠化。同时,酸化使土壤中的铝、铁等金属元素的活性增强,进而对植物产生毒害。20 世纪 80 年代以来,除北美、欧洲以外,东北亚主要是日本、韩国和中国的酸雨区迅速扩展成为世界三大酸雨区。中国 20 世纪 80 年代酸雨主要发生在西南地区(重庆、贵阳等地),到 90 年代中期,酸雨已经发展到长江以南、青藏高原以及四川盆地等广大地区,年均降水 pH 值小于 5.6 的区域占全国面积的 40% 左右。据统计,截至 20 世纪末我国受酸雨危害的耕地面积达 $2.67\times10^6\ hm^2$,影响 22 个省份。

(2)农药污染。20 世纪 30 年代发现 2,4－D(2,4－二氯苯氧乙酸)具有清除杂草的能力,DDT(双对氯苯基三氯乙烷)具有杀虫的功效,开始了农药使用。目前,世界范围年产农药 200 多万吨,种类数达 500 之多。自 40 年代广泛应用以来,累计已有数千万吨农药散入环境,大部分进入土壤。广义地说,农药包括杀虫剂、杀菌剂、除草剂以及其他如杀螨剂、杀鼠剂、引诱剂、忌避剂、植物生长调节剂和配制农药的助剂等。

施用农药可使农作物增产增收,但连年大量使用农药,会引起许多不良后果:①土壤结构受到破坏;②药效随害虫抗药性不断增强而相对降低;③对抑制害虫的天敌也有毒杀作用,破坏了农业生态平衡;④农药的过量施用可造成土壤重金属超标,这些重金属进入土壤后,会以不同的方式被土壤截留固定;⑤引起环境污染,并通过食物链使农作物或食品中的残毒引入人体,危及人体健康。

(3)重金属污染。重金属的土壤污染源多数来自于人们的生产和生活活动。如冶金、农药生产等工业废物、汽车排气及城市污水都可使土壤中污染物浓度提高到有毒水平,首先对生活在该土壤地区的草食动物产生危害,形成二次污染。我国受重金属污染的农业土地约为 $2.5\times10^7\ hm^2$,尤其是每年被重金属污染的粮食多达 1.2×10^7 t。据农业部环保监测系统对全国 24 个省(自治区、直辖市)320 个严重污染区的 $5.48\times10^6\ hm^2$ 土壤调查发现,大田类农产品污染超标面积占污染区农田面积的 20%,其中重金属超标占污染土壤的 80%。

(4)工业“三废”污染。据报道,20 世纪 80 年代初,我国耕地受工业“三废”污染的面积已达到 $4\times10^6\ hm^2$。

工业废水和城市生活污水直接或间接排入江河湖泊,不仅污染水域,而且造成水生、湿地生态系统的退化。全国七大江河水系中,不能满足Ⅲ类水质标准、不能做集中水源的河段占 70.5%;在东部和西南地区被调查的 200 多个湖泊中,有 80% 不同程度地受到污染或变得富营养化,大部分湖泊氮磷含量严重超过地面水水质标准,全国大型淡水湖泊均达到中度和重度污染的程度。

(5)其他污染。除上述污染外,还有很多危害生态环境的污染,如家畜粪便的污染。家畜粪便的任意排放堆弃，使城市周边地区及养殖场周围的土壤受到污染。并且畜禽养殖场由氨、硫化物、甲基硫醇、三甲基氨等多种气体组成的臭气污染非常突出，对人体健康的危害十分明显。城市、乡村生产生活垃圾污染，其中含有多种有毒物质，乱排乱放是导致生态系统退化的严重污染源。

第3章 生态恢复的基础理论

恢复生态学主要致力于自然突变和人类活动影响下受到损害的自然生态系统的恢复与重建的研究。近年来恢复生态学的迅速发展，展示出广阔的前景。它是一个复杂的系统工程，涉及多个专业领域及学科，如生物科学、地球科学、环境科学等自然科学，以及经济学、社会学等社会科学。在理论上，恢复生态学基于许多学科的基础理论，在实践上其他理论同样需要恢复生态学的支持。恢复生态学基础理论的研究与发展，是有效进行退化生态系统恢复与重建的前提。

3.1 生态恢复的基本要素

生态系统的基本变量是物质、能量、空间、时间和生物多样性。生态恢复与重建首先涉及的也是这五方面的基本要素，并且其中的一部分生态学原理对生态恢复与重建具有重要的指导意义。

3.1.1 物质相关的生态学原理的应用

1. 主导因子作用

生态系统的动态变化受生态因子(ecological factor)的影响。生态因子是指环境要素中对生物起作用的因子，如温度、光照、水分、O_2、CO_2、食物及其他生物等。众多生态因子中，对生物生存不可缺少的环境要素有时也称为生存条件，如食物、热能和 O_2 是动物的生存条件，而 CO_2 和水是植物的生存条件。对生物起作用的众多因子并不是等价的，其中有一个是起决定作用的，它的改变将会引起其他生态因子发生变化，这个因子称为主导因子。

例如，在南亚热带的生态因子中，有光照充足、温度适宜、降水量充裕等有利的一面，也有秋旱、台风和暴雨等不利因素，但总地来说，影响退化生态系统恢复的主导生态因子是土壤因子，主要包括土壤肥力和土壤湿度(soil moisture)(彭少麟，2003；周国逸等，1995)。极度退化生态系统的恢复与重建，首先要控制水土流失，提高土壤的肥力，改善土壤的理化结构，这一目标需要工程措施和生物措施相结合来实现。

2. 元素的生理生态原理

所有的生物有机体都由一定数量的化学元素组成，这些元素对于生物分子的构成至关重要。因此，不论在哪一级的组织水平上，有关元素的生理生态原理均有重要意义，尤其是耐性定律(law of tolerance)和最小因子定律(law of minimum)。

(1)耐性定律。一种生物的生存、生长和繁衍需要适宜的环境因子。环境因子在量上的不足和过量都会使该生物不能生存或生长、繁殖受到限制，以致被排挤而消退。换句话说，每种生物有生态需求的最大量和最小量。任何因子不足或过多，接近或超过了某种生物的忍受限度，该种生物的生存就会受到影响，甚至灭绝，这种现象称为耐性定律。

耐性定律指出，生物对任何元素都存在着一个浓度范围，这个浓度范围即元素的忍耐区间。在忍耐区间范围内，有一个最适浓度，称为偏好浓度（preferendum）。在此偏好浓度下，代谢速度最快。当元素浓度低于忍耐区间下限时，有机体将会因缺乏该元素而死亡；当元素浓度超出忍耐区间上限时，有机体则会因该元素过量而死亡。

后人在研究过程中又对耐性定律作了补充：生物在整个发育过程中，耐受性不同，繁殖期通常是敏感期；当一个因子处在不适应状态时，对另一个因子的耐受能力可能下降；生物实际上并不在某个特定环境因子最适的范围内生活，可能是因为有其他更重要的因子在起作用。这个定律基本完善和正确，但大多数学者认为，只有把这个法则与最小因子定律结合起来才更有意义。

（2）最小因子定律。最小因子定律指出，只有在所有关键元素都达到足够的量时，植物才可能正常生长；植物的生长速度受浓度最低的关键元素的限制。这就是说，即使只有一种关键元素没有达到足够的数量，植物生长也将停滞。例如，在湖泊富营养化控制中，有研究认为，对营养盐浓度较低的湖泊（如总磷小于0.2 mg/L），藻类的生长与营养盐的浓度存在正相关，而对营养盐浓度较高的湖泊，藻类的生长与营养盐的浓度已不存在正相关。

上述两个定律对退化生态系统重建物种的选定以及生境的改良有重要的指导意义。通常在极度退化的生态系统进行植被恢复时所采用的早期先锋种（pioneer species），均是对营养（包括光照、温度、水分、肥料）有很大忍耐幅度的种类（蔡锡安等，2005）。

3.1.2 能量有关的生态学原理的应用

所有的生命系统，从细胞到最复杂的生态群落，都是能量转换器。在所有的生物组织层次（organization levels）上，都存在着将能量导入生命系统各种活动之中的过程，生命系统正是通过这种方式实现着对能量的利用和控制。热力学三大基本定律也适用于生命的能量转换（energy transform）过程。退化生态系统恢复的各种功能过程，也受能量定律（law of energy）的支配。能量在生态系统中流经食物链各营养级时，逐渐耗散，以做功或热的形式降解，而不可能逆向进行。在同一生物体内，能量以不同的形式耗散或被生物体利用，而不能逆向进行运转。能量消耗主要是：功能方面的物质循环和能量流动原理；输入的压力效果；食物网的构建；系统组分间的反馈；营养传输的效率；初级生产力和分解速率；非生物环境的形成；自然干扰体系必须恢复。尤其是生态系统能量转换的食物网原理，对退化生态系统的重建及综合利用非常有益。

群落的第一性生产力（primary productivity，又称初级生产力）取决于整个群落和生态系统对资源的利用效率。一个恢复的群落和生态系统是否达到了原来的生产能力，净第一性生产力是最有效的测定指标，因为它包括了诸如光合作用（photosynthesis）、呼吸作用、营养循环、能量流动、死亡等诸多过程。群落的基础理论包括：恢复的终点是结构与功能的和谐恢复；恢复的群落中可容纳多少特征与原群落不同；生物多样性理论与恢复；生境异质性与生态系统功能恢复的过程；演替和干扰理论与恢复过程；胁迫性条件下植物成簇性易于恢复；如果群落的演替可预测，则通过人为干预可加快恢复速率。

3.1.3　空间有关的生态学原理的应用

生态系统中生物的容纳量，首先直接取决于可利用的空间范围。退化生态系统的恢复与重建，也依赖于对有关空间原理的理解。

1. 种群密度制约

种群密度（population density）是指在单位面积或体积中的个体数，“种群密度”与“密度”不同，前者是个体的“数目”，后者是比例，种群密度是种群最基本的数量特征。根据经典的阿氏原理（Allee' s principle），种群密度太高或太低，都可能成为种群发展的限制因子（limiting factor）。种群密度的上限由种群所处生态系统的能量流动决定，下限不好确定，生态系统的稳态调节可以使优势生物的种群密度保持在一个有限的范围内。此外，在某些情况下，每个个体的可利用空间如果高于或等于最适宜值，那么就可以对种群的发展产生有利影响；而如果空间太小，则会产生不利影响。由于阿氏原理涉及种群密度制约，该原理又称为种群密度制约原理（restriction principle）。若单株植物的可利用空间为 S，植物的干重为 P，则

$$P = K \cdot S^{-\frac{3}{2}}$$

式中，K 为常数，描述种间异质性。

种群密度制约原理有助于确定在退化生态系统重建时采用的种植密度，以及在林分改造时怎样合理间伐。

2. 种群的空间分布格局

种群空间格局（spatial pattern）又称内分布型（internal distribution pattern），是指组成种群的个体在其生活空间中的位置状态或布局。大致可分为三类：均匀型（uniform）；随机型（random）；成群型（clumped），如图3.1所示。很多种群的均匀型分布是人为所致，例如，在农田生态系统中，水稻的均匀分布；自然界中亦有均匀型分布，例如，森林中某些乔木的均匀分布。随机分布比较少见，因为在环境资源分布均匀，种群内个体间没有彼此吸引或排斥的情况下，才易产生随机分布，例如，森林地被层中的一些蜘蛛，面粉中的黄粉虫等。一般情况下，退化生态系统的重建（如荒山造林）总是采用均匀分布格局，实际上，种群的格局常常由于环境的胁迫而发生变化（彭少麟，1984），有时候采用集群分布格局也会有利于种群的发展。

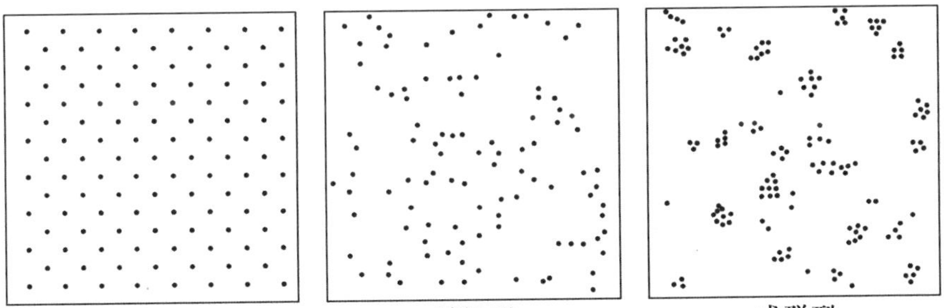

图3.1　种群的空间分布格局类型

3. 生态位原理

生态位是指一个种群在生态系统中，在时间、空间上所占据的位置及其与相关种群之

间的功能关系与作用。生物生态位的差异反映了种群的遗传学、生物学和生态学特征。生态位原理(niche principle)指不同的物种若具有相同的生态位并处于同一生态系统,则必然会造成剧烈的竞争从而不利于各自群体的发展,甚至造成其中之一的群体消亡。生态位原理在生态恢复实践中得到广泛的应用。麦克阿瑟(R. H. MacArthur)的研究发现,北美洲东北部有五种鸣禽在针叶林里一起生活,都属于林莺属(Den－droica),均以昆虫为食,对营巢地点也有相似要求,但每一种鸣禽在取食和营巢行为上显示了复杂的差别和各自占据的生态位,至少在食物丰富时防止了竞争。退化生态系统的恢复与重建,特别是构建高物种多样性的复合生态系统(如复合农林生态系统),均应考虑各物种的生态位。利用植物种生态位分化的原理,构建多层次、多物种的群落结构,通过林冠层的截留以及凋落物增厚改变地表下垫面,减缓雨滴的溅蚀力,减少地表径流量(surface runoff),控制水土流失,构建具有错落交叉的植物根系整体网络结构的群落,增加固土防冲能力,为其他生物提供稳定的生境,逐步恢复退化的生态系统。利用植物的有机残体和植物根系的穿透力,以及植物分泌物的物理、化学作用,促进土壤的发育形成和熟化,改善局部环境,并在水平和垂直空间上形成多格局和多层次,造成生态位的多样性,促进生态系统生物多样性的形成。

根据生态位理论,在进行生态恢复时要避免引进生态位相同的物种,尽可能使各物种的生态位错开,使各种群在群落中具有各自的生态位,避免种群之间的直接竞争,保证群落的稳定。同时组建由多个种群组成的生物群落,充分利用时间、空间和资源,更有效地利用环境资源,维持生态系统的稳定性。

3.1.4 时间有关的生态学原理的应用

生态系统的动态发展表现在其结构的演替变化上,如物种数量随时间的变化、种类间的更替、复杂程度的改变和生态系统组分的变化等。是否能以最高的效率改造和重建植被或生态系统,取决于对动态原则理解的程度。在改造和重建植被或生态系统的过程中,应该顺应植被或生态系统随时间的演替规律;成功的人工植被或生态系统都是在深入认识生态原则和动态原则的基础上,模拟天然植被或生态系统的产物。因此,对于退化生态系统的恢复与重建来说,最有效和最省力的途径是顺应生态系统的演替和发展规律来进行。在这方面,生态系统演替理论是指导退化生态系统重建的重要基础理论。

3.1.5 生物多样性有关的生态学原理的应用

在生态系统中,物种多样性最能反映生物组分的特征。实际上,物种多样性又是生态系统其他诸多特性的集中反映。生物多样性(biodiversity)是指生命有机体及其赖以生存的生态综合体的多样化(variety)和变异性(variability),生物多样性是生命形式的多样化(从类病毒、病毒、细菌、支原体、真菌到动物界和植物界),各种生命形式之间及其与环境之间的多种相互作用,以及各种生物群落、生态系统及其生境与生态过程的复杂性。一般来讲,生物多样性包括遗传多样性、物种多样性、生态系统及景观多样性。物种多样性有两种含义:其一是种的数目或丰富度,即一个群落或生境中物种数目的多寡;其二是种的均匀度,即一个群落或生境中全部物种个体数目的分配状况,它反映的是物种个体数目分配的均匀程度。退化生态系统的重建,更依赖于对生物多样性原理的认识。

生物多样性高的生态系统往往具有许多优势,例如,多样性高的生态系统内高生产力种类出现的机会增加；多样性高的生态系统内能量和营养关系多样化且稳定；多样性高的生态系统抗干扰和入侵能力强；多样性高的生态系统内资源利用效率高等。尽管理论生态学界关于生态系统多样性与稳定性的关系有许多争论，但生态系统网状食物链结构的增加，无疑可以使生态系统更趋向稳定。此外，多样性的增加也促使更多的群落容量处于平衡态，从而导致生态系统更加稳定，这个观点可以在物种间的捕食关系中得到证实。当某一物种的数量极多时，必须有大量的捕食者来分散过多的能量，同时又必须有大量的被捕食者物种，以保证一个物种的数量不会下降过多；当某一物种数量较少时，该物种的每一捕食者必须有大量的替代捕食者，以减少压力。

3.2　生态系统演替理论

3.2.1　演替理论概述

任何一个植物群落都不会静止不动，而是随着时间的进程处于不断变化和发展之中，因此植物群落发展变化过程中，演替是指一个先锋植物群落在裸地形成后，植物群落一个接一个相继不断地为另一个植物群落所代替，直到形成顶级群落的过程。

沿着顺序阶段向顶级群落的演替称为顺行演替；反之，由顶级群落向先锋群落的退化演变称为逆行演替。逆行演替的结果是产生退化的生态系统。而退化生态系统恢复的基本点是促使退化生态系统的演替方向发生转变，即变逆行演替为顺行演替。原生演替是指从原生裸地开始的群落演替。通常，根据原生质地的不同可分为水生演替和旱生演替。原生演替过程的物种变化规律常用来作为植被生态恢复过程中物种构建与物种调控的参照系。水生演替系列，以淡水湖中的群落演替为例，其演替过程包括：自由漂浮植物阶段、沉水植物群落阶段、浮叶根生植物群落阶段、挺水植物群落阶段、湿生草木植物群落阶段、木本植物群落阶段。旱生演替系列，从环境条件极端恶劣的岩石表面或旱砂地开始。以岩石表面开始的群落演替过程大致经过地衣植物群落、苔藓植物群落、草本植物群落和木本植物群落阶段。次生演替是发生在次生裸地上的群落演替。人为或自然的强度干扰使原生态系统造成灾难性后果而产生次生裸地，但通常它并未使全部原有植被灭绝。次生演替形成的群落称为次生群落或次生植被。典型的次生演替有森林的砍伐演替和草原的放牧演替等。

植物群落的形成可以从裸露地面开始，也可以从已有的另一个群落开始。任何一个植物群落在其形成过程中，必须要有植物繁殖体的传播、植物的定居和植物之间的“竞争”三个方面的条件和作用。当植物的繁殖体到达新地点后，开始发芽、生长和繁殖，即完成了植物的定居。随着首批先锋植物定居的成功，以及后来定居种类和个体数量的增加，植物个体之间及种与种之间开始了对光、水、营养等的竞争。一部分植物生长良好并发展成为优势种，而另外一些植物则退为伴生种，甚至消失，最终各物种之间形成了相互制约的关系，从而形成稳定的群落。

3.2.2 演替理论内容

演替理论是生态恢复的根本理论指导。演替理论认为,在自然条件下,如果群落或生态系统遭到干扰和破坏,它还是能够恢复的。首先是先锋种定居到遭破坏的地方,改变退化生境的自然环境,使得更适宜的物种生存并未取代先锋种,如此渐进到群落或生态系统恢复到原来的外貌和物种成分为止。但通过人为手段对恢复过程加以调控,可以改变演替速率或演替方向。

群落演替理论是退化生态系统恢复重建最重要的理论基础(许木启、黄玉瑶,1998),生态系统的退化实质上是一个系统在超载干扰下逆向演替的动态过程(包维楷、陈庆恒,1999),主要表现为生物多样性下降、生物生产力降低、系统结构和功能退化、稳定性下降及生态效益降低。演替是生物群落与环境相互作用导致生境变化的结果,群落演替是循序渐进进行的,这就要求我们在进行退化生态系统恢复和重建过程中也要循序渐进,依据退化阶段,按照生态演替规律分阶段、分步骤地促进顺行演替,而不能急于求成、拔苗助长。

3.2.3 演替理论的意义

传统的生态学的演替理论是恢复生态学理论产生和发展的根基。演替理论为生态恢复提供了认识论的基础。第一,演替理论能够提供发展恢复计划的依据,这是因为物种在群落中的自然周转给恢复生态实践提供了很好的参照模式,可以有效指导生态恢复计划的顺利实施。第二,演替理论衍生的促进和抑制理论为生态修复的对立统一关系提供了非常有益的理论框架,可以全面指导生态恢复项目的成功实施。例如,传递植物区系地理理论在生态恢复中可"提供一个引入次生演替物种的模式";起始植物区系地理理论可"指导设计植被恢复时要保留土壤种子库";促进理论可"认为原生演替的物种为次生物种的进入改善条件";抑制理论可"认为原生演替的物种阻碍和延迟次生物种进入";结合/偶然性理论可"指导立地有效性、定居者有效性和定居者行为的管理,强调长期的、过程导向的恢复"。第三,演替理论强调的偶然性对生态恢复目标的顺利实现至关重要,通过研究微生境、定居者的行为、演替发展过程,才能更好地利用生态学理论设计或改进恢复计划。许多情况下,自然演替后期才出现的种类其实也可以建立在植物群落发育的早期生长林地中。为此,研究人员提出了植被恢复的"复式镶嵌群落配置模式",在人工恢复的云杉林中配置高山柳、垂柏柳、桦木及槭树等阔叶树种,以利于实现群落优化配置和顺向演替,从而显著提高恢复后森林生态系统的功能,满足控制水土流失、涵养水源和保护生物多样性等需要。

3.3 退化生态系统的脆弱理论

具脆弱性的生态系统容易退化,并且退化生态系统的形成是各种干扰方式和不同干扰强度作用的结果,其形成过程使系统变得越来越脆弱。由此,生态系统的脆弱性与退化生态系统的特征密切相关。研究生态系统脆弱性理论,有助于理解生态系统的退化机制,也有助于进行生态恢复的设计。

3.3.1　脆弱性的概念

地球上的物种正在以前所未有的速度消失，生境也以相同的速度在发生改变。公众亦普遍关心这一问题，并采取相应的行动以阻止自然物种多样性的日趋下降。对不同规模的生态系统或生态景观进行合理开发利用，实现可持续发展，以减缓其下降速度。由于人类活动而面临威胁、濒临灭绝的生物种类、群落和生态系统，含有这些生物种类、群落和生态系统的区域则被认为是脆弱的(fragile)，也有人定义为受害的(damaged)、敏感的(sensitive)、易损的(vulnerable)，甚至称之为受威胁的(threatened)。总之脆弱性定义可归纳为被研究的生态系统或区域在干扰的压力下，其结构组成和功能发生变化，并向不利于自身的方向发展，而在这种发展过程的每一个阶段，该系统或区域都呈现出更易向下一阶段过渡、对干扰的响应更具脆弱性的趋势。

生态系统脆弱性的概念极其复杂，难以下一个恰当、简洁的定义。但生态系统的脆弱性具有以下特点：①脆弱性是生态系统固有的特性，其存在并不取决于生态系统是否暴露于干扰之下。②与稳定性相似，脆弱性与种的丰度和种类组成的变化有关，种类更换率高和种群波动或变迁频繁，是脆弱生态系统的明显特征。③脆弱性是生态系统多方面性质的综合体现，但不具有量化的特征，而且只有在人为或自然干扰的情况下才显露出来，若把生态系统的脆弱性与相关的干扰相联系，会为评估环境效应提供有用的手段。脆弱性反映了生境、群落和物种对环境变化的敏感程度，涉及内、外因子的综合作用。

有些国家赋予脆弱生态系统以特殊的法律定义，使自然生态的保护和管理获得法律上的保证，如瑞典《自然资源行动纲领》就明确规定，脆弱生态系统是“从生态学角度来看那些特别敏感并且要给予特殊关注的区域，该区域的特点是生产力不稳定、繁殖条件不利、物种面临灭绝的威胁，以及具有特殊的生态价值(ecological value)和重要的基因库”。

3.3.2　研究退化生态系统脆弱性的意义

退化生态系统处于演替的初始阶段，是极其不稳定的，由于在干扰压力之下，其种类的组成比较贫乏，因此在极端条件下甚至没有任何生物种存在，系统结构非常简单，功能衰退，生产力低下，自身恢复的速度非常缓慢，且必须排除持续性的干扰。所谓恢复就是要启动这样一个阶段，让系统向顺行演替方向发展。

导致生态系统退化的环境因素很多，如环境背景较为脆弱，生态条件趋于恶化，自然灾害增加等。环境背景是指生态系统存在的大环境，或特定地区生态系统水、土、气、生物等各项环境条件的综合背景。在地球上，有很多地区，如干旱、高寒地区，其环境背景极为恶劣和脆弱，既不利于动植物的生存和繁衍，又极易在内外因素扰动下受到破坏。这种恶劣和脆弱的环境背景，是这些地区生态系统的先天不足，是其退化的重要原因。造成这些恶劣和脆弱环境背景的主要因素有：①极端环境：包括极端干旱、低温、高温、高海拔环境。②不稳定的土壤基质：在地球的陆地生态系统中，一切动植物的生存都离不开土壤(或基岩)。但在地球陆地表面，并不是所有的土壤基质都是稳定的。一些地区由于风蚀、水蚀、滑坡、泥石流的影响，土壤基质常常处于活动状态，并导致土壤的流失。由于土壤的流失，生存于其上或其中的动植物和微生物经常受到伤害，严重时甚至导致局部一些动植物种群的灭绝。在这种背景下形成的生态系统是非常脆弱和不稳定的，在外界干扰下极易受到破坏,而且很难恢复。

为此国内外已经启动了一些大型的恢复生态学科研项目,研究退化生态系统植被恢复过程中的种类组成、系统结构及系统功能机理的动态变化,目的是改善生态环境和促进生态平衡,提高土地生产力。生态系统脆弱性的研究虽然还没有发展成恢复生态学的一个分支学科,但生态系统的脆弱性与退化生态系统的特征关系密切,把脆弱性与退化生态系统各因子的关系应用到退化生态系统的恢复研究中,具有明显的指导意义。

3.3.3 脆弱性与其他因素的关系

1. 脆弱性与稳定性

一般认为,生态系统的脆弱性与稳定性是内涵相同但表现形式相反的两个概念,脆弱性高即意味着稳定性低。在自然群落中,稳定性显然取决于群落的稳定性和环境多变性之间的平衡。在一个稳定的环境中,复杂、脆弱的群落也许会生存不下去,而在一个多变的并且不可预测的环境中,仅有简单的和生长旺盛的群落才能够生存下去。许多学者都对稳定性下过定义,内容相当广泛。由于脆弱性或稳定性含义相当复杂,人们在应用中面临许多相关的难题,因此,利用它来评价一个生态系统时就必须考虑如下几个方面的问题:

(1)脆弱性的量化。脆弱性的各个方面不可能绝对地量化,脆弱性的整体亦然。土壤肥力的高低可通过各项指标体现出来,人工林生态系统中没有固氮特性的先锋树种能否生存或生长得快慢与这些指标(比如氮的含量)或许有一定关系,但对有固氮能力的先锋树种而言,氮的指标并不是限制因子,故土壤肥力的量化指标在这种情况下不起作用。

(2)脆弱性的尺度。评价生态系统的脆弱性还取决于研究主体所考虑的时间和空间尺度以及系统内生物类群的大小(彭少麟、温远光等,1996)。某一生态系统从长期来看是稳定的,而在短期观察则是脆弱的。红锥(castanopsis hystrix)是广东鼎湖山常绿阔叶林的先锋群种,由于它的幼苗耐阴性差,群落内种群的更新异常困难,随着时间的推移,红锥这一种群将会退出原来的群落,可以说该种群波动较大,是脆弱的,但是相同生活型的种类会取而代之,常绿阔叶林群落的结构、功能以及总体的种类组成结构几乎保持不变,从大尺度来看又是稳定的。

(3)脆弱性不同方面的相关性。脆弱性的不同方面并不一定密切相关。还以土壤肥力为例,一个生态系统的土壤肥力和系统内某种生物的抗干扰能力是描述系统脆弱性的两个方面,但肥力的高低并不一定与该生物种的抗干扰能力发生必然的联系,生态系统某方面较脆弱的同时,另一方面或许相对稳定,评价生态系统的脆弱性需要有一整套综合性的概念和方法。

2. 脆弱性与多样性

生物多样性是生态系统稳定的基础,生物多样性高,系统的脆弱性就低。生态系统种的丰度和种类组成是多样性最基本和最重要的两个量度因子,这两个因子变化的程度不受时间的影响,因而也是研究脆弱性最合适的两个参数。

种类单一的森林群落往往极易受到外界因素的干扰,其抗干扰能力低于种类组成较丰富、结构较复杂的森林群落。广东地区有大面积的马尾松纯林,20 世纪 80 年代末到 90 年代初曾经遭受松突圆蚧(hemiberlesia pitysophila)的袭击,出现大面积连片松林死亡的现象,致使当地经济损失巨大。而在同一地区,某些局部性的连片人工阔叶混交林和针阔叶混交林(如鹤山市)却能抵御这种虫害。因为松突圆蚧主要危害松树的生长点,虫害的扩散是通过邻近的植株逐步传播,而针阔叶混交林和阔叶混交林的种类配置结构具有抑制虫害传播的条件,故能成功地躲避自然灾难。这是系统多样性带来的高抗干扰能力(低脆弱性)的明显例证。

3. 脆弱性与物种的入侵和消亡

物种的入侵和消亡是产生脆弱性的两个基本过程。物种能否成功地加入一个生态系统(入侵),受四个方面的因素影响:①物种与该系统内原有本地种不产生竞争关系;②该系统具有传粉(指植物)、种源散布的媒介或互利者;③没有共同的天敌;④入侵种不具备产生对自身不利的低密度效应。

在自然界中,要入侵一个成熟稳定的生态系统,其成功率是很低的,因为在这类自然生态系统内相互作用、相互影响的物种已充分利用已有的资源,致使新成员的定居相当困难,即使入侵有可能成功也只能是加进系统,不可能替代已有的种类。

与入侵相反,物种的消亡则常常发生。物种的消亡有自然原因和人为原因两种。自然条件下,富营养化、区域流行病、物种的传播和群集能力低下、大规模迁移、火山爆发、气候变化、地磁逆转、陨石下落、捕食特性和竞争等一系列因素都会造成物种的消亡。最常见的与人类有关的物种消亡原因有过度捕杀、生境被毁、病原的引入、捕食者和竞争者的引入,以及化学污染等,除此之外,人类的大规模迁移和新的定居也会产生同样的问题。一个种的入侵或灭绝可能会引发生态系统内出现进一步的种类更换和种群波动,因此,判断脆弱性的基础是了解生态系统对种的入侵和消亡的响应。

4. 脆弱性与生态位

生态位用于概括说明某物种究竟是怎样生活在地球生态系统的;生活在一起的种,每一个必须具有它们自己独特的生态位,物种生态位的大小反映了种群的遗传学、生物学和生态学特征(王伯荪,1987)。

生态位分化程度高的生态系统,其中的生物种类也非常丰富,从而系统的脆弱性低,抗干扰能力强。热带雨林就是一个生态位分化程度很高的最好例子。在热带雨林中,地上与地下的空间资源被完全充分利用,食物链的环节多且精细,它一旦受到干扰或局部受到损坏,系统能迅速作出响应并进行修复,重新建立平衡,因而它是稳定的。所以,生态系统的脆弱性与生态系统生态位的分化程度呈相反关系。

应用生态系统脆弱性与生态位关系的原理,发挥植物在退化生态系统植被恢复中的作用,就能增强新建立的森林生态系统的稳定性和抗性:①利用植物种生态位分化的原理构建多层多种的群落结构,林冠对雨水的截留以及林地下垫面凋落物的积聚,能起到减缓雨滴对地表的冲刷、减少地表径流量和控制水土流失的作用;②利用植物有机残体和根系的穿透作用,以及根系分泌物的理化作用,可以促进土壤的发育和熟化,改善局部环境,并在水平和垂直空间上形成多格局和多层次,造成生态位的多样性,促使生态系统生物多样性的形成;③应用生态位原理,构建具有植物根系错落交叉的整体网络结构的群落,增加固土防冲能力,为其他生物提供稳定的生境,逐步建立稳定的森林群落。

在生态恢复实践中,若不善于利用生态系统的脆弱性与生态位的关系,会出现许多不良的结果。桉树(eucalyptus spp)林是华南地区常见的人工林,在这种人工林的群落林下,光板现象相当普遍,由于群落结构简单,缺乏下层结构,若长期经营常常会导致土壤地力衰退，土壤微生物量减少（彭少麟等，1995），个别人工桉树林的水分效应甚至比没有植被覆盖的裸地还差（如地下水位更低，雨水对地面的冲蚀更严重）（周国逸，1997）。

5. 脆弱性与环境因子

生态系统的脆弱性与环境因子并不存在必然的因果关系，但环境变化，尤其是群落内小气候的变化能反映生态系统的脆弱程度。利用这种关系，把环境因子作为生态系统脆弱性评价的基础，通过预测环境因子，特别是那些对种类动力机制起关键性作用的环境因子的变化，可判断生态系统的稳定性。

在植物群落中，群落内的热状况是诸多环境因子对群落影响最明显的。群落对热状况的改变或影响，首先是群落的作用面林冠层吸收和反射了大量的太阳辐射，使进入群落内的辐射能减少，从而减少了群落内的热量，而密闭的林冠层又起着覆盖保温作用，使群落内的热量不易散失和变化。与此同时，群落中重叠的层次结构，又阻碍了群落内部及其与群落外部的热量交换，因此，在某种意义上，群落内温度的稳定性以及温度与外界差值的大小，与群落的郁闭度和组成的层数成正比，即系统越稳定，温度的变化越平缓。此外，系统内的温度靠群落中植物的蒸腾和枯枝落叶的蒸发不断消耗热能来调节，缓和地表温度的振幅（amplitude）和热量的散失，使系统内的水分状况相对稳定（Larcher，1980）。

粤东地区的五华县自然条件优越，历史上曾是森林茂密、山清水秀之地，由于人口增长过快，过度开垦和采薪，原有的亚热带森林植被遭到彻底的毁坏，造成严重水土流失，阻碍了当地农业的发展。近10年的封山育林和人工水土整治工程的实施，使原来的荒山披上了绿装，消失的南亚热带常绿阔叶林正在缓慢地恢复，其中灌丛草坡和次生阔叶林是植被恢复演替进程中有代表性的前后两个阶段。

从前者向后者演替，是一个漫长的过程，此阶段需大量的当地植物种入侵、定居。入侵种能否成功，小环境具有关键性的作用，因为新种的入侵非常依赖于群落的小气候条件。种子的萌发、幼苗的生长需要一个较稳定的小环境。只有相当数量的植物成功地进入这个群落，才能过渡到演替的第二阶段，即次生阔叶林群落。第一阶段系统是非常脆弱的，微弱的干扰会使群落的小环境变得更不稳定，阻碍新种加入系统，以致演替速度下降或停止演替。此时的人为保护非常重要。一旦成功地过渡到第二阶段，群落的生物多样性、多样多层的空间结构有了明显的发展，群落就变得较为稳定。

综上脆弱性与退化生态系统某些方面的关系，可以看出，在实践中我们可以利用脆弱性的理论，判断生态系统被干扰的程度，确定退化生态系统的类型，界定退化生态系统的范围，或者通过研究生态系统种类组成的变化趋势，模拟某些关键种的变化来预测生态系统在某种干扰下产生退化的结果，进而采用不同的恢复途径和方法。

3.4 生态系统管理理论

生态系统管理起源于传统的林业资源管理和利用过程。Marsh 早在 1864 年出版的《人与自然》一书中就指出，如果英国合理地管理森林资源，就可以有效地减少土壤侵蚀。此后陆续有很多研究者对生态系统管理进行了大量的研究。人们逐渐认识到，传统的单一追求生态系统持续最大产量的观点必须改为寻求生态系统的可持续性（sustainability），资源管理也应从传统的单一资源管理转向系统资源管理。要实现这一目标,生态系统管理经营者需要与生态学家合作。生态系统管理正是管理者与科学家之间的桥梁,可以实现生态系统多个产出目标及其整体性(或可持续性)。

3.4.1　生态系统管理的含义

对生态系统管理的定义,不同学者的研究领域、侧重点不同,对生态系统管理的理解也不同,因而出现了多种关于生态系统管理的定义。归纳起来,部分定义强调生态系统的结构与功能过程管理,大多数定义强调生态系统的生态、经济和社会学管理。

(1)强调生态系统的结构与功能过程管理的含义。一些学者认为,生态系统管理应主要考虑生态系统诸方面的状态过程,包括那些调控生态系统内部结构和功能、输入和输出,并获得社会上所渴望的产品(Agee 等,1988)。其主要目标是维持土壤生产力、遗传特性、生物多样性、景观格局和生态过程(SAF Task Force,1992)。Dale(1999)从土地管理的角度,认为生态系统管理是考虑了组成生态系统的所有生物体及生态过程,并基于对生态系统理解得最好的土地利用决策和土地管理实践过程。生态系统管理包括维持生态系统结构、功能的可持续性,认识生态系统的时空动态,生态系统功能依赖于生态系统的结构和多样性,土地利用决策必须考虑整个生态系统。

(2)强调生态系统的生态、经济和社会学管理的含义。这一部分学者认为,生态系统管理是一种基于生态系统知识的管理和评价方法,这种方法将生态系统结构、功能和过程,社会和经济目标的可持续性融合在一起(Overbay,1992),利用生态学、社会学和管理学原理来管理生态系统的生产、恢复或维持生态系统整体性和长期的公益和价值(Eastside Forest Health Assessment Team,1993)。综合利用生态学、经济学和社会学原理管理生物学和物理学系统,以保证生态系统的可持续性、自然界的多样性和景观的生产力(Wood,1994)。

(3)强调生态系统可持续发展管理的含义。可持续发展的内涵包括了生态、经济和社会的可持续发展,这三方面是相辅相成的(王伯荪等,1998)。不少学者认为,生态系统管理应该考虑可持续发展,尤其是要考虑生态系统与经济社会系统间的可持续性的平衡(Christensen 等,1996)。对生态系统合理经营管理以确保其持续性,生态持续性是指维持生态系统的长期发展趋势或过程,并避免损害或衰退(Boyce 等,1997)。

(4)生态系统管理的定义。生态系统管理(ecosystem management)是指具有明确和可适应的目标,通过政策、协议和实践活动而实施的对生态系统的管理。生态系统管理是合理利用和保护生态系统健康的最有效途径。这个概念包含两个要点:第一,生态系统管理必须要有明确的目标,它是由决策者最后确定的,但同时它又具可适应性,即可以根据实际情况进行修改;第二,生态系统管理是通过制定政策、签订协议和具体的实践活动而实施的。

3.4.2　生态系统变化的度量

生态系统状态的自然变化一直备受生态学家关注,而干扰情况下生态系统的状态变化是生态学家和管理者都要考虑和关注的问题。生态系统管理必须考虑生态系统的变化,以确定管理方式,避免生态系统的退化。

(1)生态系统管理的基础资料。对生态系统进行管理首先必须搜集获取基础资料,包括不同尺度的资料。由于生态系统非常复杂,这些资料或知识可能是个体及种群的,也可能是群落及生态系统的,或景观、生物圈(biosphere)等空间尺度的,同时这些空间尺度的资料还与时间尺度问题相互交错。包括:①植物个体及种群尺度的资料;②群落及生态系统尺度的资料;③景观尺度的资料;④生物圈尺度的资料。

(2)生态系统变化的测度。生态系统的变化可通过一些参数来描述。这些通常要求可量化测度,以便进行变化程度的比较。常用的直接生态系统状态指标有测度、综合变化指标测度和社会需求指标测度三种。

3.4.3 生态系统管理的原则与目标

1. 生态系统管理的基本原则

在良好的管理下,生态系统给人类提供产品和服务的功能是可以持续维持的。管理要有科学的依据和良好的管理制度和措施,并在管理过程中逐步完善。盛连喜(2002)认为生态系统管理应遵循以下原则:

(1)整体性原则。整体性是生态系统的基本特征,各种自然生态系统都有其自身的整体运动规律,人为和随意的分割都会给整个系统带来灾难。因此在管理中要遵循系统的整体性原则,切忌人为切割。

(2)动态性原则。生态系统的发育是一个动态的过程,同时也是一个演替的过程,包括正向演替和逆向演替。即使没有人为干扰,也始终处于动态变化之中。

(3)循环利用性原则。生态系统中有些资源是有限的,而非“取之不尽用之不竭”,因此在进行管理时,要遵循经济、生态规律。

(4)再生性原则。生态系统最显著的特征之一是具有很高的生产能力和再生功能。其主要组分——生产者,为地球上一切异养生物提供营养物质,是全球生物资源的营养者。异养生物对初级生产的物质进行取食加工和再生产,通过生态系统的多种功能流,如物质流、能量流等,形成次级生产。生态系统的这种生产能力和再造性,在管理中必须得到高度的重视,从而保证生态系统提供充足的资源和良好的服务。

(5)平衡性原则。生态系统健康是生态系统管理的目标,一个健康的生态系统通常处于稳定和自我调节的状态,生态系统各部分的结构与功能处于相互适应与协调的动态平衡之中。生态系统自我调节能力受生态阈限的制约。

2. 生态系统管理的目标

对于生态系统管理的目标,目前主要有两种认识:生态系统健康和持续力。相对而言,生态系统健康的目标被更广泛地接受。

(1)生态系统健康。一种观点认为,生态系统健康是生态系统管理的目标,管理是着眼于保持和维持生态系统的结构、功能的可持续性,保证生态系统健康。1990 年 10 月和 1991 年 2 月分别在美国马里兰和华盛顿召开了生态系统健康的专门会议,并确定生态系统健康为环境管理的目标。

(2)持续力。另一种观点认为,生态系统管理的中心目标有两个方面,使生态系统得以持续发展;使生态系统同样能够对我们的后代提供产品和服务。换言之,持续力(sustainability)是普遍认同的生态系统管理的中心目标。

3.4.4　退化生态系统管理

生态系统管理作为恢复生态学的基础理论,有两方面的直接原因:①在利用生态系统的背景下,如何进行管理才能使生态系统不会退化;②对于退化生态系统,如何管理才能有效地恢复,如图 3.2 所示(任海等,2001)。

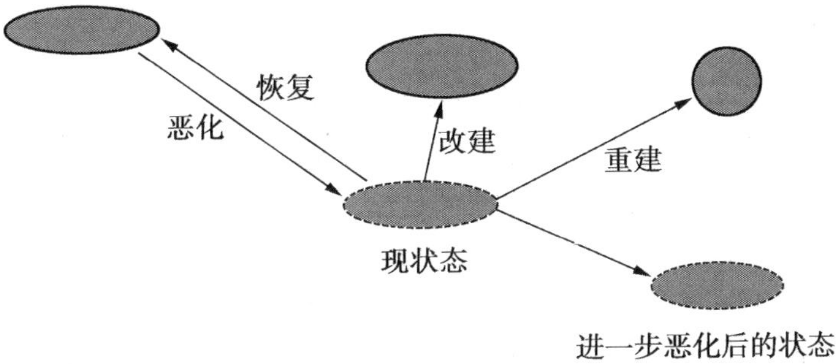

图 3.2　退化生态系统管理的几种策略选择

第4章　退化生态系统的自然恢复和人工恢复

大量研究表明，世界上绝大多数地区的退化生态系统都是人类对资源、环境过度利用或不合理经济活动过度干扰所致（王涛，2003）。当人类干扰排除或减轻之后，大部分退化的生态系统都会逐步趋于自然恢复（赵哈林等，2004）。特别是一部分自然条件较好，或生态系统退化较轻的地区，这一恢复进程有时还很快。一些退化生态系统在消除人为干扰后，可以逐步自然恢复。而另一些退化生态系统，由于受损严重或自然条件恶劣，在消除人为干扰后，很难自然恢复，或自然恢复进程缓慢。这时，需要采取人工措施，但不是所有的人工措施都能够促进退化生态系统的恢复，只有那些遵循了自然发展规律，符合当地自然条件的人工治理措施，才能有效促进退化生态系统的恢复。而要掌握自然发展规律，采取有效措施，就要了解退化生态系统的人工修复的一些基本原理。本章将从气候变化、植被和微生物对环境的作用、景观格驱动理论等方面阐述退化生态系统的自然恢复机制，并且介绍一些人工恢复的基本原理。

4.1　气候与植被恢复

地球上，任何地区的植被都是在一定的气候条件长期作用下的结果。因此，任何明显的气候变化都会对植被产生影响，改变着植被演替的方向或速度。对于退化植被来说，有利的气候条件更是其自然恢复的动力和机制。

4.1.1　植被分布与气候的关系

陆地植被的分布有水平地带性分布和垂直地带性分布。研究结果表明，植被的地带性分布规律既与气候的空间分布特征有关，又与植物的生态类型及其对环境响应能力的影响有关。

1. 植被的地带性分布与气候的关系

气候的空间变化是有规律的。在地球表面上，太阳辐射随着地理纬度变化：低纬度的赤道地区，全年地面接受太阳总辐射量最大，季节分配较均匀，终年高温，长夏无冬；随着纬度的增高，地面受热逐渐减少，一年中季节差异明显；到了高纬度地区（如北极），地面受热最少，终年寒冷、长冬无夏。这样，从南到北就形成了各种热量带，赤道地区是地球上最热的地区，从赤道向两极沿纬度气温逐渐下降，形成了以温度划分的热带、亚热带、暖温带、温带、冷温带、寒带等不同热量带。另外，由于地球上的大陆均被海洋所环绕，海洋上产生的大量水汽，通过大气环流和降水输送到陆地。由于海洋向陆地输送的水汽沿途不断形成降水而减少，同时受到大陆高山、高原阻隔，使得陆地上的降水量在同一纬度的不同地点，往往差异很大，呈现从沿海到内陆渐次减少的现象。因此，在同一个热量带内，沿海地区空气湿润,降水量大;距离海洋较远的地区,大气降水量减少,干旱季节长;到了大陆中心,大气降水量更少,气候极为干旱。例如,我国的大陆性气候明显,从沿海到内陆,按降水量多少依次分布着湿润、半湿润、半干旱、干旱和极端干旱气候区。而在我国北方内陆高山地区,随着海拔的升高,温度逐步降低,降水量逐步升高,温度和降水呈负相关(Jordan 等,1987)。

地球表面植被的空间变化也是有规律的。地球表面植被的地带性分布规律包括水平地带性分布规律和垂直地带性分布规律,水平地带性分布规律分为径向和纬向地带性分布规律。植被的径向地带性分布规律在北半球的欧亚大陆区最为明显,它从沿海向内陆植被类型依次从森林、森林草原、典型草原,变化到半荒漠、荒漠。例如,在我国北方地区从沿海到内陆植被类型径向变化规律为森林、森林草原、典型草原、草原化荒漠、荒漠。在北半球,从赤道热带地区到极地寒带地区,植被类型的纬向地带性变化规律依次是热带雨林、亚热带常绿阔叶林、温带落叶阔叶林、寒温带针叶林、极地苔原带。在我国,从南到北沿纬度也依次分布着热带雨林区、亚热带常绿阔叶林区、温带落叶阔叶林区和寒温带针叶林区,表现出明显的纬度地带性。植被的垂直地带性分布规律主要发生于高山地区,从山底平原到山顶,常可看到植被呈带状依次变化。例如,分布于我国内陆干旱区的祁连山山脉,从山麓到山顶依次分布有荒漠、荒漠草原、草原、森林、高山草甸等植被。

大量研究结果表明,地球表面植被的空间变化规律与气候的空间变化规律是一致的(Cairns,1980)。植被类型的纬度地带性分布与温度的纬度地带性分布是一致的,山地植被的垂直变化规律受温度、降水的垂直变化规律抑制;植被类型的径向变化与降水量的径向地带性变化一致(姜汉侨等,2004)。由于水、热、光照条件是一切植物生存和繁衍的必要、限制条件,光照强弱、气温高低、降水量多少直接影响植物的生存、生长发育和生物产量,因此一定的气候条件下总是对应着一定的植被种类和植被类型,植被类型的空间变化总是随着气候的空间变化而变化。这说明,植被变化与气候变化存在着密切关系,植被变化取决于气候变化。

2. 植物的气候生态位

地球上的一切植物的生存和繁衍都需要一定的气候条件,特别是光照、水、热条件,所以地球上的植被随大尺度气候条件的空间变化而呈现地带性分布。达不到这样的气候条件,植物在自然状况下就不能正常生存或者说不能长期存活下去,这种植物所需要的气候条件,就是植物的气候生态位。由于一个地区的气候条件总是处于不断变化之中,植物经过了长期的自然选择,也逐步适应了气候条件的变化,能够在变化中的气候条件下生存。但是,植物并不是对所有的气候变化都能够适应,它只是在一定的气候条件下生长发育最好,种群繁衍最为迅速。当气候条件发生轻微改变时,植物也能够适应,但生长发育、种群数量和生物产量可能会受到抑制。当气候变化超过了植物的适应能力的时候,植物往往会受到伤害,特别是极端气候事件的发生往往给植物造成致命的伤害。也就是说,每一种植物都有自己适宜的气候生态位,在这个生态位上,适合植物的生存和繁衍,在气候条件偏离这个植物生态位时,植物的生长就会受到影响,严重时会导致植物消亡(Cairns,1980)。

不同植物生存和发展不仅所需要的气候条件有很大不同,而且所能适应的气候变幅也有很大区别。也就是说,不同植物有着不同的气候生态位,不同植物气候生态位的宽度也有很大差别(张金屯,2003)。

3. 植被分布与气候的关系

根据气候条件对植物的作用及植物对气候变化的响应,我们将植物的气候生态位分为微气象生态位、基础气候生态位和功能气候生态位。植物的微气象生态位是植物需要的局部近地表微气象条件。这些微气象条件包括近地表温度、湿度、辐射、风沙活动等,这些微气象条件既打着区域气候背景条件的烙印,也受局部地形、土壤、水分等环境条件的影响。这些微气象条件对植物的生存和繁衍影响极大,它可能导致植物种组成、局部植物群落类型、优势种种类、群落的功能特征发生明显改变,产生与地带性植被完全不同的隐域或半隐域植被,产生偏离顶极气候群落的偏途顶极群落。基础气候生态位是指植物生存与繁衍所需要的气候背景条件。从植被的演替系列来看,基础气候生态位决定着地带性植被的类型、种类组成和顶极群落的基本功能特征(Cairns,1980)。因此,对于一个顶极气候群落来说,没有人为干扰的情况下,大的气候背景稳定,其群落类型、植物种组成及生物多样性一般也不会发生大的波动。功能气候生态位是指植物展现其功能特征所需要的气候条件。对于一个植物群落来说,其植被高度、盖度和生物产量等属于功能特征,这些功能特征往往是功能气候生态位所决定的。由于年际气候条件总是不断变化的,其植被盖度、高度和生物量也会随着降水的多少、温度的高低而变化。

4.1.2 气候对植被恢复的驱动机制

在退化植被恢复过程中,气候的驱动作用是显而易见的(赵哈林等,2004)。其主要表现在三个方面:①在消除人为干扰后,群落的物种组成、丰富度、盖度、高度和生物量会自然增加,气候条件的改善可以加速这一过程;②大部分一年生植物或短命植物都在雨季萌发,较多的降水和较高的气温,有利于其萌发和存活,使土壤种子库的潜在植被转变为现实植被;③大多数退化植被恢复演替的方向都是地带性植被,终点为顶极群落,这是气候驱动机制的最根本体现。

在全球尺度上,人类对环境的干扰,如 CO_2 等温室气体排放量的增加,可能会引起世界性的气候变化。但在区域或更小尺度上,人类对植被的破坏,一般不会引起大尺度的气候变化,如区域年均降水和年均温度均很少受到局地植被破坏的影响。但是,局域植被的破坏可以引起局地小气候的明显恶化,如造成空气湿度的下降、裸露地表温度的升高、地面反射增强、无霜期的缩短、地表风沙流增强等。当局域人为干扰消除以后,大尺度的气候背景条件仍不会发生明显改变,降水和气温仍会随其发展规律而呈有规律的变化,只有那些对局部植被产生影响的微气象条件有可能发生明显变化(孙书存、包维楷,2005)。因此,气候对退化植被恢复的驱动作用和作用机理,在不同尺度和层面上有很大不同。下面我们将主要从降水的短期、中期和长期变化三个尺度论述气候变化对植被恢复的驱动作用和机制。

1. 降水年际变化对退化植被恢复的驱动机制

一般来说,各种气候因子年际间都会发生变化,但年际变化最明显,对植被影响最大的还是降水的变化,包括降水量、强度、时间和频率。大多数情况下,降水条件的改善,包括有效降水量的增加、降水持续时间延长,都有利于退化植被的恢复。反之,如果降水不是限制条件时,降水量的增加,降水强度的增大,其对植被恢复的驱动作用可能会不明显,甚至反而对退化植被产生不良影响。

(1)降水年际条件改善对退化植被恢复的驱动作用。降水年际条件改善对退化植被恢复的驱动作用主要体现在以下三个方面：

①降水量的增加和降水持续时间的延长，有利于植物种子萌发和幼苗生长，可提高植物种子萌发成活率，增加实生苗数量，增大种群密度。特别是在干旱荒漠地区，春、夏降水是植物种子的萌发和幼苗生长的决定因素。在降水多的年份，沙漠一年生植物大量萌生，而在干旱的年份，则可能极少有植物种子萌生。另外，降水量丰沛，也对幼苗的存活和生长有利，使幼苗的成活率明显提高。显然，降水增加对种子萌发和幼苗成活率的促进作用对于退化植被的恢复是有利的。

②当年降水量的增加，植株生长大多数情况下会表现出生长旺盛，分枝分蘖增多，叶色光亮，植被高度、盖度和地上生物量都会明显增加。而植被高度、盖度和生物产量的增加，也意味着植被功能特征得到改善，说明退化植被的功能恢复。例如，在半干旱地区的科尔沁沙地，和正常降水年份相比，降水多的年份草地植被高度和盖度可增加 20% ~30%，地上生物量增加 10% ~20%，而极端干旱年份其植被高度和盖度则可能下降 30% ~50%，地上生物量下降 50% ~80%。

③降水量增加，植物的繁殖能力特别是无性繁殖能力明显增强，加快了种群蔓延和扩散速度。干旱区，对于大多数植物来说，降水增加是植物在保证基本生存的条件下，有更多的水资源可以用于繁衍和种群扩散。这时，植物不仅会由单一繁殖方式向多种繁殖方式转变，而且繁殖率也会增高。干旱年份的科尔沁沙地草类一般只进行营养繁殖，种子繁殖能力很差；而在丰雨年份，不仅营养繁殖和种子繁殖并举，而且营养繁殖和种子繁殖数量明显增加，从而使其种群数量增加，种群蔓延速度加快，种群覆盖度增大。

(2) 降水年际条件改善对退化植被恢复的驱动机制。如上所述，降水年际条件的改善可以促进退化植被的恢复，其主要机制包括以下几个方面：

①降雨量增加带来降水持续时间的延长，为土壤种子的萌发提供了较为充裕的时间，使萌发的有效种子数量增加。种子萌发不仅需要适宜的土壤含水量，而且需要其持续一定的时间，否则即使种子萌发了，也很难出苗，或在苗期死亡。如果降水持续时间得到延长，就会使萌发的种子很快出苗和扎根，成活率升高。

②降水量的增加可以改善植物的土壤水肥条件。降水不但可以使植物得到更多的水分供给，保证植物恢复生长所需要的水分，而且在干旱条件下，土壤水分含量的增加，也可促进土壤养分的有效性，使更多的土壤养分能够被植物吸收，用于恢复生长。特别是在干旱地区，土壤水分含量一般较低，直接限制着植物的生存和繁衍，降水量的增加对土壤水分的补充很重要，提高植物生存和繁衍的概率。

③降水量的增加可以改善植物群落中的微气象条件，有利于植物的生长。一般情况下，降水量的增加可以增加空气湿度，降低夏季地表温度，减少地表反射，使植物体温下降、蒸腾耗水减少。特别是在多风的沙质土壤地区，降水还可以降低风沙活动强度，减弱风沙流活动对植物的危害。微气象条件的好坏与植物生长关系相当密切，因此降水增加对植物微气象条件的改善显然是退化植被恢复的重要机制。

由于降水存在着明显的年际变化，多雨年份有利于退化植被的恢复，但干旱年份退化植被的恢复也会受到抑制。那么，在消除人类干扰之后，退化植被在降水的年际变化间逐步走向恢复的过程是：植被在多雨年份的恢复，一般情况下是不会完全被干旱年份降水减少的影响所抵消。因为对于乔木、灌木和多年生草本来说，在多雨年份可能会新生很多枝条或根茎苗,使地表覆盖增加,而在干旱年份这些枝条或根茎苗一般是不会死亡的。虽然,当年降水量也会引起一年生植物种的增加,但次年如果遇到干旱年份,新侵入的一年生植物种就会消亡。研究结果表明,一年生植物的物种数量会随着年际降水量的变化而波动,年度降水量的改善在群落恢复的早期不能成为群落植物种组成变化的驱动因素。

2. 中期降水变化对植物恢复的影响

如上所述,植被高度、盖度和生物量的恢复是和年际降水量变化密切相关的。群落的植物种组成、种的饱和度、生物多样性也同样与年降水量有密切的关系。研究结果表明,一般情况下,无论是年降水量还是季节降水量的增加,都会引起群落的植物种组成、种的饱和度和生物多样性的增加。因为,降水的增加,使一些种的萌发和侵入加快,导致植物种数量增加(赵哈林等,2004)。但这些新增加的种对降水往往非常敏感,如果在生长后期,甚至是来年降水量减少,它们就会消失,使植物种的数量随降水的年际变化或季节变化而波动,而不像植被盖度、高度和生物量那样存在明显的累积恢复效应。因此,群落植物种组成和生物多样性,一般不会随着短期降水的增加而呈现增加的趋势,而只有中期降水量的增加,才有可能使植物种数量、生物多样性得以逐步增加。

(1)中期降水增加对退化植被恢复的驱动作用。连续几年的降水量增加称为中期降水量增加。连续几年降水的增加也可以引起群落植物种组成、种的饱和度和生物多样性变化,对退化植物群落的物种结构产生重要影响。中期降水量的增加对退化植被恢复的驱动作用主要表现在以下几个方面:

①促进植物种群数量稳定增加。连续几年降水条件的改善,大部分植物种群的数量都会明显增加,特别是新侵入种一般能够形成具有维持种群稳定和发展的最小群体数量。对于这些新的侵入种,只有当其种群数量达到一定水平时,其种群才会形成一定的结构,才具有繁衍、竞争的能力,才能长期存活下去。因此,最小种群数量的形成,是保证群落植物种增加的必要条件。

②使群落中植物种群的分布更加分散,均匀度增加。植物种群是否均匀分布,是群落生物多样性能否增加的一个重要决定因素。气候条件的连续改善,会减弱或消除退化植被或草地环境条件的空间异质性,使植物更容易从原有斑块中向外扩散,随机扩散的概率也会提高,导致均匀度增加。

(2)中期降水增加对退化植被恢复的驱动机制。

①气候条件的连续改善会形成良好群落微气象条件且持续存在,有利于更多植物种的侵入。例如,在半干旱地区,如果连续几年多雨少风,流动、半流动沙丘的地表则可能会形成物理或生物结皮,不仅风沙活动会明显减弱,而且地表温度会下降,在消除了春季风沙流的打磨和夏季地表高温灼伤的危害后,更多的植物种就会侵入,使群落植物种组成数量增加。

②促进植被盖度的增加,使一些窄生态位植物在其他植物的庇护下得以生存。气候条件的连续改善,首先会使退化植被高度、盖度明显改善。而植被高度和盖度的连续改善,会对新侵入的植物种产生有效的庇护,使其得以稳定发展,从而使群落的植物种组成数量稳步增加。

③使多年生植物在侵入早期安全越冬。对于大多数多年生植物来说,都具有苗期生长缓慢,当年越冬能力差的特点。虽然,某个季节或年份降水量增加也会促进一些多年生植

物的侵入,但如果下个季节或年份降水量减少,这些新侵入的多年生植物就难以抵御严冬低温和春季风沙干旱的胁迫,会造成其再次消亡。只有连续的气候条件改善,才能够保证更多的多年生草本植物的侵入并稳定存活,增加群落的植物种组成和生物多样性。

3. 长期气候变化对植物恢复的影响

长期气候变化,是指能够影响一个地区平均气候指标变化的,以十年为尺度的气候变化,也可以说是一个地区气候背景的变化。它一般受全球气候变化的影响,如温室气体排放量增加和全球气候变暖所引起的区域气温升高和降水量变化等。这种气候变化比较缓慢,具有一定的持续性,对植被的影响比较深远,不仅决定着植被演替的方向和速度,也影响着植被恢复的终点和气候顶极群落的特征。

不同时间尺度气候的变化对植被恢复的作用表现在空间尺度上。短期气候变化的作用空间应该主要在植物个体和种群上,中期气候变化的作用空间主要为植物群落,而长期气候变化的作用空间主要为地带性植被。而实际上,他们之间的作用范围并不是可以截然分开的,相互之间的界限也不是非常明显。特别是在湿润地区,或受隐域性气候条件,或其他环境条件影响的地区,不同时间尺度气候条件的交叉作用、重叠作用是显然易见的。但是,这并不妨碍我们了解退化植被恢复过程中不同时空尺度气候的作用。只要我们从宏观到微观逐步进行分析,分离各尺度气候变化对植被恢复的作用是完全有可能的。

4.1.3　植物的生态修复功能

植物是初级生产者。它通过光合作用利用太阳能将 CO_2 和 H_2O 转化为生物能有机质,在维持生态系统的物质循环和能量流动中发挥着重要作用。除此之外,植物还具有调节气候、促进土壤发育、保持水土、净化空气、防风固沙、减轻环境污染等重要功能,在修复退化生态环境,维系生态系统健康等方面具有重要作用。

1. 促进生态系统的物质循环和能量流动

(1)促进生态系统的物质循环。生态系统的物质循环(又称为生物地球化学循环),是指地球上各种化学元素,从周围的环境到生物体,再从生物体回到周围环境的周期性循环过程。

植物为生态系统的物质循环提供了丰富的物质基础。据资料显示,各种生态系统的第一性生产量:河口海湾、冲积平原的植物区系和集约程度高的农田(如甘蔗田)生态系统的生产量最高,每昼夜为10~20 g/m^2,森林、浅湖泊和灌溉农田生态系统的平均生产量每昼夜为3~10 g/m^2,高山、海洋和深湖泊生态系统的生产量每昼夜为0.5~3 g/m^2;海洋和沙漠生态系统的生产量最低,每昼夜为0.1~0.3 g/m^2。因此,可以说没有植物的光合作用,在生态系统中就没有物质的生物地球化学循环(蔡晓明,2000)。

植物对生态系统物质循环的贡献:既为消费者提供了食物,又为生态系统物质循环提供了物质基础,而且植物在水的地球物理循环中扮演着重要角色,因为植物每生产1 g干物质需要蒸腾大约500 g水,与此同时植物还会分泌包括酶类在内的各种分泌物,这些分泌物对于土壤矿物质的分解起到了重要的促进作用。

生态系统物质的生物地球化学循环依赖于植物的光合作用,因此植物生长情况的好坏,生物产量的高低,都会影响到生态系统的物质循环。虽然生态系统的物质循环受到多种因素的影响,但从某种意义上讲,茂密的植被,较高的生物产量,对于生态系统的物质循环总是有利的,而衰退的植被,较低的生物产量,则使生态系统缺少物质循环的基础。

(2)促进生态系统能量流动。在生态系统中,能量流动伴随物质循环同步发生。在植物利用太阳能将空气中的CO_2、环境中的水和其他物质转化为有机物的同时,也将太阳能转化为化学能或生物能。植物可以通过各种方式转换能量,并储存于有机物中。生态系统中,能量是依靠食物链传递的。无论是消费者,还是分解者,它们都是通过与生产者建立直接或间接的生物关系,并通过这种关系来完成物质的循环和能量流动。而在生态系统中,能量传递进程的长短,不仅取决于食物链的长短和能量的转化效率,而且与生态系统初级生产者储存的能量有关。在食物链长短和能量转化效率相同的情况下,初级生产者储存的能量越多,能够为消费者和分解者提供的能量就越多;在能量转化效率相同的情况下,初级生产者储存的能量越多,其食物链就可能延伸得越长。

2. 消费者食物和栖息地的提供者

(1)为食草动物提供食品。植物处于生态系统食物链的最底层,主要是为食草动物提供食物。在地球上并不是所有的植物都可作为动物的食物,绝大多数植物都存在一定的消费者。即使是对人类或家畜有毒的植物,在其周围也或多或少地存在一些草食消费者。食草动物通过采食植物获得所需要的蛋白质、脂肪、碳水化合物、维生素、矿物质等养分及水分。另外,很多植物都具有药用价值,可以为动物治疗疾病和提供保健作用。

地球上,陆生食草动物种群,主要生存于草原地区。草原是地球上分布最广、面积最大的一类生态系统,主要生长着草本植物和一些灌木,是牛、马、驴、羊、骆驼等大型草食动物聚集的地区。森林生态系统也是地球上分布很广、面积很大的一类生态系统,主要生长着一些草本植物、灌木和乔木,生活在森林地区的一般为中小型草食动物,如松鼠、考拉、猴子等,这些草食动物大多生活于树上。水体生态系统,如海洋、湖泊、水库等,主要生长水生植物,其草食动物主要为鱼类及蜗牛等软体动物。还有很多植食性动物,如各种昆虫、鼠类等(钦俊德,1987)。人们还通过种植多种饲草和饲料作物,如玉米、苏丹草、苜蓿等,为家畜、家禽提供食物。

对于食草动物来讲,植物种类的多少,生长的好坏,产量的高低,都直接影响着动物种群的种类和数量。茂盛高产的植被类型,往往可以孕育多种多样的动物类群和数量。对于退化动物类群和种群,如果能够获得充足的食物来源,对于其种群的恢复是极其有利的。因此,加强对退化植被的管理,既可促进退化植被的恢复,也可为退化食草动物种群提供更多的食物来源,从而加快其恢复。

(2)为动物提供栖息地。植物之所以能够为动物提供栖息地,与其生物学特性有关。稠密繁茂的叶片既可以遮风、避雨、挡光,又可以很好地遮挡猎食动物的视线,使之得到很好的保护,强劲的枝干可以支撑动物在其上行走、休息或搭建巢穴。因此,很多动物或长期生存于植物之上,或以植物作为隐蔽、休息、繁衍后代的场所。其中,乔木一般比较高大,树干明显,枝条硬实,叶片稠密,可为猴子等树栖动物提供良好的栖息条件,也是鸟类搭建巢穴的良好场所;灌木一般较乔木低矮,但枝叶更为稠密,对动物的遮蔽性更好;草本植物较为低矮,但很稠密,因此灌木和草本植物均是一些小型鸟类和一些小型动物搭建巢穴和栖息的场所。还有很多植食性昆虫,既以植物为食,又以植物为栖息地,常年生活于植物之上。在植物物种极其丰富的热带雨林地区,从林冠上方到地面垂直距离最大可达到50 m,光照条件越来越弱,温度依次降低且变幅越来越小,湿度依次增大且更少变化,风力降低。

在这个纵深的空间范围内，许多有着不同生活方式的动物都能找到适合自己的生境，而退化生态系统的结构趋于简单，能够为动物提供栖息的环境种类也很有限，从而也成为退化生态系统中动物物种逐渐趋于单一的重要原因。

植物作为动物的栖息地，对于动物种群的生存和繁衍极为重要。当植物群落类型、结构发生改变或退化、丧失，最终都会导致依靠其为生的动物种群发生改变或丧失。维持植物群落的稳定，对于维持以其为生存环境的动物种群，特别是与其具有共生关系的动物种群，具有重要意义（毛文永，2003）。

（3）为人类提供各种食品和其他生产生活用品。植物也是人类的主要食物来源。人类通过取食植物获得生存的大部分营养物质。可供人类使用的植物主要包括白菜、萝卜、马铃薯等蔬菜作物，苹果、梨、橘子等水果作物，水稻、玉米、小麦等粮食作物，葵花、油菜、胡麻等油料作物。这些作物均由人工种植，属于人工栽培作物。另外，还有很多野生植物及其果实，如野生桑葚、蕨菜、核桃、松子等，可供人类食用。这些植物为人类提供碳水化合物、维生素、蛋白质、脂肪、矿物质等必需营养，关系着人类的健康与发展，因此建立可持续的植物性食物来源，丰富其种类，保证其质量，对于人类的健康发展具有重要意义。

人们利用植物的另一个用途是其药用价值。具有药用价值的植物，称为药用植物。世界上的很多植物具有药用价值，很多国家和地区的人们，特别是具有古老文明史的国家，如中国、印度、埃及等，都在使用药用植物进行疫病防治。如金莲花、香蒲、菖蒲、泽泻、慈姑等具有补血、化淤、消炎功效；香蒲的蒲棒和花粉（蒲黄）具有消炎、止血作用；芦苇的根、茎具有清热解毒、利尿、生津止渴、镇吐等作用；海莲所含的木榄碱可抑制肉瘤和肺癌。

很多植物还有很多其他用途。如植物是造纸的重要原材料；可为机械制造、仪器仪表、化工、建筑、交通、通信、农业等行业提供生产所需木材，也可为生活所需家具生产和家居装潢提供原材料（王劲峰等，1995）。

3. 涵养水源，保持水土

（1）涵养水源，调节供水。植被通过时间上对降水吸收、释放的调控，空间上对降水的再分配，起到涵养水源、调节供水的作用。植被的这种作用，对于保持水土，减缓干旱和洪涝灾害起着重要作用。其机制主要表现在以下几个方面：

①植物可以拦截降水，使一部分降水截留于树叶和树干之上。这部分被植冠截留的降水，一部分通过蒸发返回大气中，可以调节小气候；一部分被植物茎、枝干、叶片吸收和利用，成为植物体水分的组成部分；最后还有一部分会落到地面，或顺着植物茎干，进入土壤中，但其时间明显滞后。研究表明，不同植物冠层截留降水的能力有很大差别。其中，以草本植物冠层截留降水的数量相对最少，灌木半灌木居中，截留水量最大的是稠密的森林林冠。研究表明，林冠截留降水的能力与上层树种的生态特性有关，耐阴性树种由于枝叶茂密，截留的降水要比阳性树种多。同时群落截留水量的大小，还取决于群落结构的复杂程度和降水的强度。群落的结构层次越多，截留的降水量越多；降水的强度越小，则群落截留降水的百分比就越高。例如，云杉林能截留降雨量的30%，松林为18%，桦木林为9%（姜汉侨等，2004）。

②植冠下的枯枝落叶层及活的地被物对水分的吸收，使大量水分蓄积在地被层中，既导致地表径流形成时间滞后，又减少了地表径流的形成，涵养了水源。据研究，枯落物吸水可达自重的40%~260%（Wang 等，1997）。这些蓄积在枯枝落叶层中的水量，一方面通过

蒸发缓慢释放,维持冠层下的小气候;另一方面逐步下渗,缓慢补充土壤水分,从而起到涵养水源、调节供水的作用。

③植物根系对降水入渗具有促进作用,使降水较为迅速地渗入到土壤之中,减少地表径流的形成,并在以后再缓慢地补充河川流量,从而起到蓄水、减洪和保持水土的作用。其机制为:①被植冠截留的水分可以沿着枝干向下流,到达地面后再顺着根系进入深层土壤;②由于植物根系的作用,森林、草地等植被土壤有许多孔隙、裂缝和孔洞,这些孔隙、孔洞和裂缝既是水的贮藏库,又是水从地表向地层深处移动的通道。据调查,草原和森林的土壤孔洞:在地下 5 ~ 10 cm 处,草原为 4%,森林为 27%;15 ~ 20 m 处,草原为 4%,森林为 16%;25 ~ 30 cm 处,草原为零,森林为 17%(Wang 等,1997)。

(2)保护土壤,减少水土流失。植被枝叶可以形成对地表的覆盖,根系可以紧固土壤,因此植被能够减轻强风、水流、波浪对土壤的侵蚀;起到减少水土流失的作用。其作用主要表现在三个方面:①减轻雨水对地表的直接冲击,减少地表径流的形成,从而减轻水土流失;②减轻海洋、湖泊、河流中水流或波浪对河堤、湖坝、海岸的冲刷,防治毁岸、塌堤,减少水土流失;③防止或减轻强风对地表的作用,使表土免受风蚀。

植被具有降低风速,减少风能,防止土壤风蚀的作用。其机制有:①茎干、枝叶较为柔软,当风吹时,随其摆动,大量动能被消耗或向下传导,使风的动能降低;②枝叶较为稠密,相当于在地表形成一层屏障,使风无法直接作用于地表;③植被的存在增加了地面粗糙度,使土壤侵蚀的临界风速明显提高。植被降低风速,防止土壤侵蚀的作用,受诸多因素影响,其中最主要的因素包括:①植被类型。一般情况下,乔木的防风能力大于灌木,灌木的防风能力大于草本,即高大植被的防风效果要好于低矮植被。②植被的盖度。盖度越大,防风效果越好,反之则越差,植被越茂密,其防风效果越好,植被越稀疏其防风效果越差。③植被配置格局。一般情况下,乔、灌、草组成的复合植被其防风效果要大于单一结构的乔木植被、灌木植被和草本植被(王涛,2003)。

植被防止水土流失的作用是极其显著的。植被之所以能够起到保持水土的作用,主要源于四种机制:①植物的枝叶可以起到拦截降水的作用,不但可以使部分降水储存于枝叶上或顺茎干流入地下,减少降水对地表的直接冲击,而且被植物枝叶拦截再落到地面的雨水其动能明显降低,冲击地表的动能减弱;②植被可以对地表径流起到拦截作用,使其流速降低,从而减轻对表土的冲刷;③地面枯落物既可以对地表形成覆盖,减轻降水对地表的直接冲击,又可蓄积一定数量的降水,减少地表径流量的形成;④稠密的植物根系可以有效固结,提高土壤抗风蚀和水蚀的能力。据中国科学院西北水土保持研究所测定,种草的坡地在大雨状态下可减少地面径流 47%,减少冲刷量 77%,保持水土能力比农田大数十倍。影响植被防止水土流失的因素也有很多,主要包括:①植被类型。一般来说草本植被保持水土的能力要高于灌木植被,灌木植被保持水土的能力高于乔木。②植被的密程度。一般情况下植物越稠密其保持水土的能力越强,植被越稀疏其保持水土的能力越低。③植物的根系类型。一般情况下,稠密的须根系能够较好保护表土,而直根系保持表土的能力较差。④植被的凋落物厚度。凋落物层越厚则减少地表径流形成和保持水土能力越强,地表凋落物越少其保持水土能力越差。

植被保持水土的另一个重要方式是保护河岸、湖岸、海岸免受水流和波浪的冲刷。例如,当海洋暴风雨上岸时,沿海盐沼和红树林湿地可作为巨大的暴风雨缓冲器,在第一位置可以减轻它的狂暴袭击。植被保护堤岸的作用:一方面源于植物茎干、枝叶能够阻挡水流、波浪对堤岸的直接冲刷或冲击;另一方面源于植物茎干、枝叶能够降低水流流速或消减波浪的动能,使水流或波浪冲刷堤岸的能力减弱;另外,植物强大的根系能够固着堤岸土壤,使其抗击冲刷或冲击的能力增强。

4. 改善小气候,提高环境质量

植被对小气候的调节作用非常明显。生活在大片森林的地区的人们,夏季会感觉到降雨多,风力弱,气候凉爽、空气湿润、紫外辐射降低,而冬季则是降雪较多,风少且弱,气温高于周围地区。这些局部环境的变化,都是植被对小气候调节的结果。植被对小气候的调节机制主要表现在以下几个方面:

(1)降低光照强度和紫外线辐射。照射到植物群落的阳光,一部分被植物吸收,另一部分被反射,剩余一部分透过枝叶间隙而到达地面。由于冠层下直射阳光的减少和照射时间的缩短,使冠层下光照强度降低,紫外线辐射降低,从而减少阳光直射对人体或其他生物体造成的危害。

(2)降低风速,减少空气流动。植物的枝叶大多数比较柔嫩,可随风发生摆动。风作为携带动能的气流,在遇到植物时会将动能传送给植物,从而本身携带能量减少,致使风速下降。当植被较为高大、浓密时,可将风所携带的能量大幅消减,使风速明显降低。另外,在茂密的植物群落内部,由于枝叶的相互遮蔽,气流也是很难流动的。风速降低,空气流动缓慢,有利于保持植物群落内部的空气湿度和气温的稳定,从而控制小气候变化。

(3)改善植物群落内部的空气湿度。研究表明,一般情况下,群落内部的空气湿度要比空旷地明显高很多。其中,高草草地内部空气湿度较空旷地高20% ~80%;发育良好的森林植被其内部空气湿度比空旷地高50% ~150%。植被之所以能够提高空气湿度,主要原因是植被具有较为稠密的林冠层,它可以抑制空气向外扩散,使地面蒸发的水分被很好地控制在林冠之下。同时,冠层下的枯枝落叶层比土壤能够蓄积更多的水分,其水分的缓慢蒸发可以有效增加和保持林中空气的湿度。另外,夏季林中温度较低,也减少了空气干燥(周广胜等,1997)。

不仅如此,因为植物群落对外界环境是开放的,各种群落内的小气候势必会扩展到群落以外,影响一定范围的外界气候。

(4)减弱温度的波动。阳光进入植被冠层下照射强度和持续时间减少,群落内的温度会较空旷地发生明显变化。一般情况下,在森林群落内,白天和夏季的温度比空旷地要低,但是昼夜及全年的温差要小得多。同时,冠层上植物叶片相互遮盖,阻止空气流通,热量不易消失。群落地面还有枯枝落叶层,能缓和土壤表面的温度变化速度,也保证了群落内较小的温差。据研究,在我国北方发育良好的人工林中,由于生长季温度的提高,无霜期可以延长3 ~10 d(张金屯,2003)。

5. 减轻环境污染,保持空气清新

(1)保持空气清新。植被可以净化空气,保持空气清新。其主要途径有三条:①绿色植物通过光合作用吸收 CO_2,放出 O_2,能有效维持大气中 O_2 和 CO_2 的比例平衡。据估计,陆地上绿色植物提供地球上60%以上的氧。②有些植物的叶片具有阻挡、滞留、吸附、过滤粉尘的作用,可以看做是"天然的吸尘器"。例如,北京市环境保护科研所1975 ~1976年测定结果表明,在3 ~4级风下,裸地空气中的粉尘浓度约为草地空气中粉尘浓度的13倍,草坪足球场近地面的粉尘含量仅为裸露黄土地的 1/3 ~ 1/6。③某些植物叶子的挥发气体及根系的分泌物可以杀灭空气中的一些病源菌,对大气进行消毒,成为“天然的防疫员”,据测定,草坪上空的细菌含量仅为公共场所的三万分之一。因此,大面积植被的建立,特别是城镇绿地的建立,可以有效保持空气清新,改善生活环境。植物吸收进行光合作用,有效地调节了空气的成分。

(2)消除大气污染。植物可以吸收、固定、转化大气中的某些有害、有毒气体,从而起到消除大气污染的作用。植物消除大气污染物的作用主要通过两个途径:①通过叶片吸收,减少大气中的毒物含量。②植物可将某些毒物在体内分解,转化为无毒物质,自行解毒。例如,SO_2 进入植物叶片内形成毒性很强的亚硫酸和亚硫酸根离子,亚硫酸根离子能被植物本身氧化并转变为硫酸根离子,硫酸根离子的毒性比亚硫酸根离子的毒性小 30 倍。这样,植物就能自行解毒,避免受害。

影响植物消除大气污染能力的因素有很多,归结起来主要有三点:①植物的种类。不同植物种类净化大气污染物的种类不同,而且能力也不同。例如,木槿和雀舌黄杨对氯气的净化作用就强于龙爪柳和夹竹桃。而一般情况下,阔叶树比针叶树吸收 SO_2 的能力强。②污染源的距离。一般情况下净化效果与污染源距离成反比,即离污染源越近,净化效果越好,离污染源越远,净化效果越差。③污染物的浓度。一般情况下植被的净化效应与有毒气体的浓度成正比,即浓度越高净化效果越好,但其浓度不能超过植物的忍受程度,否则将对植物造成危害。

(3)减少土壤和水体环境污染。植物具有固定、吸附、吸收、分解土壤环境中污染物的能力,从而可以降低或消除土壤环境污染程度。其途径和机制主要包括五个方面:①植物对污染物的黏附和固定,即植物在新陈代谢的过程中,从体表和根系中分泌大量黏性物质,这些物质可以对污染物进行黏附和固定,从而减少污染物的毒害和影响。②对污染物的吸收同化,即植物在生长过程中大量吸收土壤、水体中过多的氮、磷等,减少土壤氮磷过多对地下水的污染或水体的富营养化。植物的干物质中,95% 是碳、氮、磷等元素,植物每生产 100 g干物质,就要吸收利用1 ~3 g 氮、0. 1 ~0. 6 g 磷。③植物在水体中可以降低水的流速,使水流携带的污染物发生沉积,从而减轻水体的污染浓度。④对污染物的分解或降解。例如,裸麦可以降解脂肪烃,水牛草可以降解萘等。某些污染物经植物吸收后可以转化为气体物质,最后释放到大气中,这种解毒净化的方式称为植物挥发。例如,植物可以吸收 Hg^{2+},在体内转化为 CH_3Hg,进而在微生物的辅助下将其还原为 Hg,成为蒸气从土壤中释放出来。除了汞之外,可以发生类似作用的还有硒。⑤对污染物的富集提取作用,即很多植物在污染环境中都能吸收一定量的污染物,有的植物对某些污染物具有很强的富集作用。被植物吸收或富集在植物体内的污染物,主要是重金属,可以通过枯萎凋落或收割利用等方式使之离开受污染土壤,从而减轻土壤的污染程度。因而,利用富集植物对污染物专性吸收的性能,将土壤和水体中的有害污染物转移和储藏到植物的茎叶中,通过收割茎叶搬运易地处理,从而达到净化污染物的目的(姜汉侨等,2004)。

(4)屏蔽环境噪声。森林具有减弱噪声的作用。据研究,宽度为 50 m 的绿化地带,交通噪声可下降20 ~30 dB,为人类提供安宁、舒适的工作、学习环境。人们把森林比喻为“噪声隔音板”,是森林减弱噪声的形象表述。事实上,人类采用森林降低噪声强度已取得明显的效果。

汽车、建筑业等的发展,使城市噪声污染问题愈显突出。噪声污染的控制有多种措施,包括草地在内的植被作用也十分重要。据研究,草坪植物具有良好的吸音效果,能在一定程度上吸收和减弱125~8 000 dB的噪声。乔、灌、草结合其效果更好,据北京市园林研究所测定,20 m宽的草坪,可减噪声2 dB左右。在国外有一些飞机场,用草坪建设机场地面,既可减少飞机场的扬尘,又能减缓噪声。

影响植物减污能力的因素很多:①植物的种类,即不同植物消除污染物的种类、途径和能力有很大差别。例如,灯心草等对酚的净化能力较强,香蒲和眼子菜对石油废水的有机污染物消污减污能力较强,眼子菜对DDT富集能力较强,山核桃比白栎消减镉污染的能力高五倍,紫云英富集硒的能力比滨梨高几十倍,等等。②污染物的种类,即有些污染容易被植物吸收、吸附、降解和转化,有些则不易受到植物的影响,或者说植物对其吸收、吸附和降解、转化能力较弱。例如,大多数植物均可吸收利用土壤和水体中过量的氮、磷、钾,而只有少数专性富集植物能够对镉、铜、锰、锌等重金属污染物发挥作用,对于地膜等塑料污染物则几乎没有任何植物能够对其起到分解作用。③污染物的浓度,即污染程度低于植物的耐受能力时,植物能够较好发挥净化作用,如果污染浓度超过了植物的耐受程度,植物不仅不能发挥其净化作用,反而还会受到伤害。④环境条件,如阳光照射强度、土壤水分含量、土壤酸碱度、阳离子代换量、土壤质地等,都会影响植物对污染物的净化能力(沈德中,2002)。

值得注意的是,植物对污染物的吸收和同化作用,很多情况下还会导致某些污染物在植物体内的滞留和富集,如果这种植物被人类或其他生物作为食物利用,将引起新的污染和毒害,造成二次污染。因此,利用植物消除土壤环境污染时,除了应根据污染物种类选用最适合的植物外,避免其二次污染也十分重要。

6. 改良土壤,促进土壤发育

(1)土壤的形成和改良。土壤的形成和发育是生物与环境相互作用、共同发展的产物,并主要由生态系统中的生物作用维持更新。其过程是:①植物枯死、衰老以后都要回到土壤中去,经过分解者的分解后,成为土壤有机物质的重要来源;②根系的分泌作用改善了根际的微环境,为土壤微生物的活动创造了条件,微生物的氧化、还原、分解等作用成为土壤物理、化学性质改变和土壤结构改良的重要生物条件(北京农业大学,1961)。

(2)促进土壤发育。草地植被在土壤表层下面具有稠密的根系并残遗大量的有机质。这些物质在土壤微生物的作用下,可以改善土壤的理化性状,并能促进土壤团粒结构的形成。

(3)生物固氮作用。草地中的豆科牧草,根系上生长大量的根瘤菌,具有固定空气中游离氮素的能力,可为草地生态系统提供大量的氮肥。因此,具有改良土壤、培肥地力的作用。以豆科牧草为主的草地,平均每公顷每年可固定空气中氮素150~200 kg。例如,生长3年的紫花苜稽草地可形成氮素150 kg,相当于330 kg的尿素。

4.2　生物自我修复

生物作为地球上的主要生命形式之一,在环境的长期自然选择下,大多对环境变化具有自适应和自调节能力。当环境条件不利于其生存和发展时,大多数生物会调整自身的生存和繁衍方法,以减少受害程度或增加生存的概率;而当环境有利于其生存和发展时,生物会对所受伤害进行自我修复,并采取一些新的生存和繁衍策略以迅速扩大其种群数量并且占据有效资源。本节将以植物(植被)为例,介绍生物的自我修复作用和机制。

4.2.1 植被自我修复的主要表现

虽然自然界的植物种类数以万计,但其生命形式多种多样,因此不同的植物群落对环境的适应方式和能力更是千差万别,但是大多数植物在受到自然和人为干扰的情况下,会表现出相同或类似的受害方式,在自然和人为干扰消除以后,又会展现相同或类似的修复途径,只是不同植物所表现出的受损程度或修复的起点、速度有所差别而已。在大多数情况下,退化植被的自我修复主要表现在以下几个方面:

1. 植物种群在流沙裸地中迅速蔓延,覆盖地表

严重的滥垦、滥牧和滥伐,会导致植被的严重破坏,甚至造成流沙和裸地。在外界干扰消除之前,这些流沙裸地一般植物种类和个体很少,地表裸露。但在外界干扰消除以后,无论气候条件是否改善,大部分流沙裸地都会逐步被植物占据,植物种类和种群数量明显增加,地表也会被植被覆盖。在流沙裸地上迅速出现的植物种中,一般都以一年生植物为主。但是,土壤基质不同,其所出现的植物种类有很大差别。例如,在半干旱地区的科尔沁沙地,在沙质草甸土的裸地斑块中,最先出现的植物多为一年生的禾本科植物,如画眉草、虎尾草、狗尾草等,而在流动沙丘上,最先出现的植物种主要是藜科的一年生植物沙米,伴生种为狗尾草。其中,沙米属于沙地的先锋植物,无论是原生演替,还是次生演替,大部分流动沙丘植被恢复的起点都是沙米,而虎尾草、画眉草只是当地退化草地沙化前某一阶段的优势种。

2. 植物生长旺盛,个体增大

在放牧、樵采、砍伐等人为干扰下,大多数退化植物会出现枝叶稀疏、生长不良、生产力下降、无花少果的现象。而在外界干扰消除以后,退化植被中的大多数植物会表现出生长速度加快、分枝数量增加、个体增大、生长繁茂、枝叶稠密的迹象,整个群体显示出生机勃勃的景象。这种现象,无论气候条件是否会有所改善,都会出现。但是,如果在人为干扰排除的同时,气候条件又有所改善,这种现象将更加明显,如果气候条件没有改善,还略有恶化,这种现象依然会出现,只是表现程度会有所降低。

3. 植物种群中幼苗比例增加,年龄结构趋于合理

对于多年生植物来说,如果生态环境明显恶化或受到人类活动的强烈干扰,其繁殖能力都会减弱,群落中实生苗或新生根茎苗数量就会减少,一些乔木或灌木种甚至多年不会出现实生苗,植物种群年龄结构呈倒金字塔形,呈现衰退性。这时,群落中以老龄植株为主,种群缺乏更新能力。在环境得到改善或人类干扰消除之后,植被在修复过程中多年生植物的繁殖更新状况会明显改善,群落中的实生苗或新生根茎苗就会增加,种群年龄结构发生逐步逆转,由倒金字塔形变为正金字塔形,群落中幼龄植株会逐步占据优势,呈现发展趋势。

影响植物更新的因素很多,除了自然因素外,植物种类、年龄结构、分布格局是最重要的因素。相比之下,在多年生植物当中,乔木的繁殖系数相对较低,繁殖周期较长;大多数灌木的繁殖系数较高,而且很多灌木也具有种子繁殖、根茎繁殖、劈蘖繁殖等多种繁殖方

式；草本植物的自然更新能力较强，其繁殖周期短，繁殖率高，而且很多植物具有多种繁殖方式。因此，在退化植被修复过程中，一般情况下，乔木的修复进程较慢，草本植物的修复进程相对较快。植物的分布格局也对植物的更新和扩散有很大影响，因为很多植物的种子散播距离较近，一些靠营养繁殖的植物蔓延范围更是有限，这时如果植物分布较为均匀，则有利于植物的扩散和植被修复，如果聚集分布则植被修复速度受到限制。

4. 种的丰富度增加，群落结构趋于复杂

对于大多数退化植被来说，消除外部干扰以后，无论气候条件是否会得到改善，在一定时期内群落中植物种的数量都会有增加的趋势，使群落结构趋于复杂化。这种物种多样性和群落结构的修复速度，不但会受气候变化的影响，而且随其所处退化阶段和环境条件的不同而有很大的差异。一般情况下，修复早期其物种丰富度相对增加较快，修复后期物种丰富度相对增加较慢，退化程度越严重，修复速度越慢，退化程度越轻，修复速度越快。另外，物种数量的增加一般先以一年生或越年生植物种为主，之后多年生植物逐步增加。

5. 群落处于修复演替阶段

在植被消除干扰后，随着环境的改善和植被修复过程中植物种间竞争的加剧，各种植物在群落中的地位就会发生改变。一些早期占优势的种，随着在群落中地位的减弱，而变为非优势种，甚至消亡，而另一些种则因在群落中作用的增强，而升为优势种。这时，群落就出现了修复演替。修复演替是植物群落自修复和自发展的明显标志，每一次修复演替的发生，均说明群落修复又递进了一步。如果植被始终处于没有外部干扰的情况下，在区域气候的控制下，退化植被修复演替的终点是区域气候顶极群落或偏途顶极群落。

4.2.2　退化植被的自我修复机理

在外部干扰消除以后，退化植被之所以能够显现自我修复作用主要是因为其具有如下机制：

1. 在土壤中储存了大量种子，为植被修复奠定了物质基础

不论是陆生植物，还是水生植物，大多数植物都具有种子繁殖能力。这些具有种子繁殖能力的植物，繁殖能力强弱不同，有些种子繁殖量较高，可以高达数万个，有些植物种子繁殖能力较低，只有几十个甚至几个。但无论其繁殖能力高低，绝大多数植物产生的种子都会落到地面，进入土壤，并被保留在土壤之中。因此，土壤成为植物种子的保存库，即成为人们常说的土壤种子库。由于不同植物的寿命有很大差别，如一些植物种子的寿命可长达几十年甚至几百年，而另一些植物的种子只能保存几年甚至几个月。因此，在土壤种子库中积累了不同年份形成的种子，数量极大。在退化植被的土壤中，甚至在流沙裸地中植物种子的数量仍然很大，表层土壤中的种子库数量也可达数百至上千个。这些土壤种子库中的种子被认为是一种潜在植被，是退化植被，特别是严重退化植被迅速修复的重要种源。一些研究结果已经表明，植物地上幼苗群落的密度与土壤种子库密度存在显著相关性。其中，在地上幼苗与土壤种子库的关系中，一年生植物和多年生草本植物表现更为密切。这说明，当外界人为干扰排除以后，或当环境有所改善时，土壤种子库中的植株种子就会迅速萌发，将潜在植被变为现实植被。土壤种子库的这种作用，是退化植被得以迅速修复的物质基础，也是决定退化植被修复进程和速度的主要内在因素之一（赵哈林等，2004）。

2. 灌丛的保种作用及其种源特性

灌丛是一类没有主干或主干不明显，茎干矮小，树高一般低于3 m、枝叶稠密的木本植物。无论是在湿润地区，还是在干旱地区，都存在大量灌丛。通过野外观察发现，退化植被，特别是退化草地或沙地植被中，虽然草本植物退化很严重，有些地方甚至接近流沙裸地，但有时还会残留灌丛，而且在灌丛下还有一些生长发育较好的草本植物。当外界干扰排除或外界条件改善后，不但灌丛本身会通过各种途径进行扩散，而且灌丛下的草本植物也会迅速从灌丛下向外扩散。此现象说明，在外部干扰较为强烈的情况下，这些灌丛具有明显的保种作用，而在外部环境得以改善时，其冠层下的草本植物就会向外蔓延，使之成为植被修复的重要种源。显然，灌丛的这种保种和"种源"作用不仅对于防治外界干扰对草本植物的彻底破坏起到一定的保护作用，而且对于退化植被的自我修复具有重要意义(曹成有等,2000)。

灌丛之所以在植被退化及修复过程中起到保种和种源作用，其机制主要有以下几点：

(1)由于灌丛具有稠密枝叶，因而其林冠下的小气候较灌丛外要好，特别是在环境恶劣的干旱、半干旱风沙区，灌丛枝条既可以有效防止风沙流对林冠下草本植物的打磨，又可减轻地面高温对草本植物的灼伤，因而对草本植物的保护作用更为明显。

(2)很多灌木种具有稠密枝条，而一些灌木枝条上长有尖刺，所以可以有效保护冠层下草本植物免受或少受家畜啃食。一般情况下，枝条越稠密，尖刺越多，对其林冠下草本植物的保护作用越强，反之则越差。

(3)灌丛具有拦截凋落物、降风滞尘的作用，因而灌丛的冠层下面凋落物的数量、有机质含量，以及土壤细颗粒含量往往较高。另外，灌丛的根系也具有一定的改土作用。因此，灌丛下的土壤较冠层外面具有更高的肥力，形成肥岛效应，促使草本植物的定居和生长(苏永中等,2002)。

3. 改变繁殖、生长方式，以促进自我修复

为了适应环境的变化和取得较好的生长效果和繁殖效率，大多数植物在不同环境条件下会采取不同的生长、繁殖方式。无论是多年生植物还是一年生植物，在受到环境胁迫时都会将更多的物质和能量用于营养生长，以增强存活几率，而环境改善时会将更多的物质和能量用于生殖生长，以增加繁殖效率。多年生植物，在恶劣环境中会更多地采取无性繁殖方式，以保证繁殖的有效性，而在环境条件改善时，则更多采取有性繁殖方式或有性无性相结合的繁殖方式，以提高繁殖效率。

此外，在恶劣环境下植物结的种子硬实率较高，其种子萌发具有分批性，以躲避环境多变造成种子和幼苗的损失，在良好环境下植物结的种子硬实率会有所下降，其种子萌发整齐性较高。研究结果表明，在环境胁迫中，大多数植物会加快根系生长，并将更多的物质和能量用于根系生长，以使在环境改善的情况下，植物会加快地上部的生长，并将更多的物质能量分配于地上生长(赵哈林等,2004)。

4.3 植物与微生物的修复机理

污染土壤的植物修复，是受污染生态系统人工修复的重要途径之一。而污染环境的植物修复与植物种类及其生理生态学特征密切相关。掌握植物对污染物质的吸收、固定、转

化与积累功能的生理生态学理论，对于指导污染环境的植物修复具有重要意义。微生物是生态系统中的分解者，不仅在生态系统的物质循环和能量流动中扮演着重要的角色，而且对于净化环境，维持生态系统的健康发展具有重要意义。了解微生物的一些重要生态功能，对于在生态系统修复中有效发挥其作用是有益的。因此本节将重点介绍受损生态系统的植物与微生物修复机理，进一步了解生态修复的过程。

4.3.1　植物修复的生理生态学原理

污染环境的植物修复是利用植物及其根际圈微生物体系的吸收、挥发和转化、降解的作用机制来清除环境中污染物质的一项新兴的污染环境治理技术。具体来说，就是利用植物本身特有的利用污染物、转化污染物的能力，通过氧化—还原或水解作用，使污染物得以降解和脱毒；利用植物根际圈特殊的生态条件加速土壤微生物的生长，显著提高根际圈微环境中微生物的生物量和潜能，从而提高对土壤有机污染物分解作用的能力以及利用某些植物特殊的积累与固定能力去除土壤中某些无机和有机污染物的能力，被称为植物修复（沈德中，2002）。

修复植物对污染土壤的治理是通过其自身的新陈代谢活动来实现的。植物为了维持正常的生命活动，必须不断地从周围环境中吸收水分和营养物质。根是植物吸收水分和营养物质最主要的器官，这是因为植物的水分和矿物质元素等主要来源于土壤。

植物对污染物质的吸收源于三种情形：①“躲避”作用，即在植物根际圈内污染物质浓度较低时，依靠自身的调节功能完成自我保护，也可能无论根际圈内污染物质浓度有多高，植物本身就具有这种“躲避”机制，可以免受污染物质的伤害，但这种情形可能很少。②植物通过适应性调节，对污染物质产生耐性，吸收污染物质。这时植物虽也能生长，但根、茎、叶等器官以及各种细胞器受到不同程度的伤害，生物量下降，此种情况可能是植物对污染物被动吸收的结果。③植物能够在土壤污染物质含量很高的情况下正常生长，而且生物量不下降，如重金属超积累植物及某些耐性植物等。

植物根系对污染物质的降解在污染土壤修复中起重要作用。植物的根系在从土壤中吸收水分、矿物质，合成多种氨基酸、植物碱、有机氮和有机磷等有机物的同时，也向根系周围土壤分泌大量的糖类物质、氨基酸、有机酸和维生素等有机物。这些物质既能不同程度地降低根际圈内污染物质的可移动性和生物有效性，减少污染物对植物的毒害，也能刺激某些土壤微生物、土壤动物在根系周围大量地繁殖和生长，这使得根际圈内微生物和土壤动物数量远远大于根际圈外的数量。而微生物的生命活动如氮代谢、呼吸作用和发酵及土壤动物的活动等，对植物根也产生重要影响，它们之间形成了互生、共生、协同及寄生的关系。生长于污染土壤中的植物通过根际圈与土壤中污染物质接触，通过植物根及其分泌物质和微生物、土壤动物的新陈代谢活动对污染物产生吸收、吸附等一系列活动，在污染土壤植物修复中起着重要作用。另外，植物根系的生长也能不同程度地打破土壤的物理化学结构，使土壤产生大小不等的裂缝和根槽，这可以使土壤通风，并为土壤中挥发和半挥发性污染物质的排出起到导管和运输作用（沈德中，2002）。

进入植物体内的污染物质在植物的代谢过程中会通过分泌、挥发等途径排到体外。分泌的器官主要是植物的根系和茎、叶，分泌的物质，主要有无机离子、糖类、植物碱、萜类、单宁、酶、树脂和激素等生理上有用或无用的有机化合物以及一些不再参加细胞代谢活动而需要去除的物质,即排泄物。挥发性物质除随分泌器官的分泌活动排出体外以外,主要是随水分的蒸腾作用从气孔和角质层中间的孔隙扩散到大气中。进入植物体内的污染物质虽可经生物转化过程成为代谢产物,并经排泄途径排出体外,但大部分污染物质与蛋白质或多肽等物质具有较高的亲和性而长期存留在植物的组织或器官中,在一定的时期内不断积累增多而形成富集现象,还可在某些植物体内形成超富集,这是植物修复的理论基础之一。但是,当这些污染物质含量在植物体内超过临界值后,就会对植物组织、器官产生毒害作用,进而抑制植物生长甚至导致其死亡。在这种情况下,植物为了生存,也常会分泌一些激素(如脱落酸)来促使其积累高量污染物质的器官如老叶加快衰老而脱落,重新长出新叶用以生长,进而排出体内有害物质,这"去旧生新"方式也是植物排泄污染物质的一条途径(赵景联,2006)。

2. 选择修复植物及强化修复作用

受损生态系统生物修复的重要途径是利用植物对污染环境进行的修复。而选择或培育修复植物,并采取有效措施强化其对污染物的吸收、积累、降解、转移等作用,是人工修复污染的重要工作。

(1)选择与培育修复植物。筛选修复植物是生物修复的首要工作。由于修复植物必须能在特定的污染环境,特定的污染土壤上生长,因此应尽可能筛选与特定污染土壤条件相一致的修复植物或从污染现场去寻找在污染条件下可以生长的修复植物。如果满足不了这一要求,也应该尽可能地人为模拟,以便筛选出的修复植物更有实际应用的价值。当选定了修复植物的种类之后,可以通过人工培育的方法提高其修复性能。选育工作的效率和水平影响很大的是选育目标的确定,要根据植物修复的各种作用方式和修复植物的一些缺陷来确定选育目标。根在植物修复中的作用是至关重要的,根系吸收表面积大小,根系分布情况,根系分泌能力及特性等涉及对污染物质的吸收、降解及根际圈微生物区系的繁殖能力等都会直接影响到植物吸收吸附污染物的性能,因而根系表面积、根系分布方式及根分泌特性等根部性状是重要的选育目标。叶片是植物重要的自发和排泄器官,同时较大的叶面积及较长的光合作用时间也利于植物的蒸腾作用和生物量增加,叶面积指数和功能叶片寿命长短也是重要的选育目标。茎主要起到水分和物质运输的作用,同时是多数植物保持整株直立的关键因素,因而发达的茎组织和抗倒伏能力是必不可少的选育目标。对于提取污染物的植物来说,生物量越高越能提高修复效果,而生物量通常与株高成正比,因而株高也是重要的选育目标(赵景联,2006)。

植物提取需要有超量积累植物。根据美国能源部的标准,筛选超量积累植物用于植物修复应具有以下几个特征:①即使在污染物浓度很低时也有较高的积累速率;②能在体内积累高浓度的污染物;③能同时积累多种污染物;④具有抗虫和抗病能力;⑤生长快,生物量大。

(2)促进修复植物的早萌快发。修复植物大多数为野生植物。野生植物的种子一般较小,发芽率低,既不容易播种,也不容易保护全苗。在这种情况下,可应用种子包衣技术,在种子外部包上一层拌有一定数量微肥和农药的包衣剂,既使种子个体增大,便于播种,也有利于种子吸水萌发和苗期生长。为了提高修复植物的生物量,还可以适时适量进行灌溉和施肥,并进行必要的病虫害防治。

(3)修复植物的搭配种植。对于污染土壤来说,多数情况是几种污染物质混合在一起的复合污染，如果待一种污染物质治理后，再种植另一种修复植物去治理另一种污染物质，则费时费力。因此，根据污染物的种类，将几种具有相应修复功能的植物进行搭配种植，可以同时对复合污染进行治理，不仅有利于提高修复效率，而且可以节约财力、物力和时间。

4.3.2　微生物的生态修复功能

1. 微生物的营养类型和营养需求

(1)微生物的营养类型。微生物的种类繁多，主要有细菌、真菌和原生动物几大类，各种微生物对营养的需求也有很大不同。根据微生物最初获得能源的方式不同，可分为光能菌(*phototroph*)和化能菌(*chemotroph*)，前者利用光能，后者利用氧化无机物或有机物产生的化学能。从摄取碳源形式的不同，又可分为自养菌(*autotroph*)和异养菌(*heterotroph*)。自养菌又称无机营养菌，它是利用空气中的 CO_2 或环境中的碳酸盐作为合成细胞中的唯一碳源。异养菌又称有机营养菌，主要利用有机形式的碳作为碳源。根据摄取碳源和最初获取能源方式的不同，微生物又可再分为光能自养菌，如蓝细菌、绿硫细菌、紫硫细菌、藻类等；化能自养菌，如硝化细菌、铁细菌、硫化细菌、氢细菌等；光能异养菌，如紫色非硫细菌等；化能异养菌，包括绝大多数细菌和全部真核微生物。很显然，在生态系统或污染环境中，担负有机物降解的微生物都是化能异养菌和光能异养菌(沈德中，2002)。

(2)微生物的营养需求。微生物的营养物主要包括碳、氮、生长因子、无机盐和水。碳主要来源于大气 CO_2、无机碳和有机碳。对于异养微生物来说，其碳主要来源于有机物，而不同种类的微生物利用有机碳的能力也有所不同，如洋葱假单胞菌可从 90 多种有机物中摄取碳。在各种碳源中，单糖、双糖、淀粉、醇类、有机酸、脂肪、纤维素较为容易被微生物利用和分解。

氮是微生物合成蛋白质和核酸必需的物质，而蛋白质是微生物细胞中主要的结构物质，核酸是细胞中重要的遗传信息物质。环境中的氮源主要来自铵盐、硝酸盐和蛋白质分解产生的氮。含氮有机化合物，如有机农药、有机染料也可为微生物提供氮源。在有机污染环境中，氮源经常是微生物种群生长的限制因子。人们经常用碳氮比来判断氮源供应是否充足。为了污染物安全迅速降解，一般要求碳氮比例为 200∶1 ~ 10∶1。

生长因子是指那些需求量很少，但缺少它们微生物则不能生长和繁殖的物质，如氨基酸、嘌呤和嘧啶碱以及维生素等。在自然环境中，大多数微生物可以自己合成生长因子，但也有一些微生物需要其他微生物合成自己所需生长因子进行生长和繁殖，如乳酸菌就需要多种外源维生素供应。

微生物还需要氮素以外的其他矿物元素，如磷、硫、钾、钠、钙、镁、铁、锌、硒等。这些元素或构成细胞内的生物分子，或参与细胞的生理代谢。微生物需要的这些元素可从环境中的矿物盐中获得，也可从一些有机杀虫剂中获取。

水在微生物生长繁殖中具有重要作用，水分不足或水分过量对于微生物的生存繁衍或生物降解都是不利的(包建中、古德祥，1996)。

2. 微生物对污染环境的修复作用

微生物对环境污染的作用是多方面的，并且它能够从有机、无机物中获取所需养分，因而对某些污染物具有降解、去毒等作用，起到净化污染环境的效果。

(1)微生物对污染物的降解作用。降解微生物种类繁多，如细菌、真菌和藻类都可以降解有机污染物。其中,细菌是降解有机污染物的主力军。由于不具有细胞核的一类微生物都归入细菌之列,所以细菌种类很多,能够降解污染物的细菌种类也很多。例如,属于兼性厌氧革兰阴性杆菌的埃希氏菌属、肠杆菌属、气单胞菌属的细菌可以降解林丹、DDT 和 PAHs;属于好氧革兰阴性杆菌和球菌的假单胞菌属、甲基球菌属、甲基单胞菌属的细菌能够对石油烃、苯甲酸、氯苯、有机磷农药、甲草胺等污染物起到降解作用;属于放线菌的棒杆菌属、节杆菌属、放线菌属、诺卡氏菌属的细菌可以降解 PCBs、氯代脂肪烃、烷基苯等。真菌和藻类也具有降解有机污染物的能力,在净化污染环境中发挥着重要作用。藻类主要生活在水中,主要利用 CO_2 合成有机物,但在黑暗时也会利用少量有机物,在自然界藻类和菌类共栖降解有机物。如假丝酵母属、丝胞酵母属的大部分酵母菌都可降解石油烃,小球藻对 33 种偶氮染料中的大部分都有一定的脱色作用。

(2)微生物的去毒作用。微生物除了对污染物具有降解作用外,另一个重要作用是可以使污染物的毒性降低,使污染物在毒性上发生改变,即所谓去毒作用,去毒作用是指在微生物的作用下污染物的分子结构发生改变,从而降低或去除其对人、动物、植物和微生物等敏感物种的有害性。

促使活性分子转化为无毒产物的酶反应通常在细胞内进行,形成的产物通常有三种转归方式:①直接分泌到细胞外;②经过一步或几步特殊的酶反应,进入正常代谢途径,然后以有机废物的形式分泌到细胞外;③进入正常代谢途径后以 CO_2 的形式释放出来。

微生物对污染物的去毒作用可以通过多种途径实现:①水解作用,即在微生物的作用下,脂键或酰胺键水解,使毒物脱毒。例如,有机磷农药马拉硫磷在羧酯酶作用下,水解成一酸或二酸。②羧基化作用,即在微生物作用下,苯环上或脂肪链上发生羟基化,即有 OH 代替 H 使污染物失去毒性。例如,苯氧羧酸类除草剂 2,4 - D 的羟化,2,4 - D 羟化后变为 2,5 - 二氯 -4 - 羟基苯氧乙酸。③去甲基或去烷基作用,即许多杀虫剂含有甲基或其他烷基,这些烷基与氮、氧和硫相连,在微生物作用下会脱去这些基团变为无毒性的。例如,地茂散由于微生物的去 O - 甲基作用被转化为无毒的产物。④脱卤作用,即许多杀虫剂和有毒工业废物含有氯或其他卤素,去除卤元素可以使有毒化合物转化为无毒产物。例如,在脱氢脱卤酶的作用下,有机氯杀虫剂 DDT 可以转化为 DDE,有机氯杀虫剂林丹转化为 2,3,4,5,6 - 五氯 - 1 - 环己烯,氯代脂肪酸除草剂茅草枯双脱卤转化为丙酮酸。⑤甲基化,即对有毒的酚类加入甲基可以使酚类钝化。例如,广泛使用的杀菌剂五氯酚以及四氯酚,甲基化后形成无毒的物质。⑥其他途径,例如,将污染物的硝基还原为氨基,或通过脱氨基,使其毒性降低等。

但是,并不是所有的反应都有去毒作用,有一些反应的产物比前体化合物的毒性更强。而且毒性的含义是有范围、有条件的。对某一种物种是无毒的,但对另一种可能是有毒的,所以在使用之前要考虑周全,防止二次污染的发生。

3. 改良土壤,促进植物生长

(1)固氮作用。氮素是植物正常生长发育所不可缺少的养料,因为没有氮素植物便不能合成生物细胞的蛋白质。植物对于氮素的需求量很大,农作物要想达到高产,土壤持续供应氮量非常重要。但由于岩石中基本上不含氮素,土壤的氮素成分不能从成土母质中得到,因而土壤中贮藏的可供植物利用的氮素非常有限。空气中 80% 是氮气,相当于每公顷土壤上空的大气柱中含有分子态氮约 80 000 t,但是植物却不能从大气中直接利用。土壤中有一类微生物,能直接吸收空气中的氮气作为氮素养料,把氮转化为氮的化合物或蛋白质,在它们死亡和分解后,这些氮素就能被植物吸收利用。这是土壤氮素的主要来源,也是大多数植物合成有机蛋白质的氮素养料。能固氮的这类微生物被称之为固氮菌,其吸收利用空气中氮气的作用称为固氮作用。

固氮菌分两种,一类是单独生活在土壤里的细菌能独自固定氮气,称为自生固氮菌或非共生固氮菌;另一类是生长在植物体内的与植物有共生关系的固氮菌,这种固氮菌只有在与植物共生情况下才能进行固氮,这种固氮菌称为共生固氮菌;共生固氮菌与植物存在四种共生固氮关系:①形成菌根的根菌,如与兰科、杜鹃科植物形成菌根的甜菜蛇眼病茎点霉的固氮能力较显著,在 100 g 无氮培养基中培养,能固氮 10.52 mg;②与豆科植物共生的根瘤菌,它们生活在豆科植物的根瘤中,与豆科植物形成共生关系,并固氮;③与非豆科植物形成根瘤的微生物,如非豆科植物马桑和橙木也能形成根瘤并固氮;④形成叶瘤的固氮细菌,如茜草科和薯蓣科的个别热带植物种类能在叶上形成叶瘤,这些叶瘤也具有固氮作用,如茜木的叶瘤中含有和根瘤菌相类似的细菌,能固定氮素。非共生固氮菌包括多种细菌、放线菌、真菌、酵母菌等,如好氧型的固氮菌、厌氧型的梭菌能利用其呼吸作用中的能量,直接将空气中的氮合成蛋白质。非共生微生物的固氮量相当大,约为 2 ~ 56 kg/ (hm^2 · a)(任继周,2004)。微生物的固氮作用将使土壤中的含氮量明显增加,从而可以有效促进植物的生长。

(2)改良土壤,增加土壤肥力。研究表明,土壤中的微生物长期作用于土壤,可改良土壤,增加土壤肥力。土壤微生物的这种作用源于三种机制:①土壤中的微生物数量极其巨大,在肥沃的土壤中每克有细菌 54 万个,最多时有 1 亿个细菌存在(Waksman、Reuszer,1932)。微生物个体虽小,但其合成的生物量是不可忽视的。有人估算,在生长紫花苜蓿的黑钙土中,每公顷的细菌数量高达 8 000 kg,而一般农田土壤平均也有 500 kg 以上(洛桑等,2000)。这样巨大的微生物生物量对于增加土壤有机质,改善土壤肥力无疑起着重要的作用。②分解动物尸体、粪便、植物的凋落物和施入土壤中的有机肥料,释放出营养元素,供作物利用,并且形成腐殖质,同时对大量植物残体进行腐殖质化,促进土壤团粒结构的形成,改善土壤的理化性质,提高土壤蓄水力,增加土壤肥力。③分解矿物质。例如,磷细菌能分解出磷矿石中的磷,钾细菌能分解出钾矿石中的钾,以利于作物吸收利用。

(3)促进植物生长,提高植物抗旱能力。大量研究表明,某些微生物对于植物生长具有明显的促进作用,提高植物的生产能力;有些微生物可以提高植物的抗逆性和竞争能力。例如,南志标(1996)研究发现,内生真菌对布顿大麦草的侵染可以显著促进寄主植物的生长,与不带菌植株相比,其分蘖数增加 136.8%、牧草产量增加 33.3%、根干重增加 30%。微生物之所以能够促进植物的生长,提高植物的抗旱性和竞争力,其主要原因有:①某些微生物具有固氮作用,能够为植物生长提供更多的养分。例如,豆科植物根瘤菌的固氮作用不仅可以促进豆科植物本身的生长,还可促进其他共生植物的生长。②某些微生物,如丛枝菌根菌可以提高植物对水分的吸收,从而可以增强植物的抗旱性和竞争能力。③某些微生物可以促进植物对营养元素的吸收。例如,丛枝菌根菌对植物产量的促进作用就主要是由于丛枝菌根菌促进植物对磷元素的吸收(Hall 等,1984)。④某些微生物,如菌根菌的入侵,可以降低植物叶面气孔阻力,增强植物的蒸腾作用,提高植物水势,从而影响植物对水分的吸收和敏感性。

(4)防治草地或农田毒害杂草。杂草生物防治的重要内容之一是利用微生物防治草地或农田毒害杂草。用来防治毒害杂草的病原微生物一般寄主范围狭窄或专一,以保证对其他植物无害。如1971年澳大利亚利用锈菌防治灯心草粉苞苣,该种锈菌在田间传播速度很快,很快就可控制该种杂草的危害。在我国北方的天然草原,已经发现防除醉马草的锈菌、白粉菌和黑粉病等专性寄生菌,从而使醉马草的生物防治成为可能(任继周,2004)。

4. 病虫害防治

(1)植物虫害防治。植物虫害的防治方法很多,如挖沟填埋、机械捕捉、喷洒各种杀虫剂、消灭宿主等。其中,最经济有效的方法是生物防治法,如利用其天敌或专杀微生物对其进行防控等。采用微生物进行植物虫害的防治,主要有四种途径:

①利用某些微生物能在植物体内产生生物碱。这些生物碱对害虫具有一定毒害作用,因而使其植物的抗虫性明显提高。少量采食生物碱往往改变其肠道上皮细胞膜的渗透性,导致带菌植物的昆虫消化系统功能停止,最终导致害虫死亡。

②利用内生病原菌侵袭植物害虫。侵染单位通常是一个在寄主体壁表面萌发的孢子。然后由于酶的作用和机械力,一种特殊的根状结构穿过体壁,并且一旦寄主组织被侵入,真菌能正常地完成其生活史。体壁被成功穿过之后,菌丝通常都分布到寄主的全身,直到侵染的昆虫几乎都被真菌充满。然后子实体壁产生释放到外界环境去的孢子。最常用的防虫真菌是白僵菌和绿僵菌,二者都是半知菌类,能导致美洲谷长蝽等很多害虫的消亡。

③利用致病细菌直接感染植物害虫,使之发病死亡。如,日本金龟子是引入美国东部的严重害虫,它的成虫可吃250种以上的植物叶和果实,并且幼虫危害植物根系。后来,人们发现日本甲虫芽孢杆菌可以有效防治土壤中的日本金龟子幼虫(White、Dutky,1940),从而生产出土壤接种用的孢子粉。不仅感染幼虫,使土壤附近的其他幼虫死亡,而且杆菌孢子可一直留在土壤中危害其后代幼虫。因此,幼虫群体大量减少,并且能够在几年之内稳定在比较满意的水平。

④利用病毒进行植物虫害的防治。目前,普遍采用的是多角体病毒和颗粒病毒。根据在寄主细胞内病毒粒子的繁殖,多角体病毒可分成核和细胞质的形状,核多角体病毒大多在毛虫和叶蜂幼虫中发现,感染表皮、脂肪体和血细胞。病毒分子通过嘴或角质侵害寄主,或一代传一代或在卵里传下去。核多角体病毒在寄主组织中繁殖时,幼虫就变迟钝,并且时常爬到高枝条尖端,在这里它们从它的腹部顶上开始吊死。在这个阶段幼虫皮肤变得虚弱,因而容易腐烂,病毒分子溅到叶下面。颗粒病毒限于鳞翅目的幼虫和蛹,其中脂肪体是主要的受害组织,病毒首先在核里繁殖,后来继续在细胞质中繁殖。这种病毒最后杀死昆虫时,虫体悬挂,很容易破碎,体内充满病毒,这种现象和核多角体危害造成的症状一样(任继周,2004)。

(2)植物病害防治。微生物对植物病害具有防治作用早已为人所知,并在生产中被广泛利用。微生物对植物病害的防治作用,主要源于四种机制:

①可以提高植物的抗病性。研究表明,很多微生物可以明显提高植物的抗病性。

②通过抗生作用防治植物病害。很多微生物可以产生抗生素,对植物病害起到有效防治作用,如链霉菌、芽孢杆菌、假单胞菌、青霉菌、木霉菌及曲霉菌等,均为常见的合成抗生素的微生物,常可有效地防治病害。例如,木霉菌可以产生绿色霉素和木胶霉素等多种抗生物质,可用来防治白三叶炭疽病等。多种抗生细菌对早熟禾夏季秃斑病具有明显的防治

效果。

③通过重寄生防治植物病害。在植物防治中应用最广的方法之一是利用重寄生真菌防治植物病害。其中,木霉是迄今为止应用最广的重寄生真菌,已被制成多种制剂来防治由 Rhizoctonia、Fusarium、Phythium、Phytothora、Verticillium 等病原真菌引起的病害。

④诱导植物抗性,防治植物病害。一些微生物,包括病原物、病原物的弱毒系、非病原物及一些微生物的不同结构组分或代谢物,可以诱导植物体内产生一系列防御性物质及与抗病有关的酶类(PAL、SOD、POD 等),从而增强植物抵御病害的能力,减轻病害。

4.4　景观驱动机理

在人为干扰消除之后,退化生态系统的自然恢复是一个复杂的过程,除了上述驱动机制外,还有其他一些对退化环境恢复产生驱动作用的机制。其中,景观驱动机制也是较为重要的驱动机制之一。

4.4.1　景观的组成要素及其生态功能

在生态学中,景观是一定空间范围内,由不同生态学系统所组成的,具有重复性格局的异质性地域单元(Forman,1986)。景观结构是指不同生态系统或景观要素的斑块特征及其在空间上的配置规律。同一单元,在不同尺度,景观结构是不同的。景观结构的基本组成要素包括斑块、廊道和基质及它们的时空配置方式(Forman、Godron,1986)。景观结构的资源与环境的分布规律和特性,制约着各种生态过程与功能,与生态系统的抗干扰能力、自调节能力、恢复能力、系统的稳定性有着密切的关系,因而具有重要的生态意义(肖笃宁等,1997)。景观结构组成的这三种要素,由于功能各不相同,在生态恢复过程中发挥的作用也有很大区别。

1. 斑块及其生态作用

景观生态学所指的斑块是指"依赖于尺度变化的、与周围环境(基底)在性质上或外观上不同的空间实体"(邬建国、李百炼,1992),是构成景观的基本结构和功能单元。由于不同斑块的起源和变化过程不同,它们的性状、大小、类型、异质性及边界特征变化较大,因而对物质、能量和物种的分布和流动产生着不同的作用(傅伯杰等,2002)。影响生态系统基本生态过程的斑块参数及其生态功能如下:

(1)斑块大小。最容易识别的斑块外貌是其大小或面积。斑块大小的不同,将影响斑块单位面积生物量、生产力、物种多样性,养分储存以及内部种的移动和外来种的数量。大的自然植被斑块在景观或景观恢复中可以发挥更多的生态功能。例如,岛屿生物地理学认为岛屿物种数量与岛屿的面积、隔离程度和年龄密切相关,大岛的物种增长较慢,但较持久;小岛的物种初始增长较快。山地岛屿的物种较同样大小的平原岛屿为多,人类活动干扰较大的岛屿,其物种数量往往(并非总是如此)比未受人类干扰的岛屿少(傅伯杰等,2002)。

(2)斑块形状。斑块形状主要分为三种类型,不同形状的斑块具有明显不同的生态效应。一是圆形、正方形和扁长形斑块,圆形或正方形斑块与相同面积的矩形斑块相比具有较多的内部面积和较少的边缘，相同面积的狭长斑块则可能具有较多的边缘；二是半岛形（指状形）斑块，它是指斑块狭长凸状外延的部分；三是环状斑块，环状生态系统的总边界较长，边缘带宽，内缘比率较低，与扁长斑块相似，而与圆形斑块不同。斑块的形状影响生物种的发育、扩展、收缩和迁移。例如，半岛可作为尖状廊道，起到景观内物种迁移通路的作用，在半岛的顶端，动物路径密度较大，显示出漏斗效应，有利于物种迁徙。

（3）斑块的密度。斑块密度是指一定空间尺度内斑块数量的多少及其毗邻关系。斑块密度的大小对斑块之间的相互作用影响很大，直接影响景观中的"流速"（肖笃宁等，1997）。一般情况下，斑块密度大，斑块之间的相互影响也较大，斑块密度小，斑块之间的相互作用也会较小。

（4）斑块的镶嵌性。自然界中，斑块一般不单独存在于景观中，总是多个斑块镶嵌分布于一定区域内，构成特有的景观格局。斑块镶嵌分布格局具有两个方面的作用：一是不同类型的斑块镶嵌在一起，就能够形成一种有效的屏障。不论某一特定的斑块是干扰源或是干扰的障碍物，斑块的空间构型对干扰的扩散都有很重要的影响（傅伯杰等，2002）。二是如果一个斑块是火灾或害虫暴发的干扰源，那么当它被隔离时，干扰就可能不会进一步扩散。反之，如果相邻斑块与之类似，则干扰很容易扩散。

2. 廊道及其生态作用

廊道是指景观中与相邻环境不同的线性或带状景观要素。它既能对不同景观进行分割，又能起到连接的作用。它既具有物种过滤器、物种栖息地以及对其周围环境与生物产生影响的影响源作用，又具有通道和阻隔的双重作用。

廊道的生态作用受其曲度、宽度、连通性和内部环境等结构的影响。①廊道的弯曲程度对景观生态流起着重要作用。廊道越直，距离越短，生物在景观中两点间的移动速度就越快，在蜿蜒曲长廊道中生物穿越景观单元则需要很长时间。②廊道的宽度可以确定廊道对基质的干扰和对动植物阻隔的程度。廊道越宽，生物在廊道中的迁移越容易，速度越快，但对于廊道两侧斑块间的交流阻隔越大。③廊道的连通性是对廊道的空间连接或连续的量度，廊道连通性好，物种在廊道中的迁移则不会受阻，如有断开，则不利于生物迁移。④廊道内小环境的异质性对廊道内的物种迁移也有重要影响，沿廊道走向，由于廊道在景观中延伸一段距离，其两端往往也存在差异。廊道内部小环境如果具有广谱性，则有利于更多生物在廊道中迁移，如果其内部小环境较为恶劣，则可能成为生物迁移的屏障。

根据廊道的几何形态，可以将廊道分为以下四种类型：

（1）线状廊道。线状廊道是指边缘物种占优势的狭长条带（带宽常在12 m以下）。常见的线状廊道包括道路、铁路、堤坝、沟渠、输电线路、排水沟、管道、树篱或其他人工建造的草本植物或灌木带等。线状廊道受外部干扰的几率很大，风、雨、物种、土壤及人类活动都会对线状廊道的内部环境和物种产生很大影响。因此，线状廊道中的物种及其种群数量稳定性较差。线状廊道主要由边缘种组成。在生态景观中，廊道的生态效应已引起广泛关注。由于长期干扰的结果，它们大多有一个动植物相对缺乏的中心地带。但是，对于某些线状廊道，如农田的灌木防护林或草场灌木隔离带中，由于两侧斑块受干扰更大，很多诸如昆虫、草本植物的动植物种会在灌木带中保留下来，使其物种数量要明显高于廊道外部的环境。线状廊道作为物种迁移通道的作用较弱，而一些线状廊道，如沟渠、铁路，对生物迁移具有较大的阻隔。

(2)带状廊道。带状廊道是指内部物种较丰富的较宽条带,它和线状廊道的区别在于它较宽,具有一个相对于线状廊道更为稳定的内部环境,而且每边都有边缘效应,因而也具有更为重要的功能。在景观中,带状廊道出现的频率一般比线状廊道少,常见的有超高速公路、宽林带等。带状廊道根据其宽窄和基质的不同,作用也有很大不同。例如,高速公路往往是两侧物种交流的屏障,而宽林带内部则可能是物种迁移和栖息的场所;我国北方地区沿铁路或高速公路栽植的白杨林带,以及东南沿海地区较宽的防护林带,都是比较典型的带状廊道。

(3)堤岸廊道。堤岸廊道是一类特殊的带状廊道,包括水体边缘、水体浅滩、堤坝和部分高地。它是指沿河流、海岸、湖堤等分布而受到河流、海洋、湖泊自然影响的不同于周围基质的景观带。堤岸廊道既是许多两栖动物和陆地动植物的栖息繁殖地,又是很多动植物迁徙的通道。廊道两侧的小气候、土壤梯度变化明显,中心地带通常生境独特。堤岸到高地的环境梯度比较明显,一些适应高水位和土壤湿度剧烈变化的植被和动物栖息于堤岸廊道中,洪水常常携带着富含营养的沉积物,因此河漫滩的植物生产力较高,在洪水之后会迅速萌芽,继续生长。河岸廊道的动物,如河狸,在河岸中起着一种特别重要的作用。通过沿河构造堤坝和浅水塘以及对河漫滩木本植物的采食,河狸可使河漫滩植被保持经常变化。凡有河狸生存的河岸,其生境多样性和物种多样性都可能较高。凋落物沉积在水体中,会成为许多堤岸食物链的基础。一些堤岸廊道在控制水流和矿物质养分流动方面也有很大作用,它可降低洪水泛滥的作用,也可防治堤岸侵蚀与矿质养分流失。

(4)河流廊道。河流廊道是指沿河流分布而不同于周围基质的植被带。河流也是一种特殊的带状廊道,但它属于水体廊道,与土地廊道有很大区别。河流廊道既能对湖泊与湖泊、湖泊与海洋、河流与河流进行连接,也可进行陆地与湖泊、陆地与海洋的连接。大多数情况下,河流对于水生动植物是迁移的通道,对两岸陆生动植物交流是屏障,但有时河流廊道对河流上下游陆生动植物移动也起着重要的作用。河流廊道的主要功能在于控制水流和矿物质养分的流动,可减少洪水泛滥、河床泥沙淤积和土壤肥力损失,同时也是人类的重要运输线,并富有可收获的资源,如渔产品等。河流廊道生态作用的范围和强度取决于河流所处的位置、河流的长度、宽度、水量的大小和水流的速度等。我国的长江起源于青藏高原,作为河流廊道,长江沿途连接着洪湖、洞庭湖、太湖、洪泽湖等大小湖泊上千个,汇集大小河流数百条。它既是我国扬子鳄等珍稀濒危水生物种的栖息地,也是一些海洋鱼类逆水而上进入繁殖地的通道。但是,对于一些动植物来说,长江也是两岸生物交流的一道天然屏障。

3. 基质及其生态作用

基质是景观中分布面积最大、连通性最好,并在功能上对景观动态起着控制作用的背景结构。基质是影响系统能流、物流、物种流和信息流最重要的景观要素。

判别基质和斑块的区别,可以依靠以下三个标准:

(1)相对面积:通常基质的面积在景观中最大,基质的面积超过现存的任何其他景观要素类型面积的总和,基质中的优势种也是景观中的主要种。

(2)连通性:基质的连通性明显较其他现存景观要素高。连通性高的景观要素具有三个方面的作用:①该要素起到分割其他景观要素的物理屏障的作用;②当以细长条带相交的形式连接时,景观要素可起到廊道的作用,便于物种迁移和基因交流;③该要素可环绕其他景观要素使其形成孤立的“生物岛屿”。

(3)判断基质的第三个标准是一个功能指标,即看景观元素对景观动态的控制程度,基质对景观动态的控制程度较其他景观要素类型大。

在实际工作中,可将三个标准结合起来使用,控制程度的重要性要大于相对面积和连通性的重要性。确定基质时,最好先计算全部景观要素类型的相对面积和连通性,如果某种景观要素类型的面积较其他景观要素大得多,就可确定其为基质。如果经常出现的景观要素类型的面积大体相似,那么连通性最高的类型可视为基质。计算了相对面积和连通性标准之后,仍不能确定哪一种景观要素是基质时,则要进行野外观测或获取有关物种组成和生活史特征信息,估计现存哪一种景观要素对景观动态的控制作用最大。

4.4.2 植被修复的景观驱动机制

在生态退化地区,景观的异质性和斑块的镶嵌分布是景观的主要特征之一。这种景观异质性和斑块的镶嵌分布,是由外部干扰的不均一性造成的。它可使斑块之间的物种经常存在交流,成为那些退化斑块植被修复的景观驱动机制,也是退化植被修复的重要机制之一。

1. 不同斑块之间植物种子的传播

退化的斑块内由于植物的繁殖能力减弱或消亡,其中的种子产量下降,土壤种子密度较低,有时难以满足植被修复的需要。而周围未退化或退化较轻的植被斑块中,植物繁殖能力强,种子繁殖量多,土壤种子密度高。在外力的作用下,如风力作用、动物搬运等,未退化或退化较轻斑块中的植物种子就会被带入退化斑块中,使退化斑块土壤种子库增加,这些种子在外界条件有所改善时,会从潜在植被迅速演变为现实植被,成为其植被修复的重要驱动机制。

2. 不同斑块之间植物营养繁殖体的传播

一般来说,不同斑块之间在土壤环境、小气候特征及植被类型方面存在很大差异,所以能够镶嵌分布。这些差异如果很大,有时会限制来自另一斑块植物种子的萌发和苗期生长。而这时,植物通常就会采取营养繁殖体侵入的方式进行斑块间物种的交流。如,在我国的科尔沁等半干旱地区沙地,由于风蚀的作用,沙地景观存在着大小不同的流沙斑块,与植被盖度较大的半固定斑块和固定斑块镶嵌在一起(陈玉福等,2000)。固定或半固定斑块是流沙斑块种子库最近的源泉,但受到降雨量的制约,有时埋藏于沙土中的种子由于干旱而不能出土,幼苗也容易遭受干旱致死。如果有克隆特性植物的存在,情况就会完全不同。克隆植物能够借助已建成的植物繁殖个体,通过克隆生长产生与母体相连的新分株个体,水分可在不同相连分株间相互传输,从而使其向流沙斑块的扩展较少受或不受降雨的制约。这样克隆植物就能利用其充足的水分较好地生长,随之而来的生态学效应将使地表流沙固定下来,从而使斑块之间的边界向流沙斑块推移,缩小流沙斑块,并使流沙斑块植被得以修复。

3. 退化植被的景观驱动机制

景观结构对斑块间植物物种迁移及对退化植被修复的驱动机制表现在四个方面:①景观结构变化可以改变斑块内部小环境,导致局域环境对植物的适应性发生变化,使外部植被易于侵入;②在自然力的作用下,如风力作用、家畜作用等,植物种群总是在不同斑块间迁移传播,促使物种缺乏的退化斑块植被修复;③退化斑块具有较低的物种和种群密度,

"物种势能"较低，种群竞争少，而外部的物种势能较高，种群竞争激烈，"物种势能"驱使植物从高势能向低势能的退化斑块传播；④一些斑块之间存在一些廊道，如湖泊之间的河流，植物种通过这些廊道在不同斑块之间发生移动，并在新的斑块中定居和发展，从而使退化斑块植被得以修复。

大斑块退化植被的修复明显慢于小斑块退化植被修复的重要原因，是景观驱动机制只对那些地形较为破碎，斑块较小且镶嵌分布的退化植被发挥作用。对于面积很大的斑块，由于斑块间物种交换和能量流动的距离有限，景观的作用机制明显受到影响（常学礼等，2003；陈玉福等，2001；李胜功等，1997）。

由于不同地区气候、地形、土质和植被的差异，使植被的修复过程更加多样化，显现出修复动因、速度和机制的巨大差异，致使植被修复过程复杂（李洪远、鞠美庭，2005）。但总体来看，在区域尺度上气候的驱动作用是大多数地区植被自然修复的最重要的外在驱动机制，这不仅体现在退化植被向地带性植被的自然演替，而且降水量增加对植被修复进程的促进作用也是十分明显的。在群落尺度上，植被的自我修复机制是所有处于退化植被自然修复的最重要的内在驱动力，一方面植物繁殖方式、生长节律、能量分配等生存策略的改变，也在植被修复过程中发挥着重要作用，另一方面源于植被次生演替所留下的大量有性繁殖体和营养繁殖体，这些繁殖体可在生态条件改善时使潜在植被迅速演变成现实植被（董鸣，1996）。在斑块尺度上，景观驱动作用是植被修复的另一重要机制，斑块过渡区或界面上的生物多样性增加，斑块间繁殖体的交流和物质、能量的交换，都可明显加快退化植被修复的进程（陈玉福等，2001；常学礼等，2000）。土壤环境的改善，既是植被对土壤直接作用的结果，也是土壤驱动植被修复演替的主要机制之一。虽然受土壤质地和地下水深浅等因素的影响，退化植被可能会出现偏途演替，形成隐域或半隐域植被。但从区域角度来讲，土壤与植被的这种反馈作用，是在大的气候背景下进行的，作用的最终结果还是使植物群落倾向于最终演替到气候顶极群落，而土壤则最终演变为地带性土壤。但一般来说，植被的修复进程要快于土壤的修复进程。

4.4.3　河流对退化水体和土壤的景观修复机制

景观中，水分和养分的运移对于退化生态系统的修复起着重要的作用。尤其是河流作为一种景观要素，其流水对沿途污染水体和退化土壤具有重要的修复作用。这种修复作用主要是通过稀释、吸附、沉积、淋溶和运移等作用，使水体污染程度降低，使退化土壤得以修复。

1. 河流对退化水体的修复机制

（1）流水对污染物的稀释作用。无论是有机物污染物，还是无机物污染物，当其数量超过一定限度时，就会给生物造成危害。对于水体来说，水体质量的好坏直接影响着水生生物的生存和繁衍。当水体中污染物的浓度达到一定水平时，水生生物就会受到损害，严重时甚至死亡。当未受污染的河水进入到受污染的河段、湖泊、海湾等水体后，就会对污染水体进行稀释，降低水体中污染物的浓度，减少污染物对水体生物的危害。如果切断污染水体的污染源，不断冲入未受污染的水体，可使水体中污染物的浓度降到最低限度。

（2）水中颗粒对污染物的吸附和沉积作用。由于水土流失等原因，很多河流中存在大量悬浮颗粒。这些细小土壤颗粒具有巨大的体积表面积比，能够有效吸附水体中的污染物，这些土壤颗粒沉积后，使水体污染物的浓度明显下降。例如，在我国因水土流失每年进入黄河的泥沙总量高达 1.6×10^9 t,其中在宁夏以上区段每年进入黄河的泥沙达1亿多吨,晋陕地区进入黄河的泥沙达 10^9 t,同时水土流失问题也日益严重。

(3)流水对污染物的运移作用。由于河流属于运动中的水体,在上游水流的作用下,下游河段或湖泊等水体中的污染物会在其作用下,顺河流向下游漂移,并在运移中得到稀释,最终从受污染地区排出去。2005年11月我国东北吉林市化工厂发生爆炸事故造成松花江的苯污染,不仅给哈尔滨市城市用水造成严重威胁,还给河水生物及沿途土壤造成严重危害,后来上游水库加大泄水量,使污染水段逐步向下游运移和稀释,最终污染水体在出境前被消除。

(4)河岸林对水体的保护作用。沿岸植被缓冲带作为一种廊道景观,可以有效地吸收径流中携带的固体颗粒和残余的农药、养分等,从而减少进入水体中的污染物含量。

2.退化的土地的景观修复作用和机制

在一个区域内,或不同区域之间,由于存在明显的地形、地貌、水文、植被、气候等差异,往往会形成一些大尺度的景观斑块。在这些斑块当中,有时一些斑块会通过一些廊道或其他途径对另外一些斑块产生影响,对那些发生退化的斑块的修复产生驱动作用。

(1)河水灌溉对退化土地修复的驱动作用。河流是水生动物和水生植物生活或迁徙的通道,也是汇集两岸流失物质的汇集通道。在流水中,不仅具有一定数量的水生生物,如鱼、虾、植物、藻类,还悬浮着大量土壤细颗粒、动植物残体、有机碎屑。而在沿河地区,大都会用河水灌溉。有目的地加大灌溉量,将河水携带的各种有机、无机物质沉积于被灌溉的土地中,对于退化土地的修复具有重要驱动作用。

在我国北方的黄河灌区,历史上就有利用黄河水灌溉改造农田的习惯。一些沿河沙区,如乌兰布和沙漠、库布齐沙漠和腾格里沙漠边缘的一些农民,他们将平缓沙地略作平整后,利用黄河水灌溉,当年就可在沙土表面形成较厚的一层结皮。经过几年的河水灌溉,原来的流沙就会逐步变为具有较好结构的农田土壤,使作物产量明显增加。

(2)高山冰川对退化绿洲修复的驱动作用和机制。在干旱地区,如我国西北内陆河地区,很多绿洲的水源来自高山冰川融水。冰川融水通过河道将降水输入到绿洲,在满足人们生活需要的同时,也滋润着万物生长。而在这由高山冰川、河流、绿洲组成的山地－河流绿洲系统中,山地和绿洲属于属性完全不同的斑块,它们通过河流这样一个廊道被连接在一起,通过流水的作用,山地生态系统对绿洲生态系统的形成和发育起着重要的调控作用,决定着绿洲的存亡。

高山冰川生态系统对绿洲生态系统的调控作用,主要源于两种机制:①在干旱荒漠区,水是一切生命形式,包括植物、动物、微生物和人类,生存和发展的限制因素,水量不足和水资源的空间分布不均匀,使干旱区的大多数生物和人类活动只能局限于沿河两岸的绿洲之中,上游来水量的多寡更是决定着绿洲的规模和人类活动的强度。②水分的水平运动主要表现为地表和地下径流两种方式。在重力势能作用下,冰川融水从高山经河流流向低山丘陵或平原地区,沿途被绿洲利用,多余水量最终流向低洼地,形成内陆湖泊。在这一水文过程中,景观要素,如地形地貌,起到了重要作用。地形高度的差异,导致水分在空间上重力势能的差异,分布在地貌部位较高的地方,具有较大的势能,而在地貌部位较低的地方,重力势能较低,从而导致了水分在空间上的运动。

绿洲来水量主要受两种因素制约:①水资源的空间分配。上游如果截水过多,向下游输送的水量就会减少。上游如果有计划地保证下游稳定供水,下游绿洲来水量就稳定。

②高山融水量。高山融水量多，水量供给就会增加，反之则会减少，而高山融水量的多少，既受到冰川资源多少的影响，也受到气温高低的制约。高山冰川斑块的面积大，气温高，融水量就会增加，如果冰川斑块面积萎缩，加之气温降低，融水量就会减少（Jones 等，2003）。

绿洲来水量的多少对于绿洲的发展规模和稳定性具有重要影响。一般情况下，来水量增加意味着绿洲生态系统的稳定和存在潜在发展趋势，反之则意味着绿洲趋于萎缩和不稳定。因此，在冰川融水量基本稳定的情况下，合理配置全流域的水资源，对于流域各绿洲的均衡发展极为重要。但是，在我国内陆河地区，上游过度截水用水，下游地区来水量明显减少，已经导致下游绿洲发生明显的退化和沙化。如我国的黑河绿洲，在人类活动强烈干扰后，其生态系统的规律和属性则除了受到高山冰川融水量的制约外，更多的是受到人类活动的影响。近些年来，上游用水量的急剧增加，导致下游绿洲来水量急剧减少，绿洲因供水不足发生明显退化。不仅导致黑河下游东、西沿海等河流终端湖泊的消亡，而且引起绿洲地下水下降，大片植被死亡，绿洲萎缩，人类生存受到了严重威胁。

修复足量水源供给是干旱区退化绿洲修复的主要途径之一。通过河流，将高山冰川融水适量地分配给退化绿洲，可以使绿洲得到较为迅速的修复。另外，也可通过各种工程措施，将其他地区的水引入到绿洲之中，如可将黄河水引入石羊河，解决下游供水不足问题。另外，节约用水、提高水资源利用效率也是解决绿洲水资源不足的重要途径，其中开展节水灌溉、衬砌渠道、种植耐旱节水作物等都是节约用水、提高水资源利用效率的有效方法。

4.5　人工生态修复的物理、化学机理

受损生态系统的人工修复除应用生物修复外，更多的是采用机械修复和化学修复的方法。了解生态修复的物理、化学原理，对于科学选用相关方法，提高应用成效是有益的。

4.5.1　生态修复的物理学原理

在生态修复中，应用物理和机械方法的事例很多，如水土保持中的土谷坊、沟壑土坝等工程的建设，沙漠化防治中黏土覆盖、污染土壤治理中物理固化与分离技术的应用、草方格等机械措施的应用等。鉴于篇幅有限，这里只简单介绍几项生态修复的物理学原理。

1. 风沙治理中的力学原理

（1）风沙力学原理。土地沙漠化的主要特征之一是土壤风蚀和风沙流活动。沙是土壤风蚀和风沙流形成和运动的物质基础，风是风沙流形成和运动的自然动力。当达到一定风速（不小于 5 m/s）的风作用于裸露沙地表面时，就会引起风蚀和风沙流运动。大范围的土壤风蚀和风沙流活动，就会造成土地沙漠化和风沙环境。

土壤风蚀和风沙流活动是以风作为动力的。当风速不小于 5 m/s 时，随着风力的增强，土壤风蚀和风沙流活动加剧。但是，土壤风蚀和风沙流活动不仅取决于土壤质地和风速，更取决于地面植被状况，即地面的粗糙度。地面越粗糙，粗糙度越大，摩擦力越大，风速越小。

实验观测表明，风沙流活动主要发生于近地面层，尤其是近地面 20 cm 以内。其原因是：①沙质土壤以粒径 0.05 ~0. 5 mm 颗粒为主，而这种小的土壤颗粒主要以跃移方式运

动，不可能距地面很高。近地面层运动的风沙流对环境危害极大。当风速增加时它会引起新的风蚀，而且风蚀力要强于净风几倍至几十倍。当风速下降或遇到障碍物时，风沙流携带的沙就会沉积，形成积沙，危害道路和屋舍等。但风沙流近地面运动，对于风沙防治来说相对也比较容易（王涛，2003）。②如果没有特别强劲的风力，沙粒因重力作用而不可能飞扬很高，即使风力很大，因风沙流强度很大而使沙粒相互碰撞机会增加导致能量消耗而不能飞扬很高，飞扬很高的只能是粒径不大于0.001 mm的土壤黏粒。

（2）治沙工程中风沙力学原理的应用。风沙力学的原理告诉我们，增加地表覆盖，提高地面粗糙度，不仅可以有效地降低风速，减少土壤风蚀，而且可以阻止风沙流运动，减轻风沙流危害。在风沙环境治理中，建立人工植被，设置各种沙障、农田覆草等措施，其主要作用就是降低风速，减轻风对地面的直接作用或阻止风沙流动，固沙阻沙、减少风沙流动的危害。

①机械阻沙。机械阻沙主要指高立式沙障，包括高立式阻沙墙、高立式栅栏和高立式阻沙板等。其中栅栏作为一种高立式沙障，是采用高秆植物或作物，如灌木枝条、玉米秸、芦苇等，直接栽植于沙面上，埋入深度30～50 cm，外露高度1 m以上。或将这些材料编制成笆块，钉在木框上，制成防沙栅栏。目前，也有用尼龙网制成栅栏用于防风阻沙的（王涛，2003）。

栅栏的防风阻沙效果与其结构密切相关，其中栅栏的孔隙度（栅栏孔隙面积与总面积之比）是影响其防护效果最重要的因素。从风洞流场测定结果来看，紧密性栅栏（孔隙度为0）的背风区有一个大的涡流区，在栅栏上方有一个高速区，它们之间形成了一个很大的速度梯度，动量向下传输很强，这样导致背风区域风速恢复很快，防护范围降低。疏透性栅栏（孔隙度为0.5）背风面不形成离开地表的等直线闭合区，且变化也缓慢得多。在栅栏上方的高速区，其范围也小得多，因而防护范围也明显较大（吴正等，2003）。孔隙度为0.5～0.6的栅栏防护效果最好。

②机械固沙。这里所说的机械固沙，是用惰性材料如沙砾石、黏土和麦秸、稻草等覆盖流沙表面，或用喷洒沥青乳剂等化学胶结物质固定流沙表面。在流沙表面形成切断层或阻断层，把气流与松散沙面隔离开来，流沙与风力作用接触面积减少，或在流沙表面形成胶结层，在风力作用下，由于沙面胶结而不会受到侵蚀，从而阻止了沙子的流动（朱震达、陈广庭，1994）。

目前机械固沙最常用的方法是草方格沙障。风洞试验表明，设置草方格沙障后，改变了下垫面的性质，增加了地面粗糙度，增大了对风的阻力。当风沙流流经沙障时，障前、障后出现一个阻滞及涡旋减速区，加速了能量的损耗，从而达到固沙、阻沙的目的。

③输导沙工程。输导沙工程包括下导风、输沙断面和羽毛排等类型。它是通过一定的工程设计改变下垫面性质，或借助于修筑的物体加速风沙流流速或改变其运动方向，从而达到减少风沙流沿程阻力，阻止气流分离发生，促进与加速风沙流，使沙子以非堆积搬运的形式进行输导，顺利通过所保护的区域。

下导风工程又称聚风板工程，是由栅栏工程发展而来，主要用于防治公路积沙或积雪。它由立柱、横撑木和栅板组成。栅板可由木板、芦苇、柳条制成。

羽毛排导沙工程是我国风沙防治工作者于20世纪50～60年代发明的。它是根据道路、河流为防止洪水冲刷所设倒流堤的原理，采用“羽毛苇排”来导走风沙流，以保护路堑和隧道口不被风沙危害。

2. 污染土壤的物理修复原理及应用

污染土壤的物理修复方法包括物理分离修复、固化/低温冰冻修复、蒸气浸提修复和电动力学修复等。它作为污染土壤修复的一类新方法,近年来得到了迅速发展。这里只介绍其中几项常用方法及其原理。

①土壤污染物的物理分离原理与应用。土壤污染物的物理分离主要是基于土壤介质及污染物的物理特征不同而采用不同的操作方法使之发生机械分离。如依据分布、密度大小的不同,采用沉淀或离心分离;依据粒径大小,采用过滤或微过滤的方法进行分离;依据磁性有无或大小的不同,采用磁性分离;根据表面特性,采用浮选法进行分离。

物理分离技术主要用在污染土壤中无机污染物,特别是重金属的修复处理上。通过物理分离,从土壤、沉积物、废渣中提取出重金属,清洁土壤,恢复土壤正常功能。其中,对于分散于土壤中的重金属颗粒可以根据它们的颗粒直径、密度或其他物理特性,用筛分或其他重力手段去除铅,用重力分离法去除汞,用膜过滤法去除金和银。对于被土壤黏粒和粉粒所吸附的单质态或盐离子态重金属,物理分离技术能够将沙和沙砾从黏粒和粉粒中分离出来,将待处理土壤的体积缩小,使土壤中存在的污染物浓度浓集到一个高的水平,然后再采用高温修复技术或化学淋洗技术修复污染土壤(于颖、周启星,2001)。物理分离技术工艺简单,费用低,但需要挖掘土壤,因此修复工作所耗费的时间取决于设备的处理速度和待处理土壤的体积。

②土壤固化/稳定化修复技术及其原理。固化/稳定化技术中,固化的技术原理是机械地将污染物包被起来,固定约束在结构完整的固态物质中,通过密封隔离含有污染物的土壤,或者大幅降低污染物暴露的易泄漏、释放的表面积,从而达到控制污染物迁移的目的。稳定化是利用稳定剂,如磷酸盐、硫化物和碳酸盐等都可以作为污染物稳定化处理的反应剂,将污染物转化为不易溶解、迁移能力或毒性变小的状态和形式,即通过降低污染物的生物有效性,实现其无害化或者降低其对生态系统危害性的风险(周启星、宋玉芳,2004)。固化/稳定化技术是防止或者降低污染土壤释放有害化学物质过程的一组修复技术,通常用于重金属和放射性物质污染土壤的无害化处理。稳定化不一定改变污染物及其污染土壤的物理、化学性质,它只是降低土壤中污染物的泄漏、淋失风险。但二者也紧密相关,常列在一起进行讨论。

固化/稳定化技术一般常采用的方法为:先利用吸附质如黏土、树脂和活性炭等吸附污染物,浇上沥青,然后添加某种凝固剂或黏土合剂,使混合物成为一种凝胶,最后固化为硬块。凝固剂或黏合剂可以用水泥、消石灰、硅土、石膏或碳酸钙。凝固后的整块固体组成类似矿石结构,金属离子的迁移性大大降低,从而降低了重金属和放射性物质对地下水环境污染的威胁。固化/稳定化技术一般需要将污染土壤挖出来,在地面混合后,放到适当形状的模具中或放置到空地,稳定化处理,也可以在污染土地原位稳定处理。相比较而言,现场原位稳定处理比较经济,并且能够处理深度达到 30 m 处的污染物。

(3)土壤蒸气浸提修复技术及其原理。土壤蒸气浸提技术是利用物理方法将不饱和土壤中挥发性有机组分(VOCs)去除的一种修复技术,它通过降低土壤孔隙的蒸气压,把土壤中的污染物转化为蒸气形式,主要适用于高挥发性化学污染土壤的修复,如汽油、苯和四氯乙烯等污染的土壤。土壤蒸气浸提技术的基本原理是在污染土壤内引入清洁空气产生驱动力,利用土壤固相、液相和气相之间的浓度梯度,在气压降低的情况下,将污染物转化为气态后排出土壤。它利用真空泵产生负压驱使空气流过污染的土壤孔隙而解吸并夹带有机组分流向抽取井,并最终于地上进行处理。为增加压力梯度和空气流速,很多情况下在污染土壤中也安装若干空气注射井(周启星、宋玉芳,2004)。该项技术有可操作性强,处理污染物的范围宽,可由标准设备操作,不破坏土壤结构以及对回收利用废物有潜在价值等优点,因其具有巨大的潜在价值已被应用于商业实践(沈德中,2002)。

(4)电动力学修复技术及其原理。电动力学修复技术是从饱和土壤层、不饱和土壤层、污泥、沉积物中分离提取重金属、有机污染物的过程。其基本原理是利用插入土壤中的两个电极在污染土壤两端加上低压直流电场,在低强度直流电的作用下,水溶的或者吸附在土壤颗粒表层的污染物根据各自所带电荷的不同而向不同的电极方向运动,土壤中的带电颗粒在电场内定向移动,土壤中污染物在电极附近聚集,这样就将溶解到土壤溶液中的污染物吸收到一起而去除。这项技术可修复的金属离子包括铬、汞、镉、铅、锌、锰、钼、铜、镍、铀等,有机物包括苯酚、乙酸、六氯苯、三氯乙烯以及一些石油类污染物,最高去除效率可达90%。

4.5.2 土壤化学修复原理及其应用

本章以土壤为重点研究其化学修复原理。虽然引起土壤退化的人为原因很多,但大致还是可以分为两类,即不合理土地利用引起的土壤退化和污染引起的土壤退化。

1.退化、沙化土壤的化学修复原理

(1)退化、沙化土壤的生物化学修复机制。人类的不合理利用容易引起土壤的退化、沙化。土壤退化的主要特征是土壤质地变差,肥力降低,生产力下降。沙化土壤是退化土壤中比较严重的一种形式,主要表现为:①土壤内聚力差、松散易流动;②在风力作用下更容易发生风蚀,而且易干燥;③土壤粗化和贫瘠化;④生产力极其低下。

最好的修复退化、沙化土壤的生物化学方法是大量施用有机肥料。各种有机肥料包括生物体排泄物(如动物粪便、厩肥)和泥炭类物质、污泥等。

有机肥料培肥改土的机理有:①有机肥料生物体排泄物含有一定量的微生物,可加速植物残体的矿化过程,丰富土壤的微生物群落。②有机肥料含有有机酸,如乳酸、酒石酸等,可与重金属形成稳定性的络合物,改善重金属污染土壤状况,泥炭类有机物能够增加土壤的吸附容量和持水能力。③厩肥含有多量胡敏酸胶体,它能与黏粒结合,形成团粒,在酸性或石灰性土壤中,均能促进团粒结构的形成。有研究表明,以泥炭为垫料的猪厩肥用来改造矿毒田,效果很好。④施用有机肥料,可以直接增加土壤有机质和养分含量,而土壤有机质含量和养分含量的高低,既关系到土壤的发育,又影响作物的生长。

实践早已证明,在农田中大量施用有机肥可明显改善土壤的理化性质和肥力状况。在风沙环境治理过程中,通过发展畜牧业的规模养殖来增加沙质土壤的有机肥施用量,不仅可大幅度提高产量和降低成本,还可有效防止土壤风蚀。

(2)酸性土壤的化学修复。由于燃煤形成的酸雨现象在我国广泛存在,已覆盖国土面积的40%左右。受酸雨污染影响的土壤和受其他重金属或有机物轻度污染的土壤,可采用施用有机物质、改良剂、黏土矿物等的方法,使退化土壤性能得以改善,或使污染物变成难迁移态或使其从土壤中去除。

石灰性物质是一种成本较低,使用方便的土壤化学改良剂。经常采用的石灰性物质有熟石灰、硅酸钙、硅酸锌钙和碳酸钙等。石灰性物质能够通过与钙的共沉淀反应促进金属氢氧化物的形成，以中和酸性土壤，使土壤酸性达到植物生长能够接受的范围。使用时，要将石灰磨细成粒径很小的粉状，以提高颗粒的比表面积，使石灰性物质与金属离子充分接触和反应。

2. 污染土壤的化学修复原理及应用

由于工业化的进行，向土壤中排放了大量废水、废渣等污染物造成土壤污染。污染土壤的化学修复，主要包括化学氧化、化学还原、化学淋洗和溶剂浸提等。这些人工修复技术，在对不同类型污染土壤的化学修复中发挥着重要作用。

(1)污染土壤的化学氧化修复原理。化学氧化修复是一项污染土壤人工修复技术。其基本原理是将化学氧化剂掺进污染土壤中，使之与污染物产生氧化反应，使污染物降解或转化为低毒、低移动性产物。该技术主要用来修复被油类、有机溶剂、多环芳烃(如萘)、PCP、农药以及非水溶态氯化物(如三氯乙烯 TCE)等污染物污染的土壤，对饱和脂肪烃则不适用。最常用的氧化剂是 K_2MnO_4 和 H_2O_2，以液体形式泵入地下污染区。通过氧化剂与污染物的混合、反应使污染物降解或导致形态的变化。为了更快捷地达到修复的目的，通常用一个井注入氧化剂，另一个井将废液抽提出来，并且含有氧化剂的废液可以循环再利用。

(2)污染土壤的化学还原与还原脱氯修复。对地下水构成污染的污染物经常在地面以下较深范围内，在很大的区域内呈斑块状扩散，这使常规的修复技术往往难以奏效。一个较好的方法是创建一个化学活性反应区或反应墙，当污染物通过这个特殊区域的时候被降解或固定，这就是原位化学还原与还原脱氯修复技术。其基本原理就是利用化学还原剂将污染物还原为难溶态，从而使污染物在土壤环境中的迁移性和生物可利用性降低。通过注射井，向土壤下层中注射的还原剂有亚硫酸盐、硫代硫酸盐、羟胺、FeO、SO_2 等，并给予一定压力使其在治理目标区内扩散。其中，最常用的是 SO_2 气体，适用于高渗碱性土壤中铬、铀、钍等对还原敏感的元素以及散布范围较大的氯化溶剂的污染修复(郭观林等，2005)。

(3)污染土壤的化学淋洗修复技术原理。土壤化学淋洗修复原理是借助能促进土壤环境中污染物溶解或迁移作用的溶剂，通过水力压头推动清洗液，将其注入被污染土层，然后再把包含有污染物的液体从土层中抽提出来，进行分离和污水处理。清洗液可以是清水，也可以是包含冲洗助剂的溶液。清洗液可以循环再生或多次注入地下水来活化剩余的污染物(可欣等，2004)。通常受到低辛烷/水分配系数的化合物、羟基类化合物、低分子量醇类和羧基酸类污染物污染的土壤比较适合采用这种技术进行清除。

(4)污染土壤的溶剂浸提修复技术原理。溶剂浸提技术通常也被称为化学浸提技术。其原理是利用溶剂将那些不溶于水，吸附或粘贴在土壤、沉积物或污泥上的有害化学物质，如 PCBs、油脂类、氯代碳氢化合物、多环芳烃(PAHs)，从污染土壤中提取出来或去除。该项技术一般不用于去除重金属和无机污染物。适合采用溶剂浸提技术的最佳土壤条件是黏粒含量低于 15%、湿度低于 20% 的土壤。

第5章　生态系统结构与功能的恢复过程

生态系统的结构是生态系统实现其功能的基础,也是其基本表现形式。生态系统的结构包括组分结构(非生物组分和生物组分)、物种结构(含种类组成及多样性)、时空结构(生物种群在时间和空间上的配置及不同生态系统所形成的景观组合)和营养结构(食物网)等。生态系统的退化过程即是各层次结构的破坏或解体,导致功能丧失和稳定性下降的过程。生态系统的恢复首先就是系统结构的重建。本章将介绍群落、食物网、景观生态系统的恢复重建过程。

5.1　群落结构、食物网链的恢复

生物群落是生态系统的生物组分,是生态恢复的主要目标。群落的多样性是群落稳定的一个重要尺度,多样性高的群落,物种之间往往形成了比较复杂的相互关系,食物链和食物网更趋于复杂,当面对来自外界环境的变化和群落内部种群的波动时,群落由于有一个较强大的反馈系统,从而可以得到较大的缓冲。

5.1.1　群落结构的恢复

5.1.1.1　物种结构的恢复过程

群落的结构指生物在环境中分布及其与周围环境之间相互作用形成的结构。可分为物理结构和生物结构两个方面。物理结构指群落的外貌形态,包括决定群落外貌的植物生长型、垂直分层结构和群落外貌的昼夜和季节相三方面。生物结构是指构成群落的物种组成和相对丰度、种间相互关系、多样性和演替方面。

物种结构是生态系统生物组分的最基本结构。物种结构包括参与群落的植物种数、群落成员型的分异及其生活型归属、种群内个体密度等。无论哪种类型的生态退化,在物种结构上都表现为物种数目减少,各物种密度减少,或某些有害种暴发,极少数最能适应恶劣环境条件的种类成为优势种类等。

群落结构的恢复的一般过程应为:首先从物种的增加(包括自然增加和人为增加)开始,随着增加种类的种群扩展,密度加大,群落逐步郁闭,种群内和种群间植物个体拥有的自我空间相对减少,物种间开始出现竞争,竞争的结果导致种类的演替,其中包括一部分种类的加入和另一部分种类的消失,之后植物物种变化趋缓,系统进入营养结构形成阶段。但在实际中,由于生态系统性质、原有退化程度,特别是人为干预途径不同,其具体的过程表现是不一致的。

1. 无人工引入植物种群恢复过程

无人工引入植物种群的恢复过程,即不引入物种。消除导致退化的因素,使退化过程先停止下来,如围封,河道的工程改造等。这一步实施后,恢复前的退化程度,尤其是原有种的存在状况决定着物种的发展程度。从轻度或中度退化时开始恢复,其原生状态下的正常群种和优势种仅在干扰胁迫下受到压制,但其优势地位未发生根本变化,当干扰因素消除后,生长潜势得以发挥,直接开始优势种的演替和组分构建过程,结构恢复较快。

在沙地,由于土壤缺乏基本结构,只能适合适沙的植物生长。而土壤结构,包括适宜的有机质含量、颗粒组成、微生物种类和密度等恢复起来非常缓慢,随之要使其生态系统自然恢复到原有的气候顶极类型往往不是几代人能够见得到的。有时甚至可以相当长时间稳定在恢复过程中的某一阶段。但只要其对当地经济和生态环境最为重要的系统功能能够恢复到基本满足人类需求,同时又能够较长时间地保持稳定,即可认为达到恢复的目标。

如黄淮海平原,原始的生态系统类型是以栎林为主的暖温型落叶阔叶林,经数千年农作和黄河的反复冲积,已彻底改变了平原的土壤性质,其中除大部分为以各类灌淤土为主的农业土壤外,最需要生态恢复的是由于黄河多次泛滥改道所遗留的沙丘沙地,恢复的主要目的是在功能上达到固定沙面、防止对周围优良农田的侵袭。黄淮海沙地从无植物生长的流动沙地开始,其生态系统种类结构的恢复过程一般由根茎型莎草香附子为先锋种类,之后进入以一年生藜科植物,如藜、沙米、虫实等为主的半流动沙地阶段。白茅的出现,标志沙地趋于固定,其中可分为以节节草、蓼子朴、猪毛菜等为伴生种的半固定沙地和以达乌里胡枝子、长萼鸡眼草、草瑞香等为伴生种的固定沙质草地。而在一些较高大的沙丘上则分布着以酸枣和荆条为主的次生灌丛。如目前这种气候条件可持续数百年甚至更长时间,这些群落都有可能发展为暖温型草原或落叶阔叶林类型,但对人类所需要的生态系统功能来说,这种长期稳定的结构状况已基本达到了恢复的目标。

2. 人工引入植物种群恢复过程

封育、停止干扰,促使生态系统自然恢复的有效性是有限的。一方面,在较湿润的、地带性生态系统为各类林地的地区,或极端干旱,由于供水不足造成绿洲退化并以恢复供水为生态恢复前提的地区,如让其自然恢复,虽然植被可很快覆盖地表,但其主要组成将是多种杂类的高大草本植物,经济利用价值低,生态功能也差,极不经济。另一方面,自然恢复的过程较为缓慢,中度退化生态系统自然恢复到接近退化前的状态往往需要几十年甚至更长的时间。而对于严重退化的系统,由于原有土壤及其种子库损失殆尽,土壤恢复十分滞后,因而系统生物群落的恢复过程更加漫长,即使有所恢复,其功能和稳定性也很难在人类期望的时间内恢复到需要的程度。因此,在这类退化系统进行生态恢复时,往往需要由人类选择适宜的植物种,通过种植措施,尽快形成建群种或优势种明显的人工生态系统。人工系统在功能上可较快达到人类的预期,但若要完全恢复到原有系统(绿洲系统除外)的状况,需要的时间可能比自然恢复更长。如果植物种选择或管理措施不当,也会导致人工群落与环境因子间新的不协调,系统功能与效益不能发挥,甚至重新退化,恢复过程中断。

(1)引入先锋植物种。这类途径也可以说是自然恢复的补充或促进手段,目的是解决严重退化系统植物繁殖体数量不足且进入缓慢问题,此类途径可以迅速稳定基质,形成生物环境,为更多适宜当地气候条件的野生种进入和发展创造条件,加快恢复进程。采取这类途径的恢复类型一般是退化已极为严重,甚至近乎裸地的系统,因而在恢复前,其物种数目极少，密度很低，自然也谈不到多样性。以引入的先锋种类为优势种的群落（群聚）形成后的恢复过程，其基本趋势与自然恢复相同，但其物种的进出调整则受引入的先锋种类影响而与完全的自然恢复不同。

（2）引入建群种。通过种植一种至多种植物，建立以这些种为建群种的群落类型，以达到加快恢复进程，使系统能够在保持其整体服务功能（如生态功能）的同时，还可长期获得由这些人工建群种提供的特别功能（如产品功能）。这种恢复途径也可称为人工偏途顶极途径。这种途径现被广泛使用。

这类人工生态系统恢复过程中，优势种类呈突变式进入，物种组成和数量的演变一般集中于生物群落的辅助层次和伴生种群。因为人工种植措施是直接在原有植被已破坏殆尽的裸地，为给种植的物种创造生长条件而进行的整地，所以原来的地形、土壤及相应的水分等多种环境条件都会发生重大变化，同时，种植的物种在人为措施保证下迅速在高度、盖度、密度、郁闭度诸方面占绝对优势，形成与原来自然环境差异较大的新环境。因而在人工群落形成后，无论人类是否再施加持续的管理措施，人工种植种对系统的整个恢复过程都有着深远的影响，对群落内物种组成的变化起“控制”作用，既可能使物种丰富度比种植前逐步增加，也可能使其减少。

对引入建群种的恢复途径来说，引入的植物种类对恢复过程至关重要。特别是引入乡土种，将对结构恢复的速度、稳定性和持续性都有正向的促进作用。为此王占孟（1995）提出了模仿植被自然演替规律，超越（演替）阶段的跳跃方式，进行人工植被的恢复重建。其实质就是引入演替后期阶段的物种，来加速植被的演替进程。当然其实施必须在调查了解自然植被演替规律的基础上进行。

（3）全程人工干预物种。全程人工干预途径指群落内的全部物种都由人工选择并种植（或加养殖），并由人类不断施加各种管理措施的途径。这类系统恢复过程的特点是：①恢复目标和功能单一，或突出高效收获生物产品，或突出环境美化效果，或突出单一防护功能等；②恢复时间短促，阶段性不明显，所用物种全部为人类选定，经过设计，通过一次或数次施工，很快形成人类需要的群落结构；③种类数量少，甚至单一种类较常见，即使有数个植物种，往往种与种之间呈斑块状交错种植，真正使种间发生生态关系的情况较少；④脆弱性高，由于种类单一，且多数情况选用种类为外来引入或人工培育，难以抗御环境骤变、病虫危害和乡土野生种的侵袭。为维持这类系统的结构和功能，人类必须持续地对其进行管理，包括不断地将侵入的当地野生种清除。

人工辅助措施包括改善营养条件，改善退化生态系统的物理因素，改善物种间的相互制约关系及改善种源条件等。

①改善退化生态系统的营养条件。不同的生态系统类型，对营养元素的需求是不一致的。在营养缺乏的情况下，退化生态系统的恢复很困难。在长江三峡地区，种植豆科植物被证明是很有效的改善生态系统营养条件的方法。

②改善退化生态系统的物理因素。在有些情况下，改善退化生态系统土壤的理化性质对于生态系统的恢复是至关重要的。如土壤的 pH 太高可以用有机质或硫化废物进行改善，pH 太低可以用石灰进行改善，土壤盐分太高，可以采取灌溉的方法对土壤进行改善。

③改善退化生态系统物种间的关系。改善退化系统物种间的关系，指通过抑制一些物种的生长发育而达到或促进另一些物种健康生长发育繁殖，从而促进退化生态系统的恢

复。如在人工生态组建过程中,乔木树种的密植对抑制草木层发育是极为有利的。

④改善退化生态系统的种源条件。改善退化生态系统的种源条件要慎重选择树种,并采取适当的手段。退化生态系统要恢复到典型地带性的生态系统,有时可以直接选用顶级群落的树种,有时则一定要经过中间树种,这要因地制宜。对于采取的手段,也因土壤条件不同而异,可直接点播,有时却要首先改善土壤条件再点播。

5.1.1.2　生物多样性的恢复过程

生物多样性是指各种生命形式的资源,它包括数百万种植物、动物、微生物等各个物种所拥有的基因,以及由各种生物与环境相互作用所形成的生态系统及其生态过程。生物多样性的概念所包括的三个层次和水平中,物种多样性是生物多样性最基础和最关键的层次。

生物多样性的减少是整个人类社会面临的重大生态环境问题之一。这包括两方面的含义:一是从全球和大的区域范围内来看,生物种类及其遗传基因正在迅速消失,随着人类活动的加剧,物种灭绝的速度不断加快,生态系统类型也在锐减。近半个世纪以来,物种保护领域的理论和实践研究已取得了显著的成果,形成了许多理论,这不仅对生物多样性保护发挥了重要的指导作用,也从侧面展示了保护生物学和生态学的发展趋势,正确理解这些理论的形成和发展有利于实现物种保护的目的。二是在各类生态系统的退化过程中,其景观趋向同质,群落内的物种及层次趋向单一。

基于不同的保护哲学理论,生物多样性保护的景观规划途径主要分为两种:一是以物种为核心的景观规划途径;二是以景观元素为核心和出发点的规划途径。前者首先确定物种,然后根据物种的生态特性来设计景观格局;后者则以各种尺度的景观元素作为保护对象,根据其空间位置和关系设计景观格局。

与之相应,生态恢复的过程始终伴随着生物多样性的恢复,同样也具有两种意义上的恢复过程:一是在森林、草原、湿地、水体、矿山、荒漠化、盐渍化、水土流失等类型的生态恢复中,其景观内和群落内各层次生物多样性恢复;二是为保护和恢复濒危物种种群及特殊生态系统而进行的恢复活动。

1. 遗传多样性与恢复

广义的遗传多样性是指地球上所有生物携带的遗传信息的总和。狭义的遗传多样性主要是指种内个体之间或一个群体内不同个体的遗传变异总和。总的来说,遗传多样性指生物体内决定性状的遗传因子及其组合的多样性,生物遗传的物质基础是脱氧核糖核酸(DNA)和核糖核酸(RNA)。遗传多样性是物种多样性的基础,与生态系统和景观的结构密切相关。每个物种的不同种群生活在不同的系统和景观中,景观与系统的自然分布格局与物种的生殖特性结合,形成种群的遗传结构。物种的遗传多样性,既包括同一物种的基因变异,也包括同一种群的基因差异。遗传多样性对于任何物种的维持和繁衍、适应环境,以及抵抗不良环境与灾害来说都是十分必要的。例如,对大范围连续分布的异交植物来说,遗传变异的大部分存在于种群之内;而对以自交为主的植物来说,种群之间的遗传变异明显增大。一个物种的进化潜力和抵御不良环境的能力既取决于种内遗传变异的大小,也有赖于遗传变异的种群结构(葛颂、洪德元,1994)。

物种内部因生存环境不同也存在着遗传上的多样化,例如,各种家养动物及其地方品种都拥有异常丰富的遗传多样性。基因是由父代遗传下来的生物化学团,它决定着后代的物理和生化特征。一个物种虽然大部分基因相似,但有些基因中也会有细微变化,有的虽然从外观上觉察不出来,但会在形态、生理上表现出来。一个种群遗传多样性越高或遗传变异越丰富,对环境变化的适应能力就越强,越容易扩展其分布范围和开拓新的生境。一个物种分布区域越广,分布的生境类型越多,越有利于其遗传多样性的保存与增加,也有利于其在生态退化过程中的适应。

遗传多样性的恢复在退化生态系统恢复与重建中具有重要意义。生态恢复与重建总是以物种的构建开始的。用以生态恢复的种类,总比这些种类在其分布中心的种群遗传多样性要低得多。对一些重要的建群种,进行遗传多样性恢复是必要的。目前主要的、范围巨大的生态系统退化过程都伴随着景观异质性的降低和生境的片段化,使一些具有不同遗传特性的种群(或生态型)消失,对基因流动形成障碍。因此,遗传多样性的减少也是生态系统退化过程的表现。在这方面,冷蒿具有典型意义(赵哈林等,2004)。冷蒿属北温带种,其分布的生态系统类型从荒漠草原直到草甸草原和沙质草地,所处生境差异很大,个体和种群数目多,基因交流频繁。因此冷蒿维持遗传变异的能力强,其遗传多样性保持较高水平(多态位点百分率为94.5%),能够存在于生态系统退化过程的各个演替阶段,甚至在草原严重放牧干扰下,也能成为群落的建群种或优势种。但随着放牧强度的增加,其种群多态位点数由无放牧草地的214个,下降到轻牧的161个、中牧的157个,直到重牧的132个。遗传多样性也明显降低,从轻牧到重牧,其遗传多样性指数比无放牧分别下降19.42%、28.84%和36.46%。

遗传多样性的恢复方法:①种间基因交流恢复种群遗传多样性。a.原产地分布中心种群的引入,为了恢复种群的遗传多样性,可以将原产地分布中心的种群引入,与人工繁殖的个体进行基因交流,这样既可以增加种群的数目,又可提高种群的遗传多样性。种群内和种间的遗传多样性格局对种群的恢复和再引入有重要的指导作用;b.野生种群的栽培(驯化)种群的杂交,恢复种群的遗传多样性可以在了解种群遗传多样性的基础上,有计划、有目的地进行野生种群与栽培(驯化)种群的杂交,提高栽培(驯化)种群的遗传多样性,增加适应性,以提高种群抵抗各种疾病和不良环境的能力。如我国水稻育种专家袁隆平教授受水稻天然杂种的启发,首先提出了利用“不育系、保持系、恢复系”三系法培育水稻杂种优势的设想,并进行科学实验。之后我国首创的“二系法”杂交水稻获得成功,使水稻的生产周期缩短,杂种优势更强,增产潜力更大,产量平均增产10%,产生了巨大的社会效益和经济效益。②提高种群遗传变异的特性:遗传变异是物种适应环境变化的基础,是影响种群长期存在的主要因素,在种群恢复中起着积极的作用。从种群角度看,种群恢复的最终目标是使种群恢复到具有生长、繁殖和适应进化的能力,尤其是群落中的优势种或建群种,具有高遗传变异的种群有助于实现这一目标。当环境条件发生变化时,具有较高遗传变异的种群中,一部分个体因具有较高的适合度,能适应新的环境,种群得以延续;否则,种群将因不适应环境而被逐渐淘汰。

要防止来自不同种群的个体之间的远交衰退。当遗传距离或空间距离较远的种群集中在一起时,不同种群个体之间可能会杂交,在杂交后代中可表现出适合度下降,有时在杂交子一代可能显示一定的杂交优势,但在随后世代的个体中则表现出衰退的现象。在动植物种群恢复时,要加强对种群的遗传特性和遗传多样性的认识,运用遗传学理论指导实际工作，需充分考虑到维持物种遗传多样性的重要性。即使采用人工种植方式恢复，也最好选取那些地理分布广泛，适应性强的种类，并使其种子或营养繁殖体来源多样化，做到扬长避短。

2. 物种多样性的恢复过程

物种是指一类遗传特征十分相似、能够交配繁殖出有繁育能力后代的有机体。地球表面动物、植物、微生物的物种数量，据科学家估计约 500 万～3 000 万种。

物种多样性是指物种水平上的多样性，其含义有两种：一是指一个生态系统内群落的组织水平，即群落内物种的数目、个体数、均匀程度、建群种和优势种状况等。从系统结构的退化与恢复的角度，主要使用的是第二种含义，也可称为群落多样性。二是指一个区域内物种的多样化，即以物种为基本分类群，探讨其在区域内的数目、濒危状况、灭绝速率及原因、区系的特有性以及如何对多样的物种进行有效保护与持续利用等。

群落多样性可分为群落内的多样性（α 多样性）和群落间的多样性（β 多样性）两个方面。α 多样性主要测度群落内物种的丰富度（即物种数目）、物种相对丰度及其与物种丰富度综合形成的多样性指数、物种分布的均匀度、物种集中度或生态优势度等。这些指标在不同的自然区域的不同类型生态恢复过程中有着不同的表现。

（1）干旱、半干旱草原和荒漠生态系统恢复过程中的 α 多样性。干旱、半干旱草原和荒漠生态系统的生态恢复措施主要包括种植灌木、围栏封育和半灌木、退耕地撂荒以及荒漠河岸系统恢复供水等。草本植物是这些恢复过程的核心。其 α 多样性的变化表现出如下特点：

①对无人工引入种的恢复途径来说，随着撂荒年限的增加，群落多样性变化较为平缓，但在较长时间内始终处于增长的过程中。经测定（李永强、许志信，2002），锡林郭勒典型草原区耕地撂荒 20 年以上的草原群落的多样性指数仍显著低于天然草地。可见，由于草地开垦对草原土壤彻底破坏后，撂荒地的恢复是一个非常缓慢的生态过程。

②群落内物种的多样性指数、均匀度指数和生态优势度在恢复开始后短期内可表现出明显变化，一般是随着恢复时间延长，多样性指数和均匀度指数增加而生态优势度降低（张继义等，2004；乔锋等，2006；周志宇等，2003；古丽努尔・沙布尔哈孜等，2004）。表明在干旱半干旱区域的草地或人工林下草本层恢复过程是由简单到复杂，物种不断增加，早期优势种不断消退和均匀性逐渐增长的过程。

③在植被恢复过程中，物种多样性最高的群落并非是最稳定和演替历史最长的群落。如在科尔沁沙区，演替时间为 20 年的群落物种多样性最高，它是半固定沙地差巴嘎蒿群落向固定沙地糙隐子草群落演替过渡的中间类型。说明阶段性优势群落类型之间交错过渡的中间类型往往多样性最高，而这些群落从稳定性上说是短暂过渡的类型，存在着向下一个更稳定类型的快速演替和过渡。

④从人工种植恢复措施来看，在干旱荒漠绿洲有水源灌溉条件下的乔木林其多样性恢复过程较稳定（古丽努尔・沙布尔哈孜等，2004），而在半干旱向干旱过渡区无灌溉退耕还林恢复过程中多样性变化波动较大（乔锋等，2006），难以保证其更长恢复期间的稳定性。相对于乔木林来说，在半干旱区种植耐旱灌木更适合于草原群落结构和多样性的恢复。

（2）半干旱－半湿润、森林－草原过渡区域生态恢复过程中的多样性变化。在我国，该区域不仅自然条件处于过渡地带，在经济类型上为农业和畜牧业的交错地带，部分区域如黄土高原北部又有煤田、油田等能源开发参与对生态系统的连片干扰。与这样的过渡性特点有关，其原始景观的异质性较强，森林、灌丛、草地相互交错分布。其中，森林一般都是单优势种群落，灌丛是单优势种或少优势种群落。三大生活型植物在各种斑块间流动，相互影响、相互渗透。在生态恢复过程中，群落多样性的变化亦与不同生活型植物在群落中的地位变化相关，尤其是乔木林和灌丛，在其恢复初期，乔、灌木尚未郁闭情况下，多样性指数和均匀度指数呈增加状态，而生态优势度降低；但当乔、灌木基本郁闭后，生态优势度增加，形成单一乔、灌木种类占优势的群落，多样性指数和均匀度指数增加缓慢，甚至降低。

在该区域，不同恢复途径的多样性恢复过程与物种结构的恢复过程基本一致：①人工种植群落，特别是纯群落，包括人工林和人工灌丛，在郁闭后，具有很强的抵抗其他乔灌物种入侵和定居的能力，对林下草本也有很强的控制能力，其林下草本层多样性指数都呈减少趋势；②无种植的自然恢复多样性指数增长平稳，恢复一段时间后其多样性指数一般都高于同期开始恢复的人工群落。因此，要建造一个具有较高物种多样性的群落，在建造初期就要选择多物种混交，并注意初植密度。与植物群落恢复同时的昆虫群落恢复过程也表现出类似特点（张淑莲等，2005）。

（3）湿润地区山地森林生态系统恢复中的多样性变化。我国湿润地区的山地和丘陵，包括热带和亚热带中山、低山、丘陵、干热河谷等，是生态退化的主要发生地，也是生态恢复的主要场所。恢复的目标主要是森林生态系统及其主要功能。在恢复过程中，其多样性受山地海拔、人工措施、人为干扰等多种因素影响，其乔木层、灌木层、草本层和跨层植物的变化显现出较复杂的关系。

3. 大尺度多样性与濒危物种的恢复

大尺度生物多样性主要指生态系统和景观尺度的多样性，即在大区域范围或整个生物圈内生境、生物群落、生态过程即景观要素等在空间结构、时间动态和功能机制等多方面的多样化或变异性。尺度多样性的恢复对所有生态恢复都具有根本性的意义，是其他小尺度多样性恢复效果能够持续的根本保证。小尺度生态恢复在设计中应考虑其对长期的、大尺度生物多样性恢复有什么样的作用，使两个目标能够趋于一致，使恢复过程和谐。

对于以濒危物种保护为主要目标的栖息地自然恢复过程，通过模拟研究发现，小规模栖息地的恢复对群落中的弱小物种的影响是非常有限的，不会像栖息地毁坏那样导致大量的弱小种群的集体灭绝。研究结果指出，不能突然大幅度地增加栖息地的面积，要针对物种是否适应生存环境来考虑，分期分步、逐渐地增加保护区的面积，以期所有的弱势物种种群能逐步适应新的环境，在激烈的竞争中能得以续存。否则，会导致（最）弱小物种的灭绝。

5.1.2 食物网的恢复过程

在生态系统中，各种生物按取食和被取食的关系排列成的链状顺序称为食物链或营养链，许多食物链彼此交错连接，形成一个网状结构即为食物网。食物网是生态系统中多种生物及其关系的网络，反映了系统中营养的结构，捕食和被食的关系。食物链主要有两类，即捕食食物链和碎屑食物链。相对于生态系统的功能群来说，捕食食物链以生产者为基础，连接所有消费者，而碎屑食物链针对生产者和消费者，连接所有分解者。

食物网的结构主要包括：①营养级，含级数、每级种类和能量传递效率；②捕食者与被食者之间的协同进化和互利共生；③信息传递与反馈。其中物种种类和数量是表征食物网结构状况的最明显特征。无论哪类生态系统的退化过程，都包含着食物网的解体过程，包括食物链由网状变为简单的链状，营养级缺失，食物链缩短，直至生产者消失，全部物种消亡。食物网是生态系统中能量和物质在生产者、消费者及分解者之间流动的基本通道，是维持生态系统稳定的必要结构。尤其对那些非人类全程控制的系统来说，食物网结构复杂的，其稳定性也高。

生态恢复的过程单纯从系统论系统，应以原来的食物网结构全面恢复作为系统恢复完成的标志，其恢复的基本过程是：①退化的生态系统其生物种类贫乏，已不能形成完整的食物网，仅余少数食物链的片段，恢复的第一步就是通过各种措施增加植物（生产者）种类及其个体数量。②植物种类及其个体数量增加后，植物产生的可食茎叶和凋落物大量增加，吸引以这些植物种为食的各类动物和分解类微生物，形成多样化的初级营养链。③植物群落中建群种、优势种、伴生种以及层次和层片的分异后，动物和微生物群落也开始调整，初级营养链开始发生横向关系，连接成网，如一种动物可取食若干不同种植物，同一种植物也可被不同种动物取食等。④最后，恢复面积增大以及植食性动物数量增多，逐步吸引各营养级的肉食性动物进入，系统内的下行控制开始发挥作用，通过逐级反馈、调整，达到系统各组分间结构与功能关系的基本平衡，接近退化前的状态，但从生态退化的严重性、多样性和生态恢复的迫切性和人为需求的相关性来说，实际的恢复过程往往与理想的过程有或大或小的距离，这也是进行生态恢复的规划设计和研究应注意的。

与食物网相关的生态系统退化与恢复过程有如下特点：

（1）生态系统退化过程中，食物网的破坏是在退化过程的中前期发生的（李洪远、鞠美庭，2005），营养级越高的，消失越早，可供重新侵入的种源也越远，越难恢复。尤其动物不能像植物那样进行自然的营养繁殖，其繁衍完全靠有性生殖，为防止因近亲交配造成的种质退化，在群落中必须有足够规模的数量，才能保证种群适应环境、持续生存。因此高营养级的生物类群的恢复是非常滞后、非常艰难和极其漫长的。

（2）根据能量传递的金字塔规律，营养级越高，对其下层次在规模上的需求呈幂指数增长，尤其对生产者即植物群落，必须有很大的面积才可使能量的传递能够持续到达，保证该层所需。对退化程度较高，已斑块破碎、分隔的系统片段，即使植物群落结构和生物量已恢复至退化前状态，要使其能够大面积连片也需要较长时间，甚至已不可能。

（3）生态恢复是人类有目的的主动行为，除了那些为保护特定动物种群而恢复栖息地的恢复类型外，人类对多数恢复类型的着眼点主要在其经济功能、环境功能、美化功能等。而这些功能在植物群落形成后可基本达到满足，因此对于食物网的恢复无论从设计、建设及监测方面态度是放任的，实际上也往往力不从心。

由此可见，食物网的恢复时间较长，过程较复杂。对那些重构食物网有决定性意义的恢复类型，人类需要及早采取行动，并围绕这个目标在长期规划指导下实行。

5.1.2.1　陆面食物网的恢复过程

陆面食物网包括全部生产者、消费者和分解者三大功能类群。这三大功能类群组成两类食物链：捕食食物链（以吞噬生物个体或其构件为主）和碎屑食物链（以吸收营养为主）。这两类食物链的组成成分包括微生物、植物、植食性动物、肉食性动物，涉及多个营养级，构成网状的吸收、捕食、共生、竞争、抑制和促进等复杂关系。在自然状态下，这些复杂关系保证了系统内部关系的谐调有序、系统功能的顺畅运行以及系统结构的进一步正常发展演化。

陆面食物网也是生态系统对外界干扰和胁迫的直接承受者,其敏感性和做出响应的程度都高于土壤食物网和水体食物网,与生态系统的退化和恢复过程联系较紧密。

一般来说,一个自然陆地生态系统的完全的恢复过程从植物群落的恢复开始,然后分为两个部分:捕食食物链部分和碎屑食物链部分。

1. 捕食食物链的恢复特征

捕食食物链是陆面食物网的主体,涉及多个消费者营养层级和复杂多样的动物类群,分述如下。

(1)昆虫群落的恢复过程。在动物类群中,昆虫种类数量最多,对自然环境变化也最敏感,昆虫也是生态恢复过程中与植物群落恢复联系最密切的类群。草原沙漠化过程与采用固沙植物进行沙化草原恢复过程中昆虫群落结构与多样性变化研究中发现,草原沙化与人工固沙植被恢复过程中昆虫群落复杂性变化是一个正逆的双向过程。沙化使昆虫群落趋于简单化,草原恢复过程使昆虫群落趋于复杂化,但表现在群落组成结构及演替方向上,两个过程并不完全可逆。沙化对昆虫群落影响往往是一个剧烈而快速的过程,而人工固沙植被自然演替中昆虫群落的恢复则是一个漫长的过程。

无论哪种方式的陆地生态系统恢复中,最先出现的一级消费者一般都是昆虫中的植食性昆虫,其种类和数量随植物群落结构的变化而变化。开始,由于植物种类贫乏,覆盖度低,环境变化仍较剧烈,先进入的昆虫以多食性的、飞行移动能力和对环境适应性较强的植食性类群居多。随后植物种类增多,群落郁闭,系统内环境趋于相对稳定,与特定植物种类对应的单食性和寡食性昆虫种类出现并逐步增加,也开始发生随乔、灌、草不同层次和层片的昆虫种群分异。

在恢复过程的植食性阶段,人工种植较单一建群种,尤其是这些植物种属非乡土种的,群落抵抗害虫蔓延及灾害的能力较差,常常造成某一虫害的大暴发,使重要的建群植物连片毁灭,至使恢复过程中止。如果采取长期封禁,减少人为干扰方式,可以促进土生物种群落的自然恢复,或营建含有乡树种的混交林,不仅形成乔、灌、草三层立体结构,物种多样性指数较高,而且随着植被的恢复,植物种类增加,昆虫群落组成结构趋于复杂化,稳定性及多样性提高,从而抑制了虫害的危害。

随着植食性昆虫种类和数量的恢复,捕食性昆虫和寄生性昆虫亦逐步恢复。捕食性昆虫的某些类往往与特定的植食性昆虫形成固定的天敌–猎物关系,对虫害的暴发也起一定的控制作用。但根本性控制还有赖于食昆虫的哺乳类和鸟类等其他动物类型。

(2)鼠类的恢复过程。这里所说的鼠类,主要指哺乳纲啮齿目中自然生活于半干旱或高寒区域的草原和草甸生态系统叶类群,典型的如长爪沙鼠、达乌尔鼠兔、布氏田鼠等群聚型鼠和鼢鼠等。在草原和草甸生态系统的恢复过程中,这些鼠类有着独特的表现。许多人将鼠类种群的暴发或泛滥作为系统严重退化的标志。陈佐忠等人认为,事实上,作为天然草原生态系统中的消费者之一的啮齿动物来说,草原是啮齿动物的天堂,在自然条件下,啮齿动物不仅食草,而且捕食有害昆虫,它们与草原植被共荣共存。研究表明,由于人类长期的不合理开发利用、过度放牧与气候变化共同作用,使草地退化,而退化的草地,要为某些有可能恶性发展并导致灾害的啮齿动物提供了好的生存环境与食物的来源。一是食物来源,如布氏田鼠喜食灰藜、委陵菜、麻花头等藜科、蔷薇科和菊科牧草,这些牧草最繁茂的地段正是退化的冷蒿草地；二是稀疏的植被为这些动物提供了比较宽阔的空间，使其活动更为便利。在草原和草甸的几十种啮齿类动物中，可使退化草地恶性发展并导致灾害的只有少数几种聚型鼠，而且只有群落高度低于 16 m 时，这些群聚鼠才得以恶性发展并成灾。因之退化的草地，不仅为有害鼠类自殖提供了好的食物来源，而且提供开阔的空间，使其迅速泛滥，使本已退化的草地进一步退化。

在草原和草甸的生态恢复过程中，是不能沿着退化过程的各阶段一一返回的。如果在恢复过程再出现鼠害泛滥阶段，则其进一步发展并不是陆面食物网的完善，而是重新解体，重新退化。人类对草原和草甸采取恢复措施时，如果从裸地开始，应选择种植或补充种植那些有害鼠类不喜食、地上部分相对高大的植物进行种植，同时设法招引狐、鹰等鼠类天敌以控制鼠类数量；如果从鼠类泛滥阶段或之前的阶段开始恢复，应采用生物防治方法或物理杀灭方法（尽量少采用或不采用化学方法）将鼠类密度降到较低水平，之后再种植适宜植物种。采取这些措施后，在不过度放牧和采挖情况下，随着植物群落、昆虫群落的发展，包括有害和无害鼠类在内的啮齿类动物将平稳进入受控状态。

(3) 鸟类和哺乳类动物的恢复。鸟类和哺乳类动物包含从一级到最高级的所有层级消费者，是陆面食物网中高级的和大型的类群，其中，一级消费者为植食性动物，如植食性鸟类，包括鸡形目、鸠鸽类等；哺乳动物中的啮齿类（兔类）、偶蹄目、奇蹄目、灵长目，甚至象、熊猫等；也包含一些兼食植物、昆虫和其他动物的杂食性动物，如獾、熊等。二级以后各级消费者包含食昆虫的鸟类，主要是雀形目及其他种类，食虫哺乳动物，如鼠类、刺猬等；食肉鸟类，如隼形目等；食肉哺乳动物，主要包括食肉目的大多数种类，有些处于食物网的顶级，如狮、虎、豹等，有些则处于中间营养级，如狐、狼等。其中，也有许多是杂食性的，如很多种鸟类和啮齿类动物，既捕食昆虫，又采食植物，如熊等大型动物既采食植物，有时也捕食小型哺乳动物。在生态恢复过程中，营养级越高的，进入生态系统越晚。食性越广的，越有可能早出现。一般来说，顶级营养级动物的出现，标志着陆面食物网构建的基本完成。

在当地自然状况下，并不是所有生态恢复过程都必须或能够达到包含可能有的最高顶级动物的完整食物网。越是营养级高的动物，进人生态系统的障碍越多，恢复到完整的路程越漫长。因此，陆面食物网的实际恢复过程随人类恢复目标与途径不同而有很大差别。

①以生态服务功能为主要保护目的，无特定的濒危物种保护目标，又无须年年收获植物和动物产品，包括牧场、矿山、经济林、水源涵养体系、水土保持体系、农田与绿洲防护体系、水体沿岸、湿地、城市和交通线绿地等的恢复，几乎涵盖了大部分现有的生态恢复类型。受恢复目的和恢复时效的决定，不可能也无必要恢复到完整的陆面食物网，特别是高等级哺乳动物，如虎、狮、豹、狼等，不可能允许其活动。

②以保护濒危物种及其栖息地或自然景观为目的的恢复，如各类自然保护区等，其恢复目标就包含着要恢复接近原始状态的、完整的陆面食物网。这类恢复过程的第一步当然是使栖息地尽可能恢复到与保护目标相适宜的状态。在保护目标动物恢复初期，应对其他动物的进入及活动进行适度的人为干预，待保护动物的种群数量达到相当规模时再放开。由于保护动物的繁殖能力不同，这种干预所需的时间有长有短。

③以年收获植物和动物产品为目的的恢复类型，如农田、人工草地等，无法在其内部建立食物网，但应在其周围自然或半自然生态系统中，保护并促进可控制虫害和鼠害的陆面食物网的恢复，使其可以对这些全人工系统产生辐射控制作用，实现生物防治，减少化学药

品的投入量。

(4)两栖类和爬行类动物的恢复。适宜两栖类和爬行类动物生存的地域主要是湿地、河岸及较湿润的森林。这类动物以水中、水面和陆地动物为食,是二级以上的消费者。其恢复有赖于相关植物群落和动物类群的恢复,是相应的景观和生态系统结构恢复过程的组成部分。

2. 碎屑食物链的恢复特征

碎屑食物链是以从动植物体表或排泄物中直接吸收营养物质的供养关系,在生态系统的地上部分主要表现为寄生于植物体上的真菌和侵入这些真菌体上的细菌等其他微生物,也包括侵入各种动物体的微生物。这些微生物物种均在生态系统恢复到一定程度时才会出现,如吸收植物体营养的微生物种群在植物群落基本成型时发生,而吸收动物体营养的微生物种群在相应的动物种类出现后发生。微生物物种与其寄主的关系有互利共生和危害两种。陆面食物网的碎屑食物链恢复的主要特征包括:

(1)地上部分碎屑食物链的发生既与植物群落发育有关,也与所在环境中的大气湿度密切相关。在半干旱、半湿润到湿润地区,在植物群落基本郁闭后,随着群落内小气候湿度的增加,真菌和细菌等开始出现,并且随着时间或地域的推移,湿度越大,种类也越多,关系也越复杂。但在干旱地区,地上部分碎屑食物链极微弱,即使在发育多年的绿洲的密集林地内,也极少能见得到大型真菌,其农田中的真菌病害也少得多。

(2)由于植物的凋落物——枯枝落叶的绝大部分掉落地面,逐步被土壤动物和土壤微生物采食和吸收,成为土壤食物网的能源和物质源,因而地上部分的碎屑食物链很短,只有2~3级,寄生物种既是消费者,也是分解者,而且在一个具体的群落中种类也较简单。

5.1.2.2 土壤食物网的恢复过程

在一个结构和功能较完善的正常(包括自然和人工)生态系统中,土壤食物网在物种及其相互关系上呈现出十分复杂的结构。

1. 土壤动物的类型及其关系

(1)土壤动物的类型。一般认可较多的土壤动物的定义是指生活史中有一段时间定期在土壤中度过,而且主要以土壤中的植物、微生物、其他动物的活体或凋落物为食的动物。在物种上,除植物外分为土壤微生物和土壤动物两大功能性类群。其中,土壤微生物包括真菌、细菌和放线菌;在食性上分为腐生和寄生两类;对土壤动物常见的分类方法是根据体形大小及生存环境将其分为三类:

①小型土壤动物,平均体宽小于 0.2 mm,生活在土壤或枯落物的充水孔隙中,主要是原生土壤动物和线虫类土壤动物。

②中型土壤动物,平均体宽介于 0.2~2 mm,生存在土壤和枯落物的充气孔隙中,以弹尾目、螨类、寡毛纲等小型无脊椎动物为主。

③大型土壤动物,平均体宽大于 2 mm 的土壤动物,以白蚁、蚯蚓和大型节肢动物为主(武海涛,2006)。根据食性的不同,将土壤动物分为腐食性土壤动物、植食性土壤动物和捕食性土壤动物,其中既有专食性的,也有杂食性的。

(2)土壤动物食物网关系。土壤食物网组成成员之间的关系较为复杂。按植物、动物、微生物三组成员之间相互作用的情况看,可分为以下几个层次的复杂关系:

①土壤微生物之间的关系。包括互不影响，共生（互相依赖，均受益）、共栖（总同时存在但不互相依赖），单利现象（一方受益而另一方不受影响）和竞争关系。竞争关系包括对基质的竞争和抑制作用，后者又包括毒害、寄生和捕食。如一些细菌可产生抑制真菌的物质或与真菌竞争营养，细菌还可直接寄生真菌，也有真菌捕食细菌的形式，特别是当土壤中营养供给有限时真菌更易寄生细菌菌落。

②植物与土壤微生物和土壤动物的关系。植物根通过产生分泌物和形成巨大的根表面积而有利于微生物繁殖及其生长，由寄生性和腐生性微生物、植食性土壤动物、腐食性土壤动物通过采食植物的活体及枯落物形成初级食物链。

③土壤微生物与土壤动物之间的关系。这种关系主要有两个方面，一是有些微生物取食于土壤动物，包括寄生于动物消化道、从动物粪便基质中获得生长所需养分，甚至研究表明多于 150 种的真菌可捕食线虫及其虫卵。此外，如蚯蚓等土壤动物的活动可改善土壤通气和通水状况，并将地表的植物残片翻入土层，进而被微生物酶作用分解等，从而形成互利关系；二是无论大、中或小型土壤动物，都有部分种类以土壤微生物为食，其中有些是专一食性的，有些是有选择的，有些是广谱（杂食）的。

④土壤动物之间的关系。土壤动物之间的相互作用包括共存、竞争和共生等。土壤动物相互之间的捕食关系较土壤动物与土壤微生物之间弱得多。

由此可见，除了食植物根的昆虫暴发情况以外，正常的土壤食物网中采食植物活体是很有限的，其中还有一些是与植物根系共生，对植物生长有益的。作为土壤食物网绝大部分物质和能量本源的是植物的凋落物。这有两方面的意义：①植物凋落物经土壤食物网的搬运、粉碎、多层次的采食（包括采食粪便）等过程，达到了全面的分解，C、N、P 及其他营养物质能够被植物重新利用，实现了有机营养物质的循环和在土壤中的储藏，以及包括形成土壤团聚体等促进土壤物理性质的改善，反过来再影响植物的生长和群落演替；②凋落物的种类和生产量对土壤食物网的结构和发育程度十分重要。

土壤食物网的结构与生态功能对环境干扰和胁迫具有一定的响应。但土壤本身是一个巨大的缓冲系统，当生态系统受到胁迫干扰发生退化时，土壤食物网的退化解体过程往往滞后于地表生物群落。如火烧整体上使得土壤动物个体和类群数量都减少，土壤动物整体下移，表聚现象消失，大中型土壤动物活动性强，在火烧过程中通过迁移活动以躲避焚烧和高温，而小型类群活动相对较弱，火烧中大部分死亡。放牧对土壤动物短期内影响不明显，具有明显的滞后效应。但在持续放牧扰动下，土壤动物的类群数和个体数随放牧强度的增加而呈降低趋势，且在土壤表层表现最为明显，土壤内部有时表现不出明显的差异，轻度、中度牧压下各土层土壤动物有不同程度的上升，过度放牧条件下明显下降。因此，在生态系统退化过程中，只有发展到极严重程度，即出现地表裸露甚至发生土壤侵蚀时，土壤食物网才有可能基本解体，而对尚未达到严重状态的退化阶段，土壤动物和微生物的种类组成和多样性有变化但规律性不明显，而密度和生物量的减少较为突出。这种滞后性对于从非裸地开始的生态恢复是十分有利的。

2. 土壤食物网的恢复

对于生态恢复过程来说，土壤食物网的恢复主要有三种类型。

（1）由人类部分控制下的恢复。从退化中期开始采取恢复措施的途径，无论是围封自然恢复，抑或种植先锋植物或建群植物。由于土壤尚未被侵蚀，土壤食物网中原有的物种基本保存(一般物种间的竞争和取食都不会将某物种从群落中全部清除),只是其密度和生物量减少。采取措施后,植物群落的恢复的同时伴随着植物凋落物生产量的增加,土壤动物和微生物的密度和生物量逐步增加,发展到一定程度时,开始进入种类的调整阶段,最后发展到与陆面群落谐调的状态。但如果种植的优势植物是外来种类,则土壤食物网需要一个较长时间的调整和适应过程。

(2)人为完全控制下的恢复。地面的植物、动物种类完全由人类控制并收获的恢复途径,包括农田(含温室和大棚内的土壤)、人工草地等。由于收获,除了死亡根系外,土壤中无其他凋落物来源,而为维持收获量,人类必须不断地向土壤中施用有机和无机肥料。随着时间的推移,土壤食物网中的物种,首先是初级食物链的物种将逐渐取食和分解这些人类投入物质,特别是以其中的有机物质为主,以后各级消费者种类相应地发生变化。

(3)从严重退化、已发生侵蚀的裸地开始的恢复途径。这类恢复首先要经历一个胁迫压力停止或消除阶段,如停止侵蚀、截留土壤有机物和营养物质,减小污染物和矿物质(如重盐渍地)浓度等。植物进入后的恢复过程中,若无人类的施肥等投入措施,土壤食物网结构的恢复将较大地滞后于地表群落的恢复,其原因包括与空气和水体相比,生物在土壤中的移动存在较大的物理障碍,移动速度慢。在恢复的初期,植物所需的矿质营养较多依靠自身根系分泌物对土壤矿物颗粒的直接风化,其地上凋落物存在积累量较大地超过分解量的阶段,最后是初级食物链的形成和以后各层次的恢复过程。在恢复过程中土壤食物网的滞后现象,将有可能影响陆面系统的恢复,使其长期稳定在某一发展阶段。因此,对严重退化的生态系统进行恢复时,人工施入含有一些土壤动物和微生物种类的有机物质,将有助于加快土壤食物网和系统整体的恢复速度。

无论上述哪一种恢复类型,都有一个重要问题值得注意,作为恢复措施的种植种类(先锋种除外)单一时,在一定阶段会使土壤食物网组成种类减少,甚至导致某些对该植物种有害的土壤动物的暴发,危害到整个系统的恢复过程,直至重新退化。这也从一个侧面证明了对多年生的人工植被,建设混交体系的必要性。对一年生的农田等也应实行轮作,以增加土壤食物网的多样性,提高其生态与生产功能的稳定性。

5.1.2.3 水体食物网的恢复过程

1. 水体食物网的组成

水体,尤其是淡水水体,是淡水生态系统的核心部分,包括江河、湖泊、水库、池塘等。水体空间有限,又有着明显的系统边界,其系统结构组成,包括食物网结构,往往较陆地生态系统简单。其中最为典型的是湖泊(可涵盖水库、池塘等)生态系统。其生产者主要有淡水藻类和大型水生植物(包括沉水植物、挺水植物和浮叶植物)两大类,并据此区分为藻型湖泊和草型湖泊;消费者主要有浮游动物、滤食性鱼类(食浮游植物和浮游动物)、植食性鱼类、多层次的食鱼性鱼类以及水面以上的食水草性鸟类、食鱼性鸟类、食鱼性水陆两栖哺乳动物和爬行动物等。这些生物类群之间形成了复杂的食物网关系和一定的反馈机制,在一定限度内受到扰动时,可实现自我调节恢复。对这类食物网结构的稳定有决定性影响的关键因素是对生产者所需营养物的供应和对水中有限溶解氧的竞争。

淡水水体的生态退化主要是由点源或非点源污染源排放污染水体引起的,大量的N、P及有机物进入水体,导致其富营养化,从而在藻型湖泊引发藻类暴发使水中氧含量急剧下降,危害到其他生物的生存;在草型湖泊促使大型水生植物疯长,恶化水体的环境条件,并产生大量水生植物残体沉积,使湖底变浅,发生沼泽化。这两类是最主要、最普遍的退化过程。其他对食物网结构造成威胁的还有外来种的引入或逸散造成生物入侵及水量减少等因素带来的结构损害、过度养殖等,例如,草食性鱼类破坏水草群落,人工养殖时使用大量的饲料导致水体富营养化等(任海、彭少麟,2001)。

2. 水体食物网的恢复

水体生态系统恢复的目的就是要再现一个自然的、能自我维持和调节的生态系统,使其与它所在的自然景观形成一个完整的统一体。其中水体生态恢复的核心是恢复正常的食物网结构,尤其对众多的浅水型湖泊,保证适度和稳定的渔业生产规模。特别对湖泊这样水源流动更新缓慢的水体,退化发生后很难自行净化和恢复,必须有人类的干预。人类对水体生态系统恢复所采取的主要措施包括:①工程措施,包括控制污染源,减少直至消除污染物排放,或通过工程或化学方式恢复水位及改变水的酸碱度(许木启、黄玉瑶,1998)等,为下一步的生物操纵创造条件;②生物操纵(刘春光等,2004),即通过调整各生物类群的种类和数量,使其相互之间的比例达到一个人为的适宜程度,之后通过各类群之间的捕食和竞争等活动,最终形成接近于退化前状态的新食物网结构,或接近人类所希望的状态。

水域食物网结构的退化和恢复过程的基本过程如下:

(1)停止或减少污染物排放。一般来说,工业废弃物排放等点源污染控制相对容易,而像农田大量施用的化肥和农药随着退水或渗漏到地下水进入水体的非点源污染则控制较为困难,这将是一个较长期的、与生物操纵并行的过程。

(2)生物操纵的实施。生物操纵主要有两个途径:一是大型水生植物操纵;二是鱼类操纵。前者目前使用较多。其中,以大型水生植物的调控为主的生物操纵措施包括增加和去除。

对多数浅水湖泊来说,大型沉水植物可为浮游动物提供避难所,使浮游动物保持在一定水平,从而控制以藻类为主的浮游植物,可以从水中获取和从沉积物中脱氮减少浮游植物的营养,其结构的复杂性可为多种食性的鱼类生长提供条件(宋国君、王亚男,2003)。因此,增加大型水生植物可在一定程度上控制藻类的过度繁衍,主要措施包括对现有大型沉水植物的保护以及人工种植一些大型沉水植物(邱东茹、吴振斌,1998;邱东茹、严国安,1997;马剑敏,1997)。

对一些草型湖泊来说这类水体生态恢复的重要措施,主要通过减少大型水生植物生物量来实现。如在内蒙古乌梁素海(厚福祥、邓芳,2006;乌云塔娜、尚士友,2000),1999～2002 年进行了以机械化收割大型水生植物为主要措施的生态恢复,在水草沉落之前采用分条或分块间隔收割的方法顺序收割。这种方式可以显著改善水体环境,并将生物填平速率由 7～13 mm/a 减少到 2～3 mm/a。每年收获干物质 5×10^4 t 沉水植物和 1.2×10^5 t 芦苇,可转移去除氮 1 257 t、磷 117 t,能够有效地削减营养物负荷。

(3)放养鱼类。在上述措施初显成效,水体中各类植物比例适宜、水质变清时,即可适度放养适宜的鱼类种类,以促进水体消费者食物网的形成。

也有人将鱼类放养作为生物操纵的一项措施,即鱼类操纵过程,也就是通过控制草食性、滤食性鱼类密度的措旋来恢复富营养化的水体,目前认识上并不一致(郑有刚、王宇庭,2002)。有的研究者认为,鱼类的大规模放养,会加剧草型湖泊的逆向演替而变为藻型湖泊,提高富营养化的速度,即过量放养会加剧富营养化;而另一方面观点认为以短期鲢、鳙为主要放养对象的我国湖泊水库渔业能够从水中提取出较多的磷,从而抑制富营养化。微型、中型生态系统(包括池塘)的试验,也显示出不同的结果。

因此,对将鱼类放养作为生物操纵措施应取慎重态度,但作为构建与水体环境谐调的、能够进行自我维持和调节的水体食物网是必须的。鱼种类的选取应根据恢复目标考虑以下两点:

(1)以恢复渔业生产能力为主要目标,在选择高经济效益鱼种时,应避免单一鱼种过量放养,选择多种不同食性的鱼种,进行合理配置。

(2)以恢复到原自然水体生态系统(包括食鱼与水草的鸟类、食鱼性水陆两栖哺乳动物和爬行动物及其沿岸整体景观)为恢复目标,应尽可能投放土著鱼种或接近土著鱼种。

5.2 景观结构的修复过程

景观是一组或以类似方式重复出现的相互作用的生态系统所组成的绵延数千米至数百千米的异质性陆地区域,是存在着类似生态条件的综合体。景观是由若干个不同的生态系统组成的。每个生态系统都可看作是由具有相当宽度的斑块、狭长的廊道、背景或基质组成,斑块 - 廊道 - 基质模式是景观组成的基本模式。实际上。景观结构是生态客体在景观中异质分布的结果,景观中生态客体的运动将直接导致景观结构的变化。景观结构的形成过程是景观的一种自组织过程,从理论上讲,通过景观的自组织过程,景观最终成为一种持续、稳定的耗散过程。无论是自然的还是人工的生态系统,它们都不是孤立存在的,它们与其他具异质性要素的生态系统共同组成相互间具有物质、信息、物种联系的景观单元,乃至更大尺度上的区域地理综合体。对一个生态系统的任何重大干扰都不会仅仅使该生态系统做出响应,而会引起其所在的景观单元甚至地理区域发生变化。导致生态退化的干扰过程大多不是只针对某一特定生态系统类型,而是作用于景观单元直至更大区域。如人类的滥垦、滥牧、滥伐、滥建、滥猎等行为都是广域的。全球气候变化作用于各大自然地理地带。甚至在一些以线状的廊道作为物质和种源联系的区域(如河流流域)内,人类的干扰施加于甲地(流域上、中游过度利用水资源或排放污染物),而最严重的生态退化可能发生在乙地(下游因缺水而植被衰亡或严重污染)。生态恢复如缺少从整个景观结构恢复的角度进行规划和实施,往往会事倍功半。使整个地理区域的景观结构与功能趋向和谐和良性循环,才能使各生态系统持续为人类提供良好的服务功能,也才是生态恢复的根本目标。

景观结构即景观组成单元的类型、多样性及其空间关系。例如,景观中不同生态系统(或土地利用类型)的面积、形状和丰富度,它们相对斑块、廊道和基质等景观组分的归属,它们的空间格局与异质性等。景观结构反映了各种景观生态学过程,如气候变化过程、土地利用过程、水文过程及其他过程的作用结果,也反过来影响各种生态学过程。例如,若能从附近的同种类型未退化的生态系统中借助生态廊道获取生态恢复所需的物种,生态恢复将易于进行(林勇等,2001)。

5.2.1 景观格局与异质性的恢复

景观异质性是景观的重要属性之一。景观异质性的理论内涵是:景观组分和要素,如基质、嵌块体、廊道、植物、动物、生物量、热能、空气、水分、矿质养分等，在景观中总是不均匀分布的。即使随着动植物的生长、迁移和土壤的变化，有可能使其均质化，但由于现时系统运动的不平衡与外来干扰，景观也永远达不到同质性的要求。

作为景观异质性的表征包括景观的格局、景观多样性和连通程度等，涉及景观单元的类型、数量，嵌块体的大小、形状、破碎化的程度以及景观单元之间的联系程度。严重退化的系统其景观趋向于同质，各斑块间及斑、廊、基之间的资源与物种联系薄弱。生态恢复的过程应该是景观异质性的恢复过程，也就是随着景观内各景观单元（生态系统）结构与功能的恢复，景观异质性增加，即景观类型增加，大嵌块体比例增大，结构趋于复杂，破碎化程度降低，分布趋于合理，景观单元之间的物种、物质、能量和信息的连通性增加。

从恢复的过程来看，第一阶段应为退化景观阶段。由于严重的退化，各景观斑块几乎都接近裸地，其镶嵌性已极不明显，呈现同质化的趋向，但这只是外貌上的接近，各斑块间的各种联系基本不存在。在容易遭到侵蚀的地方，斑块的破碎程度明显。其中，人为不合理干扰因素与其产生的主要生态退化不同地的恢复必须从两地甚至全部景观单元同时开始。

第二阶段应为景观恢复阶段。这一阶段中，对整个景观或区域有重要影响的斑块群落结构基本成型，斑块间的联系开始建立。由于是在原来退化景观基础上的初步恢复，其斑块可能都较小，表现出破碎化程度仍较高的现象，但在采取人工种植措施的恢复区域，其外貌上可出现较大连片并且边界较为规则的斑块。恢复过程的斑块与退化过程的斑块同时存在，或斑块间恢复速度的不同而处于最多、最复杂的阶段。

第三阶段应为景观调整阶段。此阶段的主要特点是各景观单元之间联系的发展与完善。其中包括：①景观类型合并或产生新的类型及原退化类型的消失；②邻近且状态相近斑块的融合，斑块之间与环境条件相关联的梯度和镶嵌性开始显现，斑块边界开始按环境分布而出现不规则化。

第四阶段应为景观成熟阶段。此时景观的整体状态可能接近退化前的原始状态，也可能是一种偏途顶极式的在人工措施下的恢复，并由人类按一定原则持续管理，能够持续发挥整体最适功能并可持续稳定的景观体系。

景观结构的恢复同样是连续的过程，上述阶段的划分是相对的。对景观整体发生退化的地域进行生态恢复，特别是以人工措施为主的生态恢复，其地面规划、措施应充分考虑这些原生差异，在一定尺度下按不同生境的原有形状安排不同措施，使恢复的景观异质性接近于恢复前状态，并且各斑块之间物种和其他资源可相互渗透，形成多样化的、相互依存的过渡带，使整个景观（或区域）具有较高的稳定性和服务功能。

5.2.2　恢复的等级与尺度问题

尺度一般是指在研究某一物体或现象时所采用的空间单位或时间单位，同时又可指某一现象或过程在空间和时间上所涉及的范围和发生的频率。尺度可分为空间尺度和时间尺度。在生态学中，空间尺度是指所研究生态系统面积的大小或最小信息单元的空间分辨率水平，而时间尺度是其动态变化的时间间隔。在景观生态学中，景观结构和功能随尺度变化而变化。如某一尺度上的边界、缀块或廊道会在另一尺度上不存在或表现为另一种不同的结构。根据等级理论，景观生态系统是个多层次水平的等级体系，低层次水平单元是高层次水平系统的组成部分，高层次、大尺度的生态过程对其下的低层次、小尺度的过程有制约作用,而小尺度过程所产生的效应往往不能直接外推至大尺度的整体单元。

在景观生态学中,尺度的定义显然不同于地理学或地图学中的比例尺。但是,一般来说,在景观生态学中,大尺度是指大空间范围或长时间的时空幅度,往往对应于小比例尺、低分辨率。小尺度常指小空间范围或短时间的时空幅度,往往对应于大比例尺、高分辨率。大尺度、高层次的行为表现为低频率、慢速度,而低层次行为表现为高频率、快速度。生态系统的退化与恢复过程基本符合此规律。如对于一个中等尺度的生态系统,像一个河流的小流域、山地或山地的一个坡面、一个中等面积(乡或县)的行政区域等,其内部由很多异质性的低层次、小尺度的景观单元组成,这些景观单元即有其相互区别的特征,又由于有共同的背景或关联因素而能够体现出这个中等尺度系统的总体特征。无论是退化还是恢复过程,只有大多数属于这个中等尺度生态系统的景观单元或对总体特征起控制作用的那些景观单元都退化或恢复到了某个阶段,才能说这个中等尺度系统退化或恢复到了相应阶段。

从目前的实际来看,引起大多数生态系统退化过程的干扰因素都是较大尺度的,作用于其下一个等级尺度上的各个生态系统或景观单元。由于各生态系统或景观单元间存在着生境条件的异质性,在同样干扰因素下其退化速度与程度并不一样。如果生态恢复措施只考虑其中某些系统或单元,可能对它们是有效的,但这并不代表景观或区域整体生态退化的逆转。

例如,从流域尺度看,内陆河流域各绿洲之间,上、中、下游之间,山地、绿洲、荒漠之间是以水为联系纽带的相互依存、共荣共衰的复合生态系统。在这个整体下的各生态地理单元内,又分为不同尺度下的景观和生态系统类型,如中游绿洲可分为人工绿洲和天然绿洲,人工绿洲可再分为边缘过渡带、农田、草地、防护林、村庄、城镇、交通线等多种景观和系统类型。干旱内陆河流域的生态恢复属于一种特殊类型。在这里,危及人类生存条件的生态退化——荒漠化是由于供水不足和人类不合理的活动造成本已成为绿洲的地域缩小甚至消失。而这里的生态恢复,实际指的是“绿洲化”,应是荒漠化的逆过程,即在人为强力干扰下,重新分配水资源,恢复或重建衰退绿洲的过程。这种恢复过程对水的依赖性极强,有水是绿洲,无水是荒漠。绿洲的水源主要是外来过境水和当地的地下水,实际上地下水也是上游的地表水经渗漏转换而来。

由此可见,对于涉及较大尺度空间,或具有多等级层次的景观或区域地理单元(如流域)的生态恢复,必须首先以整体功能恢复为最高目标,这些目标包括使内部各斑块和廊道之间的物质与信息流通畅,整体抵抗不良干扰能力增强,从整体上统计的单位面积扣除生态防护的成本后提供的净生态系统服务功能提高。在最高目标的指导和制约下,再确定下层各等级斑块的恢复内容、规模和采取的措施。

5.3 能量流动、养分和水分的恢复过程

生态系统功能的内涵十分丰富,主要是自身的维持和演化,是系统对更大尺度上的景观乃至生物圈所承担的任务或贡献,是满足人类需求的功能,其中后两大类被称为生态系统服务功能。但这三大类之间的界限并不是十分清晰的,而是相互依存和相互包容的。无论从自然的角度或是人类需求的角度看,生态系统功能的恢复是生态系统恢复的目标所

在。甚至从某种意义上说，只要所需要的系统功能恢复了，并可持续，也就算系统恢复了，至于其结构或其他方面是否与退化前相同往往被置于次要地位。为此从能量流动、养分水分的角度来分析生态系统的恢复过程。

5.3.1　能量流动的恢复过程

生态系统中的生命系统与环境系统的相互作用过程中，始终伴随着能量的流动和转化。能量在生态系统中流动的特点包括（蔡晓明，2002）：①能量流动是单向的，从总的能流途径而言，能量只是一次性流经生态系统，是不可逆的，能量以光能状态进入生态系统后，就不能再以光的形式存在，而是以热的形式不断地逸散于环境之中。②能量流动在生态系统中是不断变化的，它受多种因素的影响，不像物理系统中那样规则。以捕食者－被捕食者为例，被捕食者单位能量的含量和捕食者单位产出的能量取决于输入端和输出端捕食者的新生能量产生的速度。无论是短期行为，还是长期进化都是变动的。③能量在生态系统内流动是不断递减的过程，从太阳辐射能到被生产者固定，再经植食动物到肉食动物，再到大型肉食动物，能量是逐级递减的过程。④每进入一个高的营养级，就是把较多的低质能转化为一种较少的高质能，质量逐步提高浓缩。

1. 随着食物网的恢复，能量逐步从生产者向其他组分转化

能量转化有两种途径，即捕食食物链的消费者途径和碎屑食物链的分解者途径。两种途径都形成一定层数的营养级，并且能量逐级递减，即每一级转化都发生能量的消耗损失，损失量远大于消耗量。但在捕食食物链中，能量逐级浓集，能量质量逐级提高。在未退化的生态系统，单条食物链也不能很长，大多数生态系统的营养级数为3～4个，但其能量转化流动的路线较多，即由多食物链组成复杂的食物网，有时顶位营养级的种类有很多。除了水体和以保护物种栖息地为目标的恢复类型外，以恢复生态环境为主要目标的恢复类型其能量转化流动路线的复杂程度较低，顶位种类较少，一般仅有植物－昆虫－鸟类路线，而植物－植食性哺乳动物肉食性动物路线极少能出现。

2. 能量接收的面积逐步扩大，固定能量的形式趋于复杂

生态系统最初的能量来源于植物的光合作用。随着系统结构的恢复，植物的密度增加，极大地扩展了接收太阳能量的叶面积。植物多样性的增加，可能使光合作用的途径增多。群落层次的形成，处于不同层次的叶接收不同类型的光，如直射光、散射光和透射光等。能量接收和固定的量也随群落结构的变化，呈现在恢复初期增长较快，在群落基本形成后，由于植物种类的调整而波动性增长，速率变缓，最后基本趋于稳定的变化状态。但在富营养化水体系统恢复中则是先减少浮游植物固定的能量总量，使水体透光性增强，再逐步形成挺水植物的水上叶面积、浮叶植物的水面叶面积、沉水植物的水中叶面积以及单细胞和单细胞群体浮游植物多层次、合理利用光能的过程。

3. 边界阻隔与能流过程恢复

在退化生态系统，由于种群密度极低，环境恶劣，如侵蚀、污染等，能量流动的环境障碍十分突出。随着植物群落的重建或调整，种群密度增大，物种及个体间接触增多，环境障碍减少，能量流动得以进行并发展，群落内环境趋于稳定。首先是在植物群落内部，能量在不同种类、不同层次和不同层片间进行重新分配，逐渐向优势层片和优势种类集中。与未退化系统相邻或较近的退化斑块，能量流动恢复较快；退化时间较长、较严重，与未退化的同

类生态系统相距较远或有较大障碍实体(山系、戈壁、水域等)的,食物网的自然构建需要一定的过程,能量向高端流动的恢复速度较慢;而边界阻隔最突出的湖泊类水体,若其各营养级的消费者物种已在退化过程中消失,则非经人工有意识地输入物种不能实现能量的进一步流动。这些类型当中,当人类引入适宜的消费者和分解者物种(有机肥料、菌类制剂、鱼苗、鸟类、哺乳动物等)后,会较大地加快能量流动的恢复进程。

4. 随着食物网的恢复,能量流动从上行效应转为下行效应

在食物网控制机理上,有两种相反方向的控制途径,一为"自下而上"的控制途径,指较低营养级种类的密度、生物量等决定较高营养级种类的种群结构,称为上行效应;一为"自上而下"的控制途径,指较低营养级的种群结构(多度、生物量、物种多样性等)依赖于较高营养级物种(捕食者控制)的影响,称为下行效应。当生态系统退化到需要采取措施进行恢复的时候,大多数生产者层次已出现较大程度的衰败,即能量接收和固定环节出现较大障碍,恢复必须从重建植物群落开始。生态恢复的前期甚至中期阶段,其食物网控制以上行效应为主,食物网结构基本形成之后下行效应开始发挥一定的作用。由于生态恢复是人类有目的的行为,多数不要求恢复到最完善的顶级营养级,所以下行效应为主的阶段不易出现。

5. 随着食物网的恢复,能量从积累为主转向流动为主

随食物网结构的恢复,年固定的能量中用于转化流动的能量比例逐渐提高,当食物网结构趋于完善时,这个比例达到一个适宜的稳定水平。用于转化流动的能量比例恢复的速度,在大环境基本相同的陆地生态系统来说,封育促进自然恢复的类型比人工引入建群植物的类型快,其原因可能在于人工引入植物多数非当地土著种,在人类帮助下取得并维持优势地位过程中对土著种有所排斥,使其本身生产者层次的物种多样性降低,食物网的其他各营养级物种对这种情况的适应与完善需要较长的时间进程。

5.3.2 养分的恢复过程

物质循环是生态系统的基本功能,它包括生物地球化学循环和养分循环。两者的关系密不可分,养分循环是生物地球化学循环的组成部分,是生物地球化学循环在生态系统内的具体体现。生态系统的养分物质,元素众多,但受到人们关注较多,重要性较大的是碳、氮、磷、硫等及部分微量元素。

5.3.2.1 养分循环功能恢复的总体特征

一个较完善的生态系统,具有全面的组分和合理的营养级结构,物质在各组分和营养级之间传递、循环并形成了网状的物质流系统。在未退化的正常状态下,这个系统具有谐调的基本结构和良好的运行功能,而导致退化的各种干扰因素使物质流系统的结构发生变化,运行产生障碍。生态恢复就是这种功能的修补或重建的过程。

1. 养分循环类型和途径

(1)循环类型特征。养分物质在系统中以多样的化合物形式存在,往往以生物群落为交换库,以系统基质(土壤或其母质)为储存库。其循环类型可分为气体型循环和沉积型循环两种。交换库则库容量较小,元素滞留时间短,流速较大。储存库特点是库容量大,元素在库中滞留时间长,流动速率小,多属于非生物成分(蔡晓明,2002)。生态系统退化的过程

就是养分与这些库关系逐步解体的过程。一般来说,退化过程首先发生在交换库,随着群落结构的简单化,物质交换和流通链逐步减少直至完全断裂,循环中止。在这一过程中,储存库中储存的植物可直接利用的养分由于淋溶和侵蚀加剧,也开始逐步减少,但减少到可利用养分基本消失的程度则一般只有像水土流失、沙漠化、热带雨林植被全面破坏等退化类型才可能出现。其他如湿地干涸、盐渍化、采矿破坏、绿洲缩减、重要动植物栖息地变劣等类型,其储存库中的可利用养分不易全部消失,其原有储存库中的可利用养分,包括弃耕农田耕作时施入的养分残留,都会对恢复过程产生影响。甚至在某些草原退化过程中,由于植被结构解体速度较快,储存库的养分形成了"资源过剩",当人为破坏因素停止,这种资源过剩就成为群落恢复演替的动力(王炜等,1997)。

(2)养分的循环途径特征。在未退化生态系统中,由于食物链呈网状结构,即捕食者采食和捕食不止一种的被食物种,使物质在组分和营养级之间的传递具有多条平行通道。退化使这些通道逐渐减少和缩短,物质不能流通和循环。生态恢复就是重新增加和延长这些通道的过程。但恢复的通道数量、组成和层级的数量并不一定与恢复过程对应,其决定因素包括恢复类型、恢复目标、退化程度和所采取的措施。

2. 养分循环过程特征

(1)养分循环的阶段性特征。自然恢复,即在其恢复初期,只能允许极耐瘠薄的或能通过自身分泌物对土壤无机颗粒进行风化以获取所需养分的植物种类进入,这些先锋植物所产凋落物也由于仍然存在的侵蚀作用、缺少分解性微生物等原因而留存较少,分解所得养分仍满足不了生长需求,循环总体上以养分仍旧亏缺,植物生长和扩散缓慢,系统仍十分脆弱为主要特征。这个阶段往往需要相当长的时间。如果在开始恢复时人类能够投入一定的养分物质(施底肥等)或菌根、根瘤菌等,则可使初期阶段缩短。

当可利用养分能够满足当时植被所需并略有多余时,即进入流通库的调整阶段。这一阶段由于产生养分的盈余,使现有植物加速生长扩展,将多余养分吸收利用,造成少量亏缺,而由于植物扩展,凋落物和根系活动增加,又使亏缺得到补充。第二阶段的特点是流通库的流通路径、流通的物质种类和量随着群落结构的调整而不断变化,以增长和良性循环为主,储存库则处于积累和亏缺的波动之中。

当系统得到的可利用养分物质能够持续积累,基本不出现亏缺时,即进入储存库的恢复重建阶段。此阶段不仅可利用养分积累速率较高,而且积累的养分中,以来源于系统的生物组分(凋落物、动物排泄物和死亡体等)为主,并产生速效养分物质和长效缓释养分物质的分化和相互转化的机制。

稳定平衡循环阶段是恢复的最终阶段。此阶段养分物质的释放、在各营养级之间的流通转化、向储存库的归还等活动均与系统的结构和其他功能相谐调,物质流通障碍基本消除,循环的速率处于小幅波动的稳定状态。即使系统受到局部短时的干扰,产生一定程度的养分物质损失,也能基于较充足的储备,而使其可以很快自动修复。

(2)特殊环境养分循环恢复特征。由于某类物质含量极高而造成的土地退化,如土壤或水体严重污染、盐渍化等,其储存库中养分物质的损失并不大,只是因为有害物质或有害含量导致大多数生物种类不能生存。其恢复的初期应有一个储存库的清理阶段,此阶段是指采用多种方法将有害物质的含量降到符合有关标准或至少对恢复过程中进入的物种不造成危害的程度。此阶段的持续时间因不同的有害物质种类及危害程度而异。采用植物修复方法进行恢复的，原有养分物质受破坏较少，当有害物质被减少到一定水平时，储存库中的养分可促使多种植物进入，加速流通库的调整，但由于植物修复本身是渐进的过程，修复植物占绝对优势的阶段可能会较长。

非侵蚀性的退化，即养分储存库损失较少的恢复类型，储存库中原有的养分物质从恢复过程开始时就参与了流通库的结构重建与调整，使整个恢复过程主要表现为流通库的恢复过程。当流通库的各分室、各流通路径基本完善时，即进入稳定平衡循环阶段，此阶段所需时间较短。

3. 养分循环过程的恢复速度

(1)养分循环过程的恢复速度。大多数陆地生态系统都是开放系统，在恢复的任何阶段，通过动物迁移、淋溶、风力作用、人类收获等途径造成养分物质的流失均不可避免。在自然恢复下，养分物质的实际积累是非常缓慢的，这在一定程度上会影响系统结构的恢复进程，使地表植物群落的结构长期地维持在某一阶段。因此，对于养分破坏严重、亟须重建的循环系统，或对群落结构恢复的速度有较高要求的恢复类型，人类应适时补充投入的养分物质，参与循环，以加快恢复进程。

(2)养分循环恢复过程的控制。各种类型的养分循环恢复过程及其各阶段所需时间均很长，但对人类进行生态恢复的目标来说，并不是所有恢复都必须要恢复到与退化前状态完全一致。对于以水土保持、防风固沙、设施美化等功能为主的恢复类型，往往养分循环的恢复尚在初期阶段，其植物群落结构的恢复已达到了可以满足这些生态功能的程度。因此，养分循环过程的恢复方向、速度以及终点往往决定于人类活动的需要，而不是自然发展的进程。人们可以通过实施不同的生态恢复措施，对养分循环过程的发展方向和速度加以调节，并控制其恢复的终点。

5.3.2.2 土壤碳储量及碳循环的恢复

碳是构成生命体的主要元素。在生态系统物质循环中，其他主要元素，如磷、钾、钙及微量元素等属于沉积型循环，对生态系统基质储存库的依赖性较高。氮的储存库虽然存在于大气之中，然而氮不是活泼元素，一般很难和其他物质化合，不能直接被利用，必须通过土壤固氮生物转化，但碳的循环则是典型的大气型循环。碳的循环分为两部分：一是大气与生物间的直接循环，即通过植物光合作用吸收大气中的 CO_2 和水转化成有机物，再通过食物网向各营养级传递，其中的一部分通过动植物的呼吸作用归还大气；二是动植物残体进入土壤后经微生物的分解作用，一部分直接归还大气，重新进入循环，一部分则形成土壤有机碳，储存于土壤中，在一定条件下，再分解进入大气，进入循环。

1. 植被 - 大气间碳循环的恢复

植被是生态系统的主干。在正常的生态系统内，由植被光合作用吸收大气中的 CO_2，这一步的碳量，应高于植被及各营养级物种呼吸作用释放和土壤储存库释放的碳量。生态系统的退化使植被吸收、转化和储存碳的机能发生障碍，而长期贮存于土壤中的碳通过种种过程释放进入大气，使系统由碳的汇转变为源。而以植被的恢复为核心的生态恢复，在碳的循环方面，是一个重新由源变汇的过程。

当系统处于退化状态时，以释放 CO_2 为主，其主要来源于土壤贮存库碳的释放。无论是封育自然恢复或人工建植恢复，在恢复过程的初期，由于植株个体小，叶量少，吸收 CO_2

量尚少，覆盖度低，土壤裸露面积较大，原来以释放 CO_2 为主的过程仍在持续，甚至由于人类采取恢复措施的扰动，土壤储存库的 CO_2 释放量可能会短时间内有所增加。

初期过后，随着植株个体增长，植被覆盖面积的加大，植被吸收的 CO_2 和系统中活生物个体呼吸释放的 CO_2 都迅速增加。同时，土壤储存库 CO_2 释放量减少，减少的原因包括：①土壤生物发育，土壤储存的碳物质向生物体转移量增大，直接排向大气的量减少；②土壤被植被封固，侵蚀和化学分解作用减弱；③进入土壤的生物凋落物和死亡个体增多，碳物质向土壤储存库重新补充的过程增强，逐渐抵消其释放。最终的结果是系统总体上释放的 CO_2 量逐步减少，当恢复的系统达到较成熟或完善时，其生物和土壤所释放的 CO_2 总量全部被系统自身吸收仍显不足，还要更多吸收由大气运动从其他区域带来的 CO_2，使系统由排放型转变为吸收型，即由源变为汇。

2. 土壤碳储量的恢复

生态系统退化，尤其是植被减少的过程会引起土壤碳的减少。如开垦几乎在所有的情况下都会造成自然生态系统有机碳含量的降低，加拿大黑钙土开垦后土壤有机碳减少了 50% 以上，其原因主要在于种植的作物收获后带走了植物产品，使其有机物碳得不到补充。同时土壤的有机碳基本都附着于细粒物质上。例如，在科尔沁沙区的旱作农田，与黏粉粒结合的有机碳和全氮含量分别是粗沙组分有机碳和全氮含量的 6.7 倍和 5.7 倍，在沙漠化过程中，有机碳随着细粒物质的被吹蚀而损失，土壤粘粉粒含量每吹蚀 1%，土壤有机碳和全氮质量分数分别下降 0.169 g/kg 和 0.0 215 g/kg（赵哈林等，2003）。

随着植被的恢复，土壤碳储量呈增加的趋势。但相对于不同的恢复措施，其含量恢复及其分布有差别。草地群落地上和地下生物量都较高，每年几乎全部的死亡凋落物都进入土壤，这有利于有机碳的积累。不同土层土壤有机碳含量的分布不同，在 0 ~ 10 cm 山杏林最高，沙棘 > 荒草地 > 柠条 > 农田。在 10 ~ 20 cm 和 20 ~ 30 cm 土层荒草地有机碳含量最高，大于山杏林 > 柠条 > 沙棘 > 农田。可能是由于山杏凋落物产量较大，在土壤表面形成腐殖层，同时可以保持水土，增加入渗，促进植被凋落物的分解和转化（苏静、赵世伟，2005）。

5.3.2.3　氮、磷循环与生态系统恢复

氮和磷都是生物体组成和在生命活动中起重要作用的大量元素。氮和磷的共同特点是其进出生态系统的过程主要在土壤中进行，而土壤中这两种元素的含量又时常缺乏，使其成为土壤肥力“三要素”的主要部分，同时又是导致水体富营养化的最主要元素。因此氮和磷的循环状态对生态系统的结构与功能有重要意义。其恢复也与系统结构的恢复密切相关。

1. 氮循环恢复

与碳循环不同的是，氮是氨基酸的组成元素，是大气中的主要成分（N_2，占大气总体积 78%），但 N_2 在大气中十分稳定，大气中的氮和生物体之间无直接的转换，不能直接被利用。进入生态系统的氮主要靠土壤中的固氮生物将其固定为氨或氨盐，之后再经过各营养级转化、分解和再利用，这些过程包括固氮作用、硝化作用、反硝化作用和氨化作用。这些作用基本上是在土壤中进行的，其中反硝化作用可使部分氮返回大气，其他几类作用产生的氨盐、亚硝酸盐和硝酸盐等一部分重新进入循环，一部分随水流进入水体，其中一部分用

于水体生物循环,一部分沉入深海,积累于储存库中。

与生态系统退化相关的氮循环问题表现在两个方面:一是过多的含氮盐类湖泊和近海水体,形成富营养化。因此,氮循环的恢复在水体和陆地生态系统表现不同;二是随退化而来的陆地生态系统的土壤侵蚀和污染(包括盐渍化),破坏了上述各类作用所需的基本条件,使土壤可利用氮含量减少,趋于贫瘠。

对水体来说,首先控制排放是关键措施,之后再实施鱼类放养或种植大型水生植物等生物控制措施,即可使水体中含氮盐类含量恢复到适宜水平,实现正常氮循环。这个过程在人为措施下一般时间不会较长。

对陆地生态系统来说,氮循环主要是土壤中的过程,而土壤结构及物理、化学性状的恢复都需很长时间。氮循环恢复的方法有:①停止侵蚀,保持土壤;②恢复固氮作用,必要时可人工施加固氮菌制剂或含氮肥料,以弥补严重不足,但采用这种措施应十分慎重,防止过量的氮进入水体。当恢复的植物群落基本成型,或人类的恢复目标已基本达到后,就进入各种作用过程均衡、平稳恢复的阶段。

2. 磷循环的恢复

磷循环不同于氮循环,其是不完全循环,由土壤中的生物过程形成的磷酸盐一部分重新投入循环,另一部分随水进入水体,再经各营养级转化后,其大部分随动植物死亡体沉入水底,离开循环。这部分的补充,在自然状况下,只能依靠海水涌流、海陆变迁、海鸟等途径,这对于大部分生态系统是难以达到的。对水体生态系统来说,浮游植物吸收磷的速率很快,磷对水体富营养化的作用更甚于氮。磷循环恢复的措施是停止土壤侵蚀,适量人工补充磷,减少向水体排放磷。关键在于,既要在恢复初期补充磷的大量亏缺,又要防止过量。群落基本成型后一般不需要再补充磷。

5.3.3 水分恢复过程

水分维系着生态系统自身结构与功能的正常运转,更与生态系统的生态服务功能相关,尤其是关系到人类命脉的水资源供给。

5.3.3.1 水分循环的特点及其与生态恢复的关系

地球上各种形态的水,在太阳辐射、重力等作用下,通过蒸发、蒸腾、水汽输送、凝结降水、下渗及径流等环节,不断发生相态转化和周而复始运动的过程称为水循环。水循环按不同途径与规模,分为小循环与大循环。

小循环对陆地来说,指通过地面蒸发和植被蒸腾进入陆地上空的水分再经凝结降水重新落回地表的过程。此过程可涉及多种不同尺度,但它是开放的,即任何一个陆地区域或生态系统,其水分的收入与支出绝大部分时间是不平衡的。这种不平衡是生态系统和生物多样性产生的基本因素之一,也与生态系统的功能与状况密切相关。

大循环指发生在全球海洋与陆地间的水交换过程,是陆地水分的终极来源,决定着陆地水资源的分布,从全球来说,这种循环是封闭的,水量总体是平衡的。

1. 水分循环功能与水分状态

生态系统的水分循环功能主要有两个方面:①水资源服务功能,主要指山地植物群落对降水及河流水源的涵养和调蓄功能,这在干旱和半干旱地区意义尤为重要;②在系统发展演化过程中满足各阶段群落自身维持和发展的水分需求，其水分收支状态包括水分盈余和水分亏缺等。两者相互依存和制约，如山地植物群落只有其水分在满足自身需求后有盈余才能发挥涵养和调蓄功能，对周围产生水分输出。当系统处于正常状态，即植物群落处于顶极或偏途顶极时，无论满足自身水分需求的能力，还是向系统外供水和调节供水能力均达到最佳。当系统退化时，这些功能下降。

2. 决定水分状况的因素

(1) 气候。生态恢复的水分循环一般应属于小循环的范畴，但它又是大循环的组成部分，受大循环的制约。包括湿度、气温、风等因子及其季节和常年的变化，影响着生态系统得到和失去水分的量与速度，也是形成不同水分补给来源的因素之一。

(2) 来源。不同的生态系统有着不同的水分来源，包括降水、地下水、洪水、持续过境水、灌溉水等，不同的供水途径将形成不同的恢复过程。

(3) 人为因素。生态恢复是人类的主动行为，尤其对水体退化和由于水而导致退化的系统，人类对水分流动过程的干预方式和强度对系统恢复的过程和速度有决定性的影响。

3. 水分循环功能的恢复与系统结构恢复过程的关系

水分循环状况与系统结构状况是密切相关的，但又不是一一对应的线性关系，而是表现出层次上和时间上的复杂关系：①在空间上，产流区水源涵养与调蓄功能的恢复是用水区各类生态恢复的前提，对其他方面的水分功能恢复具有决定性意义，这在干旱、半干旱气候区域尤其重要；②在时间上，水分状况的演变方向并不总与系统结构退化或恢复的方向一致，如裸地或较稀疏群落有时水分状况会好于稳定结构群落。同时，水分功能的恢复往往滞后于结构的恢复，水分功能的完善要较长时间才能体现出来；③上述特征决定了在尺度和层次上，景观结构的恢复过程对于整体上水分循环功能的恢复过程联系更为紧密，更为重要。

5.3.3.2 水分循环功能恢复的主要过程

生态系统内水分的运行是十分复杂的。首先，由于大气的流动，即风的作用，使得水分只有在大尺度的空间系列上才能真正体现出“循环”的特征，而对任何一个具体的生态系统（群落），其蒸腾蒸发的水分多数不能直接落回到原群落内，成为水分的消耗，即“耗水”。“补给”以及土壤的持水性能对维持系统结构的稳定和正常演替至关重要。水分循环功能恢复的核心目标是耗水和补给，而这种平衡及其退化与恢复过程的表现在不同的气候地理区域有着很大的区别。

1. 湿润地区及山地多雨带水的恢复过程

湿润地区和半干旱－干旱区的山地多雨带，其水循环功能涉及两方面：一是生态系统的水资源服务功能，核心就是植物群落（尤其是山地植物群落）对降水及河流水源的涵养和调蓄功能；二是系统自身的耗水和补给的平衡。

关于森林生态系统的水文效应，大致存在着两大学派（裴铁凡，2002）：一派认为，森林不具备增加降水量的作用，森林采伐后，河水流量不是减少而是增多；另一派则认为森林可以增加降水量，可以增加河川径流量。各派均报道了支持自己观点的观测结果和依据。如中国林学会森林涵养水源考察组通过对在华北地区所选择的三组自然环境条件大致相同的石质山区的流域分析，认为森林覆盖率每增加 10%，流域年径流量增加0.4～1.1 mm。而美国学者 Hibbert 对世界不同地区 30 个“森林砍伐与河川流量”的研究中指出，伐除森林增加径流这一规律在北纬33°~55°地带普遍得到证实,100%除去森林后,第一年流域流量增加457.2 mm,也就是每伐除10%森林,流量增加4.57 mm。

近年国际森林水文学界对森林水文效应的看法趋于一致。一般认为,森林的存在对降水的多少没有决定性作用,而对不饱和土层贮水消耗,洪峰减缓、地表径流调节、增加环境大气湿度等都有不可低估的生态意义。而山地森林生态系统的水文和水资源服务功能与生态系统自身的水分消耗与补给的循环过程是一个整体,其功能恢复状况也往往要通过系统自身水分状况的恢复过程来体现。

在湿润区,降水作为主要的补给,且降水补给量远大于耗水量,水分不是生态系统的制约因子,也不是导致生态系统退化的主要因素。在这类地区,与水分功能相关的主要恢复目标是:①在干湿季节明显地区,使生态系统能够通过自身调节使季节间的水分趋向均衡,将干季出现季节性缺水的影响降到最低,其中最重要的是土壤蓄水能力的恢复;②保持生态系统对径流形成的缓冲作用,不使其发生洪灾和水土流失。正常的生态系统,干季时,由于水分的输入减少,植被通过调节环境因子来降低蒸散力,从而达到自我保护的目的,出现了林内蒸散力明显小于林外自由水面蒸发的现象。此时林地内的大气相对湿度明显高于裸地,而蒸散力又明显低于裸地的自由水面蒸发,这是生态系统自组织协调功能的表现。而在严重退化地段,如裸地,其水分状况的主要表现是其大气湿度和土壤蓄水量变化振幅大,易产生水土流失和干季水分不足。

生态系统恢复过程中,随着植被结构的逐步完善,植物根系及各类凋落物的增加,土壤蓄水能力和对大气湿度的调节能力逐步增强。但其恢复的速度和可能达到的程度则因退化状况和采取的措施不同而有差异。

闰俊华等(2002)对广东鹤山的研究表明:从大气湿度来看,裸地与11龄以上的马占相思群落相比,年均相对湿度相差并不明显,但裸地的变化振幅几乎是马占相思林的2倍。其原因是植被恢复成林以后,由于林冠的盖幕作用,使林内的地温在10~12月间较低,加之林内的风速小,乱流交换作用弱,水汽不易散失,较好地保存了林内的水分,缓和了系统在干季时的水热供需矛盾。

2. 半干旱区水的恢复过程

在半干旱区,降水补给相对于耗水是短期的季节性过剩,大部分生长期主要靠地下水向上补给和过境水的侧向补给,这种补给方式对当地和河流源头降水的依赖性很大。而在半干旱区,降水的年度和季节波动性极大,补给不足的时段频繁出现。土壤的持水性能以及群落的优势植物对干旱的适应性能成为维持系统稳定的关键。在未发生退化的自然成熟系统,其土壤持水能力和植物耐旱能力有较良好的组合,使群落能度过大部分补给不足时段,对波动的供水有较好的适应性。当退化发生时,由于群落结构的解体,这种适应性降低,使群落水分状况发生相对干旱或相对渍涝,促使群落结构进一步解体,进入恶性循环。这类区域生态恢复的水分功能恢复目标主要就是恢复对水分供给波动的适应能力。其恢复过程则因地形、退化类型、土壤基质、恢复目标与措施等方面的不同而不同,且由于土壤结构恢复的过程极为缓慢,水分功能恢复与生态系统结构的联系主要体现在植被方面。半干旱区群落水分状况演变也是受到研究者关注较多的领域。

半干旱地区土壤和植被水分功能的主要状态(或阶段)为:

①退化状态。植被极其稀疏,无群落结构;降水大部分形成径流,水土流失。

②先锋群落状态。植被初步覆盖,根系加密;多雨年仍发生水土流失,其他年基本无径流,但干旱年植被退化。

③构成型状态。群落结构基本成型;土壤储水能力增加,轻旱年可自行调节,重旱年水分亏缺,正常年和多雨年有水分输出,已无水土流失。

④成熟稳定状态。群落结构完善,水分循环功能最佳,旱年仅植物生长受影响,群落结构不受损,降水集中季节有少量水分输出;经济和生态功能最佳。

⑤过密亏缺状态。群落内植物个体密度和生长量过大,导致蒸腾过强,土壤贮水能力下降,仅暴雨时可有水分输出,其余时期皆有不同程度的水分亏缺。

⑥调整状态。通过对优势种的自疏或降低生长速率以降低水分亏缺影响和生态风险,水分亏缺和输出较过密状态时有所改善;系统的抗侵蚀功能基本不变,但经济功能和其他生态服务功能不理想。此状态可长期维持,经过更长期的自我调整或人为更换耗水低的优势种,有可能使其恢复到成熟稳定状态。

⑦新退化状态。遭受连续重旱或其他胁迫因素,使群落结构解体,水土流失和各类侵蚀重新出现。

土壤基质对水分功能的恢复有着重要的影响作用。如沙地是对水分十分敏感的土壤基质类型,其沙物质颗粒较粗,结构松散,水分的重力下降作用强而毛管上升作用弱,一般无植被的流动沙地,其地表往往有 10 ~ 20 cm 厚的干沙层,向下各层的水分含量一般会高于周围有植被沙地,变化也很剧烈,属于水分淋溶型,即沙地各层土壤水分的变化均受制于降水时间和数量变化的影响,有随旱季和雨季交替出现而呈现消耗与储存的周期性变化的趋势。由于蒸发和持水能力较弱,降水量很容易超出其储水能力而使较多水分渗入土壤深层进而补给地下水。可见流动沙地具有较强的聚水作用,沙丘中有相当量的水分可用来进行植被建设,促进生态恢复。这在我国北方地区的主要沙漠和沙地都有一致的表现(赵哈林等,2003)。

这种趋势也表现在以风沙土为主的草地沙漠化过程,即随着沙漠化的发生,植被的减少,土壤含水量出现增加趋势,沙地土壤水分状况趋于改善。但这并不意味着沙漠化对土壤水分状况改善是有益的,因为沙漠化的主要营力——风蚀作用将把对土壤持水性有决定意义的细粒物质大量吹走,最终将使土壤水分状况大为恶化,对经多年生草过程的地带性土壤,如草甸土、钙质土以及在这些土壤上开发的农田更是如此(王涛,2003)。

而在沙地生态系统恢复过程中,随着植被的逐渐繁茂,土壤水分的蒸腾消耗增加,植物根系和其他有机质的参与也使土壤持水能力提高,使系统整体的水分运行过程发生变化。如在年降水量不足 200 mm 的宁夏沙坡头地区,人工固沙植被随年份的增加,土壤水分有逐渐变劣的趋势,其降水 90% 以上被用于植物蒸腾,即使多雨年份也难以向 200 cm 以下深层入渗补给,风沙土从无植被区淋溶性流沙向人工植被区地带性、非淋溶性沙土演化(赵兴梁,1988;王新平等,2002)。

3. 干旱区水的恢复过程

在干旱区,除少数山地垂直带外,降水基本不可能满足人类直接利用的生态系统的需求,人类生存和发展的依托——绿洲所需的水源补给完全依赖于内陆河的过境水(包括灌溉和侧渗)。绿洲生态系统的退化主要是由于供水不足引起的,而绿洲生态系统恢复则以恢复持续供水为前提。恢复的目标应定位于优先保证全流域原有生态系统不继续退化情况下，提高现有人工和自然生态系统的用水效率及服务功能。主要措施是在上、中、下游之间以及绿洲内部和绿洲边缘之间合理调配水资源，采用多种节水技术提高单位水资源的生态系统服务能力，需弄清楚的关键参数是群落的耗水量和整体景观系统的需水量。

5.4 生态系统服务功能的恢复过程

自然生态系统在为人类提供必不可少的环境资源条件的同时，也为社会、经济和文化生活提供了多种类型的生态服务。生态系统服务功能理论能比较清晰地描述人对自然的依赖性。在生态恢复过程中，也需要对生态系统服务功能及其变化进行评价，以确定生态恢复设计的价值和生态恢复的效益。

5.4.1 生态系统服务功能的基本概念及其发展

生态系统服务功能是指生态系统直接或间接为人类提供的生态系统服务。生态系统服务(ecosystem services)是指人类直接或间接从生态系统功能(即生态系统中的生境、生物或系统性质及过程)中获取利益。生态系统不仅为人类提供了食品、医药及其他生产生活原料，更重要的是维持了人类赖以生存的生命支持系统，维持生命物质的生物地化循环与水文循环，维持生物物种与遗传多样性，净化环境，维持大气化学的平衡与稳定，并在人类生存与现代文明中具有重要意义。综上所述，生态系统服务是生态系统产品和生态系统功能的统一，而生态系统的开放性是生态系统服务的基础和前景。退化生态系统恢复的最终目的是恢复并维持生态系统的服务功能。

生态环境对社会发展的支撑作用在很早以前就被人类注意到了。中国古代的先人们建立和保护风水林反映了他们对森林保护村庄与改善环境的认识。古希腊的柏拉图(Platon)认识到雅典人对森林的破坏导致了水土流失和水井干涸。首先注意到生态系统服务功能的是美国的Marsh(1864)，他在《人与自然》(*Man and Nature*)中记载："由于受人类活动的巨大影响，地中海地区广阔的森林在山峰中消失，肥沃的土壤受到冲刷，茂盛的草地因缺水灌溉而荒芜，河流也因缺水而干涸"，并且他还注意到自然生态系统分解动物尸体的服务功能，认为水、肥沃的土壤和人类呼吸的空气都是自然及其生物所赐予的。

自20世纪40年代生态系统的概念及理论提出之后，人们对生态系统结构与功能进行了大量的研究，这为开展生态系统服务功能的研究提供了科学基础。Osborn(1948)指出，生态系统中的水、土壤、植物与动物是人类及其文明得以发展的基础。Vogt(1948)提出了自然资本的概念，认为人类耗尽了土壤等自然资源资本，就会降抵偿还债务的能力。Leopold(1949)通过研究土壤生态系统服务认识到人类不可能替代生态系统的服务，指出土地伦理学将人类从自然的统治者地位还原成为自然界的普通一员。然而，由于生态系统的服务功能多数不具有直接经济价值而常被人类所忽视。

自20世纪70年代以后，生态系统服务功能开始成为生态学研究的一个分支，其研究范畴包括自然生态系统对人类的"环境服务"功能(如害虫控制、昆虫传粉、渔业、土壤形成、水土保持、气候调节、洪水控制、物质循环与大气成分等)。Holdren等人(1974)和Ehrlich等人(1981)比较系统地讨论了生物多样性的丧失对生态系统服务功能的影响，并认为生物多样性丧失的速度决定着生态系统服务功能丧失的快慢，企图通过其他手段替代已丧失的生态系统功能，成本将是昂贵的，而且从长远的观点来看必然是失败的。尤其是美国马里兰大学生态经济研究所所长 Costanza 等人（1997）在《自然》杂志发表《世界生态系统服务和自然资本的价值》文章和出版《生态系统服务：人类社会对自然生态系统的依赖性》一书后，研究生态系统服务的热潮开始兴起，各国管理者、科学家和公众对保护生物多样性的重要认识和支持的积极性都显著的提高。

5.4.2　生态系统服务功能的内容

生态系统服务功能的内容包括：有机质的合成与生产；生物多样性的产生与维持；调节气候；营养物质的贮存与循环；土壤肥力的更新与维持；环境净化与有害、有毒物质的降解；植物花粉的传播与种子的扩散；有害生物的控制；减轻自然灾害等诸多方面。

1. 生产生态系统产品

生产者为地球上一切的异养生物提供营养物质，它们是全球生物资源的营造者。而生态系统通过初级生产与次级生产，为人类生存提供了所必需的所有基本产品和原料。据统计，每年各类生态系统为人类提供粮食 1.8 Gt，肉类约 600 Mt，同时海洋还提供鱼约 100 Mt。今天，据统计已知约有 8 万种食用植物，最重要的是小麦、玉米和水稻等 20 种栽培植物。野生的鸟、兽、虫、鱼仍是人们生存所必需的动物蛋白的重要来源。自然植被为人们提供许多生活必需品（如水果、坚果、菌类、蜂蜜、调味品及药材）和原材料（如木材广泛用于家具、建筑、艺术品、工具、纸张、衣料，以及其他许多生产和生活资料）。森林生产橡胶、纤维、染料、胶类、鞣酸、植物油、杀虫剂及各类天然化合物。自然草场是畜牧业的基础。家畜生产肉、奶、革，而且为运输和耕种服务。在发展中国家和地区，植物仍然是重要的燃料来源。植被和水生生态系统为野生的鸟、兽、虫、鱼提供必要的栖息环境，从而为人们狩猎、垂钓等休闲和其他活动提供了场所。

2. 传粉播种

全世界已记载的 240 000 种显花植物中有 220 000 种需要动物传粉，已发现的传粉动物主要是野生动物包括鸟、蝙蝠、蜂、蝇、蝶、甲虫和其他昆虫等约 100 000 种。如果没有动物的传粉，许多农作物会大幅减产，还有一些物种会灭绝，因为有些植物物种还同特定的传粉动物物种有着极为特殊的相互依赖关系。随着岁月的流逝，植物与传粉动物之间形成了协同进化的关系。

有些植物不仅要依赖动物传粉，而且还有许多种类需要借助动物来传播散布它们的种子。动物埋藏食物是许多植物完成散布种子的重要渠道，结有甜蜜果实的植物常常依靠动物播种。有些种类甚至需要专一的动物物种才能完成播种使命，因为一些物种的种子必须经过消化道才能发芽生长。对于许多植物物种，分布区的扩大和局部种群的恢复都取决于这些传播媒介。传粉播种的野生动物在一定的栖息地里觅食、交配、繁殖和完成生活史中特定阶段的发育，而各个物种完成生活史的循环对栖息条件又有一整套不同的要求。近年来，由于栖息地的破坏及其他人类活动的影响，传粉播种的野生动物的多样性和数量都在降低，已经对农业产生了不利影响。

3. 维持生物多样性

生命结构和形式的丰富性体现在分子、细胞、器官、个体、种群、群落、生态系统和生态景观等各个生物组织层次上。生物多样性是指从分子到景观各种层次生命形态的集合。生态系统通过生物群落整体创造了适宜生物生存的环境,为各类生物物种提供了繁衍生息的场所,并为生物多样性的产生与形成提供了条件。同一物种的不同种群对气候因子的扰动与化学环境的变化具有不同的抗性,从而可以避免因某一环境因子的变动而导致物种的绝灭,并保存了丰富的遗传基因信息。

生态系统在维持与保存生物多样性的同时,还为农作物品种的改良提供了基因库。首先,现有农作物需要野生物种的补充和改善。据研究,人类已知约有 80 000 种植物可以食用,而人类历史上仅利用了约 7 000 种植物,只有 150 种粮食植物被大规模种植,其中 82 种作物提供了人类 90% 以上的食物。其次,多样的生物种类和生态系统类型具有产生新型食物和新型农业生产方式的巨大潜力。人类尚未驯化的物种,都由生态系统所维持;它们既是人类潜在食物的来源,也是农作物品种改良与新的抗逆品种的基因来源。

高的生物多样性维护着生态系统的合理结构、健全功能和结构功能的稳定性。物种的消失,特别是那些会影响水和养分的动态、营养结构和生产能力的物种的消失,会削弱生态系统的功能。物种的减少往往会使生态系统的生产效率下降,使其抵抗自然灾害、外来物种入侵和其他干扰的能力下降。那些生态功能相似而又对环境响应不同的物种,能保障整个生态系统可以在环境变化下调节自身而维持各项功能的正常发挥。

4. 控制有害生物

有害生物是指与人类争夺食物、木材、棉花与其他农林产品,危害经济环境、人类健康的生物。据估计,全球每年 25% ~50% 的农产品被这些有害生物所消耗,还有大量农田杂草与作物竞争光、水分和土壤养分,使农作物减产。在自然生态系统中,有害生物往往受到天敌的控制,它们的天敌包括其捕食者、寄生者和致病因子,如鸟类、蜘蛛、瓢虫、寄生蜂、寄生蝇、真菌、病毒等。自然生态系统的多种生态过程让这些天敌存在,从而限制了潜在有害生物的数量。这些生态系统过程结合起来,可以保障和提高农业生产的稳定性,以及保证食物的生产供应和农业的经济收入。

许多现代农业依赖单一作物品种,施用大量化肥进行集约经营。这种经营方式往往为病虫害的暴发提供有利条件。农药在杀伤有害生物的同时也会杀伤有害生物的天敌和其他有益生物,从而破坏这些生物所能产生的生态系统服务功能。有害生物往往具有较高的种群增长潜力,并且可以很快地产生抗药性,致使它们可以在缺乏天敌的情况下再次暴发,迫使人们使用更多的农药。这样的恶性循环,使农业对病虫害的抗性和农业自身的稳定性逐渐下降。不仅如此,农药残留在土壤中,随水注入江河湖海,还会对土壤和水体造成污染,破坏这些系统中的正常生态学过程及其整体性,最终损害人类健康。

5. 维持土壤功能

土壤是经过成千上万年积累而形成的,在农业中具有重要作用。土壤在水分循环中具有持留和排放作用;土壤为植物保存并提供养分,土壤中含有营养元素,其带负电荷的微粒可吸附和交换营养物质,供植物吸收;土壤可为陆生植物的生长发育提供场所,植物种子在土壤中发芽、生根、生长、开花和结果;土壤可以还原有机质,并将许多人类潜在的病原体无害化;土壤还可将有机质还原成简单的无机物,并最终作为营养物质返回植物;土壤在氮、碳、硫等大量营养元素的循环中起着关键作用;土壤为植物提供营养物的能力(土壤肥力)在很大程度上取决于土壤中的细菌、真菌、藻类、原生动物、线虫等各种生物的活性;土壤含有大量植物种子、菌类孢子、动物卵等，是生物的天然基因库。因此，维持土壤的功能至关重要。

当今世界由于人类活动的影响直接致使土地退化的面积约有 20%。人类的生产活动特别是农业生产，会改变土壤生态系统的特征和土壤与空气、水体之间的化学物质循环。这种改变中有许多会产生长期难以逆转的不利后果。例如，为了发展种植业而进行的垦荒和排干湿地常常会使土壤中的碳加速释放，增加大气层中 CO_2 和 CH_4 的含量，而 CO_2 和 CH_4 是大气中温室效应的主要成分；大量施用氮肥、火烧树林和使用其他生物燃料增加了大气中 NO_x 的含量，进一步加剧温室效应，并且破坏臭氧层，导致酸雨、湖泊河流的富营养化和水源污染。

6. 减缓旱涝灾害

水是地球上最丰富的无机化合物。它的可溶性、可动性和高比热等物理性质使之成为物质循环的良好介质。水分在陆地、海洋与大气中的循环过程包括：大气中的水分通过雨、雪等降水过程形成地表径流，并流入地下和江河湖海，植物吸收地下水，地表水和植物中的水分经过蒸发和蒸腾回到天空，凝聚成云后再形成降水。水循环及其运动性能对气候现象和物质循环的调节产生重要影响。地球水不断通过蒸发与流失促成陆地与海洋生态系统中水的再循环，从而沟通全球陆地与海域的联系。

植被和土壤在降水过程中具有重要作用。植被的冠层可拦截雨水并减少雨滴对地面的冲击。地被物和植被的根系维系和固持着土壤，并且吸收和持留一些水。在雨季，植被和土壤都会截留一部分水并减缓水的流速，防止大量降水集中汇入下游，减少洪水流量；在旱季，植被和土壤中保持的水逐渐流出，为下游河流供水。植被破坏会改变局部水分循环过程，大大增加地表径流和水土的流失。造成一系列生态环境恶化问题。风沙是我国西北地区的主要灾害之一，而且每年都在扩大，有大量农田被沙漠掩埋。由于过度放牧和开垦，草原出现退化现象。应该植树造林种草，增加植被。在热带和亚热带，过度的森林砍伐已使水旱灾害越来越频繁，越来越严重。例如，我国 1998 年长江全流域洪涝灾害的形成与中上游植被及中游湖泊减少、水源涵养能力下降、水土流失加剧有密切关系。

湿地生态系统在全球和区域性的水循环中起着重要的调节和减缓作用。湿地草根层和泥炭层，具有很高的持水能力，是巨大的贮水库，它能够削减洪峰的形成和规模，为江河溪流提供水源，有助于区域水的稳定性。湿地有助于调节气候，防治环境趋于干旱。

7. 净化环境

陆地生态系统的生物净化作用包括土壤－植物系统对土壤污染物的净化作用和植物对大气污染物的净化作用。植物、藻类和微生物能吸附周围空气中或者水中的悬浮颗粒物和有机的或无机的化合物，把它们有选择性地吸收、分解、利用、排出。动物对活的或死的有机体进行机械的或生物化学的切割和分解，然后把这些物质有选择地吸收、分解、利用或排出。这种摄取、吸收和分解的自然生物过程保证了物质在自然生态系统中的有效循环利用，防止物质的过分积累所造成的污染。这些生物的吸收和降解空气、水体和土壤中的有毒有害物质，从而使有毒有害物质的含量减少，如经常用森林和草地来净化都市中被污染的空气或者工农业污水。

湿地在全球和区域水循环中起着重要的净化作用。湿地植被能减缓地表水流的流速，使水中泥沙得以沉降。同时，经过植物和土壤的生物代谢过程和物理化学作用，水中各种有机的和无机的溶解物及悬浮物被截留下来。许多有毒、有害的复合物被分解转化为无害甚至有用的物质。

8. 调节气候

太阳活动及地球自转轨道变化影响地球气候的变化，但生物体在全球气候的调节中也起着重要的作用。生态系统在小生境、小流域、区域和全球等不同的空间尺度上影响着气候。从地质历史来看，细菌、藻类和植物通过光合作用产生 O_2，致使 O_2 在大气中富集，为许多其他生物的生存创造必要条件。在更小的空间尺度上，森林类型和状况决定了林中的小气候，如林冠遮挡阳光，阻碍林内外空气交换，为许多物种提供了适宜的温度、光线、湿度和其他生存条件；在区域尺度上，生态系统通过植物的蒸散（evapo-transpiration）作用直接调节区域气候；在全球尺度上，生态系统通过固定大气中的 CO_2 而减缓地球的温室效应（greenhouse effect）；自然生态系统受到破坏后往往使其气候调节功能随之减弱。

9. 景观美学与精神文化功能

人类在长期自然历史演化过程中渐渐形成了欣赏自然、享受生命的能力以及对自然的情感依赖。在满足了温饱等基本生活条件后，人们追求和欣赏景观的美学价值。研究表明，自然生态系统对人类的喜怒哀乐等许多情感活动有重要影响。美好和谐的自然生态系统可促进人们之间的理解和信任，催化和谐互助和负责任的人际关系，使人们更富有同情心和怜悯心，使人们更乐于互助合作，同时能更好地独自处理应付各种事情。“小桥流水人家”的景观可使人宁静温馨，“枯藤老树昏鸦”的景观则使人情绪低落。由于各种原因，精神上的挫折感和感情创伤时有发生，从而导致一些人群罹患疾病。而自然环境中洁净的空气和水，相对和谐的草木万物，有助于人类保持健康的身心，丰富、健全人的性格和理性智慧，并促进身体健康；自然生态环境深刻地影响着人们的宗教信仰、美学倾向、艺术创造；各地独特的动植物区系和生态环境在漫长的文化发展过程中塑造了当地人群特定的风土习俗和性格特征，决定了当地的生产生活方式，孕育了各具特色的地方文化。

10. 生态系统服务功能诸要素的相互联系

在自然生态系统的服务功能中，生态系统服务功能诸要素是相互联系的，相辅相成的。

5.4.3 生态系统服务功能价值的评价

虽然人们知道人类对自然的依赖性、自然资源的珍贵和自然生态平衡的重要性，但迄今为止关于生态系统服务功能的定量评价极为匮乏。在市场经济和社会活动中，个人、企业和各级政府部门在作计划、管理和其他行动的决策时没有直接评定或低估了生态系统服务功能的价值。对生态系统服务功能进行价值评估，可以减少和避免那些损害生态系统服务功能的短期经济行为。生态系统服务功能评价主要包括物质量和价值量评价（李文华、赵景柱，2004）。

（1）物质量评价。物质量评价主要是从物质量的角度对生态系统提供的各项服务进行定量评价，其特点是能够比较客观地反映生态系统的生态过程，进而反映生态系统的可持续性。运用物质量评价方法对区域生态系统服务功能进行评价，其评价结果比较直观，与生态系统自身健康状况和提供服务功能的能力有关，不会受市场价格波动的影响。物质量评价特别适合于同一生态系统不同时段提供服务功能能力的比较研究，以及不同生态系统所提供的同一项服务功能能力的比较研究，是区域生态系统健康和服务功能评价研究的重要手段。

物质量评价是以生态系统服务功能机制研究为理论基础的,机制研究程度决定了物质量评价的可行性和结果的准确性。物质量评价研究往往需要耗费大量的人力、物力和资金支持,物质量评价是价值量评价的基础。物质量评价采用的手段和方法主要包括定位实验研究、调查统计、遥感、GIS 等,其中定位实验研究是主要的服务功能机制研究手段和技术参数获取手段,Rs 和调查统计则是主要的数据来源,GIS 为物质量评价提供了良好的技术平台。

单纯利用物质量评价方法也有局限性,主要表现为:①其结果不直观;②不能引起足够的关注;③由于各单项生态系统服务功能量纲不同,所以无法进行加总,从而无法评价某一生态系统的综合服务功能。

(2)价值量评价。价值量评价方法主要是利用一些经济学方法将服务功能价值化的过程。近年来,许多学者对价值评价方法进行了探索性研究,但是由于生态系统提供服务的特殊性和复杂性,其评价和价值计量至今仍是一件十分困难的事情。结合生态系统服务与自然资本的市场发育程度,根据已有的生态系统服务功能价值评价技术和评价方法,可将价值评价方法划分为市场价值法、替代市场价值法和假想市场法三大类,具体的一些生态系统服务功能的评价技术则包括市场价值法、影子价格法、影子工程法、机会成本法、替代成本法、费用分析法、人力资本法、意愿调查法、因子收益法、资产价值法、旅行费用法和条件价值法等。

5.4.4　生态系统服务功能的保护策略与途径

首先,生态系统服务功能的保护需要提高人类的保护意识。人们看问题的角度往往限制着人们不能充分地认识生态系统服务与人类生活质量之间的关系。只有当地的、眼前的并且对实际生活具有直接影响的生态系统服务,才容易被人们认识和重视,区域性的生态系统服务往往在缺失时才会备受关注。贫穷是导致生态环境恶化的重要根源,生活水平低下也阻碍着对生态系统服务的保护。在贫困国家和地区,保护生态服务功能对当地人民来说是不切实际的。而处于温饱水平的人们习惯于无节制地使用自然生态系统。例如,在经历了 2000 年多次沙尘暴之后,许多人才真正认识到植被生态系统对防风固沙等的重要性,从而有了保护森林、保护流域环境、防止水土流失的自觉性。

其次,生态系统服务功能的保护需要经济投入。在贫困国家和地区,保护生态系统服务功能应该与发展经济结合起来。在富裕地区,人们应该把保护生态系统服务功能作为经济发展的前提。应该引导人们在消费的同时,重视对生态系统服务功能的保护。

最后,生态系统服务功能的保护更需要人民的参与和政府的管理。在人们满足基本生活需要之后就会想到安全和持久,就会重视环境问题。在保护生态系统服务的过程中,政府的作用是巨大的,很多国家建立了环境管理机构,来统筹规划和协调有关环境保护的方针、政策和立法。将环境问题纳入到现行市场体系和经济体制中,并结合政府规章制度,制约人们破坏环境的行为;为生态系统服务划价,促使在制定政策时考虑到生态系统服务的成本,从而达到保护的目的。

总之,管理、分配和使用自然资源,除了需要科学知识和工程技术之外,还要求人们具有强烈的环境保护意识,政府建立完善的规章制度,全民共同行动,开发有益于环境并降低能耗的绿色产品，建立健全合理的经济体制和市场体系等。这其中既与技术进步有关，也涉及政策、法律、财政、经济等诸多领域。只有摒弃短期利益，保护长远利益，才能限制或逆转累积性的环境退化，保持自然生态系统的正常运转。

5.4.5 生态系统服务功能的恢复过程

1. 恢复过程的基本特征

(1)服务量和价值由少到多。伴随着生态系统结构的逐渐复杂，组成系统的物种多样性逐渐丰富，系统功能的逐渐完善和谐调，依托于此的各项生态系统服务功能也势必增强，单位生态系统空间内可向人类输出(提供)的物质量和价值量呈现由少到多的恢复特征。但在不同的恢复过程中，不同的服务功能项目其物质量和价值量恢复的速度应有所不同。一般，与土壤密切相关的服务功能则恢复速度较慢，但各期可能比较一致；而形成生态系统的植物群落地上部分密切相关的服务功能恢复得较快，并呈现在恢复过程的初期和后期较慢，而前期和中期较快的现象。其中那些目标较单一的人工生态系统，其主导性服务功能的物质量和价值量恢复程度应比其他功能明显。

(2)服务功能的可持续性由弱到强。人类总是希望生态系统给自己提供的任何水平的服务功能都能够长期保持并继续提高，但由于自然界以及人类自身对生态系统超过其当时承受能力的干扰，往往使服务水平难以保持并使其出现波动性下降。生态系统服务功能的可持续性实际意味着其抗干扰能力，这种能力是随着系统结构的恢复而逐步提高的。在恢复过程中，每进入一个更高水平的阶段，就意味着前一阶段的服务功能进一步延续了，也即可持续性增强了。

(3)服务功能项目由单一到综合。在生态系统服务功能的诸多项目中，某些项目，如水土保持、阻止侵蚀的固沙，速生丰产林草地等，一般在恢复初期即可发挥作用。但其他一些项目，尤其是与物种的保育和生物多样性维持相关的功能项目，往往必须待系统结构完善到一定程度才能开始发挥作用。与环境调节相关的项目，在恢复初期虽也能起到一定作用，但调节能力极差，也需随系统结构的逐步完善而增强。在生态恢复过程的初期，能够发挥作用的生态系统服务功能项目较少，随着恢复进程的延长，各类项目逐次参与进来，到恢复后期，形成多项服务功能综合发挥作用的格局。因而，生态恢复的过程也是生态系统服务功能项目由单一到综合，服务面逐渐扩展的过程。

2. 恢复过程的主要阶段

生态系统的结构决定着生态系统服务功能的内涵、服务的水平和状态。生态系统结构恢复的每一阶段也相应地有与其他阶段有差别的服务功能状态。从总体看，在生态恢复过程中，生态系统服务功能的恢复一般可分为五个阶段：

(1)退化过程终止阶段。在人类采取生态恢复措施后，原来的退化过程并不能立即停止，需要在干扰破坏因素消失后经历一段时间来使退化过程终止，并开始新的恢复系统的重建。此时原来残存的已退化生态系统的片段，其主要生态服务功能就是加快退化终止的过程。并不是所有类型的生态恢复都有此阶段，尤其是人类引入建群种或先锋种的恢复过程一般不经过这个阶段。

(2)服务功能蓄势阶段。在生态恢复的初期，系统的结构尚未成型，进入的物种或稀疏，或弱小，或两者皆有。此时生态系统还很脆弱，与环境关系还很不谐调，其内部处于迅速生长、激烈竞争和关系调整状态，其生态服务功能虽然已能有所发挥，但真正能向人类输出的物质量和价值量均不足，可持续性也差。人类对处于此阶段的生态系统，应给予保护，甚至投入适当的能量和物质，而不应过早地进行经营性利用。

(3)主体服务功能发挥阶段。随着系统结构的逐步完善和稳定，系统的主体服务功能，即符合人类在制定恢复计划时确定的主要恢复目标的主导性服务功能的物质量和价值量也逐步增加。当系统的主体结构基本成型时，其主体服务功能的量和可持续性也基本达到或接近人类期望的程度，但其他服务项目则多数处于蓄势状态。在有些生态恢复类型中，其主体服务功能并不只是一项，而是若干项共同组成主体功能，如山地水源涵养体系，其水源涵养和控制侵蚀功能是等同的。

(4)综合服务功能发挥阶段。随着主体服务功能的持续，系统的其他服务功能也逐步养成，达到一个综合性的服务功能发挥阶段。例如，山地的水源涵养植被体系，到一定年限，过熟木可择伐生产木材，有经济价值的动植物的储备量也可承载一定的输出，由于形成了良好的小环境，其改良土壤、物种及多样性保护等服务功能也得以良好发挥。此阶段的出现与否与恢复类型有关。

精神层面的生态服务功能在生态恢复的各阶段都有可能对人产生共鸣，对这类服务功能的感知主要受人的年龄、素养、观念以及与相关生态系统接触的方式和时间长短等因素决定。因而精神层面的生态服务功能从恢复初始就可能产生，在其后的各阶段也会发生变化，但这种功能的作用及其变化因人而异。

(5)持续稳定阶段。当系统结构恢复到成熟或顶级阶段时，其各项生态服务功能也以物质量或价值量的较稳定比率持续发挥其最佳作用，可持续性也基本达到人类的期望，为人类提供与其承载能力相当的服务。使其真正能够持久甚至永续的关键在于人类获取这些服务应限于系统承载能力的范围内。对任何一项生态系统服务功能的过度利用都有可能导致系统整体服务功能下降，甚至结构破坏，发生新的退化。即使是精神层面的服务功能，如将其作为资源开发旅游，固然是不直接破坏植被而又能获取经济效益的一种途径，但如果经营无秩序，经营者和游客过于密集，也会因践踏、噪声、废弃物污染等给旅游景观和生物环境带来不良影响，甚至导致局部生态系统退化。因此，为使良好的生态服务功能能够长期持续稳定，对已恢复到人类期望状态的生态系统，施加持续的适度管理是必要的。

如同生态系统结构的恢复一样，服务功能的恢复过程也是连续的，在各阶段之间实际上难以找到明确的界限，且不同的服务功能项目进入同一阶段的时间也并非完全一致。

第 6 章　植被恢复

在我国植树造林工作一直是政府工作的重点之一，50 多年来植树造林所覆盖的范围很广，涉及的人和单位很多，以致我国被誉为世界种树最多的国家。但是经过了这么多年，生态退化仍令人头痛和抱怨。近几十年来，由于人类活动的影响，植被被大规模的破坏和消失，导致了一系列的环境失调问题。全球生物多样性在不断丧失，生态系统在逐渐退化，人类生存和发展的自然基础受到了极大威胁。频繁发生的洪涝、干旱、虫灾、泥石流等恶性灾害接踵而至、地下水位下降、生物多样性锐减、土壤沙化和贫瘠都在不断地促使我们反思，我们的植被恢复工作在什么地方做得不够？为什么不能达到我们所希望的效果？本章主要介绍植被恢复的一些问题，为我们以后的恢复工作给予提示和方向。

6.1　植被恢复的误区

当我们看到一片片面积广大、物种构成单一、树龄及高矮整齐划一且十分密集、树下又缺乏中间灌木层和地表植被、动物种类特别匮乏、生态服务功能和生物多样性水平极其低下的“绿色沙漠”的人工林占领了大大小小刚退耕还林的山坡堤岸的时候，不得不思考有关生态保护和建设的问题，特别是植被恢复的误区都有哪些？

6.1.1　大量使用外来物种

我们知道，生态系统是由生物物体及其生存环境所构成的相互作用的动态复合体。生态系统是经过成百上千年的长期进化而形成的。其中生存的动物和植物不仅适应了当地的自然地理气候条件，而且更重要的是物种之间形成了很复杂的相互作用的关系，也正是这些关系使得这个生态系统成为一个稳定的和能够自我维持的体系。因此，一个生态系统中的物种组成和比例绝不是随意的，只有在这样的比例下动植物才能更好地生活繁衍。

外来物种是指在这个原有的生态系统中并没有这个物种的存在，它是借助人类活动越过不能自然逾越的空间障碍而进来的。在自然情况下，自然或地理条件构成了物种迁移的障碍，依靠物种的自然扩散能力进入一个新的生态系统是相当困难的。但是现在人类有意或无意的活动却使物种的迁移越来越频繁。如果这些外来种在新的生态系统中能够立住脚，能够自行繁殖和扩散，而且对当地的生态系统和景观造成了明显的改变，它们就变成外来入侵种。

原产于澳大利亚的桉树是经常被大量引种的外来物种之一，却屡屡引起诸如土壤贫瘠、地下水位下降和生物多样性降低等严重的生态问题；薇甘菊（*Mikania micrantha*）这个物种在 20 世纪 60 年代首先被引入到印尼，主要是为绿化垃圾填埋场或不毛之地。现在危害印尼、菲律宾、马来西亚和泰国等。20 年前被作为护滩植物引入我国，现在在香港、广东、广西危害，并正在扩散。而在南美洲当地，该植物有多达 160 多种昆虫和菌类控制其数量，因此难以形成危害。

经常有人问为什么四大家鱼也成了外来物种，它们不是我国土生土长的物种吗？是的，四大家鱼在中国南方地区是当地的土著物种，但如果它们被引入云南、青海、新疆等高海拔地区的水域中，它们就成了外来物种。云南高海拔水域中生物多样性减少的最主要原因就是外来鱼种的入侵。

外来入侵种是引起生态系统破坏的原因。外来入侵种的最主要危害是采用各种方式杀死或排挤当地土著植物物种。依靠当地植物生存的动物也就紧跟着大量减少，引起生态系统中物种的单一化，从而导致很多相应的生态问题，包括火灾、虫灾、水土流失以及当地特有生物资源丧失等。最麻烦的是，外来物种的入侵却没有代入相应的天敌，因此就失去人类的控制，肆无忌惮的生长，人们常常是想尽所有办法，诸如人工拔除、天敌控制、化学农药等都无法将其去除，甚至是无法限制其继续扩展。人类的努力常常反而助长外来入侵种的扩展，因为采取的控制方法常常是以对生态系统的进一步破坏为代价，而破坏后的地方更有利于这些外来入侵种的滋长。

大自然具有很强的恢复能力，大多数情况下，人类需要的是减少对生态系统的干扰，采取适当的措施控制火灾、虫灾和杂草，自然界所具有的顽强能力，将逐渐恢复并实现生态系统的各种功能。不过除了自然恢复以外，我们还可以采用生态恢复的方法。生态恢复的方法有物种框架方法和最大多样性方法。物种框架方法是指建立一个或一群物种，作为恢复生态系统的基本框架。这些物种通常是植物群落中的演替早期阶段（或称先锋）物种或演替中期阶段物种。这个方法的优点是只涉及一个（或少数几个）物种的种植，生态系统的演替和维持依赖于当地的种源（或称“基因池”）来增加物种和生命，并实现生物多样性。例如保护区的局部退化地区恢复，或在现存天然斑块之间建立联系和通道时采用。最大多样性方法是尽可能地按照该生态系统退化以前的物种组成及多样性水平种植物种进行恢复，需要大量种植演替成熟阶段的物种，先锋物种被忽略。这种方法适合于小区域高强度人工管理的地区，例如城市地区和农业区的人口聚集区。这种方法要求高强度的人工管理和维护，因为很多演替成熟阶段的物种生长慢，而且经常需要补植大量植物，因此需要的人工比较多。

6.1.2　忽略了物种之间的生态交互作用

一个生态系统之所以具有自我更新和维持的能力，因为其中的物种之间存在着紧密的交互作用关系，物种间的这些交互作用关系是维持生态系统健康的基础。

控制病虫害的天敌动物，控制着蚕食植被或引起疾病的生物的数量，使生态系统不会因为某种昆虫的过度繁殖而导致生态系统崩溃；大多数植物的种子得以传播、扩散，甚至有的是生根发芽，依赖的是传播种子的媒介动物；枯枝落叶和倒下的树木，养活了许多动物，特别是土壤动物和微生物；分解枯枝落叶，加速土壤营养循环的动物，对维持生态系统内的正常营养循环，起着重要的作用。

树木和其他植物没有授粉或传播种子的媒介就不能繁殖和扩散。在热带和亚热带地区最重要的种子传播者包括哺乳动物中的果蝠、猕猴、长臂猿和灵猫，鸟类中的拟啄木鸟、犀鸟、鸽子、阔嘴鸟、乌鸦、鹟、夜莺、绣眼鸟、噪鹛、鹛和啄花鸟等。昆虫的传粉，对大多数植物的繁衍具有重要作用;一些动物采食果实,种子随粪便得以传播。其他的,例如采食针叶树种子的鸟类,在食物采集期间偶然地传播种子。灵长类、雉类、鸽子和果蝠用这种方法传播大型果实,夜莺和画眉等小型鸟类则传播浆果类小种子。这些都可以显著地加快植被的自然扩展。因此应该保护野生动物,充分发挥它们作为授粉和种子传播媒介的作用。

很多人认为,枯枝落叶是生态系统的废弃物,可有可无,认为从森林中取走不会对生态系统带来不良影响。这实际上是不正确的作法。把枯枝落叶从森林中取走用作烧柴,常常造成生态系统演化的停滞或退化。同样将城市中的枯枝落叶扫走,也损害了生态系统的正常营养循环和健康。朽木与枯枝落叶对森林的功能与恢复非常重要。①落叶对地表的覆盖可以减少地表被太阳直射,减少雨水的冲刷,保持地表湿润,冷的时候增加土壤温度,热的时候降低土壤温度。②落叶的覆盖为地面动物的生存提供了条件,增加了动物的数量和活动。这些动物(包括很小的无脊椎动物和微生物)的活动,促进了土壤的改良,加速了生态系统的物质循环。枯枝落叶覆盖的地方生命活动十分复杂而且多样。它们是生态系统的重要组成部分,充满生机,发挥着十分重要的生态功能。③森林中的营养循环与能量流动主要依赖于朽木与枯枝落叶。枯枝落叶是植物将生长过程中从土壤和空气中吸收的营养,光合作用形成的碳水化合物返回到土壤中的必经之路。如果没有这个过程,土壤中的肥力会逐渐消耗殆尽。④倒木通常含有高比例的碳、氮与磷和矿质元素,如钾、钙、镁与钠。倒木上的菌类可固氮。树木的种子以及蕨类和苔藓的孢子在腐烂的倒木上得以发芽,倒木也可以为幼苗提供营养和水分,倒木上存在的不利于苗木存活的病原菌要比林地少。许多微生物、无脊椎动物、两栖类、爬行类、鸟类和哺乳类要靠倒木提供隐蔽处和食物。这将有助于控制森林害虫,并进一步促进生态系统的恢复。人工清除倒木将降低森林的土壤肥力和生态功能。

植被恢复初期选择种植具有大量小型果实的灌木或其他小型植物,如悬钩子(Rubus)和花楸(Sorbus)等,以吸引野生动植物来采食嫩叶、花卉或果实。如果只种植长青的松柏和万年青等,鸟类和其他动物将很难在这种环境中生存。而且必须考虑到野生动植物之间的相互关系,采取适当的方法促进建立这种良好的关系,应该被认为是植被恢复的必须步骤。而且可以利用物种之间的这种关系,来加快植被的恢复工作。

6.1.3 忽略了健康生态系统要求的异质性

天然的生态系统具有多种多样的异质性(或称多样性),这包括物种组成上的异质性、年龄结构上的异质性、空间结构上的异质性以及资源利用上的异质性等等。这些异质性为多种动植物的生存提供了各种机会和条件,因此利于提高生物多样性水平。而人工林的建设过程中却忽略了天然林对异质性的要求,所形成人工林的特点就是均一。这些异质性为多种动植物的生存提供了各种机会和条件,因此利于提高生物多样性水平。

人工林常是单一物种,其年龄结构也相同,整齐划一,还成行成列等间距地排列。这样形成的树林,树木之间难以形成自然竞争,更难以形成高低错落、层次丰富的结构。这些树木长大后,树冠层一样高,很容易阻挡大部分阳光,限制林下其他植物的生长。过去的50年我国一直很重视植被的恢复工作,植被覆盖率从50年前的8.6%上升到2000年的16.55%。现在有退耕还林、天然林保护以及防治沙漠化等工程积极地在我国大范围内开展。毫无疑问,这个覆盖率还会增加。然而其中大部分是人工林,这样就会导致“绿色沙漠”的出现。“绿色沙漠”是指大面积的树林,其构成树木种类单一,年龄和高矮比较接近,十分密集,林下缺乏中间的灌木层和地表植被。从外表上看,这些恢复起来的植被覆盖很好,曾经被视为我国植被恢复成功的典范,但实际上却是“绿色沙漠”的例证。事实上,“绿色沙漠”现象在我国并不少见,反而是十分普遍的现象,而且这种现象随着人工林面积的增加,也日益严重。

而天然林是树龄交错的,总有发育良好的树苗和补充树层,以及成熟树木,这使得森林系统具有自我维持的能力。不同的动物常常需要生活在不同的空间结构层次上,不同的鸟类可能生活在树冠层、中层乔木、接近地面的灌木,或者地面上。植物也有喜光、耐荫等多种类型,耐荫的植物必须要有上层植物遮挡阳光才能生存。

天然生态系统的这些异质性,在自身演替过程的不同阶段会有所变化。例如幼年林,由于树冠层还不丰满,往往有大量光线透射到地面,林下植被生长旺盛,而且种类多样。而成熟林的树冠层郁闭度好,限制了林下植被的生长,所以林下植被不如幼年林丰富而层次多样。因此同一片天然植被,成熟林和幼年林中的植物物种组成和数量是有变化的,其中生活的动物类群和数量也有很大不同。

6.1.4　忽略了农业区的植被恢复

我国典型的农业生产方式是大面积连绵不断的农田,频繁的虫害,使农业依赖于杀虫剂,土壤营养只是消耗而没有返回,使农业依赖于化肥。如今农业区成为生物多样性扩展和连通的重要障碍。动植物很难跨越这么大的空间范围,找不到可以栖息的天然植被、水源和食物。化肥和农药也已经成为当地野生动植物的致命威胁。

我们还不得不承认,农业区的土壤退化和沙化已经是北方沙漠化的重要成因。北方的农田是沙尘的重要来源。根据《2002 年中国人类发展报告》,我国东北的黑土层估计会在 50 年内消失。黑龙江和吉林是我国重要的谷物生产基地,总面积为 117 800 km^2,每年产大约 10^7 t 日用谷物。该地区的水土流失已经威胁到 38% 的总土地面积,每年上层土壤平均流失 0.3 ~ 1 cm。50 年代,黑土层深度为 60 ~ 70 cm,现在一半以上已经消失。由于天然肥力降低,估计每年造成的经济损失在 5 千万到 1 亿美元。另外还导致生态恶化和更频繁的洪水、干旱和沙尘暴。

当务之急不仅要尽快停止开垦新的农田,现存的农业区也要加强植被的恢复和保持工作。方法有:①在农业区保留镶嵌的天然植被。农业区的天然植被可以养育天敌动物来帮助控制农业害虫;②沿堤坝、路边或农村未使用的地块,种植当地树木亦可缓解当地对燃料的需求,减少对天然植被的压力;③在农业区保留当地天然植被带或斑块,以供作为控制害虫和授粉媒介的野生动植物所用。这样既可以改进水文,为农作物提供庇荫和防风沙保护,还可保护生物多样性及其景观价值;④农业区的天然植被可以为当地畜禽提供遮荫和保护,能够提高畜禽产量。将溪流两岸的植被恢复,可以作为控制鼠害的一种策略。

另外保持天然植被的这种连通性对物种的保护具有十分重要的意义。世界自然基金会曾经在西双版纳做过一个实验。傣族聚集区有一种习俗是在住家附近保留一些天然植被,供奉为“龙山”。这些天然植被的面积小的有几公顷,大的到数百公顷。对这些大小不同的“龙山”的研究发现,天然植被面积越大,其中生存的鸟的种类越多。

由此可以看出,植被斑块的连通性对维持当地的物种生存、数量和多样性具有重要作用。农业区中的天然植被在很大程度上起着这种重要的连通作用，对于物种的迁移、停留和扩展发挥着关键作用。因此应在农业区加强天然植被的恢复工作，这些恢复起来的天然植被可以成为重要物种的停留地，而且对农业的防沙治沙，保持水土，减少对杀虫剂的依赖等都有很大的好处。

6.1.5 对当地濒危物种的需要缺乏考虑

植被恢复应使用的物种和恢复的规模应根据当地动植物的需要进行考虑。濒危动植物的保护是当前自然保护的重要目标之一。如果从当地濒危物种的需要去考虑选择适当的物种和适当的方法，一方面极大地有利于当地其他物种的保护和恢复，另一方面也可以有利于这些濒危物种的生存。

有些濒危物种具有特定的生态需求。例如，热带的食果实动物，如长臂猿，需要封闭的林冠才能够在其家园范围穿梭，才能采食不同果树上的果实。这些树木结果的时间应该是交错的，才能保证长臂猿一年四季都可以找到食物。但是这只有在相当复杂的、种类丰富的常绿森林中才有可能。长臂猿无法在人工纯林或没有食物（如无花果）的森林里生存。同样，食肉动物也不能居住在孤立的小森林里，因为这里没有足够大的捕食基地可以养活一个能自我维持的种群。迁徙水禽的生存需要恢复重要途径地的湿地植被。因此，要种植可以用作野生动植物栖息地的森林，必须考虑栖息地斑块的大小和物种混合的程度。大熊猫生长分布的状况，显示栖息地的分割状况。

连通性原则是非常重要的。2002 年《科学》（Science）中的《变化景观中的大熊猫》（Giant Panda in Changing Landscape）。作者提出大熊猫栖息地存在的重大问题之一是植被破坏造成的种群隔离，使位于不同栖息地的大熊猫之间很难进行基因交流，因此造成近亲繁殖而最终导致种群衰退。目前我国的禁伐令、退耕还林、天然林保护工程和自然保护区等措施，为大熊猫的生存提供了一个很好的环境，大熊猫的栖息地可能将得到很大程度的改善和提高。那么在这些地区进行植被恢复的时候应积极考虑到，如何有利于实现这些分割的斑块之间的连通性应该成为保护工作者的工作重点。这些地区应该使用什么物种，如果还是种植外来物种（日本落叶松和桉树），或其他的单一经济作物等，实际上对大熊猫的保护是没有什么好处的。

我国几乎所有地方都有一定数量的濒危物种存在，各个地区在进行植被恢复的时候，需要根据当地的生态情况和濒危物种的需求进行考虑。

6.1.6 覆盖率常被用作唯一的评估标准

我们需要有一定的指标进行衡量植被恢复工作是否成功，同时我们还需要了解正在进行的植被恢复工作是否按照我们预计的目标进行。这些目标包括环境效益、生物多样性保护以及经济可持续能力等。监测将有利于随着情况的变化，相应地调节管理措施。因此在植被恢复过程中的监测工作也是十分重要的。但长期以来我们常常把植被的覆盖率作为植被恢复是否成功的唯一标准。事实证明这是十分错误的。

一个生态系统是否健康需要有许多评价标准，不是从表面看到的郁郁葱葱，要到到树林中看看，才知道这是一片极不健康的森林。林下植物种类贫乏或根本没有。可以想象这样的森林在雨季能够储存多少水分，在旱季又能释放出多少水分，它对当地的生物多样性能够有多少贡献。经过这样思考后,我们还能认为这样的森林有多么成功吗?

一个地区的植被恢复怎么样才能算是成功的呢?

水土保持是主要目标时,监测体系显然应该强调植被在水土保持中的有效性。这包括测量干湿两季水的径流量变化,以及水流中沉积物的含量。有效降水量系数是重要指标,它度量了渗入中底层土壤中的降水量,反映了土壤吸收水分的能力。

另一种方法是监测生态过程。例如养分和能量的流动,分解率和生产率,以及生态系统中的主要生态功能群体(分解者、草食者、种子传播者、食肉动物等)的丰富度,关键种以及被保护的特殊物种的种群数量(濒危物种、野生亲缘种、昆虫生物群落等)也都是重要的指标。

监测生态完整性也很重要。生物多样性是一个很好的指标,因为它代表了一个地区的生态系统是否健康以及它的发展方向。物种多样性(或者说物种的种类数量)是指标之一,当然这个指标要谨慎使用,一方面,物种种数并不一定与生态系统的健康状况成正比,而且因为有的人认为外来入侵种也是增加了当地的物种数量。生态系统本身的结构变化,不同林层优势种的组成,以及优势种的均匀度是生态完整性的重要组成部分。

6.1.7　城市绿化忽略了植被的生态功能

城市中的花园、公园和绿地,过于强调观赏性而忽略其生态价值,大量种植一年种一次的花卉、四季常绿物种(松柏和万年青等),却没有考虑到能否养育当地的各种动物,种植的这些植物究竟对这个地区有多少生态方面的价值,这样的植被能否不依赖于人类的帮助正常生长,并给人类带来好处。

城市因为高密度人口和钢筋水泥的建筑,已经使城市的人们对自己的生活环境没有太高的要求。难道城市中就不能有天然的植被吗?当然不是。有人问,城市中就这么大点地方,也要恢复成天然植被,是否要求太过分了,而且能否实现也是问题。很多人已经厌倦了城市的环境,但大部分人仍然不得不生活在城市里。我们能为改善我们的城市环境做些什么呢?

除了降低污染源外,改善城市的生态状况是提高城市人们生活质量的最好方法。这要求我们在进行城市绿化的时候以实现城市植被的完整生态功能为主要目标。

植被的基本生态功能包括:

(1)自我更新的能力,或者说我们恢复起来的植被应该可以不依赖或最低程度地依赖于人类的帮助。这些植被必须要适应当地环境,包括对水分、土壤、温度等的适应,需要有能力繁殖和扩散,病虫害能够有足够的天敌进行控制,营养能够得到正常循环等。一条钻进旅游鞋里休息的小鱼,在不经意间也成了“嗜鞋族”。向海里扔东西,本是不文明行为。但居然就有小生物巧妙地把它变成自己的家园。可见我们可以有意识地为生物提供藏身、休息和栖息的环境,有利于更多种类和数量的生物生存。

(2)水土保持的功能。这除了高大的树木外,需要加强地表灌木抚育。大家不太重视灌木和地表植被,实际上灌木和地表植被在水土保持、隔离噪声,为小鸟和其他动物提供食物等方面具有十分重要的作用。

(3)养育当地动植物的能力。充分考虑当地动植物的需要,种植动物能够采食和栖息的植物,这是我们经常种植的常绿树种,例如松树和万年青等,所不能提供的。种植多样的植物，以满足不同动物的需求。还需要为动物提供水源和适宜的栖息场所。周围的陆地也需要保持良好的植被，使水中和陆地植被连成一体，其交接处将形成生物最丰富的地方，人类的活动应适当远离这些地区。可以设立适合于天然环境且比较隐蔽的观赏小径和小桥，使之成为城市人观察和欣赏野生动植物四季变化，郊游休闲和宣传保护教育的重要去处。

总之，城市中，城市的绿化应该以恢复自然生态为主要目标，应该把非自然的展示降到最低程度。

我国的园林部门除了发展各种观赏植物，也应该从改善城市植被的生态功能出发，充分重视城市自然生态的研究和恢复。建立充满生机的人工池塘是实现城市生态环境改良的一个重要部分，让我们的公园生长的是当地天然的植被，让这些植被除了美观以外，能够给我们生活在城市的人们提供更多的服务：新鲜的空气、干净的地下水、更小的噪音和更少的污染。

6.2 植被恢复的基本原则

1. 提倡使用当地物种，最大限度降低地对外来物种的依赖

当地物种经过数千年的进化，已经适应了当地的各种条件。生态系统中的不同物种对资源的利用是相互关联的；共享生态系统的不同物种对资源的利用有着错综复杂的平衡。任何在当地条件下生存下来的外来物种，都有可能打破这种平衡，直接杀死当地植物或者与当地植物争夺空间和养分。当地植物种群大量减少的时候，依赖当地植物提供适宜的食物和栖息地的许多其他物种（例如鸟类、哺乳类、无脊椎动物和菌类）也将减少甚至消失。这种格局将降低生态系统抵御病虫害暴发的能力。

外来物种的危害前面已经讲述，需要注意的是，“当地”不是一个行政范围概念。中国拥有许多不同的生物群系，在中国分布的大多数物种并非自然地分布于全国范围。当地物种是自然生长在特定的生物地理区域中的物种；不是所有在中国分布的物种在中国任何一个特定位置都是“当地的”。

2. 用植被覆盖裸露地表

没有植被覆盖的最严重退化的土地是导致大量土壤流失，继而造成水灾、蓄水量减少、流沙的原因之一。这些土地需要采取紧急措施来恢复植被覆盖。

大多数情况下不可能直接将裸露的土地恢复为顶极植被。首先需要利用建群或先锋植物来稳定和覆盖地表。其在热带地区可以是生长迅速的树木，如血桐属 *Macaranga*，而在温带地区则可能是草和灌木，尽管先锋树种（如松树和桦树）在演替的早期可能建立起来。

沙漠绿洲和半干旱地区，农田防护林网也有助于控制沙暴，缓和当地的气候和防止盐碱化。在干旱地区这样的森林有助于农业持续获得高产。与沙漠和风蚀地毗连的土地，最可能受到移动沙丘和沙暴的破坏。而这些地区的森林带则起到了保护作用。在乌兰布和沙漠北部边缘、甘肃走廊绿洲边缘、柴达木盆地以及新疆维吾尔自治区建造的大规模风沙防护林，起到了保护绿洲和控制移动沙丘的作用。

其他沙漠和半沙漠地区则很难进行植被恢复。但是通常在沙下有土壤沉积和低位地下水。这种条件适合极耐旱的灌木和草本植物生长。通过封闭草地来恢复天然植被，是保

护绿洲和改善沙质地区环境条件的重要措施。

全国各地由于山崩、沟蚀和工程建设会使土地裸露。这些根本没有植被覆盖的小地区是当地土壤流失以及水系中土壤沉积的重要原因,应该制订专门的计划来治理这些裸地。

某些情况下必须采取工程建设方法来稳定地表。任何情况的裸露区域都应该马上播种,建立植被覆盖。

治理裸地的理想植物是生长迅速的本地杂草,尤其是那些植根于疏松石质土壤中,底层结合在一起的植物。形成草皮的草、匍匐植物(悬钩子 *Rubus*)以及建群灌木(接骨木 *Sambuccus* 和醉鱼草 *Buddleia*)是中国大部分温带地区极好的植被覆盖。通常农田的入侵性杂草是最成功的建群种类,可以很快在裸露地表最先形成植被。

3. 以实现适宜的顶极植被为目的

在恢复植被时,应考虑到所在地带的自然顶极植被类型,才能形成最适合的可持续植被。恢复的植被在成熟后应该在结构和功能上与指定地区的当地植被相同。这就要求恢复与天然生态系统近似的物种组成。

天然植被可以使水分最有效地渗透到土壤中,利于水土保持。恢复退化景观的目的应该是尽可能地再造原始的、天然的植被类型(即森林、灌木林、草原)。生态系统成分的任何改变,都会改变并常常是削弱原始生态系统的功能。中国高原地区的天然植被是草原和灌丛,种植柳树、杨树或其他的树木是不符合科学原理的。这种情况下,最好的方法是用良好配比的当地草和灌木物种,将这些土地恢复到退化以前的样子。

恢复后的植被必须要具备具有充分代表性的各个林层,这些林层可以包括灌木和竹丛层,草本植物和苔藓层,以及落叶层。

顶极生物群落的特征是不仅有林冠植被而且有林下层。我国许多地方,天然林的林冠层以针叶树占优势,但是通常总是由阔叶树或竹子组成的林下层。为此生态恢复的时候,应当保证新的森林拥有上下两层的物种。应该制订计划采集野生种子并建立必要的苗圃。顶极树种可能需要在树荫下和避风处生长。

在进行植被恢复时,应该在森林中形成厚厚的落叶层、苔藓层、竹林层或浓密的地表植被。人工林因为林下太暗,自然抑制下层植被生长,其保护土壤和水分的能力通常也较差。树根暴露在外,清楚地表明水土流失严重,许多人工林的结构都需要进行改良。中国的温带森林中通常很少或已经没有原始生态系统。

在暖温带,人类对各种类型的落叶林的破坏极其严重。现在大多数所谓的原始生态系统在皆伐之后,目前仍未发育成熟。而只有当这样的准顶极森林出现在与原始落叶阔叶林相似的纬度和条件下时,我们才可以基本确定其原始的森林类型。

热带的顶极群系更加复杂,需要长得多的时间才能形成。据计重建亚热带阔叶林的正常演替时间大约需 100 年,而热带半常绿森林则约为 1 000 年。在靠近热带和亚热带之间的气候交错地带,持续的干扰会使正在恢复的半常绿热带林选择较短的演替途径,从而发展为亚热带森林类型。

一年生物种占优势的天然草地能够较快的达到顶极状态。其物种的种子扩散能力很强,每年都可以侵入到临近适宜地区。多年的或木质的植被的发育过程中常会受到火烧、放牧、季节性水灾,或自然和土壤条件的影响。这些草原处于高度动态状态,这些因素的任何改变,都会使草原生物群落的类型发生显著变化。

有时生态系统是“建设”起来用来恢复某些天然生态系统功能的。这种“优化”的人工生态系统有时被认为是生态工程,可以用来测试某些生态理论。它们按照生态学原理来模拟天然生态系统结构。不幸的是,这种方法实施起来极其困难,而且也没有足够的科学理论予以支持。优化人工生态系统的目的与经济农业管理、区域行政管理和森林恢复不同。要取得成功,人工生态系统需要各种组成成分之间,以及与环境之间密切协调。

4. 提高异质性,遵循自然演替途径

由于人类干扰,中国大部分土地已经从顶极生态系统退化到了各种不同的演替阶段。植物群落的演替是长期的过程。但在人类持续干扰下,植被始终停留在早期阶段,甚至进一步退化。例如:开垦为农田的森林,在肥力丧失、水土流失之后,可能退化为裸地。

应该避免单一树种栽培,重建植被也应该保留一定程度的空隙,以利于顶极生态系统的形成。森林应该是各种年龄交错的,唯此才有发育良好的幼树和补充树层。应该保护经济林下的土壤,以防止雨水冲刷。最好的方法是培育合适的林下层和枯枝落叶层。

四川森林20世纪40年代末,生境严重退化。50年代后期,飞播云南松种子和封山育林取得成功。监测显示,3年后全部封山育林的裸地植被覆盖率超过30%,高度达50cm。当针叶树长起来后,却没有及时采取措施使它们按照自然规律演替。地面被难以分解的厚厚的松叶层所覆盖,地表没有腐殖质。植被覆盖差,极度干燥,非常容易发生火灾。加上云南松含有树脂,更易助长火势。对改善土壤质量和促进营养循环十分重要的土壤无脊椎动物,以及其他动植物均难以生存。这种云南松林的水分保持和过滤等生态功能非常有限。而如此大规模的人工纯林就相当于“绿色沙漠”,基本没有生物多样性可言。

5. 优先保护现有天然生态系统

恢复中国天然植被的最重要步骤是保护那些拥有最高生态完整性的残存生态系统。它们是天然生态系统如何发挥作用的最佳范例,也为退化地区植被恢复提供了必须的动植物和微生物的来源。

完整的天然生态系统还在缓和气候、提供水资源、防洪以及水力发电等方面发挥着最佳的生态功能。

富饶的天然栖息地不仅具有最佳的生态功能,而且具有更多的价值,包括提供宝贵的生物多样性产品、生态旅游的机会、防止火灾、虫害传播的天然控制手段。

中国现在的自然保护区系统在某种程度上达到了一定的保护目的,但仍然有许多问题。有一些生态系统没有被充分纳入自然保护区系统(例如低地沿海平原的落叶林)。其他的生态系统名义上得到了保护,但仍在遭受不间断地开发和破坏。

应该系统地规划中国的保护区系统,使其覆盖所有类型的天然植被。还需要加强对这个系统的管理,确保生态系统的完整性,并使其功能得到保持和恢复。真正的自然保护区不应该是狩猎、捕鱼、采集、采伐或放牧的地方。未受干扰的溪流和江河对于周围生态系统的功能也很重要。确保保护区管理的目的是保护生物多样性。自然保护包括防止陆地和水生生境受到破坏,禁止采集野生物种。这要求全面提高大众的自然保护意识和能力。

6. 恢复植被中物种之间的生态交互作用

天然林有富含土壤生物(蚯蚓、跳虫、蚂蚁、白蚁、穴居蜥蜴与哺乳动物等等)的生物区系,从而增加了土壤层的空气流通,提高了土壤的渗透性与肥力。经济林地面有时由于土壤板结,可以渗入的水很少,而草本植被可以改善这种情况。此外,深根和浅根树木相结合增强了水的渗透力,使其可以浸入到土壤和下层岩石中。农民常清除树下的杂草,因为他们认为杂草会与树木争夺水肥,但是这样做的结果却增加了水土流失。事实上,草本植物对树木的负面影响很小,有些种类,特别是豆类,可以通过固氮作用来增加营养。

发展生态林业需要了解森林中动物所起的多样而复杂的作用,例如作为种子传播者和授粉者,被其他生物所使用的树洞凿洞者,或者控制害虫传播的媒介等。了解不同物种的需要就可以采取简单的森林治理措施,来加速自然再生过程。

腐烂植物(倒木和落叶)为作为食物链重要组成部分的菌类和小动物提供重要的物质基础。不要从正在恢复的生态系统中清除腐朽的林木和植被。朽木与枯枝落叶对森林的功能与恢复前面已经叙述过。

树木和其他植物没有授粉或传播种子的媒介就不能繁殖和扩散。应该保护野生动物,充分发挥它们作为授粉和种子传播媒介的作用。例如灵长类、雉类和鸽子用这种方法传播顶极树木的大型果实,热带的果蝠传播大型种子,夜莺和画眉等小型鸟类则传播浆果类小种子。采食针叶树种子的鸟类,在食物采集期间偶然地传播种子。这些都可以显著地加快木质植被的自然扩展。

维持森林植被尽可能多的连通性是非常重要的,这样利于野生动植物种群之间的遗传交换,以及帮助物种扩展到新的林区。森林中的物种种类越多,森林在生态上就会越强壮,也就越可能实现自我维持。

7. 通过封山育林育草扩展天然生态系统

"自然恢复"就是无需人工协助,只是依靠自然演替来恢复已退化的生态系统。封山育林是自然恢复的典型方法。封闭森林或草原不受人类活动的影响,就能加强自然更新。例如完全封闭,或者实行轮作制度来限制放牧,或按照土地的承载能力控制放牧强度。封闭退化森林有以下优点:保护珍稀物种和增加森林的稳定性,缩短实现森林覆盖所需的时间。在封闭条件下,我南部森林可在 8 ~ 10 年后恢复,而北部和西南高山区要 10 ~ 15 年。

让森林自然再生还有投资小、效益高的优点。人工造林每公顷的费用通常高于封山育林的费用;然而在保持水土、控制和改善微气候、保护生物多样性和维持大气平衡方面,人工林要比封闭森林逊色得多。

在恢复植被和生态保持方面,重要的是要建立更多自然保护区,在重点地区严格贯彻保护措施。例如海岸带、江河源头地区(高山湖泊和溪流)、具保水海绵功效的森林地带(森林的核心地区)和饮用水水源区(水库)等。

并不总是需要建造围栏来封闭土地,但需要建立法规来严格禁止采伐、樵采、焚烧植被和放牧家畜。有蹄类动物可能吃掉幼树和其他植物,阻止其再生。有蹄类动物踏出的小径会发展成侵蚀沟壑,使表层土壤松散,大雨时则会被冲走。这样的动物应该限制在牧场或围场中。有些时候可以允许在封闭森林中有控制地采割牧草作为饲料。

封山之后植被、物种多样性和地表生物量都会明显增加。树木的自然再生对森林的恢复也很重要。灌木和矮灌木林生态系统中时常散生着树木或幼苗,在被保护条件下将逐渐成熟。

自然再生的森林区域,通常有多物种组分和由林冠层、林下灌木层和草本层组成的垂直结构。它们通常有大量朽木和枯枝落叶,这有利于改善林地条件,并促进其进一步恢复。

草原对封闭的反应也很好。"退耕还林还草"是中国西部大开发战略计划的重要措施。

8. 按照土地利用的主要目的分区

并不是所有陆地都有生态系统恢复的优先权。中国的大部分土地处在对食物、木材、草料和燃料能源等的需求压力下，需要根据优先权和条件进行适当分区。

（1）经济区：在距离江河和完整的天然生态系统甚远的地区，经济林可以占主要地位。然而，其间需要镶嵌地恢复天然植被斑块，作为防治害虫和控制火灾的屏障，流失土壤的拦截地，和当地生物多样性的避难所。还需要在现有天然植被斑块之间建立连通（走廊）。经济作物应该大都是当地物种，每个物种不应该连续覆盖非常大的面积。应为农民提供适宜的农林业技术资料和培训。在经济区，还可以激励种植具有较高稳定和丰富土壤肥力的植物，增强保持土壤水分，以及固着大气中碳的能力，同时满足市场需求。这些地区的当地人至少需要政府5年的支持，然后才能依靠土地获取可持续的收入。

（2）生态区：对调整中国主要江河水流量和改善水质最关键，对保持生物多样性最重要的地区，政府必须提供合理的长期资助（至少30年）来减轻对当地经济收益的压力。目前，退耕还林还草计划提供的资金和食品，一般足以使当地人民维持生活。在陡坡和高侵蚀区域，自然恢复应该是最主要的手段，有时候需要人类某种程度的辅助。重要的是政府要确保长期资助。当地人民应致力于自然植被的恢复，例如采集当地物种的种子，而不是花钱培育经济或外来物种树苗。这些地区多余的劳动力应被转移到小城镇、工业区、生态旅游及其他行业。

（3）缓冲区：在经济区和生态区之间的地区，天然植被的比例应该有梯度变化，靠近生态区生态林应有较高的比例。越靠近生态区的植被应越接近当地的顶极植被，或者模拟自然演替，逐渐向顶极植被过渡。资源及投资缺乏和作物减产，可能会增加个人负担，这种情况下，由多年生植物占支配地位的多种作物体系可能更适合。使用适合于特定地区的多种作物体系，加上农民根据自身条件选择使用，将形成处于多个演替阶段的多样化农林生态景观。在更靠近经济区的地方，可以鼓励当地社区参与制定土地使用目标。需要在对当地资源、土壤和气候条件，以及潜在的可利用投资和农民承担风险的能力等方面作出全面的评估后，制定合理的耕作制度。经济林应该镶嵌有生态林，作为防止火灾和虫害的屏障，并有利于保护地区生物多样性。木材生产应该在这些具有不同使用目的土地镶嵌块中进行。

9. 采用适当的措施加速自然更新

除了依靠自然力量恢复生态系统以外，在以下几种情况下，还可以采取人工辅助措施，以加速自然更新。①严重退化的生态系统自然发展过程中时常偏离典型的天然生态系统的方向（偏离演替）；②严重退化的生态系统的自然恢复会花很长时间；③在特殊情况下，例如荒地受重金属污染或土壤酸碱度改变的影响，如果没有人的参与，自然恢复是非常困难的；④自然演替序列的一些组成物种可能已经不存在了。

有些情况，改善退化生态系统土壤的理化性质对于生态系统的恢复是非常重要的。如土壤的pH值太高可以用有机物质或硫化废物进行改善；pH值太低就可用石灰进行改善；土壤的重金属含量太高，可以用有机肥通过吸附作用加以改良；土壤盐分太高，可以采取灌溉的方法对土壤进行改善；可以通过种植固氮植物或使用有机肥料来实现土壤营养平衡的恢复。维持浓密的植被，防止土壤被雨水冲刷，可以减少土壤侵蚀。

各种生态系统需要不同的营养元素。在营养缺乏的情况下，恢复退化生态系统非常困难。直接使用化肥来增加营养元素，可能花费过高并且需要年复一年地做；而人工肥料也无法恢复健康的土壤。最有效和最实际的方法是种植豆类植物，通过固氮作用来增加营养。另一种方法是使用有机肥料，增加土壤微生物的活性，逐渐恢复退化土壤的含磷量。

要将退化生态系统恢复成为各种顶极生态系统，有时需要顶极群落的树种，但是有时必须首选中间树种。如果植被处在早期演替阶段，可能需要建群植物和先锋树种，不过需要因地制宜。先锋树种一般生长在开阔地，而后期演替阶段的种类则需要遮光。

没有人工协助不会建立或发芽的树种，尤其那些具有重要作用的物种，是主要栽培对象。然而苗圃培育必须要掌握好时机，培育一定数量的当年能采集到的树种幼苗。物种种类越复杂，就越能获得更强壮和更健康的生态系统，降低病虫害风险，减少今后对人类干预的依赖。

通过抑制其他一些种类的生长和发育以促进一些种类的健康生长、发育和繁殖。在有浓密草地的地方，很难看到有自然生长的树木。不管目标是什么，抑制措施在实践中可以时常使用。最典型的实例是在森林恢复过程中进行常规栽培。在退化生态系统的自然恢复初期，人工培育可以促进再生和恢复。

在温带竹林十分茂密的地区，有必要人工割除一些竹子，形成条带或空洞，间种幼树。在树木没有周围竹子高以前，要求人工清除树木周围的竹子，防止树木被窒息。

一些树种需要开阔的草层，树苗才能存活。另外一些树种在树苗存活以前需要一定的遮光层。

风是自然界传播先锋植物和一些顶极树种的（例如针叶树、槭树 *Acer*、杨树 *Populus* 等）种子，在裸露地区恢复森林的强大力量。在缺乏这些风传播的树种的地区，可以在目的地沿风向上方种植这些物种来提高恢复能力。一些草和灌木种类能借助风力将其种子散播到 1km 以外。大多数针叶树种仅能将其种子散播到大约 100 m 以外。在后一种情况下，通过条形种植，只需花整体种植费用的一小部分就能实现整个森林覆盖。

最好是在森林中建立母树管理区域，保留足够的母树作为植被恢复的种子来源。在温带地区，封山必须结合抚育，特别是对乔木萌生丛，如各种栎树萌生丛，通过封山，最易恢复成萌生林。但是由于乔木萌生丛常从树桩上生出多条萌芽，若把萌生茎全部留下，势必使养分分散，各茎干均生长不良，不易发育成良好的森林。有意识地每丛保留 2 ~ 3 株生长健壮的萌生茎，疏伐过密的乔木，使之逐渐恢复成林。

白桦林通常是寒温带针叶林退化后形成的，通常在有云杉种源情况下，白桦林下常有云杉幼苗和幼树，而在无种源情况下，常为白桦纯林。为了恢复山地森林多样性，要恢复各类云杉林，可将白桦林进行带状砍伐，补植云杉，待云杉生长后，首先会形成白桦和云杉混交林，然后白桦逐渐被替代，恢复为云杉林。云杉林通常以小块皆伐为主，迹地上也可能被落叶松侵入，在落叶松林下，如有云杉幼苗或幼树，可形成混交林，或逐步恢复为云杉林。

促进形成天然草原生境的措施首先要区分中国的重要草原类型。首先是区分一年生草原（天然播种每年发生一次）和以多年生植物为特点的草原。还有不同草原生态系统脆弱性的区别。

我国大部分草原极端脆弱。干旱地区草原的草适应了艰苦的条件，它们所处的位置决定了不可能有可持续的水源等的供应。尽管采取一些补救措施可以帮助自然恢复，但是在开展这些活动的时候，需要清楚地认识这么做的目的是要形成由当地禾本和非禾本草本植物组成的顶极群落。

某些情况下,可以使用具体的土地治理措施来改善和恢复草原。例如对于一年生草原有选择地使用有控制的火烧可以对退化草地产生积极影响。火烧对植物物种的影响是不同的,可以促进或抑制不同种群的生长发育,改变草地的质量和价值。秋季火对提高禾草草原的草产量的作用明显比春季火大。

10. 确保林业、农业、放牧和采集是可持续的

中国需要大量的木材。为了经济和减轻对亚洲其他地方的森林采伐的巨大压力,有些土地必须用于木材生产。不是十分陡峭或不容易受到侵蚀的地区可以划为可持续发展的木材生产区。

在规划可持续经济林和草原时,应该发挥这些植被的多种服务功能来获取最大效益,并且应该使森林火灾、病虫害和土壤侵蚀等对环境的威胁降到最低程度。设计得很好的人工林可以用作娱乐和野餐,生产木材,为野生生物提供栖息地,以及具有水土保持效益。

有些当地树种可以在皆伐区自然恢复。因此可优先保存它们的种子来源。在采伐地保留一些母树,可利用自然更新的力量来恢复森林。在皆伐成熟森林时,应该很好地保护各种树种的树苗。确保森林可以在有或者没有人类干预的情况下迅速恢复,20~30年成熟。这对促进森林自然恢复是非常重要的。

将林业和农业结合起来是一种大面积恢复退化生态系统的方法。当恢复原始生态系统不可能的时候,这样的农林生态系统可以阻止土壤退化,改善环境条件并提高经济效益。农林生态系统对氮肥和磷肥的需求低;有良好的有效利用营养、光照和水分的能力;防止虫害;降低风险。农业系统可以通过建立休耕期来实现这些有益的功能。休耕期(不论是季节性的还是更长的周期)可以通过固氮作用,恢复土壤无脊椎动物和菌根菌,来恢复土壤肥力。休耕期还会减少农业虫害。

不同地区,气候对农业有不同的限制作用。极端寒冷的土地没有农业发展潜力。干旱或贫瘠的土地可以利用,但是随着非生物因子的压力增加,用于补偿环境局限性的费用呈指数上升。如果载畜量足够低,避免过度放牧,食草动物(作为人和环境之间的缓冲)可以在干燥和贫瘠的环境中很好地生存。湿润的热带低地的非生物环境因素比较好,其生物的复杂性占绝对优势。这里应该主要是模拟天然生态系统,而不是费力地将简单性强加于本来很复杂的生态系统。

11. 防止病虫害和入侵物种/基因,保护正在恢复的生态系统

在植被恢复的过程中,由于生态系统的结构与功能尚不健全,缺乏天敌和植物化学防护网的有效调控功能,病虫鼠害容易发生,因此,采取有效措施控制生物灾害是保障植被恢复的重要内容。

防治病虫鼠害的方法有化学、生物、物理防治等。但同时滥用化学农药容易污染土壤和水源,并会给非目标生物带来危害,化学农药的使用要有针对性,要尽量使用毒素不会长久残留、不会在食物链中累积的农药。永远不要使用毒素持久残留的有机污染物,包括有机氯化合物在内。例如鸟和哺乳动物。它们是害虫的天敌或具有其他重要的生态作用,这些天敌的丧失反过来又会影响植被的恢复。生物防治主要是利用自然界中的天敌或生物农药控制病虫鼠害,一般不会对土壤、水质等带来危害,但仍然会对非目标生物造成影响。物理措施不会对非目标生物造成影响,但很难大面积应用。

在实际工作中应本着保护环境、保护天然植被的原则,根据不同的病虫鼠害发生特点

和现有防治技术采取不同的控制方法，也可以多种方法相结合。例如，对于那些在短时间内大面积暴发流行、对植被破坏十分严重的病虫鼠害，应采取防效快速的防治技术，可适当应用化学农药迅速控制生物灾害的蔓延，再采用生物方法进行长期控制，这样可取得快速、持久的控制效果，既避免了植被在短时间内受到更大的危害，又降低了化学农药的使用量，保护了环境。

虫害综合治理的主要局限是对不同生物在天然和再生生态系统中所起到的生态作用缺乏认识。由于缺乏对生态的了解，有些“害虫防治”计划完全被误导。高山草原的田鼠、鼠兔以及旱獭这些哺乳动物是健康草原的必要组成部分，具有通风排水、增加土地持水容量的作用。其洞穴被许多繁殖鸟用作隐蔽所，同时这些哺乳动物还是许多重要的食肉动物的捕食对象。然而有时作为害虫被毒死了。毒杀啮齿动物和鼠兔造成了严重的草原退化，生物多样性丧失，降低草原的水分吸收作用，并导致沙漠化。

现在人们已经认识到，入侵物种是比栖息地丧失更严重的导致本地种灭绝的因素。现已证明它们是天然和再生生态系统的主要威胁，同时遗传修饰生物体包含不稳定基因，可能会对当地的生物多样性造成难以预料的影响。

12. 防止火灾，保护植被

在相对干燥的北部森林和非常炎热的南部森林，火灾是最大的危险，而在潮湿的中部森林，火灾就不那么重要。森林火是常见的，每年都造成林业部门的巨大损失，甚至危及人类生命。1987 年大兴安岭森林悲剧性的火灾烧掉了 11000 km^2 的森林，其中 3700 km^2 森林完全被毁，无法恢复。党中央、国务院和地方各级政府对森林防火工作给予了高度重视。

中国当前的森林防火战略是地面、航空与航天遥感立体林火监测相结合。目前用于森林火灾监测的是美国 NOAA 系列气象卫星，卫星监测精度还需进一步提高。

我国绝大部分火灾是人为引起的，火源管理尤为重要。可燃物管理和计划烧除是减少火灾的积极措施。计划烧除除了可限制危险可燃物积累、减少火灾发生和蔓延的危险性外，还有控制和防治某些森林病虫害、增加林地矿物和有效氮磷钾等营养、提高土壤温度、促进林木生长、增加树脂和其他林副产品产量等作用。

我国的森林防火基础设施建设，是从 1988 年开始发展的。建设内容主要是“四网两化”：预测预报、瞭望、通信和道路隔离带网，队伍专业化、扑火机具化。改善防火设备，提高目前普遍使用的人工投掷的灭火工具的性能。多年的实践证明，只有通过有组织的森林消防队伍，经过一定的训练，配备一定的扑火机具，才有较强的扑火战斗力，提高扑火效率，减少损失和浪费。在森林火灾预防上群专结合以群为主，主要是动员发动群众，进行深入的防火宣传教育，提高广大群众的森林防火意识。根据树木的燃烧性能及当地的风速确定防火隔离带的宽度。防火带两边应选择不易燃烧的树种。重要地段和易燃季节应有专业防火队把守。在季节性干旱气候中，多草斜坡上的火可以烧光所有自然生长起来的幼苗。在这种情况下，应种植较高的树和幼苗遮蔽草地。这意味着在把树苗种植到野外以前，需要培育更长时间，或者使用较高的能够扦插存活的次生林物种的扦插条。

13. 监测将利于由于情况的变化而实施的管理措施

为确保恢复和管理，生物多样性和生态系统完整性的监测和研究正朝着我们所期望的目标发展，这些目标包括环境效益、生物多样性保护以及经济可持续能力等，我们必须对天然和再生生态系统的完整性和多样性进行监测。

当水土保持作为主要目标时,监测体系显然应该强调植被在水土保持中的有效性。这包括测量干湿两季水的径流量,以及水流中沉积物的含量。有效降水量系数度量了渗入中底层土壤的降水量,标示了土壤吸收水分的能力。

监测对生态的完整性也很重要。植被的大多数功能主要取决于生物量和生物多样性,这些功能本身又依赖于生态系统的成熟和复杂程度。越是复杂的天然生态系统越具有调节水量,防止侵蚀和抵抗病虫害的能力。它们还庇护着更多有经济价值的物种。例如中国各种草原养育着7000多种高等植物,其中许多是重要的食品、药品和饲料来源。

然而生物多样性和生态完整性的监测并没有统一的指标。包罗万象的"物种多样性"指标不一定有什么意义,因为他们受到许多因素的影响,必须谨慎运用。

另一种方法是监测生态进程。对养分和能量流动、分解率、生产率等等进行度量,可以获得关于生态系统功能的有用信息。在亚热带土壤中,有机碳含量通常与地表生物量和持水能力呈正相关。估计不同生态层或生境中各种生态功能团(分解者、草食者、吃嫩叶动物、种子传播者、食肉动物等)的丰富度和生物量,是标示生态进程的间接指标。关键种在生态功能上具有绝对的重要性,影响着整个生态系统的物种组成和丰富度。

还应该监测被保护的特殊物种的种群。濒危物种的监测具有重要意义,也是生物多样性公约所要求的。应优先对国际和国内的受威胁物种进行监测。具经济重要性物种的野生亲缘种也应受到保护。大多数物种(如微生物、菌类、昆虫)还未经科学描述,其中许多物种可能已处于濒危状况,而我们还不知道。应加强对这些类群的分类学和群落生态学方面的研究。同时,应该对昆虫生物群落的整体多样性进行监测,因为生态系统多样化可以供养更多的物种。

对天然生态系统的生态功能以及它们之间的关系缺乏了解,限制了对土地利用的效率。政府应该鼓励有关恢复生态系统的研究,为利用当地物种恢复植被奠定科学基础。

14. 保护濒危物种

良好管理的生态系统有利于保护大多数濒危物种。如果需要选择一些物种进行特殊管理的话,应该优先选择濒危种,对它们的管理也同样会有利于对整个生态系统的保护。食肉动物也不能居住在孤立的小森林里,因为这里没有足够大的捕食基地可以养活一个能自我维持的种群。因此,要种植可以用作野生动植物栖息地的森林,必须考虑栖息地斑块的大小和物种混合的程度。连通性原则是非常重要的。需要在走廊地带保存植被或植树,以便于半隔离种群之间的基因流动,从而增强这些种群的生存力,避免近亲交配,避免小的隔离种群数量的急剧下降。

一旦当地种的绝灭率与新物种的迁入率保持平衡,便可实现种群的稳定。物种种群的大小必须能够维持该种群的生存。太小的种群容易发生近亲交配,出现"种群数量问题"(例如达到繁殖年龄的唯一雄性没有生殖能力)、因疾病或其他原因偶然性绝灭、边缘效应及其他危险。通过维护栖息地的连通或建立走廊,扩大野生动植物种群的繁殖期随机交配单元,可以增加其生存机会。连通的单元越大,能够共存并保持平衡的不同物种就越多。

15. 促进社区参与,提高公众意识

民众参与的需要和范围:没有当地社区的积极支持和参与,植被恢复和天然植被保护计划就不可能获得成功。同样清楚的是,当地社区保护或造林以及对植被重视的程度在很大程度上取决于他们所分享的利益。

存在两个问题：一是用什么方法奖励农民参与公共的（而不是私人的）项目；二是他们在植被恢复规划中应该参与到什么程度。

积极的一面是，农民及林业工作者拥有大量关于这些土地潜力的实用知识。他们知道哪些物种的种子或树苗在当地可以采集到，哪些种类可以在这个地区自然地繁衍，以及哪些次生林的植物种类可以种植（例如扦插树枝）存活，正如他们通常种植的活的篱笆一样。在每个地点计划种植或者保护特定物种时，这些知识都非常有用。但是不能依靠当地人制定这类规划，其作出的经济决策必定只倾向于给当地社区带来直接的效益，但是下游有许多人依赖于这片种植区的环境效益，上游社区的决定不一定会对这些利益共享者最有利。对这些人来说上游种植区的环境功能才是主要的。政府的作用就是代表这种更广泛的利益去和当地农民协商。甚至省政府所关注的利益也会与下游用户有所不同，而后者才是水资源良好管理的主要受益者。

社会林业：社会林业，亦称作社区林业或参与林业，是一种有当地农民参与的森林管理和组织模式，包容了多种目标：直接有利于农民；改善农村生态环境；促进农村地区的综合、协调和可持续发展。其与常规林业（有时误称做“传统”林业）形成对照，后者只有单一的木材生产目标。事实上在中国及其他地区的社会林业与当地人实施的传统林业更要相近得多。

植被恢复工作中的就业机会：一些现有农业劳动力可以被吸收到新的工作中去，例如森林保护和种植，在陡坡恢复或营造梯田，还可以雇佣当地农民管理苗圃，从当地森林采集必需的树种种子。诸如此类的工作，都需要专业培训，可以特别优先招聘退耕造林的农民。

生态旅游：由于完整的天然生态系统具有很大的效益，应尽可能地提倡非消耗式使用。而一种可能就是生态旅游。旅游的动力是人类希望改变一下日常环境或满足对世界的好奇之心。由于都市的人们有越来越多的闲暇和金钱，所以对旅游业的需求也在增加。

考虑到对自然的综合压力，旅游行业制订了道德规范。国际生态旅游协会把生态旅游定义为“在自然区域中的负责任的旅行，并因而起到保护环境和改善当地人民福利的作用”。既然它本身不是拿走产品，有时被认为是对天然生境的最良性的经济利用。生态旅游从以下四个方面获得经济效益：①它是一个迅速发展的行业；②旅游业有助于经济多元化；③刺激农村地区经济增长；④资源直接面向市场。然而，在中国和许多其他国家，通常是远道而来的投资者，把资金投在旅游设施建设上，如交通、酒店、餐馆等等，也是这些外来的投资者赚取了利润。游客在旅游地能花的钱十分有限。并且，旅游发展常常不能保护自然环境，反而破坏了环境，增加了对环境的压力。

发展良好的生态旅游可以是一种有助于验证和补偿天然植被的保持和恢复的积极因素，并且这是一个可以自我加强的过程，环境变得越好，生态旅游就越有吸引力。生态旅游的收入可以满足当地的各种社会需求，增加当地社区在自然环境方面应得的利益。露天娱乐和管理甚差的自然旅游会对环境产生很多负面影响。除了大规模的相应建设如道路和建筑物外，还有大量开车或步行游客带来的影响。这些影响可能殃及土壤（挤压、改变水文、乱丢垃圾、土壤生物丧失、土壤流失和沉积）、植物（植被丧失、外来植物沿路径扩散、采集、践踏破坏）和动物（打破宁静、栖息地改变以及伤害或死亡）。

16. 加强总体规划

当地的发展规划：省和地方政府有责任确保社区的近期发展。但或许更重要的是他们必须保证近期发展不危及长远的、更广阔的前景。有时需要吃“苦口良药”才能治理环境问题。政府针对这些问题"开处方"要比期待当地社区主动提议这么做来得容易。因此政府必须确定绿化项目的目标,同时允许当地人民制定更详细的计划。

县政府如果有能力,应该允许他们制订恢复水文功能的综合县级规划。在这样的计划中,可以针对具体的当地条件,制定弹性较大的综合措施。预算的制定应该有灵活性,恰当地考虑当地的具体情况。有些县恢复裸露地或稳定滑坡地带,应该比陡坡退耕还林更优先。当前,植被恢复的地点选择取决于可利用的退耕还林经费,而不是治理的轻重缓急。计划应该具有灵活性,便于资金用于优先地区的重点任务。

部门间的界限应不妨碍实行跨部门的项目,例如"农业"和"林业"。而这样的界限目前在全世界都是一个潜在的问题。

除了立法和积极的投资外,还可以利用其他的财政机制来鼓励更多的可持续性的实践活动。通过控制价格、应用或降低税收鼓励建立薪材区,使用煤或其他经济燃料,可以降低对林产品的需求。甚至激励措施还可以影响树种的选择。对种植外来树种征税有助于激励开发和利用当地树种。高污染税收,例如征收杀虫剂的使用重税,证明能够减少有害化学制品的不必要使用。

国家发展规划:中国有能力而且应该愿意支付这些显然是高支出的改革计划。

加强其他部门的工作:有些地区,与直接的森林管理措施相配套,通过加强其他经济部门的工作,吸引人们放弃对森林的消费性利用,从而使森林的恢复工作能取得最好的效果。

在中国已经有政策不鼓励在陡坡上耕种。鼓励投资大力发展地方城镇,开发水利资源潜力,降低能源成本,并刺激地方工业的发展。然而,虽然水电开发具有重要的经济潜力,可以促进植被恢复,但是开发必须严格服从于环境影响评价的要求。溪流和江河的主要水流决不能被超规模水坝所阻拦,否则会影响鱼类及其他生物的生存,最终导致经济和生态成本大大增加。

应该向退耕农民提供职业培训,帮助他们转向其他职业。

应该努力把对木材和林产品的依赖减小到生产能力范围内。我国应该从可持续来源购买和进口所需木材,以弥补需求和国内供应之间的差额。同时,我国作为对环境高度负责的国家应该保持其良好的国际形象。建议政府应该确保在国外从事具潜在破坏性项目的机构,应该进行同中国国内一样水平的环境影响评估,即使该国没有相关的法律规定。在马来西亚、缅甸和老挝大规模滥伐热带雨林已经使中国处于尴尬局面。

潜在的绿色产业包括生态旅游及其相关产业。可以种植养殖产于当地生态系统的产品,例如水果、木材、竹子、蘑菇、药用植物和野生动物,例如雉类等。一些可以重复收获的产品可用于制作当地的工艺品。还有各种绿色技术,例如可再生能源生产,为了净化水建造人造湿地,生产非木质纤维纸浆,这些都可以帮助缓解对自然和再生生态系统的压力。

6.3 天然植被的功能、效益和价值

生态过程的机制极其复杂,人们了解甚少,目前还不能对其经济价值做出全面的评价。不过它们对国民经济作出的实际的和潜在的贡献是巨大的。本节主要以我国天然植被为例从经济价值或者功能丧失的代价两个方面探讨自然植被的各种功能及价值。

6.3.1 水土保持

植被被水土保持以及旱涝灾害和沙漠化的防治都发挥着作用。土地的水土平衡与土地利用密切相连。与水土相关的一系列严重环境问题,多数可直接追溯到对自然植被的干扰。

1. 水源保持

自然植被的重要功能是它的"海绵效应"。植被在雨季可以拦截降雨,保持植物表面上以及枯枝落叶层中、土壤里及生命组织中的大部分水分,从而减少地表径流,减少地表水土流失。与此同时,森林和草原可以增加地下水流,延长河川水流在干燥季节的持续时间。因此,森林和草原通过调节水流能够降低洪水水位,保存水分。

森林的海绵效应有四个主要内容:

(1) 森林表面的灌木与草本植物层拦截并保留的雨水更多。茂密的森林地面植被除截流一些雨水外,还能够显著地减少雨水对土壤表面的直接冲刷。

(2) 枝叶可以拦截和保留降落在树冠上的一些雨水。植物体吸收一小部分雨水,也有一小部分蒸发到大气中。随森林类型和降水量的变化,树冠拦截的雨水量也不同,一般高达 15% ~40% 。其余的雨水则流向叶、枝、干,进而通过根系流入土壤。

(3) 森林地面的枯枝落叶层是森林海绵效应最重要的组成部分,它的功能如下:

①吸收雨水;

②在土壤表面形成一个保护层,保持土壤结构的稳定性,消除雨水的侵蚀作用;

③增加地面的粗糙度,过滤、阻断和减缓地表径流;

④增加土壤的有机物含量,改善土壤结构和肥力,提高持水能力;

⑤其最低有效厚度为 0.5 ~1.0 cm。在这个厚度以上,枯枝落叶层增强水文生态功能的效应可达 80% 以上。

(4) 森林的庞大根系以及各种土壤无脊椎动物和微生物的活动,有利于水分渗透到较深层的土壤里,从而提高持水能力。死根和动物洞穴也有利于这种效应。

草原在水土保持方面的作用与森林类似,但在数量上不及森林。草原植被覆盖能够降低雨水的侵蚀能力。然而,能够触发地表径流的初始雨量在森林和草原之间迥然不同。对杉木林和栎木林来说,触发地表径流所需要的初期降水量为 15.8 ~17.9 mm。对草原而言,需要的降水量仅仅是 4.8 mm。

2. 防止缺水

水是非可再生资源,对于水的利用和水资源的开发现在已被越来越多的国家重视。我国水资源人均占有量 2 275 m^3,仅为世界平均水平的 1/4,低于人均 3 000 m^3 的轻度缺水标准。水的短缺限制经济的发展。在我国南部多数乡村地区,水要么无偿使用,要么价格远远低于实际价值。这是因为水的价格是根据农民愿意支付的程度确定的。然而在发达的城市里,水价则很高。例如香港在 1960 年就开始从广东省购水。最近的 10 年间,水价逐渐上涨,由每立方米 1.38 元涨到 2004 年的 3.27 元,现在仍继续上涨。

缺水还造成生态环境的退化,特别是河流流域植被的退化。黄河下游断流的天数从 1970 ~1990 年的平均每年 20 天,1997 年竟达到了 226 天之多。1999 ~2000 年间长江下游水域同样出现了水资源紧缺。另外,由于缺水,全国七、八个省(直辖市)地面下陷严重,其中天津市地面下陷面积占全市总面积的66%。在干燥季节，坝区植被的破坏加剧了江河的干涸。

水资源的浪费与低效使用问题与缺水一样严重。农业灌溉占全国用水量的70%以上，至今仍然基本沿用漫灌技术。大多数工业企业没有循环利用水资源。管道因质量低、维护差而造成漏水。同时节约用水意识的薄弱，也导致城市用水的严重浪费。

3. 预防水灾

洪水泛滥在中国每年都有发生。这些洪水可主要归因于降水过量，以及由于泥沙沉积和森林退化导致江河湖泊的蓄水量减少。江河流域上游的过度采伐和植被破坏，不仅降低了植被调节水流的功能，而且还导致严重的土壤侵蚀，使河川溪流泥沙淤塞。

为此国务院制订了"封山育林、退耕还林、退田还湖、平垸行洪、以工代赈、移民建镇、加固干堤、疏浚河道"的"32 字"方针。长江中游地区开展了"平垸行洪、退田还湖、移民建镇"。

1998 年长江、松花江、嫩江的洪水与森林退化有密切的关系，长江上游的西南林区与嫩江上游的东北林区是新中国成立以来两大森林采伐区。

4. 土壤肥力的养护

自然植被通过改善土壤的化学、物理和生物结构，以提高土壤的肥力。改善化学结构，是指森林可以把枯枝落叶层的养分返回到土壤中。改善物理结构，是指森林可以使土壤孔隙度增加，土壤含水量和透气性提高。改善生物结构，是指森林可以使土壤中的微生物变得丰富，土壤腐殖质含量提高。此外，森林可以使空气中的部分元素转移到土壤中，比如固氮作用。陕西省一项研究表明，森林枯枝落叶层的腐烂可以使每年每公顷平均 3 990 kg 的硝酸盐返回到土壤中。据估计森林每年每公顷可固氮 5 ~ 10 kg。因此，森林能够每年每公顷将大约 4 000 kg 的硝酸盐转移到土壤中。

对湖南省不同类型土地的土壤流失的一项调查表明，天然阔叶林、杉木人工林、马尾松人工林和裸地每平方千米的水土流失量分别为 217、232、257 和 1 326 t。这一结果再次说明，森林在防止土壤侵蚀方面非常有效，而天然林比人工林更好一些。

5. 防止水土流失

水土流失的威胁主要有三个方面：①水库受泥沙淤塞，水利设施有效作用期限缩短；②土壤养分流失；③湖泊和河道受泥沙淤塞，增加了发生洪水的危险。

我国每年风蚀和水蚀的土地相当于每年损失 7 500 km^2 的良田，这些损失可直接归因于自然植被覆盖面积的减少。

造成水土流失的主要原因包括在陡坡不采用梯田和在裸地上进行农作，以及集水区的生态系统条件差等。裸地是由于工程建设、道路施工和采矿所造成的。相比之下，良好自然植被条件下的土壤流失几乎是微不足道的，大约为农业用地的1%。

自然植被可以通过多种途径阻止侵蚀的发生。植被覆盖率增加，土壤流失就会随之降低。如果有效盖度达到60%，可以显著地减少土壤流失。这种效应对于接近地面的植被来说更加明显。植物的分层现象也起一定的作用。灌木和草地混合植被的土壤流失程度比纯草地低 20%。枯枝落叶层和朽木也可以通过减缓地表径流防止土壤流失。

6. 防止水库、湖泊和河流泥沙淤积

植被的丧失导致泥沙淤积。沙砾、碎石沉积在沟渠、水库、河床、河流和湖泊的底部。

估计水土流失的 24% 沉积在水库、河流和湖泊中，降低了这些设施的储水能力，使干旱、洪水的发生更加频繁。

如果所有的森林都遭毁坏，其损失将是难以计算的，至少会导致大多数水利和灌溉工程瘫痪。根据现实情况保守地估计森林的破坏每年给水电和灌溉造成 10% ~20% 的损失。

7. 防止沙漠化

土地沙漠化是中国当前最为严重的环境问题之一，首要原因是人口剧增、贫瘠土壤过度利用、乱采滥伐、过度放牧以及不适当的灌溉等，造成了农田的盐碱化。我国荒漠化分为水蚀、风蚀、冻融、盐渍化四大类，共跨越了干旱、半干旱和亚湿润干旱区三个气候带。

长江和黄河发源地周围以及其上游和中游的大量土地已经沙漠化。这个地区长期不当的人类活动，使森林和草原严重退化。沙漠地区也是中国最不发达地区，大量人口生活在贫困中。沙漠化不仅限制了区域经济的发展，而且严重影响着长江和黄河中下游经济的发展。

荒漠化不仅造成可利用土地数量的减少，而且使土地质量下降，据中国科学院测算，荒漠化地区每年因风蚀损失土壤有机质及氮、磷、钾等元素流失。全国农村贫困人口的 1/4 生活在荒漠化地区，1995 年荒漠化地区人均农村产值 1 014 元，仅为全国平均水平的 34.2%。荒漠化还制约了地区经济建设的发展，1979 年 4 月 10 日一场沙暴，导致南疆铁路行车中断 20 天，直接经济损失 2 000 多万元。龙羊峡水库每年因荒漠化造成的经济损失达 4 700多万元。全国有 24 000 多个村庄和城镇经常受到荒漠化的危害，内蒙古自治区鄂托克旗近 30 年间被流沙压埋的房屋有 2 200 多间，棚圈 3 300 多间，有 700 多户村民被迫迁移他乡。

8. 稳定海岸

海岸的森林与灌木具有保护海岸线免受侵蚀，以及固沙的作用，防止沙土不被风吹到附近的农业区的作用。

红树林能拦截河流泥沙，将其固定在根系里，从而形成新的冲积地，便于发展农田或鱼池。通过拦截泥沙，红树林起着保护岸边珊瑚礁的作用。珊瑚礁反过来可以使海岸线增加稳定性和强度，防止暴风雨和海潮侵蚀土地。

6.3.2 调节气候和天气

森林是地球上最厚的植被。与海洋相比，森林对地球气候的影响较小。然而，森林对小气候和局部气候的影响是显著的。森林对平衡大气中 CO_2 的水平起着重要作用，而 CO_2 是导致全球气候变暖的主要气体。

1. 小气候和局部气候

森林的林冠层在地表与大气之间形成一个绿色调温器，不仅形成特有的林内小气候，而且对森林周围的温度也有很大的影响。当气温高时，森林还具有冷却作用；周围的气温越高，这种冷却作用越强。夏季，由于林冠遮蔽阳光，林内的太阳辐射很弱，从而使林内年均温较无林地低；到了冬季由于林冠的覆被，阻缓了热量的散发，从而使林内气温反而比林外高。气温低时森林同样具有保温御寒作用，冬季气温越低保温御寒作用越大。而在整个一年的过程中，森林的冷却作用强于保温作用。

森林能够减低地面的风速，在森林地带避风侧形成明显的遮蔽区，从而保护庄稼免遭风的破坏。通过保护土壤不受阳光直接照射,森林可以减低地面温度和减少上升热气流的产生。森林的蒸腾作用还使有森林地区保持着比无森林地区更高的湿度。森林的存在可以增加云量,并增加雾和降水量,减少冬季夜晚的热量散发。天然植被的减少会导致夏季气温更高,冬季更冷,霜更多,旱季降水量更少以及水流失更严重。在某些边缘地区,独特的气候能够利于特殊作物的生产,如果植被被破坏则会改变当地气候,大大降低生产力,而且造成当地生物多样性的丧失。

2. 森林和固碳作用

森林是地球陆地生态系统的主体,它能通过光合作用,吸收、固定最主要的温室气体 CO_2,并将其存储在森林的生物量中(包括树干、树枝、植物的叶与根以及相关的微生物和动物)。在陆地植物与大气 CO_2 的交换中,90%以上是由森林植被完成的。因此森林是大气 CO_2 的一个重要缓冲器。

森林每生产 1 kg 干物质需吸收 1.84 kgCO_2,或每生产出 1 m 的木材,大约需要吸收 850 kg 的 CO_2,或折合成 230 kg 碳。某些农作物和海洋植物也具有很强的固碳能力,并能在短期内吸收大量的 CO_2,但其作用是短暂的,不能将其长期地保存于生物有机体中。

恢复被严重破坏的碳循环,需要保存能量和制止森林丧失来控制碳的排放。此外,必须恢复植被,来提高 CO_2 被光合作用吸收和存储到生物量和土壤中的速度。许多为固碳而进行的植被恢复工程正在实施。虽然还不能确定这些工程是否会取得成功,但是科学家们一般相信,通过节省能量来控制 CO_2 排放、防止森林丧失和实施大规模的植被恢复是最合理的战略。

3. 防范风暴

红树林和沿岸森林有助于降低严重风暴的风速和破坏力。在全球台风发生频率最多的海域,平均每年有 28 次台风,其中约有 10 次在中国沿海登陆。由于全球的气候变化,在过去 20 年间,台风发生频率增加了。在台风期间,台风灾害是由摧毁性大风和伴随而来的暴雨引起的。通常其破坏性极强,可以造成巨大的人员伤亡和财产损失。暴雨带来爆发性洪水,淹没广大城乡,冲毁道路、桥梁和建筑物。大风可刮倒房屋、烟囱、电力和通信设施、林木,导致农作物倒伏、减产甚至绝收。在沿海,台风还常常引起风暴潮和大浪,破坏海堤、港口及码头,造成船只翻沉,海上设施被毁。

4. 防止火灾

潮湿的热带森林形成林窗后,阳光和干燥的风渗入树林,这可能导致地面植被变得干燥,从而易引起火灾。而在这以前,要着火几乎是不可能的。中国的其他地区,由于缺少保护,或不慎重和不负责的人类活动已经导致了大面积的天然火灾,破坏了森林,造成森林和草地退化,野生动物减少,固碳作用降低,重要的木材和薪柴供应受到影响。天然阔叶林则可防止这种野火蔓延。

火烧可在一定程度上提高土壤有效氮的供应水平,这是由于火烧毁地面凋落物,改变了土壤表层的生态环境状况,在一定程度上有助于土壤系统中的全氮向有效氮的转化,从而提高了土壤有效氮的供给水平。

火烧对不同生活型植物的效应不同,它使典型草原建群植物禾草羊草 *Leymus chinensis* 的枝条数提高 100% ~150%,并使当年根茎得到充分发展,并使之在其后的竞争中具有优势和得到发展。火烧还增加了羊草种群的地上生物量,对羊草种群的生长发育有积极或促进作用。这一结果与火烧后供氮水平提高有一定关系。与此相反，火烧过多地伤害了丛生型禾草大针茅的地面更新芽，从而使大针茅的数量减少且干重降低。

但火烧的最终结果却降低了草原植物群落的生物多样性，这可能是由于火烧增加了土壤中氮的有效性，羊草种群急剧发展，对弱小种群的生存产生了制约作用，导致物种多样性的降低。火烧效应可维持 4 ~ 5 年时间，连年火烧有可能产生不利影响。

6.3.3　控制污染

天然植被，特别是森林，能够通过吸收污染物而净化空气和水。要生产 1 kg 的干物质，需要过滤 3 110 m^3 的空气。森林能通过吸收和吸附来去除有毒气体、灰尘和烟雾。能够从大气中去掉的有毒气体有二氧化硫、氟化氢、氯和氨。都市森林每年每公顷能吸收 3 000 ~ 6 000 kg 的二氧化硫。每公顷都市阔叶林有 400 t 树叶，每年能吸收 300 ~ 2 000 kg 的氟和氟化物，以及 3 000 ~ 5 000 kg 的氯。

森林吸收烟尘的能力归功于稠密的树叶，天然植被在截尘方面的经济价值是极高的。如果我国没有天然植被，空气中灰尘的含量对人类来说是不能忍受的。

6.3.4　控制生物灾害

中国的病、虫、草、鼠等生物灾害种类繁多，给农林业带来了重大损失。据报道，全国每年生物灾害带来的损失占粮食产量的 10% ~ 15%，棉花产量的 15% ~ 20%，水果蔬菜的 20% ~ 30%，折合成经济损失达数百亿元。

这些灾害是生态系统简单化和外来入侵种引入的结果。健康的生态系统拥有多种多样的小气候和物种，而每个物种的种群数量都会受到制约，从而保持平衡。这些制约因素包括自然条件、食肉动物、寄生生物和竞争生物。因此，在健康的生态系统中，当地物种都不会达到危害的地步，只有外来物种中最具入侵性者才能够蔓延。

当天然植被遭到毁坏，由于生态系统的不稳定性和脆弱性，使得外来入侵物种容易侵入并成为优势种，从而给当地的生态系统带来较大的威胁。其危害前面已经讲述。

6.3.5　生物多样性的保护与利用

我国是世界上生物多样性最丰富的国家之一。

1. 生物多样性的价值

生物多样性给我们提供了很多有用的原材料，例如：纸浆、木柴、树脂、松香、橡胶和木炭等燃料、木材、食品、布料和医药等。对天然植被的破坏减少了这些原材料的收获量，它们本来可以持续性地提供很高的经济价值。由于中国对传统药材有着较高的依赖，加之以木材为燃料的人口还占有较大比例，这些损失的后果是非常严重的。陆地植被的破坏还间接地影响了渔业，因为淤泥在河口形成新的岛屿破坏了沿海渔业，也破坏了鱼类等水产品的栖息地。此外，沿海植被（如红树林和海草），为许多海洋生物，特别是鱼类，提供了至关重要的繁殖地与栖息地，这有利于沿海渔业的发展。

物种绝灭使其遗传多样性的一切潜在用途都丧失了。野生植物和动物的遗传多样性对其家养亲缘动植物极有价值。它们可能具有抗病基因或者能够有选择地与家养品种杂交。表 6.1 对我国一些野外生物多样性产品的价值作了估算。

表 6.1　中国野外生物多样性产品的估算价值

产品	价值(亿元人民币/年)
从自然界直接获取的食物	400 ~ 560
薪柴供给	400 ~ 740
药用动植物	400 ~ 1 600
木材和建筑用材	640 ~ 1 200
藤条和竹子	320 ~ 480
渔业	1 200 ~ 1 600
总价值	3 360 ~ 6 180

2. 娱乐与旅游

保护生物多样性的一项主要的副产品是从生态旅游获得收益。我国的旅游业不但依赖于源远流长的文化底蕴,还依赖于观赏我国美丽、自然和壮观的风景。我国是世界上在物种和生态系统方面最丰富的国家之一,拥有独特自然珍品(如大熊猫、雉鸡、稀有树种、花卉和鱼类)的地方都是主要的旅游目的地。天然植被增加了旅游与户外娱乐环境的美丽和吸引力,提高了人们的生活质量与健康水平。有"红叶"的秋季是观赏天然温带森林和林地的极好时机。自然景色也激发了中国文化的发展,特别是促进了绘画、雕塑和诗歌的发展。

迄今为止,我国 75% 以上的自然保护区不同程度地在实验区或缓冲区开展了旅游活动。其中有些自然保护区已经配备了初步的交通与旅游设施,有住宿与商务服务,甚至能够提供娱乐、通信、采购和住宿等高质量的服务。

中国是世界上旅游业发展最快的国家之一。无论从国内国际角度,中国仍具有巨大的开发生态旅游资源的潜力。假如如画风景受到保护,这意味着一项数十亿美元的产业举手可得。而森林破坏严重的地区丧失了这种潜在收入,无法获得相应的回报。

6.3.6　可更新能源

薪柴和木炭是可以从天然生态系统获取的能源。水力发电也要依靠植被,但不需要直接采集。其经济收益随生态系统完整性的增强而增加。

沉积堵塞降低了水力发电站的运行功效和使用寿命,由此造成水力发电的巨大损失。江河流域天然植被覆盖面积的减少造成雨季河流径流增加,旱季径流减少,造成更大的损失。

对湖北省兴山县的水源涵养功能进行的一项研究中,用森林覆盖、土壤类型、坡度、降水量和河水径流等信息,建立了水文学的 GIS 模型。这个模型计算的结果表明,雨季水源涵养区能够保持 $866.07 \times 10^6\ m^3$ 的水,使水流流速下降 111.63 m/s。这个模型还估计,旱季水源涵养区能够排放 $80.74 \times 10^6\ m^3$ 的水,使水流流速增加 10.38 m/s。涵养区植被因此每年为葛洲坝水力发电站增加发电量 40.37×10^6 kW/h。

这些数字可以转换为水力发电的效率。当河流径流接近年平均流量时,水利发电站的运转效率能够达到 100%。洪水期,不得不通过水闸排放多余的水,功率会随之逐渐降低。在低水位期功率也会急剧地下降。在该集水区中植被覆盖对整个水电效率的作用可以通过比较全年降水量、全年河流径流模式以及水力发电功率推导出来。这个分析表明森林覆盖至少可使水力发电的效率提高 10% ~30%。

森林对水力发电的潜在使用价值远远超过每年木材产量的价值(如果将森林对当地天气形势的影响也考虑在内,那么森林的使用价值还会更高)。这充分说明不要因为木材生产而破坏森林的完整性是十分重要的。

6.4　天然植被恢复技术

6.4.1　自然恢复

上面分析了当前的植被恢复工作中存在的一些误区,下面介绍一下实现植被覆盖的良好方法。恢复天然植被的最好办法是"自然恢复"。

"自然恢复"是指无需人工协助,只是依靠自然演替来恢复已退化的生态系统。自然恢复的典型方法是封山育林。封闭森林或草原,使这些地区不受人类活动的影响,同时防止火灾及杂草入侵,就能加强自然更新。这种方法有以下一些优点:保护珍稀物种和增加森林的稳定性,投资小、效益高,可以缩短实现森林覆盖所需的时间。在保持水土、控制和改善微气候、保护生物多样性和维持大气平衡方面,人工林要比封闭后自然恢复的森林逊色得多。

6.4.2　加强利用自然力

风是自然界传播先锋植物和一些高大树种(例如针叶树、槭树 *Acer*、杨树 *Populus* 等)种子的重要力量。风也是在裸露地区恢复森林的强大力量。最好是在森林中建立母树管理区域,保留足够的母树作为植被恢复的种子来源。有些种子可以随风传播很远,有的可以传播一定距离。我们可以考虑利用种植的树的种子可以被风传播的距离,来确定种植这些树的间距,充分利用风力,扩大自然覆盖。同样,在谷地口和沿山脊首先建立树木覆盖也是一种有用的方法,因为在沿山地带自然风力和地心引力将使其下面的土地得到自然播种。这样自然传播的植被覆盖会更符合自然规律,最后实现更多样化和健康的植被覆盖。

6.4.3　种植和抚育

森林恢复过程中常常需要进行常规种植。在退化生态系统的自然恢复初期,人工培育可以促进再生和恢复。特别是在植物种类单一的地方,可以适当地伐去一些树木,间种一些当地其他树种。人工进行处理一些树种,使树种间达到最大的收益。

6.4.4　种子采集和种苗培育

最经济和有效的办法是发动大家到当地发育良好的植被中,采集野生种子。除了采集大型树木的种子外,采集各种当地的草种和灌木种子也十分重要。有时可以发动志愿者,参加种子采集工作。在天然植被已经不存在的地方,需要建立当地植物种源基地,为周围地区植被恢复的需要提供多样性的当地植物种源。应该注意的是,这样的种源基地和我们过去常常建立的提供外来树种或经济种苗的苗圃是有根本区别的。

树苗应该栽培在混合有少量来自种子采集地的森林土壤中,确保可以得到合适的菌根。培育越多种类的原始森林组成物种越好。

根据不同的土壤条件,实际工作中采取的播种措施也要改变。有时种子可以直接播种,有时需要首先改善土壤。改善种源条件也包括动物方面。一个健康的生态系统,应该包括各种动物区系。大部分动物可以移动,因此不需要人工帮助,但是有些动物种类,如蚯蚓,移动距离有限,引殖它们具有重要的生态学意义。

6.5 基于流域综合治理的水体生态修复

进入水体的氮磷营养物质,来源诸多。据统计资料显示,全球河流溶解氮磷年排放量分别为 1.5×10^7 t 和 10^7 t。氮磷的主要来源有:①生活污水。生活污水中的氮磷主要来自人类的排泄物和洗涤剂。②大量饲养家畜家禽。家畜家禽的废弃物和排泄物中含有大量氮磷,如以单位个体计,牛排泄物的污染量约为人体排泄物污染量的 4 倍,随雨水的冲刷浸入水体。③水产养殖。由于残饵、悬浮物以及鱼类的排泄物、粪便的污染,引起了养殖场和其周围水域的水质、底泥的环境恶化及水中氮磷含量的增加。④农田施用肥料。农田中施用的氮磷肥料,除一部分真正被农作物吸收利用外,其余的被土壤吸附、残留和溶于水中,相当一部分通过雨水冲入江河湖泊。在农田中所施用约有 30% 的氮肥,5% 的磷肥流失。⑤工业废水。工业废水也是氮磷的重要来源,不少工厂再生产过程中会产生含氮磷的废水,如焦化厂、石油化工厂、制药厂等废水中均含有大量的氮,而食品加工、发酵、洗涤剂生产等工厂的废水中含有大量的磷。⑥底泥。在底泥表层或是其上面的新生沉积物中所含有的氮磷,直接或通过底泥粒子间的间隙水等溶入水中,形成二次污染源。⑦大气中的氮磷。通过降水进入水体。

面源污染绝大部分都是通过暴雨径流携带进入河流湖泊以及河口和海岸带地区的,这导致水质恶化,影响工农业生产和人民身心健康,以及当地社会经济的可持续发展。控制面源污染的有效途径,总体上看只有两条:①降低污染物被携带进入水体的比例;②降低污染物的使用量。与点源污染不同,面源污染大多具有两面性,例如正常情况下矿质养分是植物生长的必须元素,是水体生态系统的生源要素,是初级生产力的基础。物极必反,如果水体养分过多,则会引起一系列的生物地球化学特征变化,导致水体富营养化,危害水体生态系统。

暴雨径流主要是人类对景观系统的改变引起的,从而又反作用于水质系统,改善土地利用规划和加强管理措施则可能降低暴雨径流量。

6.5.1 植被缓冲带建设与流域治理

植被缓冲带位于水生和陆地之间的过渡地带,一般为长的、线状的邻近溪流,河流湖泊水库等各种水体的植被带。植被缓冲带可以生长于湖滨,也可以生长于河岸、河口海岸带,因此这里统称为岸线植被缓冲带或岸线缓冲带。这些缓冲带能协助过滤径流中携带的泥沙沉积物和其他污染物(包括化肥和除草剂),从而保护水体免受这些危害。

6.5.1.1　植被缓冲带的生态功能

岸线缓冲带是保护湖泊生态系统健康的最后一道防线,它将水体与其他各种土地利用类型分离,一方面在径流进入湖泊以前过滤其中的多种有害物质,包括化肥和除草剂,另一方面阻止水体的波浪和洪水对岸线的侵蚀。同时它还提供了水生昆虫、微生物、鱼类和其他动物的栖息地,从而维持一个脆弱的水生生态系统的平衡。当邻近水体的景观被改变时,岸线植被缓冲带也被破坏和受损,这些植被或被收割,或直接被水泥和钢筋代替。通常情况下,将引起岸线侵蚀,水体水质和水生生物栖息地退化,美学价值和作为财产的价值下降。土地利用对岸线植被的影响是多种多样的,取决于土地利用类型、干扰的程度、干扰后的演替。

1. 缓冲带与生态走廊的区别

河漫滩缓冲带通常被认为是植被的缓冲带或者野生动物移动的走廊,但实际上缓冲带与生态走廊两者在核心上有很大区别。

植被缓冲带是一个位于水体边的线性植被带,其功能是维持和提高水质,从地表径流中移除杀虫剂和化学物质。缓冲带可以是任何一种植被类型,包括草地、森林,各种形态的草本层等。如果有足够的面积,一个好的缓冲带可以提供大量的动植物的栖息地。如果它连接各种不同的栖息地,缓冲带还可以有走廊的功能。

而景观走廊则不同,它是一个带状的植被将两种不同生境类型相连接,从而使动植物可以通过廊道而移动,这样的景观通常被称为保护走廊,或者扩散走廊,或野生动物走廊等。

缓冲带也能提供大量动植物的栖息地,提供荫蔽地栖息地。有机质和大型侧木及其分解残体,它们作为野生动物迁徙通道的功能还不是很清晰,但它们的确能连接不同类型的栖息地,用来保护生物多样性。

2. 生态功能

岸线缓冲带具有巨大的经济、生态和社会效益,大多数研究者都意识到它具有以下功能:

①保护湖岸。植物的根系,特别是乔木,使湖岸的土壤变得更加紧实,经得起波浪、暴雨等打击。

②过滤径流。降低径流速度,过滤径流,从而将沉积物、养分和其他污染物在进入水体之前移除。

③吸收养分。从化肥和动物粪便中经径流携带进入岸线缓冲带,将可能为树木根系吸收。氮磷能存留在植物根系和叶片中,而不是直接进入水体,磷是湖泊水体生产力最重要的限制因子,因此受到更多的重视。磷在缓冲带的吸收可能有三种机制:和沉积物一起沉淀下来;可溶性的磷吸附于沉积物的颗粒;为植物所吸收。

④通过林冠层增加遮阴。湖滨植被的遮阴可以调节水温,从而为水生生物在炎热的夏季提供庇护地。

⑤有效控制洪水。缓冲带降低径流速度,从而重新分配径流,并使一部分水量进入地下水,而地下水进入河流的速度大大低于直接从地表径流进入,这样可以降低洪峰通过时的水量和增加旱季时的河流水量。

⑥为野生动物提供食物和栖息地。植物的木质分解残体和叶片落入湖泊和河流后就形成了小型水体动物的食物,而这些动物是湖泊食物链中最重要和最关键的组分。而且,缓冲带本身就为一些鸣鸟类,狐狸、乌龟和两栖类动物提供了栖息地,这样的栖息地还连接了不同的自然区域从而成为动植物物种扩散和迁移的廊道。

⑦提供美学价值。尽管海滨的财产拥有者对应该具有什么样的湖滨景观具有不同观点,但都基本认同应该具有一个天然植被带,比人工的好,即使是一个狭窄的缓冲带也能增加湖滨的美学价值。

⑧维持财产价值。利用缓冲带保护水质,维持湖泊的美学价值和市场价值是最为有效的低成本手段。有研究表明,干净的水体能使湖滨带的房产等财产增值,并且指出如果将湖滨带的挺水植物移除,或者过度收割,将使生态系统变得脆弱,容易受到环境因子的影响。

6.5.1.2 岸线缓冲带设计

决定缓冲带的功能是否符合特定要求的参数有:流域中的位置、植被的组成和密度,以及物种种类、坡度等;宽度和长度等特性也可以变化的,有的只需要几米,有的甚至上千米。下面重点介绍一下缓冲带宽度对其功能的影响。

宽度是一个常见问题,必须要考虑的因素有:水体的敏感度;土地利用形式;地下水和水文状况;要求的功能目标;岸线植被的结构特征,包括植被和土壤的类型以及物理形态要素控制的梯度,例如坡度。

大多数研究所注意的是缓冲带的长度,但是植被的特征、形态、长度也是关键设计参数。在自然条件下,宽度设计有的是固定的,有的则是变量,如果以单一参数计算则是固定的,相反则是变化的,有些地方是由当地方当局来固定的,它们有的过于强迫,没有提供足够的生态功能。宽度设计因不同功能要求而不同,邻近的土地利用类型、植被、地形、水文以及鱼类和野生动物种类而改变,其中改善水质是宽度设计时最重要的考虑,但是很多宽度设计是很独断的,根据的只是以前的推荐或是科技文献。

一个含有大量物种的集体相对具有更大的弹性和生态系统稳定性,同时能提供系统不同的功能要求,提供不同动物的栖息地,包括取食、冬季覆盖和繁殖要求。

1. 功能要求

植被缓冲带对维持水质,去除沉淀物,大肠杆菌的去除,养分移除以及暴雨流经管理的效率通常总是随宽度的增加而增加,见表6.2。

表6.2 河漫滩缓冲带宽度一般设计指南

功能	环境描述	宽度
水质保护	缓冲带,特别是在陡坡上茂密草地和草本缓冲带,可以节流地表径流、沉积物,移除污染物,提高地下水输入。在缓坡上,很多过滤作用发生在10 m内,但陡坡上应该超过此值。如果土壤透水性低,或者面源污染物负荷很好,缓冲带应该由乔木和灌木组成	5~30 m
河漫滩生境	多样化的乔木和灌木组成的缓冲带,为各种河漫滩和水生野生动物提供食物和栖息地	30~500 m

续表 6.2

功能	环境描述	宽度
溪流堤岸稳定性	河漫滩植被调节堤岸土壤湿度，通过应力加固堤岸，提高稳定性。如果有好的控制侵蚀的措施，缓冲带宽度要求不高，但如果侵蚀严重，则要求加宽缓冲带。非常严重的还要求采取另外的生物工程技术	10 ~ 20 m
洪水分流	河漫滩缓冲带因为回水效应能改善冲积平原蓄水能力，截留地表径流，增加通过的时间，降低洪峰	20 ~ 150 m
腐屑输入	从缓冲带森林树冠上落下的叶，小枝和枝条进入溪流成为养分和栖息地的重要来源	3 ~ 10 m

Erman 和 Roby 等人研究过缓冲带宽度对底栖群落的影响。他们发现如果要使伐木区的溪流沿岸具有与森林区同等水平的生物多样性，则需要至少 30 m 的宽度，如果宽度小于 30 m，或者没有缓冲带，那么生物多样性将会有显著降低。他们的一致结论是，保持 30 m 宽的缓冲带对于保护底栖群落是必须的。

2. 物理形态

渗透率和土壤过滤性降低，缓冲带宽度需要随坡度增加而增加。土壤性质在很大程度上能决定水和污染物以多大速度通过溪流以及其他因子对岸线缓冲带的作用。通常情况下，当土壤变得更细致和黏性时，要求的岸线缓冲带宽度将增加，这样才能移除沉积物和养分。

堤岸的坡度是影响缓冲带移除沉积物和截留养分效率的重要因子，无论污染物是附着于颗粒物还是溶解于水中，坡度越大，水通过溪流的速度就越大，停留的时间越短，截留养分和沉积物的效率降低。

6.5.1.3　农村岸线缓冲带设计的生态要素

植被缓冲带已经被证明具有各种不可代替的生态功能，特别是在改善水质方面。农田、森林、湖泊、城镇和城市等构成了一个综合生态系统。

1. 溪流系统

溪流及其相连的缓冲带植被提供了从一种土地利用到另一种土地利用形式的过渡连接，明显影响下游水质，因此需要检查溪流系统的主要要素及其受到的周围土地利用的影响，需要考虑以下几点：

①水文状况：这个信息可以判断水流速度以及缓冲带对污染物截留的效果。

②河流干道情况：检查干道是淤积增加还是侵蚀状况，直接关系到周围土地利用和缓冲带建设的成效，如果是退化，则要求采取必要的行动。

③溪流干道沿岸的土壤：提供判断可以种植什么样物种的信息。

④岸线植被：现存植被可以指示岸线稳定性。

⑤岸线侵蚀：岸线侵蚀会影响水质和降低堤岸稳定性。

⑥干道中的大型植物分解残体：这可能是河流中仅有的有机质来源，如果有大型树木阻塞河流干道，则会降低流速，引起河水的泛滥和岸线侵蚀。

⑦农田水质检测。

⑧现存溪流干道上的林冠覆盖状况，因为这会影响到水温。

⑨沿溪流岸线的湿地状况。

⑩进入溪流的水排放点。

沿溪流岸线提高水质的措施有几种。溪流岸线稳定:沿岸线建立一些结构性工程措施以及植被建设;溪流干道稳定:这需要一定的工程措施,包括应用涡流岩石和岩石来控制水流流向哪里和怎样流;分级稳定结构:这种措施能用于控制水是如何进入溪流,阻止溪谷的进入;湿地恢复:恢复沿岸湿地,用于处理污染物。

2. 农业用地

因为不断的经营输入和高强度的耕作,农作物用地被认为是最重要的面源污染源。如果需要从水质角度分析,则土地利用和经营的影响都必须考虑。

可用下列措施来提高水质:保护禾草植物以及农业作物的周转轮作,这样有利于防治径向的土壤侵蚀和养分流失,提供土壤渗透率等;建立台阶,降低沟侵蚀、径向侵蚀等;养分和杀虫剂管理:保证合理的使用效率和时间、使用量,同时保证合适的化学药剂,降低被淋溶和携带的危险。

6.5.1.4 农田的缓冲带设计

按土地利用方式分别说明农田缓冲带的设计方式。

1. 放牧地

放牧地一般被认为是另一个重要的面源污染源,如果经营不善,问题则更为严重。应该在放牧地上进行管理的措施包括以下几方面:

①轮牧制度应该实行:好的草地是对土壤的覆盖,本身就具有防止土壤侵蚀和增加径流渗透的作用,一个健康优良管理的草地本身就可以有效利用各种资源,从而吸收部分养分,降低径流携带养分量,轮牧设计可以限制放牧强度和牲畜进入河流的机会。

②牲畜的水设施:从池塘、管道和被限制的小溪流,尽可能向牲畜供水,这样可以降低牲畜直接进入河流的机会,改善牲畜的空间分布合理性,也因此可以避免土壤变得板结或者被侵蚀。

③牲畜的驱赶:一般这一目的主要是保护溪流缓冲带的植被免受过度啃食、践踏及其他可能使植被退化的影响,但这并不是绝对的,解决于放牧强度和缓冲带的植被类型和物种组成。

④养分和杀虫剂的管理:化肥的使用需要在最适合草地生长发育的阶段,杀虫剂同样需要注意喷施的时间和量。

2. 牲畜围栏和集中区域

牲畜围栏和集中饲养也被认为是导致水质退化的一个重要原因。可供选择的措施包括以下几点:①废物收集和处理:废物处理系统;②土壤 - 植被过滤区域,可以利用动物排放的养分;③养分管理:根据植被的生长状况确定养分施用的量和时间;④河漫滩森林缓冲带集中放养将会使土壤板结,延迟过滤时间,同时破坏了植被覆盖,这将导致降水期间过分的养分负荷。当上游的溪流和干道的水往下流时,河漫滩的作用将是决定性的。

6.5.1.5 植被缓冲带与农场废物管理系统的整合

只有将农场中各种要素结合起来,综合成一个规划,才能形成一个综合的管理构架。一旦确认规划,各种措施就应该配合使用,使结果符合设计目标。植被缓冲带保护水质的效率依赖于土性质、水文和潜在植被。

1. 农田系统

可以通过以下措施达到整合目的：

作物轮作：玉米、大豆、干草系统，既保证作物的生长，又保证水土流失和养分流失的降低。

收割保护：30% 作为保护，因为是轮作，总能保留 30% 的植被作为覆盖土壤的保护层。

除草剂管理：降低用量，应用侵蚀控制的措施，在水流通过的一般性水道上种植草皮，同时引导水流从上通过，增加吸附量。

2. 放牧地系统

通过建造适当的水泥构件通道，允许牲畜从桥上通过，并且留有一定的空隙保证雨水冲洗后很快变得清洁；在岸线地设立篱笆，能够降低动物排泄物直接进入河流，保护缓冲带植被，一个或者多道德铁丝网即可阻拦动物入侵，同时还可以防止洪水泛滥。

3. 牲畜围栏与集中区域

建筑物径流管理：是一个简单的管理系统，可以将暴雨时产生的雨水集中停滞一段时间，从而降低径流量。

动物废物管理：很多建筑物都是混凝土结构，这样必须有配套设施保证这些排泄物不直接被径流携带走，一种是清洗圈厩的废水必须经过处理才能排放；另一种是建立一个暂时性存储场所，可以接受固体废弃物。

6.5.2　受损水体生态修复与流域综合整治

我国是一个多湖泊的国家，共有 2 759 个湖泊，总面积达 91 019 km^2，占全国土地面积的 0.95%，但是湖泊所发挥的经济效益及其覆盖的范围都远远高于上述比例。由于湖泊资源的超强度开发和利用，造成了水环境恶化、水资源短缺、水灾害频发的一系列问题。1996 年对我国 26 个湖泊的调查显示，有 86% 的湖泊趋于富营养化。

湖泊水质富营养化的实质是由于不合理的人为活动造成的，保护水环境首先应当停止不合理的人为活动，逐步恢复湖泊生态的良性循环系统。对污染湖泊的治理必须实施污染源控制和生态修复相结合的办法。

下面介绍目前常用的几种水体生态修复途径，各种途径的目标都是直接降低湖泊水体的营养盐浓度。湖泊中养分除了由河网径流进入，还可能通过水体自身动植物残体分解、大气沉降以及底泥释放等多种途径进入，因此任何直接降低水体的养分的措施，都可以作为水体生态修复的途径。湖泊治理具体操作时一般应根据水体污染的现有状况，选择其中一种或几种途径同时进行。

1. 改变水动力要素，改善水体交换

保护水环境的先决条件是污染源的控制，从源头控制污水排入河网应该是解决水质污染问题的最根本措施。其中，水体自身的生态修复也必不可少，水体生态修复能够提高河湖自身的净化能力，尽管水生植物群落恢复、植物自身生存繁衍、水体中生物链形成是一个较为缓慢的过程，对水质的改善效果要经过较长时间才能显现。

良好的水体交换能降低水体在湖泊的滞留时间，提高周转速率，从而输出水体中的营养盐。而水体交换缓慢，则会造成水体养分量不断上升或者随泥沙在湖底大量沉积。这种情况下，采用工程手段改善湖泊水体交换能力不失为一条良策。如太湖的引江济太工程，引水入滇池工程,但在实际操作中要注意合理控制水位,防止破坏湖内挺水植物和湖滨草本植物的生长繁殖。引水入滇工程已经证明,它可以加大滇池水体的交换量,提高湖水流速,增加水力的冲刷率,便于湖水中营养物质的输出。

2. 底泥生态疏浚

湖泊底泥中积累了大量的营养物质,受污染底泥对营养盐和其他污染物质的富集作用更加明显。当湖泊底层氧化还原环境发生变化时,底泥中的营养物质和污染物质会重新释放入水体,成为水体富营养化的主要营养源。即便在外源营养物被完全切断后,底泥释放的营养物质仍能够支持大规模的藻类水华。

为解决这一问题采用疏浚工程方法,这种方法就是用装有搅吸式离心泵的船只在湖中抽出底泥,经过管道输送到岸上一个专用的堆积场所,与其他清淤工程不同,生态清淤旨在清除湖泊的污染底泥,为水生生态的恢复创造条件。

3. 沉水植被恢复

如果没有水生植物将大量的营养束缚在体内,湖泊的富营养化速度将是迅速的。我国的富营养化湖泊,大多数是由于不合理地利用转变的草型湖泊。从整体上看,以水生植物为主要初级生产者的湖泊水质较好,水生生物多样性程度高,有着比较高的渔业和旅游价值,一般不存在污染和富营养化蓝绿藻的大量发生的现象。因为大量的营养物质被积存在水草中,从营养上抑制了浮游藻类的生长,使得水质清澈,这常常被称为水草的"净化功能"。

4. 漂浮植物恢复

在湖泊治理时完全可以挖掘水生浮游植物资源,并有目的地种植和利用这些水生植物净化水质的作用,特别是在封闭的水系中,更要创造水生植物的多样性,对水葫芦等水中漂浮植物,可用绳子、毛竹等把它圈围起来,既发挥了它降解污染物、吸收重金属和点缀环境的长处,又克服了它疯狂生长,到处漂浮的短处。在适宜条件下,1 hm^2 水葫芦能将 800 人排放的氮磷元素当天吸收掉,水葫芦还能从污水中除去镉、铅、汞、铊、银、钴、锶等重金属元素。因此,适量的水葫芦生长对水质的净化是有利的,关键是科学管理和转化利用。

5. 水生动物生态恢复

底栖生物是水生生态系统中重要组成部分,在水生生态系统中占有十分重要的地位,是湖泊水生野生动物以及重要水产生物的优质饵料,在湖泊生产力、水生系统的底栖系统耦合、水体能量通量以及水体食物网中均起重要作用。滤食性底栖动物对水体中的净化作用更为重要,在封闭和半封闭的水体中更是如此。

近年来采取的由上而下的控制水华爆发的措施,就是水生动物恢复的良好效应。以白鲢为例,投入时每尾重 50 g,一年可长到 1 000 g,第二年有的可达到 5 000 g。通过循环放养和重复养殖,鱼可深入到湖区的各个部位,调控湖泊中生物之间的食物链关系,降低藻类现有量,再通过成鱼捕捞,取走水体中的营养物质,从而达到减轻湖泊污染负荷,改善水质的目的。

6. 人工湿地建设

人工湿地的原理是利用自然生态系统中物理、化学和生物的三重共同作用来实现对污水的净化。这种湿地系统是在一定长宽比例及底面有坡度的洼地中,由土壤和填料混合组成填料床,污染水可以在床体的填料缝隙中曲折地流动或在床位表面流动。在床体的表面种植具有处理性能好、成活率高的水生植物,形成一个独特的动植物生态环境,对污染水进行处理。

人工湿地的显著特点之一是其对有机污染物有较强的降解能力。废水中的不溶性有机物通过湿地的沉淀、过滤作用，可以很快地被截留，进而被微生物利用；废水中可溶性有机物则可通过植物根系生物膜的吸附、吸收及生物代谢降解过程而被分解去除。如美、英、日、韩等国都已建成了一批规模不等的人工湿地。上海市水利学会农田水利专业委员会在松江等地进行了人工湿地污水净化技术的实地实验，并取得了成功，水质监测数据完全符合生产绿色农副产品的需要，不仅为了郊区洁净水资源的来源开辟了新的途径，也为河道水体的净化创造了有益的经验。

6.5.3　水体污染治理的市场机制应用

污染实际上是把有用的资源以错误的数量，在错误的时间，放到了错误的地点。20 世纪提出的经济效益与环境效益并重，主要是基于人们对传统经济的认识；实际上，对于一个可持续发展的经济，水污染也是减少利润的。因此，水污染要通过观点改变、市场机制、经济手段来调整。

6.5.3.1　政策导向宣传

1. 提倡清洁生产

清洁生产的新概念是：从原料选择到产品设计，从产品设计到工艺设计，从产品销售到产品维修，从产品使用到产品废弃，在设计、生产、消费和废弃的全过程中，都要考虑到选择适宜原材料，尽量节约原材料，减少废弃物，不能增加污染，不断促进废弃物的利用和资源循环。这就要求应该从大学教育和工程师、技术员的再教育做起，宣传清洁生产的新思想，再加上政府的宏观政策引导，和传统的污染生产一样，清洁生产同样是可以是实现的，真正实现清洁生产只会带动新的经济发展。

2. 鼓励产业转移

随着经济的发展，如果不高度重视产业结构优化，经济按老路子增长则污染将进一步加剧。因此，必须按流域保护水资源，加强流域治理，调整产业结构，促进技术进步，把污染挡在地域和生产的上游；必须集中治污，不能让污染转移；必须清洁生产的同时，不断促进技术进步，提倡高技术、高成效的集中治污；必须化学和生物治污，不能搞简单的物理转移。

6.5.3.2　市场机制的应用

1. 污水处理也是生产

近十年来，国家对水环境的治理和建设已进行了大量投入，但就达到的效果而言，与我国城市经济高速、持续发展、人民生活质量提高的迫切要求，尚存在着不小差距。为此必须进行环保体制的社会主义市场化改革，走投资社会化、产权股权化、经营企业化的道路，让环保企业有自我发展的内在机制。

如果承认污水处理也是在生产一种产品的话，那么污水处理的产业化，直至实行生态产品市场准入制度就势在必行了，为此应采取以下措施：

①在污水处理厂的建设规划中就要统筹考虑其市场前景和运行机制，能够自行运行。

②大力提倡国际标准的 ISO 14000 生态产品认证，提高到同质量信得过产品一样的高度。如果污水处理达不到高标准，向污水处理厂付费治污，同样可以达到认证，由污水处理

厂给 ISO 14000 认证厂家完成污水处理这道工序,使得污水处理厂成为有源之水。

③政府宏观调控水价中的污水处理费用部分,使人们认识到像衣食住行中的食品是生活消费,田间清理为来年耕种要计入成本一样,使用过的水再处理也要计入成本。当污水处理厂运行困难的时候,要实行污水处理费的保护价,使之能保本微利。

2. 发展环保产业

一个规模较大的环保工程的管理,绝不能单靠环保企业一方来承担,也不是光有政府管理部门就能够做得好,而是一定要靠几个方面的有机结合,有分工、也有合作,发挥各自的长处和积极性,才有可能把管理工作真正做好。国家应该有意识地提供优惠政策发展环保产业。

第7章　环境污染与生态恢复

7.1　环境污染与污染的生态效应

7.1.1　污染生态学概论

1. 污染生态学的概念

污染生态学是研究生物与受污染的环境之间相互作用的机理和规律的学科，它是环境生态学的一个分支。它把生态系统作为一个整体进行综合分析，通过生态模拟和模型建立，阐明污染物进入生态系统引起的生态效应以及生态系统对污染物的净化功能，以确定区域污染防治的最佳方案。

2. 污染生态学的主要内容

(1)污染物在生物体内的积累、富集、放大、协同和拮抗作用，以及污染物在生态系统中迁移、转化、积累及其规律。

(2)环境污染的生物净化，包括绿色植物对大气污染物的吸收、吸附、滞尘以及杀菌作用，土壤植物系统的净化功能，植物根系和土壤微生物的降解、转化作用，以及生物对水体污染的净化作用。

(3)污染物对生态系统结构与功能的影响，建立各类生态系统模型，评价和预测污染状况和趋势，制定环境生态规划。

(4)受污染环境质量的生物监测、生态监测和生物学评价。

7.1.2　环境污染的类型与成因

1. 污染与污染源

由于人类活动特别是工农业生产和军事活动所引起，包括有毒物质的释放和废弃物的排放对生态系统的不良作用被称作环境污染。凡是对环境产生污染的物质即为污染物或污染因子，污染物的发生源则称为污染源。按照环境污染的主要的对象（环境要素或污染受体），可将污染源分为大气污染源、水体污染源、土壤污染源以及生物污染源等；按造成环境污染的原因，可将环境污染源分为天然污染源和人为污染源；按照污染物排放的时间间隔，污染源又可以分为连续排放污染源、间隔排放污染源以及瞬时排放污染源；按向环境排放污染物的空间分布方式，污染源可以分为点源、线源和面源等。

2. 污染的类型

环境污染的类型，按造成环境污染的原因，可以分为天然污染物和人为污染物；按照污染物的形态，可以分为气态污染物、液态污染物和固态污染物；按照受环境污染影响的环境要素可以分为大气污染物、水体污染物、土壤污染物以及生物污染物等;按照污染物的性质可以分为化学污染物、物理污染物和生物污染物,化学污染物又可以分为无机污染物和有机污染物,物理污染物又可以分为噪声、微波辐射、放射性污染物、热污染等,生物污染物可以分为病原体、变应原污染物等;按照污染物在环境中的物理、化学形态的变化,可以分为一次性污染物和二次性污染物。此外,为了强调污染物对人体的某些有害作用,还可以分为致畸污染物、致突变污染物及致癌污染物等。

3. 污染的成因

环境污染问题污染主要是由于大规模工业生产造成的,开发资源取得了原料和能源,破坏了原来的自然状况,各种原料、能源在生产中不能全部成为产品,形成废气、废水、灰尘和各种废弃物进入环境。自然来源的污染物,其形成与产生主要取决于自然环境状况。如由火山爆发释放的二氧化硫、尘埃等污染物,它们产生的状况、产生量取决于地址环境条件。人为污染物的形成与产生取决于工艺设备、科学技术水平、生产管理以及人们的环境意识等多方面的因素。由于人类不能完全消耗和利用从环境中获得的物质和能量,即在社会消费和生活消费过程中,存在"耗散",这部分不为人类利用的物质或能量,有些就会形成污染物或造成环境污染。

7.1.3 生态系统的污染效应

7.1.3.1 农田生态系统的污染效应

1. 农田生态系统中农药的生态效应

农药在农田生态系统中的使用为人类带来了好处,但也产生了一些长期的、潜在性的生态影响,在整个生物圈内,甚至在极地的某些动物组织、土壤、空气和水系中,都有农药的残留。因此农药污染已经引起世界各国的重视。在生态系统中,由于农药的不断积累和浓缩,必然影响系统本身的种类组成、群体数量,破坏生态平衡。

2. 重金属污染生态效应

重金属是比较常见的土壤污染物。目前引人注目的重金属主要有汞、镉、铬、铅和类金属砷等生物毒性最为显著的几种,其他如锌、铜、镍、钼等也有一定的危害。重金属污染物质进入农田后,导致土壤、作物和地下水的污染。首先是重金属对土壤微生物的生理、生化性能及土壤理化性质产生影响,从而影响土壤生态系统结构和功能的稳定性。

3. 污染对农产品的影响

农田和草地生态系统不是或不完全是自然生态系统,人们管理他们的目的是为了获得农畜产品,因此污染效应应包括对农产品和畜产品的影响。

7.1.3.2 草地生态系统的污染效应

1. 污染物对草地低等动物的影响

草地生态系统中低等动物对重金属的迁移也有作用。以镉为例,蚯蚓在摄入土壤有机物质的过程中可使体内的铬含量超过土壤含量的 16 倍,而且蚯蚓可以作为小肉食脊椎动物的食料。

2. 污染物对草本植物的影响

由于草本植物的生命期比较短,短命植物只有数周,禾本科植物 1 ~ 2 年,豆科植物 3 ~

5年。它们的凋落物在微生物作用下分解比较迅速,土壤表面残留的有机凋落物很少,活的植物有机体和土壤表面的有机残落物都不成为重金属滞留、积累的场所。草本植物地下部分的生物量常常超过地上部分的生物量,在植物各器官的重金属浓度由高到低顺序是:根部 > 叶子 > 果实 > 种子。

3. 污染物对草食动物的影响

以草本植物为基础可以形成由2~3个成分组成的食物链,其中动物的生物量相当高。牛、羊等动物在使用牧草过程中摄入的重金属有一部分在数日内可通过粪便排出,其排出百分率因元素种类而异。对于镉,牲畜所摄取的饲料表面或存在于饲料内的镉有2%~8%,可以较长期地停留在体内的镉有70%~80%,贮存在肝或肾中的镉随动物年龄的增长而增多。

4. 污染物对哺乳动物和鸟类的影响

在小型哺乳动物中,鼠类是草地上肉食性鸟类和较大型食肉动物的主要食物来源。从鼠类整个身体的分析结果看,它们在草地食物链中并没有生物放大作用,然而,它们的肝、肾中的镉含量相对增高,并且这种含量水平还随年龄增长。因此,重金属从这类动物向上一营养级的肉食动物所引起的影响还是值得深入研究的。

5. 污染物对肉食动物的影响

从整体看,草食动物和肉食动物这两个营养级的生物放大作用都不明显,但年龄较大的肉食动物和草食动物一样,其肾组织可能呈现生物放大作用。

7.1.3.3 森林生态系统的污染效应

森林生态系统中,重金属大量贮存于突然和林下枯死地被物层中。研究表明,Ni、Gr、Cu、Pb等重金属对森林植物的生长发育有重要影响,严重时甚至使之完全停止生长。森林植被中重金属含量增高对于通过食物链向人体传输的影响一般不像农田生态系统的作用那样显著和重要。当植物中某些有毒有害元素的浓度增加时,其污染生态效应与草地生态系统相似。

7.1.3.4 淡水/湿地生态系统的污染效应

1. 重金属及无机化合物的生态效应

重金属污染物最主要的特性是:在水体中不能被微生物降解,只能发生各种形态之间的相互转化,以及分解和富集。从毒性及对生物的危害方面看,重金属污染的特点表现在以下几个方面:

水生生态系统中的某些重金属可在微生物作用下转化为毒性更强的重金属化合物;在水生生态系统中只要有微量重金属即可产生毒性效应;生物从生态系统中摄取重金属可以经过食物链的生物放大作用,逐级在较高级的生物体内成千上万倍地富集起来,并通过食物进入人体,在人体的某些器官中蓄积起来造成慢性中毒,影响人体健康。

2. 水体富营养化

水体的富营养化指水体中含有大量的有机物,在降解过程中分解出大量的氮、磷等营养物质,从而引起水体生态系统一系列变化,导致水质恶化,水生植物包括各种藻类大量繁殖,而水生动物因缺氧死亡的过程。被耗氧有机物污染的水体,有经济价值的渔产资源受到破坏,许多适应污水环境的生物却发展起来;污染严重的水体,其生物群落单一,主要为细菌,个体数量大。一般情况下,自然生物群落往往是由多个体数、少数种和缺少个体数的多数种组成。

3. 有毒有机污染物的生态效应

(1)多氯联苯污染与生态效应:多氯联苯(简称 PCBs)早在 1881 年就已经合成。该物质比较稳定,生物不易分解,易造成环境污染和生态破坏。PCBs 随同工业废水和城市污水进入江河、湖泊。在重污染水体中,PCBs 的浓度可以大大超过它们溶解度的好几倍。PCBs 在食物链中有积累作用,这与其极高的稳定性和它们在脂肪中的高溶解度有关。

(2)苯并[α]芘污染与生态效应:苯并[α]芘(简称为 B[α]P)是一种强致癌污染物,其所引起的污染是我国环境保护工作中亟待解决的问题。环境卫生监测常把监测环境中 B[α]P 的含量作为环境受致癌多环芳烃类污染的重要指标。B[α]P 进入机体内,与控制细胞分裂,生长、繁殖的核酸分子结合,使核酸分子结构改变,影响生物合成的细胞的正常功能,促进细胞的异常分裂和生长。

(3)酚污染与生态效应:酚类化合物是芳香烃的含烃基衍生物。就酚类化合物的毒性程度来说,以苯酚最大;一般含酚废水中又以苯酚和甲酚含量最高。因此,目前环境监测中往往以苯酚、甲酚等挥发酚为污染指标。

(4)农药污染与生态效应:进入生态系统中的农药,可以通过食物链发生生物富集作用。水体中的农药一部分可被浮游生物吸收或被悬浮性颗粒物质所吸附,部分悬浮物沉淀后,形成底质,从而变成底栖生物的饲料。

7.1.3.5 海洋生态系统的污染效应

海洋生态系统所含的物质(包括污染物质)种类很多。一种污染物质排入水体后,对海洋生物的毒性效应,因时间、地点、空间不同而有很大差异。两种或三种以上的污染物质(或污染物与非污染物)彼此之间往往发生相互作用,从而使毒性效应增强、减弱或抵消。

1. 重金属污染的生态效应

在海洋生态系统中,重金属污染物不是单一的,重金属之间的相互作用可能导致毒性的增强或减弱。

2. 石油污染的生态效应

石油对海洋生物的物理影响包括石油覆盖在生物体表,石油块(粒)堵塞海洋动物的呼吸和进水系统,致使生物窒息、闷死,或者石油块黏着于海鸟的体表,使其丧失飞行、游泳的能力,或原油沉降于潮间带或潜水海底,使底栖动物幼虫、海洋孢子失去合适的固着基质。

7.2 污染生态效应的发生机制与防治

7.2.1 污染效应发生的机制

当污染物进入生态系统后,污染物与污染物、污染物与环境之间的相互作用,并使之成为生物的有效状态,决定其能否被生物体所吸收,并随食物链流动,进而产生各种复杂的生态效应。由于生态系统与生物个体千差万别,污染物的种类也有所不同,所以生态效应的

发生及其机制也多种多样。但总的来说,包括以下6种机制:

1. 物理机制

污染物质可以在生态系统中发生凝聚、渗透、蒸发、吸附、解吸、扩散、沉降以及放射性蜕变等许多物理过程,随之生态系统的某些因子的物理性质发生变化,从而影响到生态系统的某些因子的物理性质发生改变,从而影响到生态系统的稳定性,导致各种生态效应的发生。如,热电厂在向水体排放冷却水的过程中,导致水体温度的上升,进一步增加了水生生态系统中的各种化学反应速率,导致水中有毒物质的毒性作用加大;水温升高,还会降低水生生物的繁殖率,并使溶解氧浓度下降。

2. 化学机制

化学机制指化学污染物与生态系统中的无机环境各要素之间发生的化学反应,导致污染物的存在形式不断发生变化,其对生物的毒性及产生的生态效应也随之不断变化。土壤中的重金属形态不同时,组成的化合物本身性质存在差异,土壤交互作用不同,因而产生的生态效应往往也不同。如亚砷酸盐的毒性明显高于砷酸盐。

许多化合物如氮氧化物、碳氢化合物、农药等在太阳光作用下发生一系列光化学反应,产生异构、水解、置换、分解、氧化等作用。例如,一氧化氮和碳氢化合物在光作用下发生一系列化学反应,产生了二氧化氮、臭氧、过氯酰基硝酸酯等有害的二次污染物,它们对人体健康的危害和对城市生态系统的破坏作用增强。

3. 生物学机制

生物学机制指污染物进入生物体以后,对生物体的生长、新陈代谢、生理生化过程所产生的各种影响,如对植物的细胞发育、组织分化以及植物体的光合作用、吸收机能、呼吸作用、蒸腾作用、反应酶的活性与组成、次生物质代谢等一系列过程的影响。

4. 生物吸收、代谢、降解与转化机制

很多污染物质能被生物吸收,这些物质进入生物体内在各种酶的参与下发生氧化还原、水解、络合等反应。有的污染物经过这些反应,转化降解成无毒物质,如许多高等植物吸收苯酚后生成复杂的化合物(酚糖苷等)而使毒性消失。生物吸附气体,如二氧化硫、氟化氢等,并吸滞尘埃。也有生物作用使污染物的毒性增强,如在多环芳烃污染土壤的污染物降解过程中,某些中间产物的毒性要大于初始污染物的毒性。

5. 生物体的积累、富集机制

很多污染物质进入生态系统后即被一些生物直接吸收,在生物体内积累起来。有的通过不同营养级的传递、迁移,使顶级生物的污染物富集达到严重的程度,使生物体发生严重的疾病。如"痛痛病"是镉的富集引起的疾病,"水俣病"是食用富集了大量有机汞的鱼类引起的疾病等。

6. 综合机制

污染物进入生态系统产生生态效应,往往综合了多种物理、化学和生物学的过程,并且往往是多种污染物的共同作用,形成复合污染效应。比如污水处理后的污泥中通常含有多种重金属,多项研究表明,如果处理不当,常常会导致重金属的复合污染;光化学烟雾也是由氮氧化物和碳氢化合物造成的复合污染,生物体中含有的多种污染物相互作用。

7.2.2 污染的生态过程与控制途径

被污染的环境系统与生物系统之间的相互作用，污染生态过程是一个永恒的动态过程。它也是污染控制的根本依据和主要途径。一般而言，污染的生态过程包括有生物或没有生物参与的扩散－混合过程、溶解－沉淀过程、吸附－解吸过程、生物降解－合成过程和动植物吸收－摄取过程等。

1. 生态系统中污染物的扩散－混合过程

生态系统中污染物的扩散－混合过程包括：大气湍流扩散过程、河流湍流－混合过程、海洋湍流扩散过程和土壤污染及扩散过程。导致化学污染物在大气介质中扩散的主要原因是化学势梯度，属于湍流扩散，可以近似当做分子扩散。化学污染物在大气中的扩散形式与污染源有密切关系，可以分为点源扩散、线源扩散和面源扩散。化学污染物进入海水中，也发生湍流扩散，主要以水扩散占优势，并受海水的温度、盐度和压力的影响。

2. 污染物的溶解－沉淀过程

与吸附－解吸过程相比，溶解－沉淀过程相对比较简单。不过，溶解－沉淀过程是生态系统中发生的最普遍、最基本的过程。当化学污染物进入生态系统，在生态介质、生态组分的作用下，也会发生溶解－沉淀过程，并受温度、压力等因素的影响。

3. 污染物的吸附－解吸过程

吸附主要是指化学污染物在气－固或液－固两相生态介质中，在固相中浓度升高的过程，它包括一切使溶质从气相或液相转入固相的反应，如静电吸附、化学吸附、分配、沉淀、络合及共沉淀反应。吸附包括吸持和分配两个过程，吸持是指化学污染物在固相上的表面吸附现象，是一种固定点位吸附作用；而分配作用是指土壤（或沉淀物）中的有机物质对外来化学物质或污染物的溶解作用。

4. 污染物的生物降解－合成过程

化学污染物的生物降解－合成过程是一个相当复杂的过程，包括生物的降解过程、共代谢过程和生物的合成过程。在微生物、酶或植物分泌物的作用下，进入水或土壤介质中的化学污染物会发生降解作用，转化为毒性不同的其他化学物质的过程称为生物降解。非专一性的酶在代谢转化一种基质的同时，还能够代谢转化另一种基质的作用过程，称为共代谢过程。例如，在 CH_4 代谢过程中，非专一性酶－CH_4 单氧酶不仅能将一个氧原子引入 CH_4 分子使其转化为甲醇，还能够把三氯乙烯氧化为环氧化物。在生物（特别是微生物）的作用下，将毒性小的污染物或无毒性的化学物质转化为毒性大或有毒性的污染物，或者将毒性大的污染物转化为毒性小的无毒性的化合物的过程称为生物合成。

5. 污染物的动植物吸收－摄取过程

生物累积累放大过程指化学污染物被动植物吸收后，有一个不断积累和逐渐放大的过程，这是非常典型的污染生态过程。主要包括：

（1）植物的吸收过程。植物在生长过程中不断通过根系吸收、光合作用和呼吸作用等生命代谢过程为其提供物质和能量。植物对污染物的吸收也正是伴随着这些过程的发生而发生的，污染物可以从土壤及土壤水沿根系吸收过程进入植物体，其动力为植物蒸腾拉力。

（2）动物的吸收－摄取过程。污染物进入动物体内可通过表皮吸收、呼吸作用以及摄食等途径，伴随着有机体吸收氧和营养的过程发生。在大多数动物类群中三种途径通常同时存在。皮肤经常与许多外来污染物接触。作为机体防止外来侵袭的第一道屏障,动物皮肤通常对污染物的通透性较差,可以在一定程度上防止污染物的吸收。但是不同动物皮肤的屏障作用差异较大,腔肠动物、节肢动物、两栖动物等低级种类的表皮细胞防止外源污染物侵袭的能力较低,污染物渗透体表后可以直接进入体液或组织细胞。而高等动物,污染物进入体内必须首先通过角质层,其主要机理为简单扩散。扩散速率取决于角质层厚度、外源物质化学性质与浓度等因素。

呼吸吸收主要以肺为主。肺泡上皮组织细胞层极薄而且表面积大,大气中存在的挥发性气体、气溶胶以及大气飘尘上吸附的污染物可以直接透过肺泡上皮进入毛细血管。这一过程的主要机理是肺泡和血浆中污染物浓度差引起的扩散作用,扩散速率依赖于污染物状态、脂溶性等因素,气体、小颗粒气溶胶和脂 - 水分配系数高的物质更容易被吸收。肺的通气量和血流量对污染物的吸收也有显著影响,两者的比值越大,吸收速率越大。

摄食吸收是污染物进入动物体内的最主要途径,许多污染物经消化作用被动物吸收,其主要机理是由消化道壁内的体液和消化道内容物之间浓度差引起的简单扩散作用。也有部分污染物通过动物吸收营养素的专用转运系统进行主动吸收,如铊和铅分别通过铁和钙的转运系统被消化道吸收。

7.3　土壤重金属污染及其生态恢复

7.3.1　土壤污染及重金属污染概述

土壤污染是指人类活动所产生的污染物通过各种途径进入土壤,其数量和速度超过了土壤的容纳能力,而使土壤的性质、组成及性状等发生变化,导致污染物质的积累过程逐渐占据优势,破坏了土壤的自然生态平衡,致使土壤的自然功能失调、土壤质量恶化的现象。土壤污染的明显标志是土壤生产力下降。

土壤污染对环境和人类造成的影响与危害在于它可导致土壤的组成、结构和功能发生变化,进而影响植物的正常生长发育,造成有害物质在植物体内累积,并可通过食物链进入人体,以致危害人体健康。土壤污染还会导致农产品污染,同时亦影响地下水、地表水和大气环境质量,直接危害人体健康。

土壤污染的最大特点是具有明显的滞后性和积累性。这主要包括两个方面:一方面,土壤一旦受到污染,特别是受到重金属或有机农药的污染后,污染物在短期内很难在环境中自行消除;另一方面,污染土壤的修复与治理需要较长的治理周期和巨大的投资成本,其危害与大气和水污染相比更难消除。因此,土壤污染作为一个制约人类社会可持续发展的基本问题正日益受到人们的广泛关注。

土壤中主要的污染物有重金属、有机物质、化学肥料、放射性元素以及有害微生物等。土壤污染物的种类繁多,既有化学污染物,也有物理污染物、生物污染物和放射性污染物等,其中以化学污染物最为普遍、严重和复杂。按污染物的性质,主要分为重金属污染物、农药污染物、化肥污染物、放射性元素污染物和病原微生物污染物等。

一般重金属元素相对密度大于5,如Hg、Pb、As、Cd、Cr等。多数重金属具有一定毒性,稳定性强且不易分解,一旦进入土壤就很难被排除,且可被微生物甲基化,增加其毒性。土壤中金属含量高时,由作物根部吸收向茎、叶、果实输送,并产生毒害作用,有的表现为叶片失绿枯黄,生长发育受阻,有的虽不影响产量,但会以参赌形式影响农作物品质。

土壤长期施用酸性肥料或碱性物质会引起土壤 pH 值得变化,降低土壤肥力,减少作物的产量。土壤受 Cu、Ni、Co、Mn、Zn、As 等元素的污染,能引起植物的生长发育障碍;而受 Cd、Hg、Pb 等元素的污染,一般不引起植物生长发育障碍,但它们能在植物可食部位蓄积。含 Zn 污水灌溉农田,会对农作物特别是小麦的生长产生较大影响,造成小麦出苗不齐、分蘖少、植株矮小、叶片萎黄。

7.3.2 土壤重金属污染的特征及特点

7.3.2.1 土壤重金属污染的特征

1. 重金属污染的化学特性

重金属多属于过渡元素,具有独特的电子层结构,使其在土壤环境中的化学行为具有以下特点:

(1)过渡元素有可变价态,能在一定幅度内发生氧化还原反应,同时,同一种重金属的价态不同,呈现的活性和毒性的差异也很大。

(2)重金属作为中心离子能接受多种阴离子和简单分子的独对电子,生成配位络合物;并且还可以与部分大分子有机物和腐殖酸、蛋白质等生成螯合物。难溶性的重金属盐形成络合物、螯合物后,其在水中的溶解度可能变大,在土壤中易发生迁移,扩大其污染危害范围。

(3)重金属在土壤环境中易发生水解反应,生成氢氧化物,也可以与土壤中的 H_2S、H_2CO_3、H_3PO_4 等反应生成硫化物、碳酸盐、磷酸盐等,这类化合物多属于难溶物质,在土壤中不易发生迁移,使重金属的污染危害范围变化小,但使其污染区域内危害周期变化,危害程度加大。例如堆放城市工业和生活固体废物的城郊垃圾场、利用工业污染进行农业灌溉的农场等都呈现这种重金属的污染特征。

2. 重金属在土壤环境中的空间分布特征

重金属作为构成地壳的元素,多赋存于各种矿物与岩石中,其含量大都低于 0.1%,属微量元素。经过岩石风化、火山喷发、大气降尘、水流冲刷及生物摄取等过程,构成其在自然环境中的迁移循环,并在土壤环境中积累。此外,成土母岩、母质、成土过程等因素的空间特征的分布,重金属在土壤环境中的背景值也存在着空间分异的特性。

7.3.2.2 土壤重金属污染的特点

污染范围广、持续时间长、污染隐蔽、无法被生物降解,并可能通过食物链不断地在生物体内富集,甚至可以转化为毒害性更大的甲基化合物,对食物链中某些生物产生毒害,或最终在人体内蓄积而危害健康。

7.3.3 土壤中重金属的生态效应

1. 重金属对土壤酶活性的影响

重金属对土壤酶活性有较为明显的影响。这种影响一方面是重金属对土壤酶活性产生直接作用，使酶活性基团空间结构受到破坏，从而降低其活性。另一方面，重金属能抑制土壤微生物的生长繁殖，减少微生物体内酶的合成和分泌量，最终导致土壤酶活性降低。重金属及其化合物对土壤的氧化还原酶、脲酶、碱性磷酸酶、蛋白酶、多酚氧化酶、酸性磷酸酶等土壤酶类的活性都有不同程度的抑制作用。

2. 重金属对土壤微生物群落的影响

重金属进入土壤后，首先影响土壤细菌、真菌、放线菌等微生物的种群数量。土壤受 Hg、Cd、Pb、Cr、As 等重金属污染后，不但其细菌数目明显降低，而且还能对固氮菌、分解磷细菌、纤维分解菌、枯草杆菌、木霉等其他菌类起抑制作用。重金属在影响土壤微生物数量和质量的同时，土壤微生物对重金属化合物具有分解转化的反作用。

3. 重金属对土壤的生化过程

(1) 重金属对土壤呼吸代谢的影响　土壤中的重金属对土壤呼吸强度有一定的抑制作用，其中 As 对呼吸抑制作用最强。通过研究证明，土壤呼吸作用强弱意味着该土壤系统代谢旺盛与否。呼吸作用的强弱与微生物数量有关，也与土壤有机质水平、N 和 P 的转化强度、pH 值、中间代谢产物等因素有关。

(2) 重金属对土壤有机残落物降解作用的影响　土壤有机残落物的降解主要是通过土壤有机质矿化、土壤有机物的氨化、硝化等作用完成的。相当多种类的重金属能抑制土壤有机残落物的降解，如 Cr 能抑制土壤纤维素的分解，当 Cr 含量大于 40 mg/kg 时，纤维分解在短时间内全部受到抑制。Cr 的价态不同，毒性差别较大，Cr^{6+} 大于 Cr^{3+}。

(3) 重金属对土壤氨化和硝化作用的影响　土壤中的重金属能抑制土壤的氨化和硝化作用。试验表明，土壤中 Cd 的含量越高，土壤氨化和硝化作用越弱。当 Cd 加入量达 30 mg/kg时，对硝化作用有显著抑制作用；当 Cd 加入量达 100 mg/kg 时，对氨化作用才有显著抑制效应。

7.3.4　土壤重金属污染的修复方法

重金属污染过土壤的修复方法主要有两大类，物理化学修复和生物修复。

1. 物理化学修复

(1) 客土换土法。客土法是在被污染的土壤上覆盖上非污染土壤；换土法是部分或全部挖除污染土壤而换上没有污染过的土壤。客土法和换土法均是治理农田重金属严重污染的切实有效的方法。在一般情况下，换土厚度越大，效果越显著。但是此法要注意：

①妥善处理挖出的污染土壤。应妥善处理挖出的污染土壤，并将其深翻至耕作层以下。这对于防止作物受害也有一定效果不如换土法。

②客土性质一致性。用作客土的非污染土壤的 pH 值等性质最好与原污染土壤相一致，以免因环境因子的变化而引起污染土壤中重金属活性增加。例如，如果使用酸性客土，可引起整个土壤酸度增大，使下层土壤中重金属活性增大，结果适得其反。因此，为了安全起见，原则上要使换土的厚度大于耕作层的厚度。

客土法和换土法的不足之处是需要花费大量的人力和财力，因此，只适用于小面积严重的污染土壤的治理。

(2) 热解析法。对于挥发性的重金属，采取加热的方法将重金属从土壤中解析出来，然后再回收利用。重金属汞的恢复常用此法。

(3)土壤淋洗。土壤淋洗是采用清水灌溉稀释或洗去重金属离子,使重金属离子或迁移至较深土层,从而减少地表土中金属离子的浓度;或将含重金属离子的水排出田外。

但采用此法要将含污染物的水排入一定的蓄水池或特制的净化装置中,进行净化处理,切忌直接排入江河或鱼塘。此法也只适用于小面积严重污染土壤的治理。

这些技术多易引起二次污染、土壤机构破坏、生物活性下降和肥力退化,并且修复成本高,不适应大面积土壤修复。所以人们越来越注重生物修复。

2. 生物修复

生物修复又包括土壤微生物修复和植物修复。其中,植物修复技术近年来备受人们的关注,被学术界称为“绿色修复”。这是因为植物修复具有以下特点:

①以太阳能为动力,投入少,成本低,适合大面积商业修复推广。植物修复每吨土壤的修复费用约为5~40美元,而填埋的费用高达每吨100~500美元。尤其是当土壤中重金属浓度低时,植被修复可以说是最经济高效的修复手段;

②适用于多数污染,不仅适合重金属污染,同时兼治有机物污染;

③从生态学角度看,有利于污染地生态恢复,美化环境;

④与其他化学方法相比,不会引起二次污染,尤其是不会对地下水构成污染。甚至还有报道称,某些具有发达根系的速生植物可以作为一种生物泵来减少地表污染物下渗流入地表饮用水源。

7.3.5 重金属污染土壤的植物修复

1. 植物修复及其概述

植物修复可以简单的概述为依赖超积累植物的生理耐毒性对土壤中重金属元素进行固定和吸收转运。广义上认为利用植物及其根际圈微生物体系的吸收、挥发和转化、降解等作用来清除污染环境中的污染物质。狭义概念是指利用植物及其根际圈微生物体系清洁污染土壤。其修复途径可以归纳为去污染和稳定化两种。

1583年意大利植物学家Cesalpino在意大利托斯卡纳“黑色的岩石”上发现的特殊生存植物,当时并未引起足够的重视,直至1977年Brooks提出“超积累植物”概念,植物修复才浮出水面。起初,Brooks只是简单地认为茎中Ni含量大于1 000 mg/kg的植物为超积累植物。1983年,美国科学家Chaney首次提出了利用某些能够富集重金属的植物来清除土壤重金属污染的设想—植物修复技术的设想,与传统方法相比,这项技术以其高效、经济和生态协调性等优势显示出巨大生命力,很快成为一个研究热点。目前,世界上共发现400多种超富集植物。

重金属污染土壤的几种植物修复模式归纳如下四种:

(1)植物提取。植物提取利用植物根系对重金属元素的吸收,并经过植物体内一系列复杂的生理生化过程,将重金属元素从根部转运至植物地上部分,在进行收割处理。

从定义中可以看出,采用植物提取技术首先必须要找到与被提取元素相对应的超积累植物。目前的研究发现,对Ni的超积累植物最多,达277种;印度芥菜在高浓度可溶性Pb营养液中培养一段时间后茎中Pb含量达到1.5%,同时印度芥菜还能吸收积累Cr、Cu、Zn、Cd、Ni等重金属。

(2)植物挥发。利用植物将土壤中的一些挥发性污染物吸收到植物体内,然后将其转化为气态物质释放到大气中，从而对污染土壤起到治理效果。如 Se 在印度芥菜的作用下可产生挥发性 Se；湿地上的某些植物可清除土壤中的 Se，其中单质占 75%，挥发态占 20% ~25%；利用抗 Hg 细菌在酶的作用下将毒性强的甲基汞和离子态转化成为毒性较弱的元素汞，被看作是降低汞毒性的生物途径之一。不过像 Hg、Se 这类重金属元素经植物体进入大气后沉入土壤或水体当中很大程度上将对环境造成二次污染，修复不够彻底，所以植物挥发应用范围较窄。

（3）植物稳定。植物稳定是利用植物根系对土壤中重金属进行吸收和沉淀，以降低其生物有效性和防止其进入地下水和食物链，从而减少因其迁移对环境和人类健康造成的风险。值得注意的是植物稳定也并没有将重金属从土壤中彻底清除，当土壤环境发生变化时仍可能重新活化恢复毒性。因此，植物稳定也不是完善的修复方法。

（4）植物降解。植物降解过滤是指重金属元素被植物根系吸收后通过体内代谢活动来过滤、降解重金属的毒性。典型的是降解 Cr，Cr^{6+} 生物有效性最强，对环境造成巨大的威胁，通过植物根系的降解作用后变成低价态的 Cr^{3+}，毒性大大减弱。

2. 超积累植物特征

重金属超积累植物是植物修复的核心部分。先寻找到与某种重金属相对应的超积累植物才能实现植物修复。一般认为超积累植物具有以下特征：①超积累植物地上部分的重金属含量是同等生境条件下其他普通植物含量的 100 倍以上；②在污染地生长旺盛，生物量大，能正常完成生活史；③一般而言，植物体内重金属临界含量为 Zn 为 10 000 mg/kg；Pb、Cu、Ni、Co 均为 1 000 mg/kg；Cd 为 100 mg/kg，Au 为 1mg/kg。富集系数（BCF）HE 转运系数（TF）都应该大于 1。

$$\text{富集系数(BCF)} = \frac{\text{地上部器官中重金属含量}}{\text{土壤中重金属含量}} \times 100$$

$$\text{转运系数(TF)} = \frac{\text{茎叶中重金属含量}}{\text{根部重金属含量}} \times 100$$

上述性质可以作为一种超积累性的参考。此外，还有一些植物虽然达不到超积累植物的各项指标，但比起一般的植物能忍耐一定程度的重金属，文献上多称它们为富集植物。

7.4　农药污染及其生态恢复

持续农业的土壤生态环境是土壤生产力的文明象征。在过去的一个世纪里，尽管人们早就认识到农药化学物质对农业生产的巨大贡献，但是由于农药化学物质的性质特殊性，技术上使用不合理，从而过分依赖农药及化肥，使生态环境中生物的农药抗性增强。因而，向土壤生态环境中增加农药的使用量造成对农作物、人、土壤环境的危害是不可估量的。

7.4.1　农药的化学行为

1. 土壤对化学农药的吸附作用

农药施于土壤或落在土壤上，大部分迅速被土壤粒子所吸附，其中有一部分可以挥发进入大气中或在表面受光解作用而分解。残留农药在土壤溶液中可解离成有机阳离子，也可解离成为有机阴离子，分别被带负电荷和带正电荷的土壤胶体所吸附。许多农药如林丹、西玛津等大部分吸附在土壤有机胶体上。

化学农药本身的性质和组成对吸附作用的影响差异较大，在农药的分子结构中其带有 $-OH$、$-NH_2$、$-CONH$、NH_2COR、$OCOR$、$-NHR$ 官能团的农药吸附能力比较强，特别是带有 $-NH_2$ 的化合物，吸附能力更强。在同一类型的农药中，农药的分子量越大，则土壤对它的吸附能力就越强。土壤 pH 值对农药的吸附作用也有很大影响。如 2,4 - D 在 pH 值约为 3 ~4 的条件下解离成有机阳离子，为带负电的土壤胶体所吸附，而在 pH 值 6 ~7 的条件下，则解离为有机阴离子，被带正电荷的土壤胶体所吸附。化学农药被土壤吸附后，由于存在形态的改变，其迁移转化能力和生理毒性也随之发生变化。比如，除百草枯和杀草快被土壤黏土矿物强烈吸附后，它们在土壤溶液中的溶解度和生理活性就大大降低，所以土壤的吸附能力越大，农药在土壤中的有效度越低，净化效果就越好。但这种净化作用是相对不稳定的，也是有限度的。当被吸附的农药被其他离子重新交换出来时，便又恢复了原有的性质。如果进入土壤中的农药量超过了土壤的吸附能力时，土壤就会失去对农药的净化作用，从而使土壤遭受农药污染。因此，土壤对农药的吸附作用，只是在一定条件下起净化作用和解毒作用，其主要的作用还是化学农药在土壤中进行积累的过程。

2. 化学农药在土壤中的挥发、淋洗

进入土壤中的农药，通过土壤固相吸附、气体挥发和随水淋溶等方式而在土壤中扩散移动，被生物吸收或移出土体之外而导致大气水体和生物污染。各种农药的挥发性及其由此而逸入大气中的难易程度差别很大，这主要取决于农药本身的溶解度和蒸汽压、土壤湿度以及影响土壤空隙状况的质地和结构条件。某些土壤熏蒸消毒剂，如甲基溴等，其蒸汽压很高，因而它们可以渗透到土壤孔隙中与生物接触而杀死有害生物。同时也正是因为其蒸汽压很高，在施到土壤后的短时间内即会很快挥发而逸入大气。

农药的挥发受到农药本身的蒸气压、扩散系数、水溶性、土壤的吸附作用、农药的喷洒方式以及气候条件等很多因素的影响。挥发性农药通过分子扩散从土壤表面穿过滞留的空气层到达湍流边缘，空气流速决定了滞留空气层的厚度，从而也决定了挥发速率。对照表面喷施和地下种子处理两种施药方式，测定林丹的挥发速率，发现地表喷施的林丹大量挥发，而种子处理的林丹则挥发速率很低，但假如第二年进行耕地深翻，林丹被带出地表，则残留的林丹会很快挥发。

同一种农药在土壤中的含量越高，则它的挥发度越大。易挥发农药的挥发一开始就使表面的农药挥发完，接下来的挥发是由土壤内部的农药向土表的扩散过程。

有人认为农药在土壤中消失即说明已经完全分解，这一认识并不正确。因为逸入大气中的农药微粒因自由沉降于地面或溶于雨水中又回到土壤或地表水中而未分解，其污染源的地位并未改变。农药在土壤中的淋洗与土壤对农药的吸附作用密切相关。被土壤有机质和黏土矿物强烈吸收的农药，特别是难溶性农药在一般情况下不易在土体内随水向下淋移，相反，在有机质和黏土矿物含量较少的沙质土壤中则最易发生淋洗，尤其是一些水溶性药物。除草剂往往比杀虫剂或杀菌剂更易移动。而且在移动性最大的 61 种农药中，有 58 种是除草剂。而在移动性最小的 29 种农药中，有 19 种是杀虫剂或抑菌剂。

3. 化学农药在土壤中的降解

(1)光解。由于农药中一般含有 C - C、C - H、C - N、C - O 等键，而这些键的离解正好在太阳光的波长范围内,因此农药在吸收光子之后,就变成为激发态的分子,导致上述化学键的断裂,发生光解反应。

土壤湿度的变化影响光解速率,其可能机制为:当湿度变大的时候,溶于水中的农药量也随之增加,而且水中的 OH^- 等氧化基团因光照也随之增加,从而使农药的氧化降解速率加快。各种农药对光化学反应的敏感性说明,关节对于降解土壤中的农药有着重要的作用,在农药光解的初期阶段,农药分子分裂成不稳定的游离基,它可与溶剂,其他农药分子和其他反应物发生连锁反应,因此,光化学反应可能是异构化、取代作用和氧化作用的合成结果。

(2)农药的化学降解。进入土壤中的农药在有氧或无氧的情况下就会发生氧化还原反应,例如,杀螟磷、氯硝醚在厌氧条件下能很快分解。农药的氧化还原反应是与土壤中的氧化还原电位密切相关的。当土壤透气性好时,其氧化还原电位高,有利于氧化反应进行,而在厌氧条件下,半衰期为 5.56 d,说明单甲脒在厌氧条件下比在好氧条件下降解慢。

对农药的化学降解有直接影响的还有土壤的组分,农药在各种不同的土壤中的降解速率也各不相同。土壤含水量的多少影响了土壤的透气性能,进而影响了土壤中的氧化还原电位的大小,从而决定了农药化学降解的快慢。好氧条件下有利于杀虫双的降解,厌氧条件下则不利于它的降解。

(3)水解。环上与氯原子结合的碳原子被负电性的氯和氮原子包围着,因而易受羟基的影响而水解。它主要有两种类型:一种是由于黏土的吸附催化作用而发生的反应;另一种是农药在土壤中由酸催化或碱催化的反应。吡虫琳在酸性介质和中性介质下稳定性很好,在弱碱条件下吡虫琳缓慢水解,随着碱性的增大,吡虫琳的水解速率也增大,说明吡虫琳的水解属于碱催化。

农药的水解受到土壤 pH 值得影响。嗅氰菊酯农药的水解速率随 pH 值得增大而加快,在 pH 值为 5、7、9 的溶液中,其水解半衰期分别为 15.6 d、8.3 d、4.2 d。但并非所有的农药都能很快水解,如丁草胺在纯水中黑暗放置 30 d,发现丁草胺的浓度并无变化,说明它在水体中的稳定性很高,所以污染地下水的能力很大。

(4)微生物降解。农药的微生物降解作用实际上是通过微生物的酶促反应。综合来说,农药的微生物降解途径,主要包括氧化、还原、水解、脱酸、脱卤缩合、易购化等。微生物降解是一些农药在土壤中的迁移转化的主要方式。如 DDT、对硫磷等的主要消失途径是通过微生物降解。影响微生物降解的主要因素有温度、土壤的含水量、微生物的菌属、有机物含量等。温度影响微生物降解的速度主要是因为温度影响了微生物的活性,从而影响了降解速度。在微生物适宜温度 35℃左右,土壤的含水量、有机物含量、微生物的组成可能极大地改变了微生物降解速度。

土壤中含水量的增加也能使微生物的生长加快,从而加快了农药微生物降解的速率。土壤水中的有机碳含量影响着微生物的生长,有机碳的含量越高,则残留的除草剂越易降解。在农药的微生物降解过程中,微生物数量的多少决定了该农药被降解的程度和速度。如果在同一地区连续施用同一种农药,会引起降解该农药的微生物的富集,假如再施加该农药,则会使该农药的降解加快,使农药的效力降低。

4. 植物对土壤中农药的吸收

土壤中的残留农药,有些可被作物吸收而在作物体内积累。但作物对农药的吸收,受多种因素的制约。除农药在土壤中的物理、化学和生物过程、土壤中腐殖质和黏土矿物质的数量、性质等特性外,还与农药的种类、施用量、施用时间等有关。此外,因作物种类的不同亦有很大差别。有研究表明,黄瓜、莴苣等菜吸收农药后,在叶、茎、果实等食用部分残留;马铃薯、胡萝卜和萝卜等根菜类作物的根表皮可直接吸收农药,并且在体内残留。从对农药的吸收能力看,一般根菜类 > 叶菜类 > 果实类。

5. 农药在土壤中的残留

农药在土体中经挥发、淋溶、降解而逐步消失,但仍有一部分残留在土体中。农药在土壤中的残留期是由农药本身的理化性质和其他影响因素决定的,比如土壤质地、含水量、微生物等。例如,有机磷酸盐是昆虫杀伤剂只能在土壤中存在几天;使用广泛的2,4 - D在土壤中能存在2 ~4周;在各类农药中,含Pb、As、Cu、Hg类农药半衰期最长可达30年,有机氯类农药次之,其半衰期最长可达15年,但某些有机磷农药半衰期只有1天。

7.4.2 农药对土壤产生的生态效应

1. 农药使用中存在的问题

(1)农药使用的品种结构不合理。在我国的农药使用中,杀虫剂的比例较大,而除草剂的用量较小,这一现象虽然近年来有了较大的改善,但除草剂的应用比例仅只有15%左右,而发达国家则为80%左右。我国农药使用的方向无疑是加大除草剂用量,因此在防治农药污染方面应充分考虑到这一点。

(2)使用技术落后。在农药的使用上存在着农药的品种和数量搭配不科学,使用器械落后等一些问题。农民缺乏科学知识和相应的农药使用管理措施,出现了滥用农药,随意放大用药量等现象,从而造成了包括农药对土壤污染在内的一系列污染问题。

(3)农药质量问题较突出。调查表明,农药市场上,就农药产品的活性成分而言,有1/3以上的农药商品不符合国际规定,这是造成农药对土壤污染问题的主要原因之一。

(4)缺乏农药的安全性评价。我国目前几乎没有关于农药商品安全性方面的控制措施。而德国、法国、加拿大、荷兰、瑞典、丹麦等国家都在使用的农药安全性方面有严格的控制措施。例如德国在广泛使用的300余种农药中,通过试验等手段进行安全性筛选,并对其中2/3安全性有问题的农药做出了严禁使用的限制。

2. 农药对农田土壤的污染

(1)农药对土壤理化性质的影响。农药施用后,很大一部分都落到土壤上,大气残留的农药和附着在作物上的农药经雨水冲刷等也有相当一部分落入土壤中,造成土壤的农药污染。被农药长期污染的土壤将会出现明显的酸化现象,土壤养分随污染程度的加重而减少,土壤孔隙度变小等,从而造成土壤结构板结。

(2)作物的影响。残存于土壤中的农药对生长的作物有着不利的影响,尤其是除草剂。一方面由于使用不合理或用除草剂含量过高的废水进行农田灌溉造成的土壤污染往往也对作物造成严重的危害;另一方面,对某种或某一类农药具有较强抗性的作物,一旦食用后,将严重威胁人体的健康。这一现象应予以高度重视。

(3)农药对土壤生物的影响。土壤动物的丰度是沃土的重要标志。而残存于土壤中的农药将对土壤中的微生物、原生动物以及其他节肢动物、环节动物、软体动物、线形动物等产生不同程度的危害。研究表明,乐果施用后10天能显著降低土壤微生物的呼吸作用,乐果、抗蚜威和 Fenpropimorph 三种杀虫剂对土壤原生动物自然种群具有消极影响。有机磷农药污染的土壤中，土壤动物的种类及数量都明显减少。

3. 农药对农田土壤生态的影响

(1) 土壤中农药的迁移。进入土壤的农药，除了被吸附外，还可通过挥发、扩散的形式迁移进入大气，引起大气污染或随水迁移和扩散而进入水体，引起水体污染。一些水溶性大的农药，则直接随水流入江河、湖泊；一些难溶性的农药，如 DDT，吸附于土壤颗粒表面，随雨水冲刷，连同泥沙一起流入江河。农药在土壤中的移动性与土壤的吸附性能有关。农药在吸附性能较小的沙质土壤中易随水迁移，而在黏质和富含有机质的土壤中则不易随水移动。

(2) 农药对土壤微生物群落的影响。不同农药对土壤微生物群落的影响不同。同一农药对不同微生物类群影响也不相同。如 5 mg/kg 浓度的甲拌磷处理使土壤细菌数量增加，而用椒菊酯处理使细菌数量减少。3 mg/kg 的二嗪处理土壤 180d 后，土壤中的细菌和真菌数并没有改变，而放线菌属增加了 300 倍。

(3) 药在农作物体内的代谢和残留。农药施入农田后，一部分散落在农作物表面而残留下来，或者是渗入植物体内移动，并随作物一起被人或动物摄取，另一部分农药直接落在土壤中。农药进入植物体的主要途径是落在土壤中的农药，除挥发和径流损失外，其余可被农作物直接吸收，在作物的体内残留。

植物根系对农药的吸收与农药的结构特性和土壤性质有关。一般植物根系对相对分子质量小于 500 的有机化合物易于吸收。如果相对分子质量大于 500，根系能否吸收取决于这类化合物在水中的溶解度，溶解度越大、极性越大者越容易被植物吸收，也越容易在植物体内转移。分子量较大的非极性有机农药只能被根表面吸收，而不易进入组织内部，如 DDT 为非极性农药，在水中的溶解度又很小，因此多附着于根的表面。

进入植物体的农药，可在酶的作用下分解代谢，在植物体内逐渐减少。农药在植物体内的分解包括水解、氧化、还原、脱烷基、脱氯、脱氢、环裂解等作用。一类农药如有机氯，通过代谢形成与其相似的产物，并与植物体内的有机物相结合，残留在植物体内；另一类农药如有机磷等，在植物体内能彻底分解，所以残留量低、残留期短。

(4) 农药对土壤硝化作用的影响。某些杀虫剂会对土壤硝化作用引起长期显著的抑制。如异丙基氯丙胺灵在 80 mg/kg 时完全抑制硝化作用。

(5) 农药对农产品质量的影响。使用农药可造成农产品中硝酸盐、亚硝酸盐、亚硝胺、重金属和其他有毒物质在农产品中大量积累，造成农药在动植物食品中的富集和残留，直接威胁着人体健康。农药的使用使农产品质量与安全降低。由于我国农药污染的不断加剧，以致出现农产品中农药超标而使农产品的国际竞争力大大下降。以苹果为例，我国苹果产量居世界第一位，而目前我国苹果出口量仅占生产总量的 1% 左右，出口受阻的主要原因是农药残留超标。1989 年我国出口到日本的绿茶因农药残留超标而被退回。我国加入世贸组织后，加强农药对农产品的污染控制极为迫切。

农药对农作物污染程度与作物种类、土壤质地、有机质含量和土壤水分有关。沙质土壤要比壤土对农药的吸附弱，作物从中吸收的农药较多。土壤有机质含量高时，土壤吸附能力强，作物吸收农药越少。土壤水分因能减弱土壤的吸附能力，从而增加了作物对农药的吸收。

(6)农药对人和动物的危害。农药进入土壤后,使土壤性质、组成及性状等发生了变化,并对土壤微生物有抑制作用,使农药在土壤中的积累过程逐渐占优势、破坏了土壤的自然动态平衡,导致土壤自然正常功能的失调、土质恶化、影响植物的生长发育,造成农产品质量和产量下降,并通过食物链危害人类。如某些杀虫剂对大豆、小麦、大麦等敏感植物产生影响,妨碍其根系发育,并抑制种子发芽。用各种方式施用的农药,通过土壤、大气、水体在生物体内富集,残留在生物体内。有机氯农药随着食物链的不断积累,危害不断增加,毒性也就逐渐增大。生物体级数越高,浓缩系数越大,人是生物体的最高形式,因而必将通过食物链危害人类。

有机氯农药难降解、易积累,直接影响生物的神经系统。如 DDT 主要影响人的中枢神经系统;狄氏剂除急性作用外,还有长期的后遗影响,使人健忘、失眠、做噩梦,直至癫狂。

第8章　全球变化与生态恢复

当前人类面临的挑战没有比全球变化更大的了。由于人口持续增加、工业发展、毁林开荒和农业活动，导致了全球 CO_2、N_2O、CH_4、CFC 等温室气体大量排放，这些气体的温室效应导致了全球变化。

8.1　全球变化及其内容

8.1.1　全球变化的概念

全球变化是指地球生态系统在自然和人为影响下所导致的全球问题及其相互作用下变化的过程(蔡晓明,2000)。狭义的全球变化主要是气候变化，包括大气臭氧层的损耗、大气中温室气体增加和气候变暖；广义的全球变化包括全球气候变化、土地利用和覆盖的变化、养分生物化学循环、生物多样性的丧失、生物入侵等内容。

美国《全球变化研究方案》一书中，将全球变化定义为："可能改变地球承载能力的全球环境变化(包括气候、土地生产力、海洋和其他水资源、大气化学以及生态系统的改变)。"全球变化(global change)一词首先出现于20世纪70年代，当时国际社会科学团体使用这一概念。90年代以来，全球变化研究作为一项跨学科、跨国界、迄今为止规模最大的国际合作活动，已经成为最引人注目和关切的环境和科学问题之一，被各国政府、科学界与公众所强烈关注。全球变化研究的目标是描述和理解人类赖以生存的地球环境系统的运转机制、它的变化规律，以及人类活动对地球环境的影响，从而提高对未来环境变化及其对人类社会发展影响的预测和评估能力(叶笃正等,2002)。全球变化研究涉及范围广，包括地球科学、生物科学、环境科学、天体科学及遥感技术、地理信息系统及网络化高科技的应用等众多的学科领域。

引起全球变化的根本原因在于全球人口的增长，也包括人类对大自然的盲目开发和破坏，社会体制、政策、法律的疏漏和失当。Vitousek(1994)研究表明，人类活动从以下三个方面引起全球变化：大气 CO_2 浓度的改变；N 循环的改变；土地利用和土地覆盖的改变。其具体机制是，人类的工农业生产很大程度上改变着大气 CO_2 浓度、N 循环以及土地覆盖，而这些变化最终将导致全球气候的变化和生物多样性的丧失。同时也可以看出，全球变化研究成果将直接服务于人类，有利于自然资源的合理开发利用、工农业的合理布局、环境污染控制以及全球性环境问题的重大决策，为改善人类生存环境做出贡献。

目前，国际上公认的全球变化研究是由三个相互独立、相互依存的科学计划组成：以研究地球系统中的生物地球化学循环及过程为主的国际地圈生物圈计划，以研究气候系统中物理方面问题为主的世界气候研究计划和以了解导致全球环境变化的人类因素为主的全球环境变化的人类因素计划。概括地说,目前的全球变化生态研究是关于区域及全球变化趋势、原因、机制和效应的研究。全球变化生态研究的目的在于由于人类活动所引起的全球环境变化对人类赖以生存与持续发展的陆地生态系统与人类生存环境的作用及其反映,以期找出应对的科学策略,最大限度地减小全球变化的不利影响,使地球朝着有利于人类生存与持续发展的方向发展。

近几十年来,全球变化的速率和强度是人类历史上罕见的,学术界对全球变化越来越关注,如图 8.1 所示。

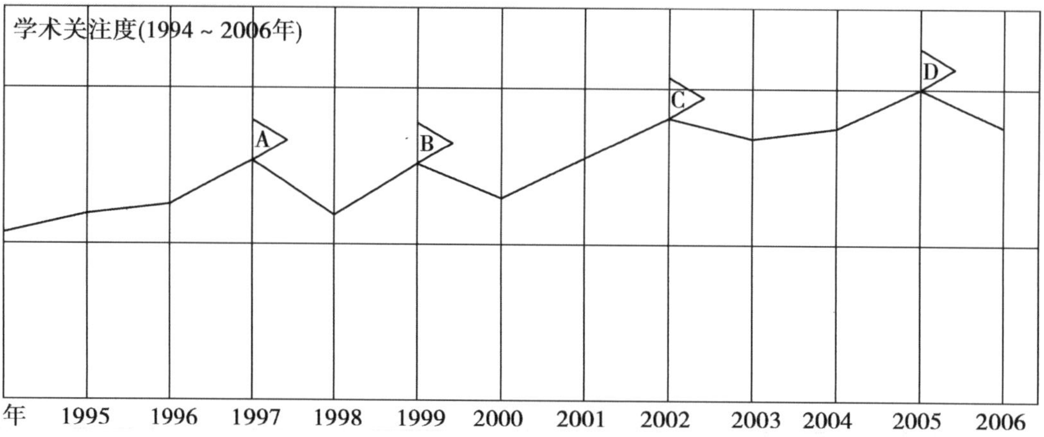

图 8.1 1994 ~ 2006 年间学术界对全球变化的关注度

8.1.2 全球变化的主要内容

1. 土地覆盖和土地利用的变化

土地覆盖是指陆地表面生态系统类型及其生物和地理的特征,如森林、草地、农田等。而土地利用则是指对土地利用方式。对全球变化研究而言,土地覆盖变化是指土地物理或生物覆盖物发生的变化,包括生物多样性的变化、实际和潜在的初级生产力的变化、土壤质量的变化、径流与沉积率的变化等;而土地利用变化是指人为土地利用方式的改变,以及反映土地利用目的的土地管理意图。

土地覆盖和土地利用往往相互关联,它们直接改变着陆地生态系统的结构和功能、区域乃至全球范围内的生物地球化学循环,同时可能影响区域范围内的能量和水分收入,从而影响区域的气候特征。因而土地利用和土地覆盖变化研究也成为全球变化研究的重要内容。

土地利用包括森林的采伐、牲畜的放牧、土地垦殖、水体的利用、水生物的捕捞和城市扩张等。其结果是天然植被的破坏、地表的物理化学特性的改变,进而影响到微量气体的生物源和汇,改变了自然的生物地球化学循环,并通过各圈层的相互作用给人类的生存环境带来深远的影响。

据统计,全球森林面积减少了 50% ,30% 左右的森林变成了农田。目前热带森林正以每年减少 2% 的速率在继续。全球沙漠化面积以每年 50 000 ~70 000 km^2 的速率增加。而由于工业“三废”造成的环境污染也不断加剧。这些变化严重地影响了人类的生存质量。

2. 生物地球化学循环的变化

生态系统之间矿物元素的输入、输出以及它们在大气圈、水圈、岩石圈、生物圈的流动和交换称为生物地球化学循环(蔡晓明,2000)。过去 100 多年中,氮、磷、硫等物质的生物地球化学循环在人类的干扰以及气候变化的条件下已发生了显著的变化。

表 8.1 显示了全球自然固氮与人工固氮量总数的对比。不仅如此,人类活动如植物秸秆燃烧、土地利用和湿地排水等都加速了氮的游离,游离的氮均可回到大气或水域中,影响了水质,从而改变局部地区氮循环。同样,人类活动也改变了硫、磷的生物地球化学循环,从而产生酸雨并使水体富营养化。

表 8.1 全球自然固氮量与人工固氮量对比

	来源	固氮量(Tg/a)		来源	固氮量(Tg/a)
全球自然固氮	陆地生态系统	100	人工固氮	化肥工业	80 以上
	海洋生态系统	20		农作物	30
	闪电引起	10		其他工业释放	25~30
全球自然固氮总量总计		130	人工固氮总量总计		130~140

3. 人口增长

人口剧增是全球变化的一个主要原因。自地球上出现人类直到 1945 年,人口增加到 20 亿,1962 年为 30 亿,1980 年为 44 亿,预计到 2032 年将达到 90 亿。非洲和拉丁美洲是人口增长最快的地区,其次是亚洲。近几十年,发展中国家的人口增长率一般比发达国家高。众多人口给全球生态系统施加了巨大压力,人类活动正在改变着世界的运转方式,而且人类工农业活动以及自然资源的耗费将对全球变化造成巨大的影响。

4. 生物多样性丧失

生物多样性丧失是全球变化的重要方面。生物多样性是地球在长期进化过程中形成的,它们在生态平衡中扮演了重要作用,它们的丧失将影响农业主要作物的改良。有学者认为,迄今人类对生物多样性的影响,其恢复至少要 1 亿年。事实表明,随着全球人口的激增、人类活动的加剧,作为人类生存最重要基础的生物多样性也受到最严重的挑战。研究表明,物种灭绝的速率是人类干预出现之前自然速率的 1 000~10 000 倍。现在地球上的动植物种类消失的速率比过去 6 500 万年之中的任何时期都要快 1 000 倍,每天大约有 100 个物种灭绝。20 世纪以来,全世界已有 110 多种哺乳动物、139 种鸟类消失,还有 600 多种动物和 25 000 种植物正面临灭绝的危险。更为严重的是生物多样性的丧失是不可逆转的,一个物种一旦消失,就永远不会再现。

在全球变化的研究中发现,土地利用、生物地球化学循环、人口增长等都影响到生物多样性的存在和丧失,而生物多样性的变化也反过来影响着陆地和海域生态系统的结构和功能,生物多样性的减少将极大地改变自然生态系统的结构、功能和格局,从而影响全球的土地利用变化、物质生物地球化学循环变化、全球气候变化等(蔡晓明,2000)。因而 Vitousek(1994)和 Mooney 等(1994)在许多全球变化的研究项目中已把生物多样性丧失作为重要内容。

5. 大气成分变化

工业革命以来,大气痕量气体显著增加,其基本原因是由于人类活动过量排放了温室气体。人类社会对能源消耗量越来越大,矿物燃料的大量使用和森林面积的不断减少,导致大气中的CO_2、CH_4、N_2O和CFCs等气体的浓度明显升高。这些气体具有使天气温度升高的温室效应,称为温室气体。温室气体浓度的升高,将使全球气候发生显著的变化。有研究表明,大气中CH_4和NO_x浓度增加的结果,两者结合起来大约占全球变暖原因中的20%。在温室气体中,CO_2对温室效应作用最大,占56%。尽管其他气体对热辐射吸收能力大大高于CO_2,但由于气浓度基数低,作用较小,总体对热效应的作用占44%,其中CH_4占11%,N_2O占6%,CFCs占24%,水蒸气占3%。

工业革命以前大气中CO_2的体积分数仅为2.68×10^{-4},二战以来CO_2增加了25%,年均增加0.5%,超过3.6×10^{-4}。现在的增加速度更快,在美国夏威夷莫纳罗亚山的长期观测记录证实了这一点。多种模型预测,到2030年大气中CO_2将加倍,大气中CO_2的增加主要是由于工业燃料量迅速增加,同时也因为森林植被及林下土壤碳库中碳的分解释放而造成的。

CH_4浓度从1860年至今,已增加一倍以上。其来源主要是工业源、湿地、水域、稻田、农田中的有机肥、有机物质燃烧等。CFCs则完全是工业化的产物。在温室气体中,由于CO_2浓度增加速度大大加快,各种研究证明在以后的30多年内,CO_2浓度将达到工业化前的两倍。因此,影响全球气候变化的主要气体是CO_2。

6. 全球气候变化

全球气候变化主要是指全球气候变暖和极端天气气候事件增加。温室气体浓度逐渐升高,将导致气温升高,气候变暖。由于全球气候变暖,水分蒸发量必然增加,这将导致全球平均降水量增加,但降水量增加也是不平衡的。雨量增加的地区性差异和季节性变化,在某些地区可能导致严重的洪灾。不少研究结果都支持这一观点,但究竟哪些地区更干旱,哪些地区发生涝灾,尚难以定论。

随着CO_2浓度的加倍,全球大气和土壤的温度将升高1.5~4.5 ℃;受海洋水体的影响,这种温度变化是渐变的,大约每10年升高0.3~1 ℃;温度变化幅度地区性差别较大,在高纬度地区(北纬60°以上),夏季温度升高幅度将比全球平均水平高50%~100%,而冬季温度升高幅度可能是全球平均水平的3倍,这主要由海洋中冰的溶解放热造成的。

全球变暖对地球气候系统产生了深远的影响,并进而影响人类的健康和安全,也影响到动植物的分布。据IPCC2007调查表明,全球暴雨、干旱、热浪等极端天气气候事件均有增加。北半球中高纬度地区的大暴雨事件增加了2%~4%。亚洲和非洲干旱的频度和强度在最近十年均有增加的趋势。由于气温升高,大气层中气流交换增强,大风天气增加,风暴频率和强度都会有所增强,某些区域(如我国黄土高原地区)风蚀作用导致的水土流失会加剧,从而影响农业生产。

8.2 全球变化产生的影响

8.2.1 全球变化对农业生产的影响

全球变化对农业的影响是多方面的、复杂的和难以准确预测的,存在有利的作用,也有不利的影响,并且可能是负作用大于正作用。农业生态系统是很复杂的,其对全球变化的响应也是难以确切模拟的,农业又是与人类关系最为密切的产业,所以全球变化与农业系统间的相互作用关系研究是非常重要的。从全球层次上看,气候仍是农业产量的决定因素。目前已发展了一批全球变化的作物模型,其中比较著名的有:CERES - Wheat(Ritchie、Otter,1995)、CERES - Maize(Jones、Kiniry,1986)、SORGRO(Wilkerson,1983)。这些模型预测的结果表明全球变化情况下,会导致全球作物生产区改变,气候的改变会导致荒漠化、干旱和减产,增加农业施肥和灌溉成本,增加病虫害风险。

1. CO_2 增加对作物产生的影响。

(1)对作物光合作用的影响。大气中 CO_2 浓度的增高,增加了大气对地球发射的长波辐射的吸收,增强了温室效应,使气候变暖。大气 CO_2 浓度上升影响森林群落内的竞争,进而使群落结构和功能发生变化,这种研究思路越来越受到关注,并被认为是全球变化研究领域的新热点。CO_2 是作物光合作用的原料,对作物生长至关重要。在一定的范围内,CO_2 的浓度升高,植物生长加快,所以有人认为大气中 CO_2 浓度升高,将会大幅度提高植物的生产力。但也有试验表明,许多植物在高 CO_2 浓度下的生长趋势为:有一段时间加速生长,之后生长缓慢,甚至停止生长(匡廷云,1994)。这可能与植物的不同光合代谢途径有关:C_3 植物(如小麦、水稻、大豆)对 CO_2 浓度升高呈较高的正反应,但 C_4 植物(如玉米、高粱)对 CO_2 浓度增加的反应较弱。

在其他条件不变的情况下,CO_2 浓度升高,对农作物是有利的,但气候变化会导致一系列生态因子的变化。C_3 植物的光合途径在目前的大气 CO_2 浓度下还是处于一种碳限制的状态,因此 CO_2 浓度的升高将刺激光合作用,增加森林吸收大气中额外增多的碳并将这些碳储存于木质部和土壤有机物质中,碳通过凋落物分解、根生长、更新和溢泌作用等途径进入根际。

实验研究表明,大气中 CO_2 浓度增加,主要分布于温带、亚热带和温润热带地区的 C_3 植物会受益增产,而主要分布于半干旱热带的 C_4 植物产量则会受到影响,并且前者的受益并不一定能补偿后者的损失。在全世界粮食产量中,C_4 植物仅占 20%,但在国际市场上交易的粮食中,C_4 植物如玉米等占到 75% 以上,是全球饥困地区的主要食物。因此,气候变化对作物产量的影响,将会使某些地区饥荒加剧。

大气中 CO_2 浓度的升高增加了有机物向土壤的输入,并改变了有机物的质量,进而提高微生物的生物量和影响土壤的营养循环,这些植物由于土壤氮缺乏可能会削弱其对 CO_2 的响应,群落中某些固氮种类的存在会缓解土壤原有的氮供应。最后,CO_2 浓度的升高通过如上机制对竞争关系产生影响,竞争的结果是使群落的结构与功能发生变化。植物群落结构上的变化,反过来通过植物本身的呼吸(主要是向大气返送碳)、土壤微生物的活动、凋落物的分解等许多功能过程,作用于原有的地球生物化学循环,对大气成分产生影响。

(2)对作物水分利用效率的影响。由于二氧化碳浓度升高,植物气孔开放程度将变小,开放时间也可能缩短,植物较容易获得二氧化碳,因此植物蒸腾作用将减弱,植物体耗水降低,土壤水分利用率将提高,这对干旱半干旱地区的农作物可能是有益的。但由于温室效应,气温也升高,水分蒸发速度会加快。这种蒸发加快和蒸腾减少是否能达到平衡,目前尚难以预测。

(3)对作物品质的影响。CO_2 浓度的升高可能会导致农作物品质的下降,因为 CO_2 在高浓度的情况下,作物吸收的 C 将增加,而吸收的 N 减少,体内 C/N 比升高,蛋白质含量将降低，作物品质降低。这一点已有实验证实：小麦和大豆在 CO_2 浓度倍增条件下试验，结果冬小麦籽粗蛋白和赖氨酸分别下降 12.8% 和 4%；大豆氨基酸和粗蛋白含量分别下降 2.3% 和0.83%。这样，人类人均需求的粮食量可能要增加，才能满足自身的营养。同样，农业害虫可能也要摄取更多的植物才能满足其营养需求，虫害可能因此加重。

2. 气候变化对农业生产布局的影响

温室效应会使大气温度升高，这样对热量有限的地区来说，可以延长生长季节，在北半球高纬度地区农业生产区因气候变化而大幅度北移，山地分布上界会向上移动。一些模拟研究表明，在北半球中纬度地区，若平均气温升高 1 ℃，作物的北界一般可以向北移动 150 ~ 200 km，而海拔向上移动 150 ~ 200 m。

GISS 大气环流模型预测结果认为，CO_2 浓度加倍后，冬小麦区美国大平原区北移至加拿大，而春小麦区也同样大幅度北移。在墨西哥，小麦区面积没有什么变化，但研究认为可能会出现持续高温天气，而对小麦生产不利。

CO_2 浓度升高、气温增加的情况下，一些作物分布北界将要向北扩展，面积可能增加。这些作物的总产量应增加，但这必然要将一些其他用途的土地转为农田，例如原来因热量不足不宜作为农田的草地、林地等要开垦，这样在作物产量增加的情况下，林产品的面积在不同的区域或国家相差悬殊，而且受政策影响甚大。所以，农业生产格局在未来几十年中的变化，将难以准确预测。

3. 气候变化与农业病虫害

全球气候变暖会使农业病虫的分布区发生变化的趋势与农作物带移动的趋势大致相同。低温往往限制某些病虫害的分布范围，气温升高后，这些病虫害的分布区可能扩大，从而影响农作物生长。与此同时温室效应还使一些病虫害的生长季节加长，使多世代害虫繁殖代数增加，危害时间延长，作物受害可能加重。另外，在温带地区某些病虫害目前危害程度不大，但如温度升高，危害会加重，例如马铃薯枯萎病目前由于夏季气温较低而对马铃薯危害不大，但当平均气温升高 4 ℃时，马铃薯会因此病而损失产量的 15%。此外，全球温度和水分变化可能导致害虫种间及它们的天敌种群间相互作用关系发生变化。

4. 海平面升高对农业的影响

全球气候变暖会使海平面逐渐升高，这是因为极地和高山地区的冰川、冰盖和积雪融化所致。海平面升高的结果是沿海岸线一些地势低下的农田可能会被淹没，同时会造成周围盐化土壤扩展，海潮、海岸侵蚀和海浪灾害会加剧。如果海平面升高 1 m，全球可能会有11 800 万人受到灾害威胁。据预测，到 2100 年海平面得平均升高 1 ~ 1.5 m，孟加拉国损失最大，可能会损失 17.5% 的土地；埃及会损失 1% 土地，而中国、丹麦可能也是受损失很大的国家。

8.2.2 全球变化对土壤的影响

目前对土壤和气候变化的关系研究相对较少，因为土壤系统是十分复杂的，许多因素难以模拟。对于土壤与气候因子之间关系的研究工作较多，尤其是对森林土壤研究的较多，这些研究主要集中在土壤系统的生物物理和生物化学过程与机理及其气候因子对其的影响上，这些是理解气候变化对土壤影响的基础。

1. 全球变化对土壤 C 库和 C 流的影响

土壤是一巨大的 C 库，土壤中有机质含 C 量约在 1 300 ~ 1 600 Gt，约是陆生生物含 C

量(664 Gt)的两倍。地球陆生植被总初级生产量以 C 计约为 120 Gt/a,其中 50% 用于植物吸收,另外 50%(净初级生产量)主要由土壤生物吸收分解,呼吸分解产生 CO_2 返回大气,也有少量以 CH_4 的形式返回大气。在气候条件保持稳定的情况下,土壤 C 库和 C 流基本保持平衡。但在气候变暖的情况下,情况就会有较大的变化。

(1)全球土壤 C 库的组成和分布。全球土壤 C 库的组成和分布是不均匀的,与生态系统类型密切相关。如冻原地区,生物生产量虽然很低,但由于寒冷,分解受到限制,其土壤含 C 密度最高;其次是湿地生态系统,因水分过多限制了分解。

一些研究表明,气候变暖对不同生态系统的含 C 密度影响并非十分明显,即生态系统 C 密度大小排列顺序基本保持一致。但由于气候变化,在大气中 CO_2 浓度升高的情况下,植物光合速度相应提高,由此,各生态系统中的生物生产能力也会提高,进入土壤的生物量可能会增加,也就是说,进入土壤的 C 量会增大。但由于 CO_2 浓度升高的同时,温度也会升高,土壤中的有机物分解速率将加快,这样土壤 C 的输出量也将增加。

影响各生态系统土壤中 C 量的主要因素是其面积的变化,因为对同一生态系统而言,单位面积土壤 C 库储存的 C 量受光合作用影响较小。所以,各生命带在气候变化影响下,都有向北移动的趋势,因此,面积变化最明显的将是冻原地带和北方森林带,预计这些地带土壤中 C 的总量将有明显减少,而某些生态系统的 C 总量,比如温带草原将有所增加。生命带的变化滞后于气候的变化,土壤 C 库中 C 总量的变化则滞后于生命带的变化,滞后期可能超过 100 年。

(2)气候变化对土壤中 CO_2 释放的影响。土壤向大气释放的 CO_2 主要是土壤 C 库中有机物质矿化作用产生的,也叫土壤呼吸。土壤呼吸量的大小的直接相关因素是生态系统中枯枝落叶的生产量,沿纬度形成明显的梯度。当然释放的 CO_2 部分来源于根系呼吸,不同生态系统根系呼吸量所占 CO_2 释放总量的比例不同,草地一般占 20% ~30%,而森林土壤中根系呼吸量可达 50%,土壤呼吸和根系呼吸都与温度和水分有密切关系。

全球气候变暖、平均降水量增加,导致土壤微生物和土壤动物活动加剧,土壤呼吸加快,全球土壤 C 库释放 CO_2 速率加快,尽管各种生态系统的幅度不同,但趋势是一致的。这样将影响 C 流,会出现土壤中 C 的输出量大于输入量,逐渐引起土壤有机质缺乏,致使土壤贫瘠化,其长期效应可能是严重的。

(3)土壤中 CH_4 的产生。土壤中 CH_4 的产生主要取决于两个条件:一是 C 源,即丰富的有机质;二是厌氧条件,即丰富的水分。淹水的土壤生态系统是大气中 CH_4 的主要来源,例如沼泽、湿冻原、湿地等。在厌氧条件下,矿化发酵产生 CH_4。温度影响其矿化速率,即影响 CH_4 的产生量。CH_4 一般产生于 10 cm 深的泥炭层上层。研究表明,CH_4 的产生量在空间和时间变化很大,主要取决于土壤条件、地形、植物覆盖度等因素。对阿拉斯加淹水的冻原草甸研究表明水深度与 CH_4 释放量有对数线性关系。在气候变暖的情况下,全球土壤 CH_4 的产生量可能增加。除自然生态系统外,大面积的农业生态系统,尤其是稻田,也是 CH_4 的重要来源。由于全球温度升高,北半球各种作物的北界向北发展,稻田等作物面积要增加,因此,CH_4 的释放量将会加快。

2. 气候变化与土壤 N 动态

自然土壤中的 N 主要来源于枯枝落叶和动物尸体,也有少量来源于大气和生物固氮。土壤 N 的输出主要是土壤中的有机质分解,分解后大部分被植物吸收利用,部分氨气经过硝化或挥发以气态释放到大气中。这些过程受温度、植物特征、土壤水分等影响甚大,因此,间接地接受 CO_2 浓度的影响。在无干扰的生态系统中,N 的输入和输出是平衡和稳定的。但在气候变化的情况下,枯枝叶输入量、植被覆盖度、土壤条件都会受到影响,从而影响土壤中有机质的分解和稳定,影响 N 的动态。

N_2O 在土壤中形成于反硝化过程中,以 N 计算,自然土壤每年向大气释放 N_2O 6 Mt,农业生态系统每年释放 N_2O 3.5 Mt,二者加起来是全球释放于大气中 N_2O 量的 50%。许多土壤环境因素,比如土壤温度、土壤水分、土壤通透性等都影响含 N 气体的释放,影响土壤 N 的动态。在气候变化的情况下,全球土壤有机 N 库储量也将减少,这同土壤 C 动态变化相一致。但在不同的生态系统中,其变化是不平衡的。这同样是受到土壤有机质输入和输出量变化的影响。

3. 气候变化对土壤枯枝落叶分解的影响

土壤枯枝落叶层的分解速率取决于温度和水分气候条件对微生物的影响,当然也受土表微气候、微地形、植被覆盖程度、积雪等的影响。在气候变暖、全球平均降水量增加的情况下,全球枯枝落叶的分解速率会加快。这是由于 CO_2 升高,光合速率提高,生产力增加,输入到土壤中的枯枝落叶量会增加,但因温度效应,留存于土壤中的枯枝落叶总量相对减少,在海拔较高的山地和高纬度地区,土壤中总枯枝落叶留存量减少更明显。

气候变化对枯枝落叶分解的作用十分明显的。有人用 C_{14} 标定黑麦草进行枯草分解试验,试验在不同的气候条件下类似的土壤中进行。结果表明其分解曲线的形状是一致的,但同样的分解量,在尼日利亚的分解速率是在英国的 4 倍。

4. 气候变化对土壤生物多样性的影响

气候变化可能影响土壤微生物和土壤动物的多度、分布等,从而影响土壤生物多样性。在大气 CO_2 浓度升高、气候变暖的情况下,地面植物的光合作用、生物生产的质和量要发生变化,因此,输入到土壤的有机物的质和量也会受到影响,从而影响到土壤微生物和土壤动物的种类组成。土壤微生物群落种类组成与其土壤所含的植物枯枝落叶的种类密切相关,不同生态系统类型的土壤中,生物多样性受气候变化影响的程度是不同的。

8.2.3　全球变化对植被的影响

全球植被结构的分布是气候长期作用的结果,如果气候发生较大幅度的变化,必然会反映到植被上,也就是说气候变化会对植被产生重要影响。

1. 对植被分布格局的影响

全球环境的变化,可明显地反映在植被分布格局的改变上,即植被带的迁移。研究表明,CO_2 浓度增加,地球表面温度将升高,北半球及其以北地区的温度和土壤温度区域界将大幅度北移。这样必然导致地球植被区域发生变化,这种变化主要表现为森林面积减少,森林类型发生变化,草原面积增加,全球植被总的生物生产力下降。资料表明:如果平均温度升高 2 ℃,永冻带的南界将北移 205 ~ 300 km。如果温度升高 3 ℃,加拿大永冻土面积将减少 25%。

地址记录显示,由于过去气候变暖导致植被分布海拔高度上升,造成一些物种和生态系统丧失。温带山地仿真试验也得出了类似的结果,气候继续变暖,特定气候带的物种和生态系统可能会消失。同时,在很多山区,冰川的数量和覆盖区、永冻带、季节雪被等都会减少。

2. 对植被结构的影响

就整个生物圈而言，由于环境变化所导致的物种的重组、丧失和增加取决于环境变化的强度、时空分布、各物种的脆弱性和适应性。其中环境变化的速率可能起着至关重要的作用，如果环境变化的速度超过物种适应和变异的速度，则很可能导致物种的丧失和多样性的下降。而结构组分的变化在一定条件下，将可能逐渐改变植物群落的组成、加快群落的演替，最终可能导致植被类型的改变。

3. 对植被功能的影响

全球各生态系统的生物生产能力受 CO_2 浓度、温度和降水的变化的影响。一般来讲，CO_2 浓度升高，气温变暖，降水增加均会有利于植物生长，第一性生产力将提高。但由于温度和降水变化的不均匀性，生物生产力的变化也是不等的，有的地方生产力可能提高，有的则有可能减少。但就全球而言，目前研究的结果是总的生物量可能增加。

8.2.4　全球变化对荒漠化进程的影响

全球变化与荒漠化是当前世界上重大的环境问题，困扰着全人类的生存与发展。“荒漠化”是指包括气候变化和人类活动在内的各种因素所造成的干旱、半干旱和干燥半湿润地区的土地退化，而“土地退化”是指由于一种过程或数种过程结合使旱作农地、灌溉农地、牧场和林地生物生产力下降或丧失。土地荒漠化极大地改变了陆地表面的物理特征，破坏了地表辐射收支平衡，诱发气候和环境变化，而气候和环境变化的反馈作用又将进一步影响土地荒漠化的进程，如此循环往复，对地球环境影响深远。

8.3　全球变化的控制与生态恢复

8.3.1　全球变化的控制对策

如前所述，全球变化是可能改变地球承载生命能力的全球环境变化，包括气候变化、土地利用和覆盖变化、养分生物化学循环变化、生物多样性丧失和生物入侵等内容。近年来，全球不同领域的科学家、政策制定者、管理人员通过广泛研讨和证实，一致认为减缓和适应措施是目前可用于应对气候变化影响的两大策略。

8.3.2　全球变化的减缓措施

全球气候变化的减缓措施主要包括碳固定（捕捉）、节能减排和清洁生产。

1. 碳固定

碳固定是指通过广泛植树造林，加强绿化，用植物光合作用大量吸收和固定大气中的 CO_2。通过植被恢复重建，增加地表覆被，提高土壤的固碳能力。

2. 节能减排

温室气体的排放与能源的消耗量往往成正比，近百年来全球大气中 CO_2 浓度的迅速升高，绝大部分是发达国家排放造成的，节能减排已成为减缓全球气候变暖的主要措施之一。

1997 年 12 月 11 日结束的联合国《气候变化框架公约》缔约方第三次大会上,《京都议定书》终获通过,并以法律性质的文件规定,所有发达国家应在 2010 年温室气体的排放量比 1990 年的水平减少 5.2%。

根据这份具有约束力的国际减排协议,日本、欧洲等一些发达国家,积极承担减排义务,把降低能耗、减少温室气体的排放作为产业发展的目标,并通过科教宣传倡导民众进行绿色消费,减少了温室气体的排放。一些资源破坏严重、生态退化问题突出的发展中国家,也积极开展生态建设工程,减少退化土地的温室气体排放量,效果非常明显。

3. 清洁生产

诱发全球变化的另一主要原因是环境污染。污染环境中的生物多样性减少、植被破坏、土壤退化等生态环境问题十分突出,这些问题直接或间接地导致了全球变化。因此,必须实行清洁生产,它是这样的生产:积极倡导绿色工业,增加资金投入,改进生产工艺,建立无(少)废工艺系统,加强废弃物无害化处理和循环利用,提高资源利用率。采取切实有效的措施,尽可能地消减排污量,实施产业生态工程,推动环保产业的发展,减少全球变化发生的潜在威胁。

要加大生态环境教育力度,大力开展全民环保教育,提高公众环境意识和可持续发展意识。加强舆论监督,坚决制止破坏生态环境的行为。同时,要积极鼓励公众购买生态标志商品,转变消费模式,进行可持续消费,减缓全球变化的发生过程。

8.3.3 全球变化的适应对策

全球变化的影响面广,影响范围大,其适应对策需要区域和行业的协调行动。目前,适应对策开展的较为成功的有日本的海平面上升适应对策和欧洲水资源管理对策。

1. 日本的海平面上升适应对策

针对气候变暖、海平面可能上升的问题,日本制定了综合适应策略。除了建设海岸防护堤坝等工程技术措施防止海水入侵外,还有计划地逐步改变当地农作物的种类和品种,以适应逐步变化的气候。例如因培育出了抗寒抗逆品种,现在连最北的北海道也能长水稻,而且产量还很高,这将为海平面上升、耕地减少提供良好的应对策略。

气候变化是一个相对缓慢的过程,只有及早预测出气候变化趋势,才能找出全球变化的适应对策,减少全球变化的不利影响。同时,必须加强宣传教育,增强公众对于气候变化及适应的认识,才能在气候变化的背景下调整生产与生活方式,提高全社会的适应能力。

2. 欧洲水资源管理对策

气候变化是影响欧洲水资源管理的主要原因之一,但也有其他一些原因如农业灌溉用水的增加,以及旅游、洪泛区用地的发展,都会导致气候向着脆弱性方向发展变化。欧洲各国已经开始研究气候变化适应性策略,部分国家在气候框架下来进行统一的领导、协调和指导,以及进行有效预警。

在资源信息方面,欧洲各国之间达成了有关气候变化适应性方案的基本协定,最基本的要求是掌握未来 20 ~ 50 年的气候信息,包括最近 5 ~ 10 年的数据。还需要减少不确定性因素和更多能够确定气候变化带来不同后果的知识,各国的水文数据需要进行统一组合,已满足快速发展的气候水文模型的需要。同时为了提高模型的精度,也需要将各国的数据进行共享,欧洲各国需要维持现有的观测网以确定气候变化的趋势,并且建议使用一体化的水文监测遥感技术。

欧盟制定了“水资源框架指南”，提出的气候变化适应性措施包括：长期观测、政策研究、制度建设、技术投资、空间规划和常规措施，基于趋势分析的洪水和海滨风暴潮预防管理以及缺水干旱管理等。还有一些其他相关策略，例如洪水风险评估和管理海域的一体化策略，专门管理由于气候变化导致的洪水风险问题；渔业策略在管理欧洲鱼类数量方面起关键作用，并且讨论欧洲海域适应性措施；渔业策略在管理欧洲鱼类数量方面起关键作用，并且将气候变化对鱼类的实际影响也考虑在内；还有在干旱水资源短缺方面的策略等，都提出了减少温室气体的适应性措施。

第 9 章　生态恢复与生态系统健康

在对退化生态系统进行恢复及重建的同时，及时了解生态系统的恢复状态、生态恢复程度以及生态系统健康状况是生态系统管理的首要前提。生态退化、生态恢复和生态系统健康是一种动态过程，对这一动态过程进行评价以及时掌握系统当前状况、运动方向等方面的信息，不仅可以指导生态系统管理，进一步为生态恢复服务，而且可为生态系统可持续健康发展提供决策支持。

9.1　生态系统健康的定义及研究简介

1. 生态恢复

生态恢复(ecological restoration)就是通过修复生态系统功能并补充生物组分，使受损的生态系统从远离其初始状态的方向回到干扰、开发、破坏前的初始状态所作的努力(Hobbs、Harris，2001)。

根据不同的社会、经济、文化与生活需要，人们往往还会对不同的退化生态系统制定不同水平的恢复目标。但是，无论对什么类型的退化生态系统，都应该存在一些基本的恢复目标或要求，主要包括：

(1)恢复植被和土壤。通过生态恢复，恢复植被和土壤，保证一定的植被覆盖率和土壤肥力。

(2)实现基底稳定。通过生态恢复，实现生态系统的地表基底稳定性，因为地表基底(地质地貌)是生态系统发育与存在的载体，基底不稳定(如滑坡)，就不可能保证生态系统的持续演替与发展。

(3)增强生态系统功能。通过生态恢复，实现生态系统能流和物质循环等功能过程的恢复，提高生态系统的生产力和自我维持能力。

(4)提高生物多样性。通过生态恢复，促使退化生态系统种类组成增加，提高生态系统的生物多样性，包括地上部分和地下部分。

(5)提高生态效益。通过生态恢复，控制水土流失，减少或控制环境污染，提高生态系统的服务功能。

(6)构建合理景观。退化生态系统的景观结构常常较差，通过生态恢复，实现生态系统合理的景观构建，增加视觉和美学享受。

2. 生态系统健康

1992 年在巴西举行的世界环境与发展大会上，与会各国首脑一致强调“国家间将加强合作，以保护和恢复地球生态系统的健康和完整性”。科学家在讨论过程中发现以前的关于生态系统管理的理论与方法已明显落后，不能指导解决这些问题，要针对生态系统已不健康的现实，把人类活动、社会组织、自然系统及人类健康等社会、生态和经济问题进行整合研究，系统研究生态系统在胁迫条件下产生不健康的症状和机制。生态系统健康(ecosystem health)正是在这一背景下产生的。

生态系统健康是指生态系统没有病痛反应、稳定且可持续发展，即生态系统随着时间的进程有活力并且能维持其组织及自主性，在外界胁迫下容易恢复(Kristin，1994；Cech，1998；Rapport，1999)。

Rapport 等(1998)将生态系统健康的概念总结为“以符合适宜的目标为标准来定义的一个生态系统的状态、条件或表现”。即，生态系统健康应该包含两方面内涵：生态系统本身自我维持与更新的能力和满足人类社会合理要求的能力(Rapport，1999)。根据这一定义，健康的生态系统应该具有以下特征：①具有恢复力，能够从自然的或人为的正常干扰中恢复过来；②不受对生态系统有严重危害的生态系统胁迫综合征的影响；③在没有或几乎没有投入的情况下，具有自我维持能力；④不受风险因素的影响；⑤不影响相邻系统，也就是说，健康的生态系统不会对别的系统造成压力；⑥在经济上可行；⑦维持人类和其他有机群落的健康，生态系统不仅是生态学的健康，而且还包括经济学的健康和人类健康。

“生态系统健康”这一概念，是在全球生态系统已普遍出现退化的背景下产生的，其产生于 20 世纪 70 年代末。最早研究生态系统健康的是 Leopold，他于 1941 年提出了“土地健康”(land health)的概念。随后，科学家们对是否将发展生态系统健康学说应用于生态系统评价和管理一直存在争论。在 Odum 倡导下，20 世纪 70 年代兴起了生态系统生态学，这一学说继承了 Clements 的演替观，把生态系统看作一个有机体(生物)，具有自我调节和反馈的功能，在一定胁迫下可自主恢复，却忽视了生态系统在外界胁迫下产生的种种不健康症状(Odum，1979)。与此同时，Woodwell(1970)和 Barrett(1976)极力提倡胁迫生态学(stress ecology)。进入 80 年代，Rapport 等(1985)系统研究了在胁迫条件下生态系统的行为，并在随后提出不能把生态系统作为一个生物对待，它在逆境下的反应不具自主性。以 Costanza 和 Rapport 为代表的生态学家认为生态系统健康的概念可引起公众对环境退化等问题的关注。然而，以 Policansky 和 Suter 为代表的科学家极力反对生态系统健康的提法，他们认为生态系统健康只是一种价值判断，没有明确的可操作的定义，会阻碍详细的科学分析进程。1992 年，美国国会通过了“森林生态系统健康和恢复法”，其农业部组织专家对美国东、西部的森林、湿地等进行了评价，并于 1993 年以后出版了一系列的评估报告(USDA，1993，1995)。1994 年来自 31 个国家的 900 名科学家聚集在加拿大的渥太华召开了全球生态系统健康的国际研讨会，会议集中研究了评价生态系统健康，检验人与生态系统相互作用，提出基于生态系统健康的政策等三个方面，并希望组织区域、国家和全球水平的管理、评价和恢复生态系统健康的研究。相对于人类和生物个体的健康诊断，Rapport 等人 1989 提出了“生态系统医学(ecosystem medicine)”，旨在将生态系统作为一个整体进行评价；随后，逐步发展形成了“生态系统健康”概念及其评价(蔡晓明，2002)。

9.2　生态系统健康的标准与评价

生态系统健康及其评价是一门正在发展和进化着的领域，同时它又是应“运”而生、应“用”而生的，是以新的视角将生态学和社会经济价值相结合的新领域。因此，什么样的生态系统是健康的？采用什么样的指标来评价生态系统健康？能否采用一个或几个指标对生态系统的健康状况进行评价，正如人类采用体温、脉搏、血压等对自身的健康状况进行诊断一样？正是由于这些问题，生态系统健康评价一直处于探索阶段，因此也产生了各种不同的评价指标和指标体系。

9.2.1 生态系统健康的评价原则

生态系统健康评价的目标是为了让公众和环境管理决策者更准确的了解生态系统的现状，不仅仅是为了满足科学家的科研兴趣。根据这样的方针，生态系统健康评价指标的确定应该遵循以下几个原则（Suter，1993；Vora，1997；袁兴中等，2001；孔红梅等，2002）：

（1）空间尺度原则。生态系统健康评价应考虑空间尺度的大小，所建立的评价指标应该定向于合适的空间尺度，或者说从全球、大陆、国家等大尺度生态系统的评价，到区域、地方、局部空间尺度的健康评价，在评价内容上可能相同或相似，但在评价指标的量化上应有所区别。

（2）整体性原则。任何生态环境问题都不是孤立存在的，生态系统内部和系统与系统之间相互联系、相互影响，要说明这些问题，必须将生态系统、资源环境、社会经济和人类健康等纳入到一个整体中进行综合考虑。

（3）指标范畴或类型。在进行生态系统健康评价时，应考虑人类活动、环境变化的压力或胁迫对生态系统状况的影响及生态系统的反应，指标类型应该包括胁迫/压力和状态/反应两个方面。

（4）规范化原则。生态系统健康评价是一项长期性工作，所获取的数据和资料无论在时间上还是空间上，都应具有可比性，同时所采用的指标的内容和方法都必须做到统一和规范。不仅能对某一生态系统进行评价，而且要适合于不同类型、不同地域生态系统间的比较，确保其具有一定的科学性。

（5）简明性和可操作性原则。所定指标应概念明确，易测易得。评价指标的选择要考虑区域的经济发展水平，无论从方法论还是人力、物力上，均要符合区域现有生产力水平，同时还要考虑各个技术部门的技术能力从而保证评价指标的准确性和完整性，评价指标要可测量，数据便于统计和计算，有足够的数据量。

9.2.2 生态系统健康的标准及相应方法

由于生态系统的复杂性和动态性，确定生态系统健康评价指标涉及不同的领域和学科，而且指标的种类繁多、五花八门。因此建立生态系统健康评价指标体系必须按照一定的方针标准进行，这样才能使生态系统健康评价切实可行。生态系统健康的标准有活力、恢复力、组织、生态系统服务功能的维持、管理选择、外部输入减少、对邻近系统的影响及人类健康影响八个方面，它们分属于生物物理范畴、社会经济范畴、人类健康范畴，以及一定的时间、空间范畴。这八个标准中最重要的是前三个方面（Rapport，1998）。

（1）活力（vigor）：即生态系统的能量输入和营养循环容量，具体指标为生态系统的初级生产力和物质循环。简单地说活力就是指生态系统所含能量及其活动性。在一定范围内生态系统的能量输入越多，物质循环越快，活力就越高，但这并不意味着能量输入高和物质循环快生态系统就更健康，尤其是对于水生生态系统来说，高输入可导致富氧化效应。

在评价体系中，活力最直接也最容易测量。测量方法能够对系统的投入（如物质或能量）进行定量化，可用网络分析的方法来定量地计算活力。Ulanowicz（1986）提出了用总产量计算生态系统的活力，即给定一个系统物质交换网络，在任何单位时间里，根据各个体的交换途径，对各转移物质简单地进行相加，即 $TST=\sum t$。但是，单独用活力指标不能很充分地评价生态系统健康，如在一个水体生态系统中，由于土地的失调和土地养分的流失，造成水体中有过多的营养成分，但并不能认为它就是健康的。

(2)恢复力(resilience)：即胁迫消失时，系统克服压力及反弹回复的容量。具体指标为自然干扰的恢复速率和生态系统对自然干扰的抵抗力。一般认为受胁迫生态系统比不受胁迫生态系统的恢复力更小。受干扰后生态系统的恢复可以提供测量恢复力的方法。例如，为了证实受胁迫生态系统的恢复力弱于没有受胁迫生态系统的恢复力这个假说，Whiford 等(1999)在新墨西哥西南的一个半干旱草原上进行了检验。他在一饮水点附近，通过放牧和牲畜的践踏设计了一个不同梯度压力。结果显示，经过几次干旱后，草原恢复与离井距离呈正相关，即离井越远其恢复速度越快。直接测量生态系统的恢复力比较困难，一般只有在计算机模型辅助下才能进行。

预测生态系统在胁迫下的动态过程一般要求用计算机模型[诸如林窗动态模型(如 GAP)、生物地球化学循环模型(如 CENTURY)等]。通过这些模型可估算出恢复时间(RT)及该生态系统可以承受的最大胁迫(MS，生态系统从一种状态转为另一种状态的临界值)。恢复力即为 MS/RT。

(3)组织(organization)：即系统的复杂性，这一特征会随生态系统的次生演替而发生变化和作用。具体指标为生态系统中 R. 对策种与 K. 对策种的比率，短命种与长命种的比率，外来种与乡土种的比率，共生程度，乡土种的消亡等。一般认为，生态系统的组织越复杂就越健康。一般情况下，物种多样性高，相互作用(如共生、互利共生和竞争)复杂，其组织结构也复杂。在同一个生态系统中，生物成分和非生物成分是相互依存的。在受到干扰的情况下这些趋势就会发生逆转，受胁迫生态系统一般表现为物种多样性减少、共生关系减弱以及外来种的入侵机会增加等。由于要测量多样性和生态系统的组成大小以及各组分间物种交换途径，因此，测量组织结构的难度比较大。

Ulanowicz (1986)用信息理论建立了一套适合于系统水平“网络分析”的定量化指标。首先，必须建立一个系统各组分间的物质和能量交换矩阵，矩阵里的每一个元素 T_{ij}表示从 i 行转移到 j 列的物质和能量交换量。状态 $P(a_i, b_j)$ 指的是一单位中间变量 i 进入状态 j (T_{ij})的概率。T 是系统转移的总量，且在这样的系统中是收敛的，因此通过 T_{ij}/T 能求出 $P(a_i, b_j)$。同样，概率 $P(b_j)$ 也可由 $\sum T_i/T$ 求取。

$$J = \sum T_i/T \times \lg[(T_y \times T)/(T_j \times T_i)]$$

Ulanowicz (1986)同时也提出了两个相关的概念：系统优势度(A)和“系统不确定性(H)”：

$$A - T \times I = \sum Ty \times \lg[(T_y \times T)\ /(T_j \times T_i)]$$

(4)生态系统服务功能的维持(maintenance of ecosystem services)：这是人类评价生态系统健康的一条重要标准。一般是对人类有益的方面，如消解有毒化学物质、净化水、减少水土流失等，不健康的生态系统的上述服务功能的质和量均会减少。一般的胁迫将会从数量和质量上减少这些生态服务，而健康的生态系统将会更充分地提供这些生态服务。

(5)管理选择(management options)：健康生态系统可用于收获可更新资源、旅游、保护水源等各种用途和管理，退化的或不健康的生态系统不再具多种用途和管理选择，而仅能发挥某一方面功能。例如，半干旱的草原曾经在畜牧放养方面发挥很重要的作用，同时由于植被的缓冲作用而减少水土流失。由于过度放牧，许多这样的景观正逐步退化成灌木或沙丘，要有过去那种放牧的牲畜量已不再可能。

(6)外部输入减少(reduced subsides):所有被管理的生态系统依赖于外部输入。健康的生态系统对外部输入(如肥料、农药等)会大量减少。一个健康的生态系统具有尽量减少每单位产出的投入量(至少是不增加),不增加人类健康的风险等特征。

(7)对邻近系统的破坏(damage to neighboring systems):健康的生态系统在运行过程中对邻近的系统的破坏为零,而不健康的系统会对相连的系统产生破坏作用,有许多生态系统是以别的系统为代价来维持自身系统的发展如废弃物排放进入相邻系统,污染物排放,农田物质流失(包括养分、有毒物质、悬浮物)等,造成了胁迫因素的扩散,增加了人类健康风险。

(8)对人类健康的影响(human health effects):生态系统的变化可通过多种途径影响人类健康,人类的健康本身可作为生态系统健康的反映。与人类相关又对人类影响小或没有影响的生态系统为健康的系统。

9.3 生态系统健康的等级理论

等级理论(hierarchy theory)是关于复杂系统的结构、功能和动态的系统理论。该理论认为等级系统中低层次的行为或动态则表现出小尺度、高频率、快速度的特征,而高层次的行为或动态常表现出大尺度、低频率、慢速度特征。不同等级层次之间还具有相互作用的关系。等级理论要求在研究复杂系统时一般至少要同时考虑核心层、上一层、下一层三个相邻的层次(Noss,1990;Wu,1995;Ren,1999)。Ren 等人首次提出了在时间和空间格局上对生态系统健康进行研究或评价的等级概念,如图 9.1 所示,生态系统的基本性质包括结构、功能、动态与服务,而生态系统又可分为基因、物种 - 种群、群落 - 生态系统、区域景观 - 全球四个层次,两者通过巢式等级整合。

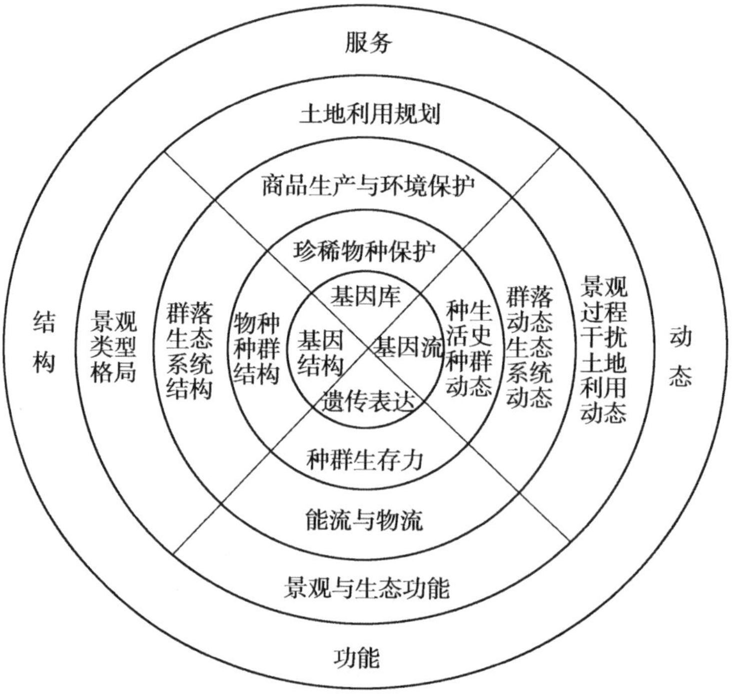

图 9.1 生态系统健康评估的等级概念

9.4　生态系统健康与恢复生态学等学科的关系

生态系统健康与恢复生态学、保护生物学、景观生态学、生态系统生态学、环境生态学、胁迫生态系统、干扰生态学、生态系统管理学、生态工程学、生态经济学等生态学的分支学科有关系。生态系统健康与相关生态学分支的关系紧密，所有这些学科研究中都必须设计格局与过程，进化与适应等问题。

恢复生态学是研究生态学过程与机理，生态系统退化的机理的科学，退化生态系统恢复与重建的技术与方法，强调理论研究与应用技术研究两方面。其理论研究包括生态系统结构、功能及过程，干扰与生态系统受损及其响应机制，生态系统稳定性、抗逆性、多样性、生产力和恢复力等，生态演替规律，个体、种群、群落、生态系统、景观和区域层次的退化评估，生态系统退化及恢复过程的监测模拟及预测等，应用技术研究包括生态系统结构与功能的优化配置及调控技术，退化生态系统恢复与重建技术体系，生物多样性恢复与维持技术，生态工程技术等。

生态系统健康与恢复生态学的关系：生态系统健康主要研究外界胁迫下生态系统的反应情况，因而可认为生态系统健康不仅是恢复生态学理论基础的一个重要方面，它也可用于评价生态系统退化的程度及恢复状态的评估；生态系统健康与恢复生态学针对的对象是不同的，生态系统健康针对自然的和干扰的生态系统，而恢复生态学仅针对干扰后形成的不健康的生态系统；恢复生态学在生态系统开发与保护中起重要的指导作用，而生态系统健康主要在保护中起重要作用；生态系统健康主要强调维持生态系统自身的进程及其为人类服务的功能，而恢复生态学则强调人为促进生态系统恢复或将生态系统改变为另一类符合人类需求的生态系统；退化生态系统恢复的时间不一（轻微受损的生态系统要3～10年，中等的10～20年，严重的50～100年，极度的200年以上），而生态系统产生不健康及其治疗（恢复）时间相应的要短些。

9.5　农田、草地生态系统健康评价

农田生态系统是人类为了满足生存需要，积极干预自然，依靠土地资源，利用农田生物与非生物环境之间以及农田生物种群之间的关系来进行人类所需食物和其他农产品生产的半自然生态系统，是一个在人类参与及主宰下的，由社会、经济、自然结合而成的，具有多种经济、生态、社会功能和自然、社会双重属性的复合生态系统。

草原生态系统是草原地区生物（植物、动物、微生物）和草原地区非生物环境构成的，进行物质循环与能量交换的基本机能单位。草原生态系统的生产者不是高大的乔木，而是禾本科、豆科、菊科植物为主的草本植物，其地上部分现存生物量较低，而地下部分有发达的根系，且以细根为主。地下部分现存量是地上部分现存量的数倍以上。草原生态系统的消费者在野生动物中以啮齿动物为主，而分解者以真菌、细菌、放线菌为主。草原生态系统一般降水量较低，在我国都低于450 mm。草原生态系统不仅是重要的畜牧业生产基地，而且是重要的生态屏障。长期以来，我们都比较看重草地生态系统的经济功能，一提到草地，都

注意到草地是重要的生产资料,是重要的可更新的资源,能生产肉、奶、皮、毛,能提供大量的畜产品,有大量的经济价值,却忽略了生态功能与社会功能。2000年十余次袭击北京的沙尘暴,西部大开发,长江的洪灾等许多重大问题,使我们许多人对此有所反思。认识到草地生态系统的生态功能其实更为重要、更为突出。草地的生态功能概括起来,主要有:生态屏障、保持水土、改造土壤、净化空气、调节气候、防沙固沙、维持碳氧平衡、美化环境以及重要体育运动的基础等。

为此本节主要介绍农田、草地两种不同生态系统的健康评价。

9.5.1 农田生态系统健康评价

1. 农田生态系统的特点

与自然生态系统相比,农田生态系统具有以下特点(彭涛等,2004;章家恩、骆世明,2004):

(1)开放性。农田生态系统属于开放性的生态系统,通过粮、油、饲等形式,系统向外界输出大量物质和能量,同时人类又通过化石燃料、人畜力、有机肥、无机肥等方式向系统补充物质和能量,使得农田生态系统具有独特的、开放式的物质循环和能量流动过程。

(2)目的性。具有高度的目的性是农田生态系统的本质特点,也是其产生根源和存在的基础。农田生态系统最主要的目的是进行农产品生产,满足人类社会生存和发展的需要,这是农田生态系统所有特点的根本所在。

(3)高效性。人类为了获取更多的农产品,通过选育高产作物品种、施肥、灌水、防治病虫草害等措施,创造作物适宜的生长环境,显著提高了目标产品的产量,使农田生态系统具有比自然生态系统更多的初级生产力。

(4)脆弱性与依赖性。农田植物区系主要由一个或少数几个作物种群及田间杂草组成,再加上近些年大量使用杀虫剂和除草剂,农田生态系统中生物多样性较低,营养结构简单,自我调节能力很小。所以,农田生态系统对人类管理活动的依赖性很大,只有进行连续不断的、有目的的、科学合理的人为干预,才能保持农田生态系统的存在和正常运行。

(5)易变性。农田生态系统的运行既要遵循自然生态规律,又要满足社会和经济的共同需要。在国家农业政策和市场经济规律的指导下,人类采取多种管理措施,以获得最多的符合市场需要的农产品和最大的经济效益,致使农田生态系统结构及生态过程的变动性远高于自然生态系统。

2. 农业生态系统健康的内涵

与自然生态系统相比,农业生态系统是一类自然 - 人工复合生态系统。它既具有自然生态系统的某些特点,也具有人工生态系统的特性。它不仅直接为人类提供衣食住行等生活资料,而且还履行着重要的文化教育功能和环境功能。因此农业生态系统健康应该是具有一般自然生态系统健康的内涵,同时应该附加在生物多样性、生产力、稳定性、持续性和产品质量等方面都具有优良指标等人为控制条件下的系统特质。为了建立健康的农业生态系统,就应该使它处于没有污染的环境中,在管理中采取清洁的生产方式,注意保护生物多样性,使其具有处理胁迫的能力、免受生态系统失调综合征的能力以及持续稳定的生产农产品的能力。简要地说,农业生态系统健康是指具有良好的生态环境、健康的农业生物、合理的时空结构、清洁的生产方式以及具有适度的生物多样性和持续农业生产力的一种系统状态或动态过程。它应该包含以下几个方面的内容(彭涛等,2004):

(1)农业生态系统环境质量良好。健康的农田生态系统在其生物生产过程中,不仅应与土壤、水分等环境因子相配合，而且在其代谢过程中满足不破坏或者有利于人类健康的要求，应是一个“零”残留、“零”污染状态中的农田生产过程。因此这就要求农业生态系统的环境质量良好，其中包括：作物无病源微生物，无转基因物种风险，无恶性入侵生物或害虫；土壤无养分亏缺或养分冗余，无污染，无土传病害；水环境无污染、无化学异常，无亏缺与冗余（干旱与洪涝）；大气环境无污染，无化学异常（如酸沉降）等。

（2）农业生态系统结构合理。这是决定一个人工生态系统能否健康的内在特性和要求。没有合理的生物结构，就不可能形成健康的生态系统。农田生态系统结构合理性主要表现在植物、动物、微生物的种群数量、种群结构以及群落水平结构、主体结构合理，具有适度的生物多样性，农作物无构建冗余。

（3）具有良好的调节功能。农业生态系统不仅为人类提供主要的食物和纤维，也是物质汇/源的主体之一。农田生态系统通过光合作用固定太阳能，将 CO_2 等无机物转化为有机质，增加生物量。健康的农业生态系统具有良好物质源/汇、小气候调节和空气调节功能，对周围系统不输出或少输出废物等健康的环境服务功能。

健康的农业生态系统是生态系统管理的良好目标，但往往忽略了农业生态系统健康的其他成分，使农业生态系统表现出“生态系统胁迫症”的一些症状，如土地过度开垦而引起的土壤退化、水土流失、乱砍滥伐、环境污染、农药化肥超量与不当使用、引入不安全的转基因生物和有害外来物种等。

（4）农业生态系统生产力持续高效。农田生态系统是初级生产力和食物能形成的基础单元。这是一个健康的农田生态系统的基本功能。高的物质、能量流动速率和资源利用效率反映着农田生态系统的活力。不但如此，在胁迫的压力下，健康的农田生态系统应具有抵御胁迫的策略，以保证结构完整、功能正常，维持生产力的稳定性。具体表现在粮食产量稳定高产，保证人类社会的粮食需求，为人类社会提供高品质、无污染的产品。并且在受到一般的自然灾害（天气灾害、病虫害等）时，具有较强的抵抗力以维持粮食生产的稳定性。

3. 农业生态系统健康评价指标

农业生态系统是一类由人类直接调控的生态系统。对其进行健康评价，必然涉及生物学、环境学、经济学几个层面的指标。这些指标应该是围绕农业生态系统健康所包含的内容：系统结构、生产力以及调节功能、环境质量进行评价。表9.1列出了农业生态系统健康评价所涉及的一些常用指标。

表9.1　农田生态系统健康评价指标体系

目标类	准则类	指标层
生态系统结构	结构指标	作物多样性
		品种结构
		农田景观格局
环境健康	环境指标	土壤供肥能力
		土壤重金属含量
		土壤供水能力
		土壤退化程度
		水体质量
		大气质量
		农药残留量

续表 9.1

目标类	准则类	指标层
经济发展	生产力指标	光热水效率 劳动生产率 土地生产率 能量产出率
	持续力指标	生态适应性 生产力稳定性 抗逆能力
社会发展	管理指标	政策效应 劳动力素质 科技进步贡献率 商品率

9.5.2 草地生态系统健康评价

9.5.2.1 草地生态系统健康的内涵

草地生态系统是自然生态系统的一种代表类型,草地健康是自然生态系统和人类和谐发展的必然结果。草地生态系统健康至少包含两层含义:①生态系统服务和人类需求协调一致;②生态系统结构和环境质量健康。草地生态系统健康具有自然与社会双重属性。自然属性是指草地生态系统的结构和功能的完整性,其中的各种功能流(能量流、物质流、信息流和价值流)都能正常进行,系统能够维持自身的组织结构长期稳定,具有自我运作能力,对自然干扰的长期效应具有抵抗力和恢复力;除了自然生态系统本身的健康外,还有利于社会经济及人类生存的可持续发展的需要,即社会属性。

人们常用"草地健康"这一术语来表征草地的某些特定的功能。这些特定的功能主要包括:初级净生产力、水资源的获得和有效释放、土壤/地域的维持能力、物质和能量的循环以及群落内植物种类的多样性。草地生态系统健康评价是用基本功能综合特征的变化来衡量生态系统的健康状况的。健康的草地会为畜牧业生产提供持续的放牧利用时期和良好的放牧利用状态,同时支持草地的一系列生态服务功能。如果草地的健康水平降低,健康评价体系会以定量化的形式直观明确地加以表达,以实现人类利用与草地生态系统可持续发展的有效整合性,以提示草地经营人员转变经营管理方式。

9.5.2.2 草地生态系统健康评价指标

从生态系统结构、环境质量和生态系统服务的角度出发,草地生态系统健康评价指标中生态指标、物理化学指标和社会经济和人类健康指标首先应该包含与畜牧业生产和生态保护有关的指标,如载畜量、畜群结构、牧草品质、防风蚀能力等。健康的生态系统应该具有合理的载畜量,不存在过度放牧等破坏草地群落的行为,同时植被组成以品质优良的牧草为主,毒草很少出现或比例较低。健康的草地生态系统应具有良好的稳定性和恢复力,具有缓冲气候变化和人类活动所带来的环境灾害的能力,保证畜牧业生产的持续发展。总之,健康的草地生态系统是可持续利用的,能够提供人类所需求的各种服务。

1. 生态指标

(1)物种多样性。草地生态系统是否健康,受威胁程度如何,首先需要对物种数量的变化做出诊断。物种多样性的度量常用物种丰富度和物种多样性指数来进行，两者均为取样计算法。物种丰富度是物种多样性测度中较为简单且生物学意义明显的指数，它的测量方法可以用一定大小的样方内物种数目表示，还可以用物种数目与样方大小或个体总数的不同数学关系来量度。在许多实例中，个体物种将显示出生态系统受胁迫的明显现象。如果对物种生物学有足够的了解，则可能辨识出生态系统受胁迫的原因。

(2)初级生产力。在草地生态系统中，植物及一些土壤微生物有能力将太阳能固定为碳水化合物的有机物，这对食物链是非常重要的。如果初级生产力增加或减少，超出了正常范围，表明了潜在的生态系统功能紊乱。通常用单位面积的生物量来表示生产力的大小。

(3)功能优势物种。在许多生态系统中，关键物种在保持生态系统结构和功能过程中起到了重要的功能作用。监测功能优势物种的变化，可反映出生态系统受胁迫的程度。

(4)牧草适口性。草地生态系统中适口性好的牧草所占比例是畜牧业生产的重要保证，也是生态系统健康的指示指标。退化草地由于原始的群落结构遭到破坏，一些品质较差的物种侵入，改变了草地整体的服务价值。

(5)分解率。分解对于草地生态系统来讲是一个必要的过程。植物及其他生产者需要由分解者提供碎屑和矿质营养物，分解率决定了营养物供给生产者的速率，强烈地影响着初级生产力。

2. 物理化学指标

(1)土壤机械组成。草地生态系统植被退化以后，强烈的风蚀作用使土壤中的黏粒和黏粉粒物质大量丧失，而土壤养分主要存在于黏粒和黏粉粒物质中。土壤机械组成的变化也是土壤沙漠化的重要判别指示。

(2)土壤有机质。草地生态系统所面临的主要问题是由于过度放牧、开垦、樵采等人为活动造成的生态系统退化。退化的后果之一是土地荒漠化。土壤有机质含量可以很好地反映土壤退化的状况，土壤有机质含量的高低可以间接的反映生态系统受胁迫的程度。

(3)水质。通过观测水质变化，有助于了解植物种及植被类型动态，有目的地对不合理要素进行控制。

3. 社会经济和人类健康指标

(1)放牧制度。放牧制度是草地生态系统管理的重要举措，它是实现可持续发展的有力手段，涉及经济效益、社会效益、生态效益的整体统一，其核心是局部利益、目前利益与全局利益、长远利益的生态经济结合。

(2)载畜量。载畜量是草原生态系统中非常重要的经济指标，合理的载畜量可以促进草原植被的协同进化，维持草地生态系统的持续性和稳定性。不合理的载畜量，尤其是超载，直接对草地生态系统植被和土壤造成严重的破坏，是草原植被不能及时更新，严重威胁草地生态系统健康。

(3)社会文化功能。草地是景观的重要内容，它为视野产生了多样性。合适的空间尺度，结构的适量有序化，清洁性和安静性是草地景观美学的重要评价指标。同时，草地的社会文化功能还表现在草地的独特性以及科研教育价值上。

9.6 森林、湿地、水体生态系统健康评价

森林生态系统是指由以乔木为主体的生物群落(包括植物、动物和微生物)及其非生物环境(热、水、气、土壤等)综合组成的动态系统。生产者主要是乔木树种,还有灌木、草本植物、苔藓、地衣等。消费者指鸟兽和昆虫。还原者主要指细菌、真菌。乔木本身不仅是初级生产者,还为各级消费者提供各种各样的食物资源和栖居地。得益于森林所具有的独特而优越的生活环境,各类动植物才得以繁衍、保存(徐燕等,2005)。森林生态系统比陆地其他生态系统具有更加复杂的空间结构和营养结构,这有助于提高系统自身调节适应能力。森林生态系统还直接对人类的生存和健康造成影响:森林为农作物提供防干旱、防风、防寒及防辐射的屏障,并保护人类免受各种伤害;森林可以改善人类居住区和疗养区的空气条件;森林为人类提供多种多样的原料,以满足人类日益增长的需要。森林生态系统的生态服务功能包括:森林具有调温作用;森林利用光能提供大量的能量和有机物;森林对大气具有调节作用;森林还可以涵养水源、改良土壤和防风固沙、水土保持、控制水土流失、对大气污染具有净化作用,还可以消减噪声、孕育和保存生物多样性。人类不可能脱离其环境而独立的生存,只要人类还在地球上生活着,环境就对人类发生着影响,因此,人类应该尽力维持森林的健康。

湿地是处于陆生系统与水生系统过渡带上的一种生态系统。其水位经常接近地表或与地表一致,甚至被浅水覆盖。湿地生态系统包括水文、土壤、植被三个主要因素,其底层以"水成土"占优势,主要提供厌氧的湿土;地上部分存在周期性生长的、能适应其环境的水生植物,在其生长季节的某些时段处于水饱和状态或浅水淹没状态。水文、土壤、植被三个因素对湿地生态系统的影响和作用是交互式的,这决定了湿地生态系统有别于其他生态系统(崔保山、杨志峰,2002)。湿地生态系统涵盖了水、土、营养元素、气候等自然资源,这使得它成为地球上最富有生产力的生态系统之一。湿地生态系统在水陆界面呈交叉分布,兼有亦水亦陆的过渡特征,其边际效应明显,从而使湿地具有生物多样性和较高的生产力。据美国湿地生态学家 E. Mahby 的研究,每平方米湿地平均生产蛋白质 9 g,是陆生系统的 3.5 倍。但是湿地生态系统处于水陆交界面,受自然和人类活动影响较大,其生态平衡易遭破坏,且其一旦遭到破坏就难以恢复。

我国处于湿地分布区的农田大约占我国耕地总面积的1/3。湿地水土资源和生物资源均十分丰富,这使之成为一种天然基因库,其初级生产力和次级生产力都相当高。据有关部门统计资料,全国约有 60% 以上的粮食、经济作物产品和畜产品以及 80% 以上的淡水鱼和蚕茧,均来源于湿地生态系统。湿地对生态环境的改善作用也不可低估。湿地水热容量大、蒸发作用明显,有利于夏季降温、冬季保温和调节湿度,改善气候条件,降低作物热害、冷害和干旱的发生频率;湿地地势相对较低,一方面其容水性对江河洪水具有一定蓄积作用,另一方面缺水时能对严重干旱有所缓解。湿地水容量大,能在一定程度上清除污染,净化环境,从而被人们誉为"自然之肾",有的国家已在尝试利用湿地防治污染。湿地环境条件非常有利于一些野生水禽、鸟兽生存和繁衍,从而为珍稀动物提供了栖息之地。从一定意义上说,保护好湿地,意味着保护了生物多样性,从而生态平衡得以很好维系。本节主要

介绍森林和湿地水体的健康评价。

9.6.1 森林生态系统的健康评价

9.6.1.1 森林生态系统健康的内涵

森林系统内的物质循环和能量流动未受到损害,关键生态组分和有机组织被保存完整且缺乏疾病,对长期或突发的自然或人为扰动能保持着弹性和稳定性,整体功能表现出多样性、复杂力和活力被称为森林生态系统健康。森林生态系统健康评价的目的是诊断由自然因素和人类活动引起的森林系统的破坏或退化程度,以此发出预警,为管理者、决策者提供目标依据,更好地利用、保护和管理好森林。因此,对森林生态系统的现状、功能水平、动态进行全面调查分析和评价,既要考虑时间因素,又要涉及空间尺度,在一定的时空尺度内选取适宜性和持续性的健康指标,特别要考虑这些指标在可预见的较长时间内的变化和稳定性。

森林生态系统是自然－经济－社会复合系统,森林的健康是其可持续性的保障。因此,森林生态系统健康评价指标的选取需要全面考虑生态、经济、社会三要素的各个组分。

健康的森林生态系统应具有如下特征:①远离生态系统危困综合征;②它们是自维持的,其物理环境,生物资源至少在某些演替阶段能支持森林生产的营养网,并能保证对植被主要部分必需资源(水、养分、光、生长空间)的供求和平衡;③具有对灾难变化的恢复和对景观水平上的灾难变化中恢复的能力;④演替阶段的多样性为许多本土物种提供生境的林分结构和所有的生态系统过程;⑤管理实践和生态系统过程不会危害邻近的生态系统;⑥维持良好的森林服务功能和维持健康的人类社会(陈高、代力民,2002;肖风劲等,2004)。

9.6.1.2 森林生态系统健康评价的指标

森林生态系统的健康评价指标包括物理化学指标、生态指标,以及社会经济和人类健康指标。指标选择所遵循的原则是:从生态系统的综合整体角度考虑,空间尺度合适,指标选择简明规范并且要易于操作,能达到正确反映生态系统健康状况,提供生态系统的现状面貌及变化的趋势;反映生态系统为人类社会提供生态系统服务的质量与可持续性以及反映出生态系统变化的原因,并且能够为决策提供依据。下面以阔叶红松林生态系统健康评价为例,介绍森林生态系统健康评价指标(陈高等,2004)。

1. 物理化学指标

(1)土壤呼吸。土壤呼吸是指土壤释放 CO_2 的过程,是陆地生态系统碳循环的一个重要过程,也是土壤碳库主要输出途径,往往作为土壤肥力和透气性的指标。

(2)土壤微生物。土壤微生物几乎参与土壤中一切生物化学反应,是维持土壤质量的重要组成部分,对土壤中的动植物残体和土壤有机质及其有害物质的分解、生物化学循环和土壤结构的形成过程起着重要的调节作用。土壤微生物的数量分布,不仅可以敏感地反映土壤环境质量的变化,而且是土壤中生物活性的具体体现。

(3)释放 O_2

森林在吸收 CO_2,制造有机物贮藏能量的同时生产 O_2。森林被称之为地球的“肺”,空气中60%的 O_2 来自森林植被。有关研究表明:每公顷森林对 CO_2 的年净积累量为3.06 t,年生物净积累量为7.73 t,O_2 的年生产量为10.88 t。

(4)土壤酶

蔗糖酶活性通常与土壤有机质、氮、磷含量、微生物数量及呼吸强度有关,它不仅能够表征土壤生物活动强度,而且还可以作为评价土壤肥力水平的一个指标。土壤中蔗糖酶直接参与土壤碳素循环,而土壤蛋白酶和脲酶则直接参与土壤中含氮有机化合物的转化,其活性强度常用来表征土壤氮素供应强度。土壤蛋白酶活性较低,会影响到土壤中氨基态氮的转化。脲酶存在于大多数细菌、真菌和高等植物体内,它可以水解尿素。脲酶活性的降低,不利于土壤中速效氮的转化,在中性土壤中脲酶活性高,它可以表征土壤的氮素状况。

2. 生态指标

(1)森林结构。结构度量采用群落尺度上的结构完整性和结构稳定性进行度量。结构完整性根据森林生态系统的群落结构特征,用异龄林结构特征、立木径级、下木、下草和附生植物等几个方面表示。结构稳定性采用长寿命物种比例和不同类型组成比表示。

(2)活力。活力的度量有物质流和能量流两个方面。物质流采用物质循环量和循环效率指标表示;能量流用能量利用的积累量和能量的流动效率指标表示。弹性度量主要表示生态系统维持自身格局和过程的能力,一般分为抵抗力和恢复力两个方面。抵抗力采用生长范围和最大可承受的胁迫程度(MS)来表示,恢复力用恢复时间(RT)和 MS/RT 的比值来表示。

(3)生物多样性。生物多样性度量从生境多样性和物种丰富度两个方面进行,健康的生态系统应该最大限度地包含多样性生境,度量采用特殊栖息地生境和不同食物链生物生境两个基本方面。物种丰富度采用各种生物类群的物种种类和数量指标,及珍稀保护物种的种类和数量进行度量。

(4)水资源。森林生态系统区域水分的收入有三种来源,即降水、地表径流及地下水上升,支出包括蒸发,地表径流及下渗。森林生态系统的水循环不仅维系自身的健康,而且对周边其他生态系统的水循环也产生重要的影响。

(5)碳蓄积。在自然生态系统中,森林等绿色植物是初级生产者,能吸收大气中的 CO_2,并产生有机物,储存能量,为全球整个生态系统提供物质和能量循环,地球上 70% 的 CO_2 被森林吸收,进行碳循环。森林是陆地生态系统的主体,是重要的碳汇库。

3. 社会经济和人类健康指标

(1)社会化水平。社会化水平包括教育程度和政策法规两个方面。教育水平高,相应对目标生态系统健康保护程度高,破坏可能性和程度降低,尤其当地人的教育和认识程度对目标生态系统的保护至关重要,学术界和一般民众的认识水平和伦理态度也很重要。在社会化水平方面政策法规对目标生态系统的健康与否和健康程度有时候起着决定性的作用,政策可能有保护性的政策措施和破坏性的政策措施。

(2)经济投入和价值产出。经济投入包括价值投入和管理投入。对健康的生态系统,经济投入包括确保和希望它的存在所自愿投入的费用,建立自然保护区和管理健康生态系统的费用和各种投入以及进行不健康生态系统管理时的人力、物力和财力投入。一般来说,对于前面两个方面,经济投入越大,生态系统就越健康,潜在的为人类服务和保障生命支持系统的功能就越强大,而后一种投入越大,则说明生态系统受到的损害越大,需要恢复的时间越长并且难程度也大,而健康程度很低。价值产出用使用价值表示,分为直接使用价值、间接使用价值和潜在使用价值,它们都可以用具体的经济度量法度量。

(3)社会环境。包括内在环境(目标生态区和国家)和外围环境两个方面。区域环境将在目标生态系统区的经济水平和产业结构方面影响目标生态系统的健康。同时国家的整体经济水平和产业结构也从宏观控制角度影响着目标生态系统的健康。外围环境主要来自于对目标生态系统的研究认识和相关的管理保护技术以及国际保护运动的力量和影响。各个国际生态系统保护组织、协会和个人,为保障和恢复全球的不同类型的生态系统健康做出了巨大的贡献。

9.6.2　湿地与水体生态系统健康评价

9.6.2.1　湿地生态系统健康评价的内涵

湿地生态系统健康是湿地生态系统在保障正常的生态服务功能,满足人类合理需求的同时,具有维持自身向前发展的能力和状态。湿地生态系统健康综合了生物物理过程、化学过程和社会动态的变化。前两者驱动了湿地生态系统的动态演变,后者决定了其社会价值。湿地健康形成了湿地生态系统可持续经营、经济和生态环境目标得以实现的基础,而湿地生态系统组分、结构和功能动态的健康与发展构成了系统可持续的基本属性。

这里的湿地满足人类需求不仅仅指的是商业产品,还应包括湿地的多种用途和价值,包括湿地游憩、野生动物保护、鱼类资源、蓄洪和水源涵养等。其实质就是湿地具有较好的自我调节并保持其系统稳定性的能力,并能最大、最充分地持续发挥其经济、生态和社会效益的作用(崔保山、杨志峰,2001)。

湿地生态系统在流域或区域中存在的方式不同,如河流、沼泽、湖泊及人工湿地(稻田、池塘、水库)等,因而健康评价指标会有所不同。在评价过程中,如果将这些类型分别进行系统评价,将是很困难、很繁杂的事情,有时需要湿地的整体概念,因此这里意在将这些湿地类型所具有的共性提取出来进行指标的确定。另一方面,由于各个地区环境状况的差异,确定指标的临界值或范围应视具体条件而定。

9.6.2.2　湿地生态系统健康评价指标

1. 物理化学指标

(1)水化学。湿地水化学是湿地生态系统健康评价非常重要的指标。水化学组成主要由大气沉降的离子贡献、集水区内的风化和离子交换过程以及局地污染源所决定。对沼泽区来讲,由于酸雨的沉降,使沼泽水酸度增加,钙和镁的含量降低,而潜在的有毒金属如铝含量增加,导致沼泽系统中的生物群落逐渐走向毁灭。酸雨可干扰土壤生物学特性及土壤化学特性,阻碍细菌活动,破坏营养循环。河流水及地下水也会同样受此影响,而后间接影响沼泽。通常情况下,测定水化学的主要指标有 pH 值、导电性、碱度、SO_4、Cl、Fe、Ca、Mg、Na、K、NO、NH、总 N、总 P、总有机碳(TOC)、总单体 Al、非活性 Al 和浑浊度。通过观测水的化学变化,有助于了解植物种及植被类型动态,有目的地对不合理要素进行控制。水化学变化的突出表现为富营养化问题。就低位沼泽而言,外部营养物的输入和土壤生物地球化学循环决定了其富营养化的两种类型,即内源富营养化和外源富营养化。内源富营养化比外源富营养化在提供给植物/微生物营养物方面更具有重要性。N、P 的微生物矿质比率依赖于土壤有机营养物库及环境状况(如温度、水含量、pH 值)。外源富营养化是由于大气中 N 沉降以及地下水、河流水和表层水富营养化形成的。低位沼泽营养物质量平衡是其健康的保障,如果低位沼泽植被被收获,会导致 N、P 数量的迁移,对于 N 收获抵消了高 N 的输入,使 N 质量守恒,对于 P 收获可能会导致生态系统 P 净损失,因为 P 的输入变幅往往不如 N 那么明显。

(2)营养物循环。按照生物地球化学循环的概念,那些为生物所需的化学元素和无机化合物的运动,通常称之为营养物循环,包括 C、N、P 等元素的循环。营养物循环可以为植物和其他生产者提供必要的营养物,通过关注营养物循环,可以找到反映生态系统变化的监测点。营养物循环的许多方面均可以作为生态系统胁迫指标。如营养物的周转、水平传输、垂直循环及营养物的丧失等。

2. 生态指标

(1)初级生产力。在湿地生态系统中,植物、浮游植物、藻类及一些细菌有能力将太阳能固定为碳水化合物的有机物,这对食物链是非常重要的。如果初级生产力增加或减少,超出了正常范围,则表明了潜在的生态系统功能紊乱。通常用生产力与呼吸的比(P/R),生产力与生物量的比(P/B)来表达许多相关信息。

(2)生物多样性。在生态系统受胁迫下,物种多样性可能减少,敏感物种可能被消除,导致种群结构趋于简化,耐力物种增加并成为优势种。物种多样性也可能增加,因为外力的胁迫分割了生境,在短期内增加了环境的异质性,减弱了单个物种的优势。无论哪种类型,通常更关心的是物种的变化,因为任何一种变化都表明了一种潜在的影响。物种组成和多样性的变化将影响到营养结构或食物网。湿地生态系统是否健康,受威胁程度如何,首先需要对物种数量的变化做出诊断。

(3)指示种。在许多情况下,生态系统受胁迫引起了优势度、植物种个体平均大小减小,改变了生态系统的垂直结构。通常情况是较小的物种可能有更多的能量来保持和修复自身,特别是较小植物种的再生组织紧贴地面能够更好地防御来自外界的干扰。

(4)生态系统完整性。评价人类活动对湿地自然环境的侵扰程度是生态系统完整性评价的实质。完整性差的湿地已遭严重破坏,系统结构发生变化,自然生境退化,表现为人类经常在核心区活动,如挖沟、排水、狩猎、收获等,致使生物栖息地丧失,面积缩减,出现越来越多的耕作斑块,灌丛、次生林面积增加等;受干扰较轻的湿地已受到轻微侵扰和破坏,但生态系统无明显的结构变化,其自然生境基本完好,表现在缺乏人为景观,如沼泽地有个别或局部的挖沟排水捕鱼、狩猎现象,为某种目的而修建单一路桥或建筑设施,周边居民偷开小区域沼泽进行耕作,有沼泽陆地化趋势等;完整性好的湿地生态系统未受人类侵扰或极少侵扰,保持原始状态,自然生境完好。如沼泽地没有捕鱼、狩猎、耕作及挖沟修渠景观、建筑设施等,边缘区没有陆地化现象,没有灌丛及次生植被的发展现象等。

(5)水资源。自然状态下的沼泽区或其他低湿地区湿地水分的收入有三个来源,即降水、地表径流及地下水上升,支出包括蒸发,地表径流及下渗。人为作用,如挖渠以疏干沼泽,围湖造田,河流改道后原有河道变干等,这些表现均属极端现象。因此,往往是人类活动的短期效益意识而使湿地生态系统水供应受阻而最终退化。水分的供应维系着许多珍奇物种和濒危物种,特别是在沼泽区许多研究已经分析了水平面与植物种和植被类型分布的相关性。沼泽群落干扰引起特定物种丧失并不总是降低水平面的直接后果,还可能是环境变化的综合作用。群落干扰可能伴随着底土层矿质化度增加,导致粗质土壤植被的发育。

(6)生物安全。生物安全响应是湿地生态系统健康的显著标志。由于点源和面源污染的进入,常常使湿地动物特别是鱼类等出现毒性和畸形。不仅使湿地动物物种本身生存受到影响,甚至濒临灭绝危险,而且危及整个生物链,包括人类自身的健康。此外由于自然突变或人为活动的诱导常常引入大量的动植物种与原有物种发生竞争,引起原有物种栖息地的丧失而导致物种衰退和丧失。因此,生物安全评价指标常常以动物畸形或毒性状况,外来物种的数量和比例来做定量和定性描述。

3. 社会经济和人类健康指标

(1)净化能力。湿地特别是沼泽地和洪泛平原,由于对水流具有减缓作用,因而有利于沉积物、营养物的沉积和有毒物质的排除。通常营养物与沉积物结合在一起同时沉降,通过湿地植物吸收,经化学和生物学过程转换而被储存起来。不能保证湿地植物吸收的营养物就可以从水中排除。湿地净化功能有一定的生态阈值,超出此限度,功能就会减弱。

(2)蓄洪能力。由于湿地可储存过量的水分,湿地植被可减缓水流速度,因而湿地不仅具有蓄洪能力,而且对河川径流起到均化作用。就沼泽而言,如果连续多雨,沼泽积水面就会扩大,蒸发作用和蓄水能力相对减少,河川径流增量随着沼泽率增加而增大;如果连续少雨,其补给作用很小,起着强烈减少河川径流的作用,这种作用随沼泽化程度增加而加强。

(3)公众参与。公众参与包括公众直接与有关政策法规的制定、社会规划的拟定,直接加入宣传教育队伍中。直接参与湿地生态系统的管理,并对他们进行管理培训,使他们充分认识到有关湿地生态系统健康与社会经济发展,生态建设的密切关系等。这当然要决定于人口素质问题,同时也要受人口数量的影响,因为人水争地直接威胁到湿地的健康状况,无论怎样,只有全社会的共同行动,才能保证湿地的长期生态持续力和健康发展。

(4)政策法规。生态系统健康是当今环境问题的重要方面。环境问题通常都是同其他领域的发展和政策相关的。环境同其他部门的政策,比如农业、交通、能源政策的相互作用是非常明显的,这些领域的政策能够影响环境和资源成本内在化的价格。

第 10 章　生态恢复及其监测的研究技术

恢复生态学是生态学新的一个分支，属于一门新兴学科。由于发展历史较短，研究的深度、广度和系统性不够，不仅未形成自己的理论体系，而且也没有提出自己的方法论。本章参照相关学科已有研究方法，对生态恢复研究方法进行一些探讨。

10.1　直接判别生态恢复

生态系统的恢复重建不但是一个动态过程，而且具有一定的阶段性，既有结构功能的内在变化，又有表观特征（任海、彭少麟，2001）。退化生态环境或退化生态系统是否出现恢复及恢复程度如何，既可通过其现存表观特征加以识别，也可从其发展动态过程进行判断。退化生态环境通过在野外实地空间调查，并根据一些评判方法或指标，可直接做出定性判断，而退化生态系统则需要进行时间序列的连续观测，通过前后生态状况的对比，做出生态系统是否发生恢复的定性或定量判定。本节主要讨论通过野外一次性调查，辨别生态环境或生态系统是否发生恢复或恢复程度的方法。

10.1.1　依据人类生产方式和对土地利用强度判别

近一二百年来，随着世界人口的迅速增加和工农业的迅猛发展，人类在生产、生活和其他社会经济活动中对自然环境和生态系统施加的影响越来越大，已经超过了自然环境和生态系统的承受能力，特别是过度利用草地、超量使用化肥和农药、滥砍滥伐森林、大规模露天采矿以及大量温室气体和污染物的排放等，给全球的生态环境和生态系统造成了严重危害。成为生态环境和生态系统退化的主要原因（李洪远、鞠美庭，2005）。但是，地球的生物圈、土壤圈也具有巨大的自我修复功能和能力，在人类干扰减轻或消除后，生态系统的这种自修复功能就会自动启动，对受损生态系统进行修复，逐步推动退化受损生态系统趋向恢复（沈德中，2002）。如果人类给予适当的帮助，恢复速度还会加快。因此，根据人类生产方式和对土地利用强度的变化，可对生态环境的变化趋向做出定性的判断。

1. 根据生产经营方式判别

生产经营方式的不同会对环境产生明显不同的干扰效果。实践证明，很多生产经营方式对改善生态环境，提高生态系统生产力是有利的。例如，对严重风蚀水蚀农田进行退耕还林还草，实施生物覆盖，有利于遏制荒漠化的发生发展；积极采取生物防虫灭鼠，有利于虫鼠危害严重的草地植被的恢复。但也有很多生产经营方式容易造成环境的破坏，引起生态退化（刘新民等，1996）。例如，滥垦滥牧草地，导致草地退化沙化；农田中大量使用非降解农药，导致环境污染；使用小网眼渔网捕鱼和用炸鱼、电鱼方法捕鱼，导致渔业资源枯萎等。

2. 依据土地利用/覆盖变化判断

土地利用和土地覆盖是两个既有密切联系又有本质区别的重要概念。土地利用一般是指人类为获取所需要的产品或服务所进行的土地资源利用活动，是人类对土地自然属性的利用方式和利用状况，包含着人类利用土地的目的和意图。因此，农业用地、商业用地、交通用地、居住用地等都是土地利用的概念。土地覆盖是指地表自然形成的或者人为引起的覆盖状况，它强调土地的自然属性以及人类活动的结果。河流、土壤、森林、草原、冰川等属于不同的土地覆盖(郑海金等,2003)。

土地利用/土地覆盖变化影响着水分循环、土壤侵蚀与堆积、能量交换、生物地球化学循环和作物生产等陆地主要生态过程的结构和功能。目前，土地利用对土地覆盖格局产生了前所未有的影响，而土地覆盖的改变必然会对局地、区域乃至全球环境都产生巨大而深远的影响。因此，土地利用/土地覆盖变化的环境效应研究已经成为全球变化的重要研究组成部分和土地利用/土地覆盖变化的主要研究内容(李晓兵等,2004)。

利用土地利用/覆盖变化判别生态系统变化动态时，通常使用不同时期的遥感监测资料或当地的统计数据，结合野外实地访问调查进行分析。

3. 根据其他人类活动迹象判别

(1)根据地面人类活动的迹象判别。地面人类活动的迹象是人类活动在地面留下的印记，它不仅反映了人类活动的空间格局、频率和强度，而且反映了人类活动对生态环境的干扰程度以及生态系统的发展趋向(孙书存、包维楷,2005)。因此，对于大多数自然或半自然生态系统来说，可根据地面现存人类活动迹象判断生态环境是处于退化，还是恢复状态。

(2)根据人口压力和经济状况判别。对于主要依赖于土地进行农业生产的农业人口来说，人口的增加意味着土地压力的增加。人们为了维持基本的生活需要和牟取更高的收益，总是想尽各种办法挖掘土地的生产潜力，提高农业的产量和效益。

社会和经济水平不同，不同地区会采取截然不同的方法，所产生的环境效益也就有了很大差别。对于经济发达的地区来说，社会、经济和技术水平均较高，环境意识也较强。在这些地区，虽然人口密度高，土地压力大，但较高的资本和技术投入，可以有效地维持资源的再生性和资源的可持续性。而对于贫困地区来说，由于经济基础较差，生产方式落后，技术水平低，无力进行高水平的资金和技术投入，只能依靠掠夺土地资源自然潜力，牺牲生态环境为代价来维持农业生产。所以，凡是人口密度较大，经济又比较落后的地区，也同样是生态环境破坏严重的地区(张金屯,2003)。因此可以根据区域人口密度和经济发展情况，对其生态环境的发展做出一定的判别。

10.1.2　根据环境特征判别

环境条件，如土壤条件、水体条件、气候条件等，都对生态恢复有着直接的影响。在外界干扰(主要是人为干扰)减弱或消除时，如果环境条件对土壤、植被或水体恢复有利，退化生态系统趋向恢复。如果环境条件不利于退化生态系统的恢复，则可能呈现三种情况：①不利环境因素的影响小于消除人为干扰所产生的效应，受损生态系统趋于恢复；②不利环境条件的影响大于消除人为干扰所产生的作用，生态系统继续发生退化；③二者的作用相当，生态系统处于暂时稳定或平衡状态。因此，利用环境条件特征进行生态系统是否发生恢复的判别时，还应综合考虑其他因素。

1. 依据地表特征判别

土壤表面既是土壤圈与大气圈的界面，也是人类和其他大多数陆地动物赖以活动的基质。无论是气候变化，还是人类或其他动物的活动，都会在土壤表面留下痕迹。在野外进行恢复生态学研究时，利用土壤表面各种外部因素活动留下的痕迹，对生态系统现状做出判别，应属最直接、最简易，或最为准确的定性研究方法。

（1）依据地表动物活动情况判别。地表动物，特别是放牧家畜，对草地的影响主要源于四个途径，践踏、啃食、挖掘、排泄。其中，动物践踏和啃食对草地的影响范围最广，程度也最大，挖掘洞穴对草地的影响范围一般较小，但如果密度较大，则危害严重；排泄粪便对草地的影响虽范围较大，但程度很轻。一般情况下，家畜的轻度放牧啃食对草地植物的生长一般是有利的，而过度啃食和践踏将导致草地的严重退化，特别是动物集中大量挖掘洞穴，将导致草地严重破坏（任继周，2004）。因此，可以通过地表动物活动迹象的多少和强度，判别草地是退化还是恢复。

依据地面动物活动情况判别草地发展趋向，主要采用四项指标：即植物草地践踏强度、啃食强度、动物粪便数量和地面动物挖掘留下土堆的密度。一般来说，地面动物蹄印和粪便密集，地表鼠洞口数量大，动物挖掘留下的土堆或裸斑数量多，草地植物被啃食严重，草层低矮，杂草毒草丛生，则可认定草地正处于退化之中；反之，如果动物蹄印和牧道痕迹不明显，植物被啃食现象不明显，动物粪便数量少，仅有少量鼠洞口或动物挖掘留下土堆，说明草地处于恢复状态。值得注意的是，利用动物活动频度和强度进行草地植被恢复状况判别时，应充分考虑动物所留痕迹的新旧程度、新旧情况等。如果家畜践踏痕迹很新，说明是近期家畜放牧践踏留下的痕迹，如果践踏痕迹陈旧，则说明是以前家畜放牧践踏留下的痕迹。前者说明了当前草地所受践踏影响，后者说明了过去草地所受干扰。一般来说，如果草地没有新的践踏痕迹，或者过去践踏地段已经被新生牧草所覆盖，则说明草地可能处于恢复之中。

反映生态环境变化趋向的重要指标有地表风蚀、水蚀情况。地表出现风蚀、水蚀，或风蚀水蚀现象加重，意味着生态环境处于退化状态，而风蚀、水蚀程度减轻或消失，说明生态环境处于恢复之中。

风蚀和水蚀都应属于水土流失。但两者不仅在驱动因子、侵蚀过程和所造成的后果有很大不同，而且所表现的地表特征也有很大差异。风蚀是以风为外营力，风的动能作用于地表，使土壤中细颗粒和有机质逐步从土壤中飘逸，在形成风蚀洼地或风蚀坑的同时，使土壤粗化和贫瘠化。在这一过程中，只有土壤颗粒的损失和土壤持水能力下降，水并未从生态系统中流失（赵哈林等，2003）。水是水蚀主要的外营力，当雨水降落于地面并形成地表径流后，在从高处向低处流动，势能逐步转换成动能的过程中，对土壤造成冲刷，形成侵蚀沟壑的同时，造成河水污染和下游河床淤积。因此，风蚀地面只有土壤分选粗化，留有各种风蚀地貌的痕迹，没有流水作用的痕迹，而水蚀一般具有雨点打击或水流冲击的痕迹，多以侵蚀沟壑景观出现（毛文永，2003；王涛，2003）。由此，可以首先判别土地退化是风蚀还是水蚀作用的结果，再根据痕迹的新旧判断目前风蚀水蚀地生态环境发展趋向。

如果利用地表风蚀状况进行判别，野外调查应在风季或风季之后及时进行，如果推迟到植物生长起来以后，当年风蚀的迹象就可能被植物所掩盖。调查表明如果原有风蚀地貌已被植被所覆盖，未再见有新的风蚀痕迹，则表明沙化土地可能处于恢复之中；如果是地表风蚀、风积痕迹，如风蚀沟槽、浅坑、洼地或点状、片状积沙，或流动沙丘迁移等，较为普遍或显著，说明当地沙漠化较为严重，生态环境处于退化之中（赵哈林等，2003）。如果是利用水蚀状况进行判别，野外调查应在雨季或雨季之后及时进行。如果雨水冲刷现象普遍，新的侵蚀特征明显，说明其生态系统仍可能处于退化之中；如果当年雨水冲刷现象不明显，老的侵蚀地貌中没有新的水蚀痕迹，则基本可以说明其生态系统处于稳定状态或恢复之中（郭连生，1998）。

此外还应注意时间和空间尺度的问题。因为很多具有明显风蚀、水蚀等大的地貌或地表特征的生态系统，如我国的毛乌素沙地、黄土丘陵沟壑区、科尔沁沙地等，在大的景观和时间尺度上都属于退化生态系统，都是历史时期，甚至是地质时期形成的退化生态系统。但在百年、十年、一年的时间尺度上，在县、乡、村或更小的研究范围内，则可能存在很多处于恢复之中小的生态系统。如果近期其地表风蚀、水蚀特征明显而强烈，则说明其生态系统处于退化之中，如果只残留有旧的风蚀、水蚀痕迹，而没有发现新的风蚀、水蚀迹象，则说明其生态系统正处于稳定状态或恢复之中。

（2）依据土壤表面结皮情况判别。土壤表面形成的理化性状或生物性状与下层土壤有很大不同的一个薄层硬壳被称为土壤结皮。土壤结皮一般可分为生物结皮和物理结皮两种。生物结皮是指由微小隐花植物构建的土壤结皮；物理结皮通常是指在雨滴冲溅和土壤黏粒分散的作用下，土表孔隙被堵塞后形成的，或挟沙水流流经土表时细小颗粒沉积而形成的土壤结皮。虽然，土壤结皮的形成过程和生态作用目前还有很多争议，但土壤结皮形成后表层土壤颗粒活动性减弱，土壤表层趋于稳定确是一个不争的事实（胡霞等，2005）。

既可以用地表结皮情况对沙丘的固定程度进行分类，也可以用它判别退化土壤是否处于恢复状态。因为土壤结皮是干旱、半干旱地区普遍存在的一种现象。特别是半干旱沙漠化地区，当风沙活动减弱，地表趋于稳定时，在原来受到风蚀的土壤表面或流动、半流动沙丘的表面就会逐步形成土壤结皮，进而使风沙活动进一步减弱。

利用土壤结皮判别土壤所处演替阶段时，应考虑四个问题：①是土壤结皮的颜色，虽然土壤结皮颜色和土壤基质有关，但相同土壤基质下，土壤结皮颜色越浅说明形成时间越短，结皮颜色越深说明其形成时间越长；②是土壤结皮的类型，一般来说物理结皮处于土壤结皮发育的初级阶段，生物结皮处于结皮发育的高级阶段；③是土壤结皮的厚度，土壤结皮越厚，说明形成时间越长，结皮越薄，说明形成时间越短；④是结皮的破损情况，结皮完整无破损，说明结皮的形成发育未受到破坏，而结皮破损严重，说明已经稳定的土壤表面又受到了破坏。如果地表已经形成了颜色较深，厚度较大，完整无损，长有苔藓的生物结皮，则该系统一定是处于恢复状态。如果土壤结皮在近期破损比较普遍而且严重，说明其土壤处于退化之中。

2. 依据水体条件判别

（1）依据水文条件变化进行判别。对于湖泊、池塘、水库、湿地等水体或湿地生态系统来说，水文条件成为其区别于陆地生态系统和海洋生态系统的主要属性（陆健健等，2006）。这些陆地水体的水文条件包括水深、水流方式、水的输入、输出、淹水面积及其持续时间和范围等。水的输入来自降水、地表径流、地下水、泛滥河水及潮汐（海岸湿地），水的输出包括蒸散作用、地表外流、注入地下水等。当水的输入大于水的输出，水深就会增加，水面面积可能增大。反之，则水深下降，水面面积缩小。因此，可以根据水位线的高低，水面延伸和缩小的范围判别水体的供水量是否充足,水体是萎缩还是恢复。由于水的输入和输出有年际和季节变化的规律性,因此水位线也有年度和季节的变化。可以根据水位线的年、季变化做出初步的判别。

对于湖泊来说,被水常年淹没的区域是不长陆生植物的。如果湖水水位明显高于多年平均水位线,说明当年水源供给充足,水体有所发展。如果在雨季过后,湖水水位仍明显低于正常水位线,说明其供水不足,水体萎缩。

对于湿地来说,水较浅,长有大量的水生植物或湿生植物,形成种类不同的湿地,如芦苇沼泽、苔草沼泽、红树林沼泽等。由于湿地水位较浅,因而湿地对水的输入和输出非常敏感,当水的输入明显小于水的输出时,水位会迅速下降,使湿地裸露,面积迅速缩小。特别是面积较小的湿地,连续几年干旱,可导致其干涸。如果水的输入长期大于水的输出,水深也会有所增加,湿地面积明显增大。

(2)依据水质情况直观判别。纯净的天然水是透明、无色和无味的。但自然界中存在的天然水并不都是纯净的,总是或多或少含有某些溶解的和悬浮的有机物或矿物质以及微生物,甚至还会含有污染物质。由于水的来源不同,水中所含杂质种类和数量有很大区别,其水的颜色和气味也会呈现很大差别。

水中的杂质有:①完全溶于水的可溶性物质,如 O_2、N_2、CO_2 等气体和钠盐、钾盐、镁盐等物质,这些物质溶于水后以单个分子或离子存在于水中,从外观上看这些水与无杂质的清水没有区别,但通过化学分析或感观(品尝)可以确定杂质的存在;②是能与水形成悬浮物的杂质,如水中的泥和有机物颗粒等,这些物质经过长时间沉淀能够沉降;③是能与水形成胶体的物质,如矿物起源的 SiO_2、$Al(OH)_3$、$Fe(OH)_3$ 和有机起源的腐殖质、普氏酸等,后者可使水染上黄色;④是生活于水中的生物,如各种细菌、藻类、原生动物、蠕虫和其他有机体,水中所含食物越多生物繁殖越旺盛,不同的生物可以使水体呈现不同的色彩(沃兹娜亚,1983)。

水质的判别指标可分为物理指标和化学指标。物理指标包括水温、色度、嗅、味、浊度、透明度、密度和其他。化学指标包括溶解性固体、悬浮物、电导率、耗氧量、溶解氧、硬度、酸度、碱度、活性离子等 20 项指标。在野外,对水质进行感观直观判别的常用指标主要为味道、气味、水的透明度和色度等。

当水中含有某些能够产生气味的杂质,或水体发生腐败后,会产生特殊的气味。对于有经验的人,可以通过嗅觉对其进行判别。例如,含有酚类物质的水体散发着酚味,受到汽油污染的水体有汽油味,泥土含量高的水体具有泥土味,等等。

由于天然水中常含有黏土、泥沙和有机悬浮物等悬浮颗粒,因而经常是浑浊的,影响透明度。水中悬浮物可用重量法测量,但很费时间,因而在实践中经常使用浊度计通过测定透明度和混浊度的方法进行间接测定。

由于含有某些杂质,无色的水有时也会发色。例如,水中红藻大量繁殖时水呈暗红色,水中含有大量绿藻时水呈绿色。能够引起水体发色的物质很多,要正确和准确评价水的颜色,首先需要了解不同物质在水中会发什么颜色以及色度与物质浓度的关系。但如果仅是需要了解水体是否受到污染或污染程度如何,则可通过视觉做一个定性的判别。

(3)依据污水排放情况判别。污染水源排放情况直接关系着生态系统受损程度及其恢复进程(赵景联,2006)。特别对于具有流动性质的水体来说,污水的排放情况不仅直接影响受污染水体的质量，而且影响其受污染的程度和时间。若污水排放时间长，则水体受污染的时间会增加；若污水排放量增加或浓度增加时，则受污染水体的质量也会下降。若污水排放时间缩短，则排放量减少，其水体污染程度就会减轻，受污染时间缩短。在污水排放完全停止后，在上游来水水流的作用下，一方面受污染水体中的污染物会逐步得到稀释，直至达到无害状态；另一方面受污染水体也会随水流下泻，并在下泻过程中逐步稀释或净化，使污染迅速减轻和消失。

直接利用污水排放情况判别水体水质变化时，还应注意受污染水体是否具有水源补充或是否具有流动性。因为对于不具有流动性质的水体，受污水污染后，即使切断了污水源，其恢复也是极为缓慢的，甚至还会因水体不断蒸发而使内含污染物浓度加大，导致污染程度加重。

3. 依据气候条件判别

影响生态系统恢复的气候条件很多，主要包括降水、极端气温、无霜期、霜冻、大风等。在野外进行调查时，虽很难直接根据当时的天气状况对植被是否存在恢复趋势做出判别，但通过查询和分析当地气象台站的观测资料还是可能得出一些初步结论的。

(1)依据降水量变化判别。影响植被生长繁殖状况的重要指标是降水量的多少。一般情况下，较多的降水有利于植物的生长，降水减少或遇到旱灾，植被生长就会受到抑制。特别是在缺水的地区或季节，较多的降水可以加速退化植被的迅速恢复，持续干旱少雨则可能导致生态系统的严重退化(中国农业科学院，1999)。因此，查询当年降水资料，分析降水的年、季变化情况，就可以得出降水是否有利于植被恢复的结论。如果当年或当月降水量高于历史平均水平，或与之持平，则意味着植被可能处于恢复之中。反之，植被的恢复则可能受到抑制。

降水量的多少对家畜和野生动物的生存繁衍也有很大影响。在干旱、半干旱地区，如我国西北地区和非洲干草原地区，降水季节来临早，雨量充沛，不仅使草地植被生长旺盛，还使水源供应充足，可以明显减少野生动物的死亡，提高繁殖率和繁殖成活率，使大多数动物种群数量增加。而连续干旱，则可能导致植物生长不良，水源短缺，引起野生动物，甚至家畜生长不良，死亡率增加，种群数量减少。

降水量的季节分布、持续时间和降水强度对植物的生长也有很大影响。对于大多数地区，特别是对于干旱、半干旱地区来说，如果降水量在生长季节严重分布不均，降水多以暴雨形式落下，短促而集中，可能导致水土流失和植物对降水的有效利用率降低，对退化植被的恢复不利。易受洪水和内涝危害的地区，降水过量所引起的洪水和内涝常导致植被受损或退化(王馥棠等，2003)。因此，在利用降水量多少对植被变化情况进行判别时，还应考虑地面植被生长的实际情况。

(2)依据冬季温度变化判别。冬季低温是限制大多数动植物生命活动的重要因素。在地球上，绝大多数动植物的空间分布特征都和冬季低温的空间分布规律有关。特别是对于栽培植物来说，能否抵御冬季严寒而安全越冬，是引种栽培需要首要考虑的问题之一。虽然，大多数动物、植物和微生物在长期的自然选择中，已经适应了当地的冬季严寒，具备了安全越冬的方式，但是一些年份特殊的严寒仍是导致生命种群数量减少的重要因素。

冬季严寒对于一年生和多年生植物的影响有很大差别。一年生植物，存在以有性繁殖体和无性繁殖体越冬两种形式。对于以种子越冬的一年生植物，冬季严寒对其越冬的种子一般不会产生明显影响。对于马铃薯、红薯等以块根、块茎繁殖的一年生植物，冬季严寒可能会导致繁殖体冻害而影响其第二年种群数量。多年生植物，无论是乔木灌木，还是多年生草本植物，冬季寒潮可能会导致一些植物种或部分植株受损，特别是那些原先生长不良或受到损伤的植物，可能因此而死亡，使其种群数量下降。对于人工引种的一些多年生园艺植物，遇有特别冷的寒冬，成批受到冻害或死亡的现象也屡见不鲜。因此，如果发现上一年冬季遇有特别寒冬，则应考虑植物受到的影响（李博，1990）。

严冬对于大多数动物都是一个严峻的考验。肉食性动物，由于冬季地面活动的动物数量减少，为了摄食足够的能量，会增加觅食活动的频率和范围，使消耗的能量增加，体质下降，寒潮过境也会导致大批动物死亡。大多数草食性动物，特别是放牧家畜，冬季都要进行采食，但冬季牧草枯萎，营养物质含量下降，使动物摄取食物数量和营养不足，体质下降，抵抗力减弱，遇有严寒常导致成批死亡，特别是老弱病残动物更是难以越冬。对于北方河湖、池塘中的鱼类或其他水生动物，冬季水面结冰，水中缺氧，不利于水生动物的活动，特别对于水层较浅的水体，严冬往往导致通体结冰，使之绝大部分水生动物死亡（赵哈林等，2003）。冬季严寒也不利于有害病虫的越冬，遇有特别寒冷的冬季，翌年病虫害会明显减少。因此，根据冬季降温情况和低温持续时间，可以预测翌年动物种群数量的变化及病虫害发生程度，进而判断生态系统向哪个方向演替。

（3）依据风力情况判别。在干旱、半干旱地区，植被稀疏低矮，由于降水不足，土壤干燥疏松，抗风蚀能力弱，因而在风力的作用下很容易发生土壤风蚀和风积，造成土地沙漠化的发生。对于大多数干旱区来说，土壤风蚀发生的频率和程度受风力的强弱和大风发生的频率直接影响，进而引起土地的退化。因而，可以根据当年平均风速、起沙风频率、大风日数、扬尘天气和沙尘暴发生日数，判断风沙活动情况以及土地沙漠化发展的方向（王涛，2003）。

年均风速的提高，大风日数的增加，对土壤风蚀和风季现象的发生是有利的，而起沙风频率的降低，大风日数下降，扬沙、浮尘天气和沙尘暴天气的减少，无疑对风沙活动的减轻是有利的。反之，则有利于土地沙漠化的发生。因此，可以利用起沙风频率和大风日数等指标的变化，并结合其他指标，判断土地发展趋向（刘新民等，1996）。

10.1.3 根据动植物生长状况判别

动植物种群数量的多少和生存状况的好坏，不仅影响生态系统的结构与功能，人类食品和其他生产、生活用品的产出，而且还反映着生态环境的好坏和生态系统的稳定。因此，在野外可通过动植物种群数量、生存情况和长势等情况，对生态系统是处于退化，还是恢复做出判别。

1. 依据动植物生长状况进行判别

（1）植物构型。每种植物都有一些固定的性状特征，如构型、株高、穗长、千粒重等。当植物受到外界干扰或环境条件区域恶化时，植物的生长就会受到抑制，使其固有生物性状无法展现。因而，在野外调查时，通过对植物的数量特征进行观测，可有效判别植物的生长状况，并据此判别其生存条件的好坏。

植物茎干、枝条、叶片、花、果、实等实体构件的空间配置关系成为植物构型。根据这种配置关系，植物的构型可分为直立生长型、匍匐生长型、攀缘生长型等，及上繁草、下繁草等和密丛型、疏丛型等不同类型。植物的构型是受植物遗传因素决定的，在正常生长情况下每种植物种群都有固定的构型。但植物的构型也受到外界环境的影响,并与植物对空间、光能等资源的竞争有关(陈波,2002)。例如,芦苇一般呈直立生长,但当长在流动半流动沙丘上时,则因风沙危害而呈现匍匐生长。因此,可以根据植物的构型变化对其周围环境条件和植物种群生长是否受到抑制而做出评判。

(2)根据动植物长势判别。植物长势是在野外凭视觉可以直接观测到植物生存状况的指标。在没有人类干扰和良好的环境条件下,植被会表现出生长繁茂,表现出生机勃勃的景象。如果受到反复践踏、过度放牧、滥砍滥伐等人类活动的侵扰,或受到干旱、内涝、冰雹、干热风等自然灾害的危害,植物生长就会受到限制,长势衰退。如植株瘦弱、叶片发黄、枝叶提前衰老,落叶,或生长速度减缓等。对于植物学和植物生态学工作者来说,很容易利用植物长势对植被是处于退化还是恢复之中做出简单判别。但值得注意的是,对植物长势的观察应细心翔实,并应考虑植物生长的细节,因为有时在植物受损的表象下掩盖着植物恢复的迹象,如不加以细心观察,就有可能得出相反的结论。例如,某种植物受到化工厂泄漏氯气的危害后出现叶片枯萎凋落、枯梢,甚至少量植株死亡的现象,但毒气消散后很多植株已经开始萌生新芽和长出新叶,从受害情况看应属受损退化,但从其所发新芽新叶看,又处于恢复之中。因此,所得结论应为化工厂的氯气泄漏给该种植物造成了严重危害,但目前该种植物正处于逐渐恢复之中(李洪远、鞠美庭,2005)。

动物的长势可用个体大小和体质来描述。每种动物在正常环境条件和充足食物供给情况下,都有一定的发育规律、生长速率和体重等特征。当环境条件不利和食物供给不足时,动物的生长受到抑制,就会出现性成熟推迟、种群平均体尺和重量达不到应有标准,而且瘦弱、皮毛杂乱无光,甚至表现出病态。例如,美国牛、羊、猪的平均体重分别为278 kg、24 kg、78 kg,而印度牛、羊、猪的体重分别只有 108 kg、9 kg、32 kg,分别相差 61.2%、62.5%、59.0%。印度畜牧业生产水平之所以远低于美国,除了家畜品种存在差异之外,更主要还是生产管理水平低下,导致家畜种群退化,品质下降所致(农业经济技术手册编写组,1983)。因此,如果了解各种动物正常情况下的体况特征,在野外就可根据动物的长势对其种群发育情况做出判别。

2. 依据指示植物和群落的优势植物判别

植物与环境之间自然对植物的长期选择和植物对自然的长期适应过程中会形成一个较为稳定的对应关系。也就是说,在一定的环境条件下,总是有一定的植物群落和优势植物种与之对应。在中小尺度上,受区域或局部地形、土壤、地下水等因素的影响,群落类型对应土壤类型或地形地貌特征,形成具有局域特色的偏途演替的顶极群落。在大尺度上,这种关系表现为地带性植被对应于地带性气候。例如,在我国北方降水在 250 ~ 400 mm,干燥度在 1.5 ~ 4.0 的半干旱区为典型草原区,广泛分布着以羊草和针茅为优势种的植物群落。而在这一区域内,由于受土壤基质或地下水埋深的影响,存在着大面积的稀树植被或草甸植被(姜汉侨等,2004)。因此,事先了解研究区植被与环境的关系,熟悉当地原生植被的类型及其各演替阶段优势种特征,就可依据所调查植被当时的优势种群特征,对其处于何种演替阶段和演替方向做出判别。

有些植物与特定的生态条件联系非常紧密,人们可以根据其相当准确地判断其生长地的生态条件。指示植物(属或群落)是指在一定地区范围内,能指示其生长环境或某些环境条件的这些植物种(属或群落)。例如,蜈蚣草和松叶草只分布在钙质土中;石松和铁芒萁只能在酸性土壤中生长;碱蓬、盐角草、后藤和鸦葱等是典型的盐碱土植物;它们分别指示土壤的钙质、酸性、碱性。有些植物对气候条件的适应范围较小,如椰子、三叶橡胶等只分布在热带地区,就成为指示气候的植物。羽毛三芒草、多种沙拐枣、巨麦草等指示沙质土,而盆地假木贼指示黏重土壤。仙人掌群落的出现表示当地土壤和气候干旱,芨芨草群落可指示地下水位接近地面。某些植物还是矿物的指示植物,如根据海州香薷的分布,就可能找到铜矿,又称为"铜草"。了解这些指示植物对于了解研究区的环境条件,判别生态系统的发育情况是有利的。但植物的指示作用是比较复杂的,在观察和分析时必须持综合观点,不能轻率地下结论。

10.2 对比法研究生态恢复

仅靠一些资料或一次野外调查对于生态环境或生态系统变化情况的研究,从而做出一些定性的评价是不够的。要对其变化动态或对其恢复状况做出定量的准确评价,还需要进行野外多次调查或长时间的定位观测,进行时间序列观测结果的对比或空间变化的分析。

10.2.1 依据植被变化的时序对比研究

植被的一些数量特征经常随着环境变化或人为干扰而发生变化。通过对植被的连续观测,比较不同时间尺度植被某些数量特征的差异,可以有效判别植被的变化趋向和速率。需要进行野外连续观测,通过时序对比研究确定植被变化动态的指标主要包括以下几个方面:

1. 群落物种结构变化的对比研究

(1)群落的物种组成和类群组成变化。环境条件的好坏,植被的发育状态,直接影响着组成群落的物种数量和物种类群。通过定位观测群落的物种组成和类群比例,分析其年际变化,可以确定群落物种丰富度和类群的变化,从而对植被的变化进程和状态做出判断。

群落的物种组成和丰富度一般采取样方法进行调查。样方的大小随群落类型不同而有很大差异。对于草地 0.5 m×0.5 m 或 1 m×1 m,小灌木或半灌木 5 m×5 m 或 10 m×10 m,大灌木群落样方面积 25 m×25 m 或 50 m×50 m,乔木群落样方面积多在 50 m×50 m或 100 m×100 m。为了使样方调查数据具有代表性和准确性,除了在设置样方时应选择典型地段外,还应注意至少设置 3~5 个重复样方。观测时,直接清点和记录样方中的每种植物,建立植物名录清单。每年观测频率或连续观测时间,根据需要确定。

群落的植物类群也可以按生活型划分。在 Raunkier 生活型分类中,将植物分为一年生植物、隐芽植物、地面芽植物、地上芽植物和高位芽植物五大类。在我国,一年生植物包括所有以种子越冬的植物种,隐芽植物主要是以根茎、块茎、块根、鳞茎等越冬的多年生草本植物,地面芽植物主要以根茎芽越冬的多年生草本植物,地上芽植物主要为小灌木和半灌木种,高位芽植物主要是指乔木和灌木种。在群落变化过程中,群落中各种植物生活型的比例是在不断变化的(云南大学生物系,1980)。因此,观测和统计研究区内某一时段所观测群落内各种植物生活型数量对比关系的变化,建立不同时间群落的生活型谱,可以确定其植物群落是处于退化演替还是恢复演替之中。

组成群落的物种可以按科属划分为不同经济类群。例如,在我国亚热带地区的代表性植被为常绿阔叶林,虽然其物种组成极为丰富多样,但组成群落的主要植物种类均属于壳斗科、樟科、茶科、木兰科和金缕梅科。正常情况下,这些植物经济类群在群落中的比例基本都是固定的,在一定尺度上反映着环境条件和群落特征。因此,可以通过观测群落类群组成的变化,分析群落演替趋向和环境变化趋势。

(2)群落优势种变化的对比研究。一般情况下,植物间的这种复杂关系是比较稳定和有序的,每种植物在群落中都有固定的地位和作用。而且,每个群落中都有一个或几个处于主要地位,发挥决定性作用的物种,这就是群落的优势种或建群种。如果群落由多个层片组成,那么每个层片都会有自己的优势种。群落主要层中的优势种决定着群落的内部结构和特殊环境,称之为建群种(edificator)。由于优势种或建群种在群落中扮演着重要的或具有决定性的角色,其地位和作用的变化会对群落产生较大影响,因此人们常通过对优势种在群落中的变化来判断群落的状态。

在大多数植物群落中,确定优势种都是先确定其优势度,然后根据优势度的大小,将优势度很高的植物种确定为优势种。物种的优势度用物种在群落中所占的比例来表示。目前常用的优势度有三因素优势度(SDR_3)(即植物的重要值)、四因素优势度(SDR_4)和五因素优势度(SDR_5)(姜恕等,1988):

SDR_3 =(相对密度% + 相对频率% + 相对盖度%)/300

SDR_4 =(相对密度% + 相对频率% + 相对盖度% + 相对高度%)/400

SDR_5 =(相对密度% + 相对频率% + 相对盖度% + 相对高度% + 相对重量%)/500

其中,植物相对密度、盖度、高度、频度和地上生物量的计算方法如下:

相对密度(%)=(物种 i 的个体数/所有物种的总个体数)×100%

相对盖度(%)=(物种 i 的盖度/所有物种的盖度总和)×100%

相对高度(%)=(物种 i 的平均高度/所有物种的平均高度之和)×100%

相对频度(%)=(物种 i 的出现频率/所有物种的出现频率总和)×100%

相对重量(%)=(物种 i 的重量/所有物种的重量总和)×100%

进行群落植物优势度分析时,应根据植被类型的不同,选择不同的优势度计算方法。通过计算每个植物的优势度,比较某一时段不同物种优势度的变化,从中确定群落变化趋向。

(3)植物多样性指数的比较。反映群落物种丰富度及群落中不同物种配置关系的一个重要指标是植物多样性指数。在植被恢复过程中.随着群落物种组成数量的增加和各物种数量特征趋于相对均势的情况下,群落的植物多样性指数就会升高,反之则会下降。因此,通过测定一定时期内植物群落物种数量和每个种的某些数量信息,计算和比较不同时期群落多样性指数的变化,即可掌握群落的变化情况(阳含熙、卢泽愚,1982)。

2. 植被主要数量特征变化的对比研究

(1)种群密度的对比研究。不同植物种群组成不同的植物群落,植物种群都是由其植物种的不同个体组成的。单位面积上群落个体总量的多少和各植物种群个体数量的多少均可用密度(D)来表示:

$$D(\text{密度}) = N(\text{单位面积内植物个体数量}) / S(\text{样方面积})$$

植物密度的测定多采用样方调查的方法。在调查样地,设定一定面积和重复的样方,直接计数每个样方内每种植物的个体数量，最后进行样方间平均，获得所调查样地群落的植物密度。

多雨年份，群落中一年生植物数量可能很大，密度很高，而在干旱年份其数量可能很少，密度明显下降。特别是在干旱沙漠地区，一场短暂而又充足的降水之后，可能会有大量一年生短命植物萌生，而之后的连续无雨，则可能全部死亡。一个退化植被，无论是继续退化，还是趋于恢复，其群落一年生植物种群密度受外部因素的影响，既可能明显增加，也可能明显下降。因此，用一年生植物的种群密度的变化很难准确判断植被的发育状况。

多年生植物，既可以以种子繁衍后代，还以营养体越冬。在外部条件有利于其生存时，它不仅可通过种子繁殖扩大种群数量，一些植物还可以通过营养繁殖扩大种群数景。在生存条件不利时，可以通过停止繁殖和储蓄能量，尽量维系其种群的稳定。但是，当外界干扰导致其植被退化时，其多年生植物种群，特别是多年生草本植物种群数量总是趋于下降的。因此，利用多年生植物种群密度的变化，可以有效判断植被的发育状况。

(2)植被盖度的对比研究。植被盖度是指一定范围内植物茎干和枝叶投影覆盖地面的比例，也称作投影盖度。盖度是反映群落特征的一个重要指标，因为它不仅标志着群落占据的水平空间面积，也在一定程度上反映了植被的同化面积和对地表的保护程度。当植被受到外部不利条件干扰而发生退化时，其植被盖度一般会明显下降，而在外部条件有利于植被发育或生长时，植被盖度也会首先趋于恢复。因此，通过测定不同年份植被盖度的变化，可有效判别植被的恢复情况。

对于乔木群落和灌木群落的盖度，需要采用大样方进行调查。如乔木群落可用面积25 m×25 m或50 m×50 m的样方调查，大灌木群落可用10 m×10 m或15 m ×15 m样方调查，半灌木群落可用2 m×3 m或3 m×4 m样方调查。对于乔木群落和灌木群落，还可采取样线法进行植被盖度调查。这种方法是在要调查区段，用50～100 m的米尺拉出一条直线，然后量算植物枝叶所覆盖的线段总长度，再除以所设线段总长度，即可得到植被总盖度(姜汉侨等，2004)。草本植被的盖度一般采用样方法测定。样方面积多为1 m×1 m。通常利用预先制成的1 m^2木架(或铁架)，内有线绳分为100个10 cm×10 cm的小格。将样方放置在所调查的植被地段，先记录群落整体所覆盖的样方面积比值(总盖度)，然后根据需要测定不同层片或植物种所覆盖的样方面积比值(分盖度)。

(3)植物地上现存生物量的对比研究。植物的地上现存生物量是指进行调查时地面之上现存的植物有机物质，包括存活的植物部分和当年凋落的植物部分。植物现存生物量是植物生产力大小的直接反映，是植物群落类型、生长状况、光合面积和能力的间接反映，属于植物群落最重要的数量特征之一。

植物现存生物量的测定因群落或植物种类的不同而有很大差别。

对于乔木，一般采用平均标准木法(彭少麟、张祝平，1994)。测定乔木生物量时，先在调查样地中设置几个20 m× 20 m或30 m×30 m的调查样方。逐一地测定样地内全部树木的胸高直径、树高等，再根据胸高直径在平均值附近的几株作为平均标准木。将被选的标准木伐倒后，每隔1 m处锯开(但第一段为1.3 m)，分别测定各段的树叶、树皮、树干的鲜重，并取其各部分的部分样品，装入袋中带回室内，80 ℃烘干至恒重。计算样品的含水量，并在野外测定鲜重值的基础上将其换算成干重。最后用平均标准木的平均值ΔW乘以该林分单位面积上的立木株数N，求出单位面积上的乔木生物量，即

$$B = (N \times \Delta W)/A$$

式中　B——单位面积乔木生物量，$kg \cdot m^{-2}$；

N——被测样地的立木株数，株；

ΔW——为伐倒木重量平均值，kg；

A——被测样地面积，m^2。

灌木一般采用标准株法，即先对调查地段或调查样方内的灌木植株按其高低或冠幅大小进行分组，在每一等级组内，选到3～5棵标准株，分别齐地面收割称鲜重。将地上部分的绿色部分（即当年生枝叶）和木质部分分开，分别称其鲜重。然后取适量样品，置于80 ℃烘箱内烘干后，再称其干重，经换算后，求出不同等级灌木的平均绿色部分重量和木质部分重量，然后分别乘以其株数，最后相加，即可得到一定面积内灌木或半灌木的生物量。

对于草本群落，多采用样方法（姜恕等，1988）。调查时，在所选择样地的典型地段随机设置3～5个1 m×1 m样方（3～5个重复样方），然后将样方内植物齐地面剪下，称其鲜重后装入小布袋内带回实验室烘干称其干重。

10.2.2　土壤环境变化的对比研究

有些土壤类型或土壤指标对人类干扰或环境变化比较敏感，短期内可发生明显变化；但对于大多数土壤来说，其变化速率不像植被那样剧烈和明显，只有经过长期监测，才能了解其变化趋向。因此，利用不同时间尺度的野外定位监测数据，分析比较不同时间尺度土壤各项指标的变化情况，是判别土壤发育情况的重要方法。

常用判别土壤变化的指标分为土壤物理性状、化学性状、生物性状三大类。随着世界污染情况越来越严重，土壤污染物的调查分析，也可单独作为一类调查和分析项目。

1. 土壤物理性状变化的比较。容易发生变化的土壤物理性状包括土壤结构、土壤容重、土壤质地、土壤透气性和空气、土壤水分、土壤温度等，这些都是常用判别土壤变化趋向的土壤物理性状指标。本小节主要介绍土壤结构、土壤容重和土壤孔隙度变化。

（1）土壤结构的比较。土壤固相颗粒的排列形势、孔隙度以及团聚体的大小、多少及其稳定性被称为土壤结构。土壤结构能够影响土壤中固、液、气三相的比例，从而影响土壤供应养分和水分的能力及土壤的通气和热量状况，也影响植物根系在土壤中的穿透情况。

土壤结构通常分为片状结构、柱状结构、核状结构、块状结构、团粒结构（0.25～10 mm）和微团粒结构（直径<0.25 mm）等。所谓团粒结构是土壤中的腐殖质将矿物土粒互相黏结，形成直径0.25～10 mm的小团块，具有泡水不散的水稳性特点。这些土粒组成的土壤能够协调土壤中水分、养分和空气之间的关系，改善土壤的理化性质，因此具有团粒结构的土壤结构被认为是结构良好的土壤。一般来说，土壤有机质含量增加，腐殖质化过程顺畅，有利于土壤结构的改善（华孟、王坚，1993）。

土壤团聚体的测定通常用筛选法。即用网眼不等的一套筛子，将一定量的土样进行筛分，再算出各种大小的团聚体的百分量。通过分时段对同一样地进行取样测定土壤团粒数量的变化，就可了解土壤结构的变化。

（2）土壤容重和土壤孔隙度。土壤容重是指单位体积土壤的干重，一般用g/cm^3表示。容重的变化既受机械组成和土壤质地影响，又和土壤孔隙度密切相关。因此，既可用土壤容重作为物理性状的附加指标衡量土壤质地变化，也可通过土壤容重计算土壤孔隙度。

通常用土壤环刀测定土壤容重。环刀的容积通常为100 cm^3。使用时,将环刀托扣进环刀的上部,然后将环刀向下压进要测定的土层中,把环刀周围的土刨开,取出装满土的环刀。除去环刀托,用小刀小心削去环刀表面黏附的多余土壤,上下加上盖子。在实验室,去掉环刀盖子,105 ℃左右烘干,然后称重,减去环刀本身的重量,就是一定体积中土壤的容重。在测定土壤质地(机械组成)变化的同时,取样测定土壤容重的变化,也可反映土壤物理特性的变化。

土壤孔隙度反映的是土壤的通气、透水情况。其中,中小孔隙可以保水输水,大孔隙可以通气透水。土壤大孔隙少,小孔隙比重过大,则土壤透气性差,也不利于植物生长;土壤大孔隙多,比重大,土壤虽然透气性好,但持水能力差,容易干燥,不利于植物生长。因此,不同大小孔隙的适当搭配,对于克服土壤中水气存在的矛盾,为植物生长创造良好的土壤环境具有重要意义。因此,土壤孔隙度也是反映土壤结构好坏的重要指标之一。

土壤孔隙度是根据土壤容重和比重计算的。要计算土壤孔隙度,除了上述土壤容重的测定外,还要知道土壤的比重。土壤比重变化变化多在2.3~2.9,而更多的是2.6~2.7,通常多采用2.65.总孔隙度的计算公式如下:

$$P = (1 - \frac{V_W}{R})\%$$

式中 P——土壤总孔隙度,%;

V_W——容重,g/cm^3;

R——土壤比重,多为2.65。

2.土壤化学性状变化的比较

土壤化学性状是指与土壤化学特性相关的一些性状,如土壤N、P、K等养分含量、有机质含量、盐离子浓度、pH值等。其中,土壤养分含量和pH值与植物的生长和产量关系最为密切,稍有变化就会影响植物长势和产量,因而被认为是土壤最重要的化学属性。对于大多数地区来说,土壤化学性状一般比较稳定,受降水、气温等气候变化的影响较小,受人类活动干扰影响较大。但在风蚀区,土壤的沙化过程总是伴随着土壤的贫瘠化。因此,可以根据某一时段土壤化学性状的前后比较,分析土壤的变化趋向。在野外调查研究中,用于判别土壤恢复状况的土壤化学性状主要包括土壤养分含量、有机质含量及土壤酸碱度。

(1)土壤养分的测定和比较。植物生长需要从土壤中吸收氮、磷、钾、钙、镁、硫、铁以及硼、锰、钼、锌等养分,其中尤以对以养分三要素氮、磷、钾需要最多。土壤中氮含量较低,普遍感到缺乏。虽然作物对磷的需求少于氮,但不少地区,如我国南方红黄壤地区,土壤也缺磷。土壤中钾的含量一般较高,我国华北和西北地区土壤中钾的含量较丰富,而南方红黄壤地区一些土壤及其他地区的沙质土,钾含量相对较少。有的土壤虽然氮、磷、钾总量较高,但可供植物利用的部分却很少。例如,我国农田土壤中钾的含量一般为1.5%~2.5%,其中,有效部分只占钾总量的0.5%~1.0%,其余99.5%~99%是暂时无效的。这就是全养分与速效养分的关系。

土壤恢复过程中养分的积累主要源于六个方面:①人粪尿、厩肥、绿肥等有机肥料的施入,这些肥料被微生物分解后转化为土壤速效养分;②土壤微生物的固氮作用,如豆科植物的根瘤菌、非共生固氮菌以及一些藻类等,通过固定空气中的氮气,增加土壤氮素来源;③各种化肥,如尿素、氨水、磷肥、钾肥等的施入,也增加了土壤中速效养分的含量;④植物通过根系吸收和释放，可将下层母质或土壤中的养分转移到土壤表层中，供以后使用；⑤植物的凋落物进入土壤后逐步分解，增加了土壤有机质和养分含量；⑥降水、降尘等也可将一些养分带入土壤。在这些途径中，人为施用大量有机、无机肥料，是迅速改变土壤养分状况的最有效途径。而在自然生态系统中，植物的固氮作用和植物凋落物的分解，才是土壤养分最重要来源。

(2)土壤有机质含量的变化。土壤有机质包括动植物死亡后遗留在土壤中的残体、施入土壤中的有机肥料以及经过微生物作用所形成的腐殖质。其中，腐殖质占土壤有机质总量的70% ~90%。腐殖质土壤矿物质结合在一起是黑色胶体物质，已经完全没有生物残体的迹象。和土壤矿物质相比，虽然土壤中有机质含量较少，但对土壤肥力的影响很大。有机质在分解时，能够释放氮、磷等养分和 CO_2 气体，既可供给植物生长所需养分，又对植物光合作用有利。而且有机质还可改善土壤的物理性状，腐殖质含量多的土壤则结构性好，保水保肥能力强，土壤中水分和养分的矛盾不但容易得到解决，而且土壤不僵不板，易于耕作。如果土壤有机质含量低，土壤就会显得贫瘠，肥力差。

当土壤发生退化时，土壤中的有机质含量就会趋于下降。特别是在沙质土壤中，大部分有机质都是和土壤黏粉粒结合在一起的，土壤风蚀水蚀过程中，伴随着土壤黏粉粒的侵蚀，土壤有机质含量明显下降。而在土壤恢复中，土壤有机质含量也会随着大气降尘、植物凋落物输入量的增加而趋于增加。

(3)土壤的酸碱性比较。土壤中的水分是不纯净的，溶解有各种物质，其中有的能放出 H^+，有些能放出 OH^-。当氢离子多于氢氧根离子时，则土壤呈酸性，而当氢氧根离子多于氢离子时，土壤则呈碱性，当两者数量基本平衡时，则土壤呈中性。土壤酸碱性的强弱用酸碱度衡量，用 pH 值表示。一般土壤的酸碱性分为 7 级，各级指标如表 10.1 所示。

表 10.1　土壤的酸碱度分级

pH 值	土壤酸碱度	pH 值	土壤酸碱度
<4.5	极强酸性	7.5 ~8.5	碱性
4.5 ~5.5	强酸性	8.5 ~9.5	强碱性
5.5 ~6.5	酸性	>9.5	极强碱性
6. 5 ~7.5	中性		

土壤酸碱性是土壤肥力的一个重要因素。它一方面影响土壤的物理和化学性质，另一方面又影响植物的生长。例如，在 pH 值超过 7.5 或低于 6 时，磷酸和钙及铁、铝结合形成迟效态，使肥效降低，而在 pH 值为 6 ~7.5 的中性土壤中磷的有效性最大。对于植物来说，有的植物喜酸，有的植物喜碱，有的植物耐酸，有的植物耐碱，但大多数植物在弱酸至弱碱的土壤中才能生长良好。

土壤酸碱度可用石蕊试纸或酚酞试纸测定，也可用酸度计或 pH 计直接测定。通过在同一地点两次不同时间的取样测定，就可了解土壤酸碱度变化。

3. 土壤污染物的比较研究

土壤受到污染以后，如果及时消除污染源，排除人为不利干扰，通过动植物和微生物活动的作用、土壤的物理化学作用和光照、气流、降水等大气活动的作用等，污染物质会因吸收、降解、转化、迁移而使数量减少、浓度降低，使污染程度下降，土壤环境可逐步恢复。通过野外观测试验，比较一定时间内土壤污染物质含量或浓度的变化，就可以了解受污染土壤的变化情况。

（1）土壤农药污染变化研究。近几十年来，随着农药的广泛应用，农药污染已经成为最常见的一类土壤污染。由于很多农药具有很强的毒性，甚至具有残留性和累积效应，对人畜危害很大，所以有些农药后来被限制使用，有些农药则被纳入环境监测范围。目前世界各国为了保障人类不受或尽量少受土壤农药污染的侵害，都已经或正在对土壤农药污染制定监测标准，并对那些受污染土壤进行积极有效的治理。

土壤农药污染的监测包括抽样监测和动态监测两个部分：①抽样监测，即随机对调查区域某些地块进行随机取样，分析土壤中各类农药残留量，监测土壤农药的污染情况。②动态监测，即对同一地块土壤进行连续监测，通过对比各时段间土壤农药残存量的变化，分析土壤是否受到污染或污染情况的变化。如果受污染土壤中农药检出率或检出量趋于下降，则说明受污染土壤正趋于恢复。

（2）重金属污染程度的比较。在未污染的土壤中，重金属作为土壤组成部分，是自然存在的。但一般情况下，这些自然存在于土壤中的重金属不会对植物造成危害，有时还对植物的生长有利。例如，锌、锰、铁、铜等都是生物酶的组成部分，它们通过自身化合价的变化传递电子，完成植物体内氧化还原反应。只有重金属元素积累超过植物需要量和忍受程度而表现出受到伤害时，或植物生长虽未受到伤害，但产品中某些重金属含量超标而造成对人畜伤害时，这种情况下才被称为污染元素，必须加以治理。所以，通过取样测定土壤重金属含量的变化，分析土壤重金属污染变化趋向时，应首先了解各种重金属元素的土壤临界污染标准，识别土壤是否受到了污染，以及受到哪种重金属污染和污染程度如何？由于受气候、水文、土壤、植物和微生物的影响，特别是土壤重金属背景值的差异，不同地区的植物耐受重金属污染危害的能力是不一样的，所以各国所制定的土壤污染临界标准也不一样。

对比过程研究中，如果土壤中的重金属含量低于国家制定的相关标准，那么只对土壤是否污染做出评价，而不评价其含量多少的影响，因为土壤中某些重金属含量究竟多少为最佳状态，还有待于研究。如果土壤中某些重金属含量超过国家制定的相关标准，那么通过某一时段，或在采取某种措施前后再进行土壤重金属含量的测定和分析，就可确定土壤中重金属污染程度是减轻了，还是加重了，变化速率如何。

（3）土壤有机、无机污染的对比研究。有机物和无机物种类很多，所造成的土壤污染类型多种多样，危害程度也千差万别。有些污染物，如硝酸盐、硫酸盐等无机盐类，对土壤化学特性影响很大，直接威胁植物生长；有些污染物，如芳香族的苯类污染物，致癌性很强，长期接触对人体危害很大；有些污染物，如难降解农用塑料薄膜，不仅影响土壤水分、养分正常传输，而且造成景观污染。因此，土壤有机、无机污染，历来是土壤学和环境科学研究和监测的重要内容之一。

土壤修复研究最基本的内容和方法是通过对土壤有机、无机污染物含量的定期监测，比较不同时期土壤有机、无机污染物含量变化的动态。无论是有机污染，还是无机污染，其土壤污染总是与工农业生产和城镇分布有关，因此这类污染多为点源污染。对于点源污染，应根据污染物的种类和污染程度，有重点有目标的开展局部定点监测和比较研究，并根据各类污染物分解、降解或迁移速率的差异，确定监测的时间和频率。

10.2.3　污染水体恢复的比较研究

一般来说，确定水体受污染程度如何，是加剧还是减轻，是处于继续退化状态，还是出现了恢复，不能简单的通过一次调查取样来判断（一次调查取样只能判断水体是否受到污染），而是要通过时间和空间序列的观测和比较，才能得出准确结论。

1. 观测研究的主要指标

（1）水体的 pH 值。水体水质评价的重要指标之一 pH 值，其大小不仅反映了水体的酸碱度及酸碱性污染的含量，而且也直接影响着生产生活用水的质量。正常水体的 pH 值因其分布地区的不同也有一定差异，一般情况下我国北方水体的 pH 值高些，而南方水体的 pH 值低些，但总体来看大致都在 6.0～9.0 之间。如果水体 pH 值过低，说明水体受到了酸性物质污染，水体 pH 值过高，说明水体可能受到碱性污染，或水体在退化过程中碱性增强。表 10.2 为生产生活中，对水体 pH 值的要求。

表 10.2　生产生活中，对水体 pH 值的要求

功能区	水体 pH 值要求	功能区	水体 pH 值要求
饮用水	6.5～7.5	灌溉用水	5.5～8.5
市区景观河道用水	6.5～9.0	景观娱乐用水及渔业养殖方面	6.5～8.0

（2）生化需氧量和化学需氧量。生化需氧量又称生化耗氧量（biochemical oxygen demand，BOD），在规定条件下，微生物分解存在水中的某些可氧化物质，特别是有机物所进行的生物化学过程中消耗溶解氧的量。其值越高，说明水中有机污染物质越多，污染也就越严重。由于污水中各种有机物得到完全氧化分解的时间总共约需 100 d，为了缩短检测时间，一般生化需氧量是以被检验的水样在 20 ℃ ±1 ℃条件下培养 5 d，分别测定样品培养前后的溶解氧，二者之差即为 BOD_5 值，以氧的毫克/升表示。对生活污水来说，它约等于完全氧化分解耗氧量的 70%。一般清净河流的 BOD_5 不超过 2 mg/L，若高于 10 mg/L，就会散发出恶臭味。工业、农业、水产用水等要求生化需氧量小于 5 mg/L，而生活饮用水应小于 1 mg/L。

化学需氧量又称化学耗氧量（chemical oxygen demand，COD），是指在强酸并加热条件下，用重铬酸钾作为氧化剂处理水样时所消耗氧化剂的量，以氧的 mg/L 表示。化学需氧量反应了水中受还原性物质污染的程度，水中还原性物质包括有机物、亚硝酸盐、亚铁盐、硫化物等。其值越小，说明水质污染程度越轻。化学需氧量常由于氧化剂的种类、浓度及氧化条件等不同，对氧化物质，特别是有机物质的氧化率也不相同。因此，在污水中存在有机物的情况下，除非是在同一条件下测定 COD，否则不能进行对比。COD 只能反映能被氧化的有机物污染，不能反应多环芳烃、PCB，二恶英类等的污染状况。由于各国的实际情况及河流状况不同，COD 的排放标准均不一致，我国《工业废水排放试行标准》中规定，工业废水最高容许排放浓度应小于 100 mg/L，但造纸、制革及脱脂棉厂的排水应小于 500 mg/L。日本水质标准规定，COD 的最高容许排放浓度应小于 160 mg/L（日平均为 120 mg/L）。

（3）固体污染物。水中的固体污染物主要以溶解状态、胶体状态和悬浮状态的形态存在于水体中。悬浮状态的固体污染物通常称为悬浮物，是指杂质、泥沙类的无机物、动植物体腐败而产生的有机质和浮游生物。一般所指的固体污染物，主要是指固体悬浮物。固体悬浮物主要指水中含有的不溶性物质，包括固体物质和泡沫塑料等。它会造成水体外观恶化、混浊度升高，改变水的颜色。悬浮物沉积于灌溉的农田，则会堵塞土壤毛细管，影响通透性，造成土壤板结，不利于农作物的生长；沉积于河底淤积河道，危害水底栖生生物的繁殖，影响渔业生产。

(4)细菌含量。水是微生物广泛分布的天然环境，无论是地表水还是地下水，甚至雨水或雪水，都含有多种微生物。根据细菌对氧的需求情况，可分为三大类：好氧菌、厌氧菌、兼性厌氧菌。细菌总数是微生物指标，水中细菌总数一定程度可指示微生物污染程度。水中大多数细菌并不致病，但自来水消毒后水中细菌总数越少越好。国家饮用水卫生标准(GB 5749—85)规定每毫升水样细菌总数不得大于 100 个。常用的指示菌或其他指示微生物有：总大肠菌群、粪大肠菌群、粪链球菌、产气荚膜梭菌、肠道病毒、双歧杆菌属、大肠杆菌噬菌体、志贺氏菌属、沙门氏菌属、铜绿假单胞菌、葡萄球菌属、副溶血弧菌等。此外，还有水生的真菌、放线菌和线虫。其中，总大肠菌群是饮用水微生物安全性指标，饮用水总大肠菌群未检出，说明饮用水无肠道致病菌存在。国家饮用水卫生标准(GB 5749—85)规定每升水中总大肠菌群不超过 3 个。

(5)油类污染物。油类污染物主要来自含油废水，当水体含油量达 0.01 mg/L 时可使鱼肉带有一种特殊的油腻气味而不能食用。水体中的油量稍多时，在水面上形成一层油膜，使大气与水面隔绝，破坏了正常的充氧条件，导致水体缺氧；当鱼类产卵期，在含有油类污染物质废水中孵化的鱼苗，多数为畸形，其生命力低下，易于死亡；油膜还能附着于鱼鳃上，使鱼类窒息而死。含油污染物对植物也有影响，妨碍通气和光合作用，使水稻蔬菜等农作物大量减产，甚至绝收。含有油类污染物的废水进入海洋后，造成的危害十分严重，不仅影响海洋生物的生长，降低海洋的自我净化能力，而且影响海滨环境。

(6)营养物质污染。这里所指的营养物质，是指 N、P、K 等。在人类生产生活活动的影响下，大量的有机物和化肥 50% 以上未能被作物吸收利用，而进入河流、湖泊、海湾等缓流水域，引起不良藻类和其他浮游生物迅速繁殖，水体溶解氧含量下降，水质恶化，鱼类及其他生物大量死亡，这种现象称为富营养化。水体出现富营养化时浮游生物大量繁殖，因占优势的生物颜色不同，水面往往呈蓝色、红色、棕色、乳白色等，这种现象在江河湖泊中称为水华，在海洋中则称为赤潮。

(7)有毒污染物。废水中的有毒污染物主要指无机化学毒物、有机化学毒物和放射性物质。无机化学毒物主要指重金属及其化合物。大多数重金属离子及其化合物易于被水中悬浮颗粒所吸附，而沉淀于水底的沉积层中，长期污染水体。某些重金属及其化合物在鱼类及水生生物体内以及农作物组织内沉积，富集而造成危害。人通过饮用或食物链的作用，使重金属在体内累积富集而中毒，甚至导致死亡。有机化学毒物，主要是指酚、苯、硝基物、有机农药、多环芳烃、多氯联苯、合成洗涤剂等，这些物质具有较强的毒性。例如，多氯联苯具有亲脂性，易溶于脂肪和油中，可致癌。放射性物质是指具有放射性核素的物质。这类物质通过自身的衰变可放射出 α、β、γ 等射线，放射性物质进入人体后会继续放出射线，危害机体，使人患贫血、恶性肿瘤等疾病。

(8)感官污染。感官污染是指废水中能引起人们感官上不愉快的污染现象，如水的混浊、异味、恶臭、颜色、泡沫等。另外，还有酸碱污染物、热污染等其他污染物。

2. 目前常用的研究方法

在观测或研究期间,污染水体是继续退化,还是出现了恢复以及退化或恢复速度如何,通过不同时间的取样分析和测定结果比较,就可得出正确结论。

(1)监测方法。采样频率和采样时间:对于长期水质监测采样,每次采样的时间最好是定点定时,即每次同一地点的采样应在同一时间进行。即使是采取高频率取样的水体,每日取样时间也最好相同。如果是水质控制监测,采样间隔时间可以缩短到一周。如果水质变化明显,则每天都需要采样。如果日内变化具有特殊意义,建议每隔2~3小时采样一次。湖泊、水库、河流等大多数水体的水质都有季节性变化,采样频率取决于水质变化情况和研究需要。通常对于水质特性的长期监测,采定点水样的间隔时间一个月是允许的,甚至可以按3个月间隔采样。

采样位置:对于水平方向水质均匀的水体,只需在水体最深位置布设一个取样点。而对于水质控制的采样点,只需在靠近用水的取水口及水源的入口处设置一个采样点。而对于水质不均匀水体,在水体中需要布设若干个采样点,并对其进行同步调查。

采样方法的选择:采样方法的选择取决于采样目的。如监测水质特性,可使用一组定点水样,也可采综合样。单独分析一组定点水样费用很高,为了降低成本,常把定点水样混合后分析。综合样只能表示平均值,不能显示极端情况下的状况和质量的变化范围。较为合理的方法是在短时间间隔内取综合样,与较长间隔内取一组定点水样,将两种方法结合起来。

水样测定内容;主要包括水的色度、混浊度、臭和味、肉眼可见物、pH值、无机矿物含量、总硬度、有机物含量、重金属含量、微生物种类和数量、COD、BOD等,具体检测内容根据需要确定。

3. 对水质的综合比较分析

目前对水质的综合分析方法很多,以下简要列出一些主要方法(兰文辉、安海燕,2002)。

(1)模糊评价法。由于水体环境本身存在大量不确定性因素,各个项目的级别划分、标准确定都具有模糊性。因此,模糊数学在水质综合评价中应用广泛。模糊评价法的基本思路及过程是:由监测数据建立各因子指标对各级标准的隶属度集,形成隶属度矩阵,再把因子的权重集与隶属度矩阵相乘,得到模糊积,获得一个综合评判集,表明评价水体水质对各级标准水质的隶属程度,反映了综合水质级别的模糊性。模糊数学用于水质综合评价的方法主要有模糊聚类法、模糊贴近度法、模糊距离法等。

(2)污染指数法。污染指数评价法是用水体各监测项目的前后监测结果与其评价标准之比作为该项目的污染分指数,然后通过各种数学手段将各项目的分指数综合后得到该水体的污染指数,作为水质评定尺度。目前常用的有综合污染指数法、内梅罗污染指数法等。

(3)灰色评价法。由于我们对水环境质量所获得的数据都是在有限的时间和空间范围内监测得到的,信息是不完全的或不确切的,因此可将水环境系统视为一个灰色系统,应用于水质综合评价。其基本思路是:计算水体水质中各因子的实测浓度与各级水质标准的关联度,然后根据关联度大小确定水体水质的级别。对处于同类水质的不同水体可通过其与该类标准水体的关联度大小进行优劣比较。灰色系统理论进行水质综合评价的方法主要有灰色聚类法、灰色关联评价法、灰色贴近度分析法、灰色决策评价法等。

(4)单因子评价法。现行国家水质标准中已确定悲观评价原则,即以水质最差的单项指标所属类别来确定水体综合水质类别。其方法是:用水体各监测项目的监测结果对照该项目的分类标准,确定该项目的水质类别,在所有项目的水质类别中选取水质最差类别作为水体的水质类别。

(5)物元分析法。物元分析法是物元分析理论在水环境质量评价领域的应用。其思路是:根据各级水质标准建立经典域物元矩阵,据各因子的实测浓度建立节域物元矩阵,然后建立各污染指标对不同水质标准级别关联函数,最后根据其值大小确定水体水质的级别。

另外,还有一些评价方法,如密切值法、集对分析法、层次分析法等,只适用于某些特定场合,因此应用受到一定限制。

10.3 定量法研究生态恢复

在生态恢复的考量中,有些可以通过直观考察的方法进行定性判别,有些可以通过动态变化的比较研究进行量定。但由于环境因素的易变性,以及生态系统系统的复杂性,生态恢复是一个极为复杂的过程,有时还需要借助一些数学方法进行定量分析才能阐明其生态恢复的成因、过程和机制。本节简单介绍几项可用于生态恢复的相关数量研究方法。

10.3.1 景观生态定量研究方法

常用景观指数计算公式。

①景观多样性指数

多样性指数是景观生态学研究中应用最广泛的指数之一。景观多样性指数反映的是生态系统(或斑块)类型及其在景观中所占面积比例的分布。常用的景观多样性指数包括景观多样性指数、丰富度指数、优势度指数和均匀度指数,这些指数的变化可以反映景观恢复状况(傅伯杰等,2002)。

(1)多样性指数:

$$H = -\sum_{i=1}^{T} P_i \ln P_i$$

式中 H——多样性指数;

P_i——景观类型 i 所占景观总面积的比例;

T——景观类型的数目。

(2)丰富度指数:

$$R = (T/T_{max}) \times 100\%$$

式中 R——相对丰富度指数(百分数);

T——景观中现有景观类型(不同生态系统类型总数);

T_{max}——最大可能的景观类型。

(3)优势度指数:

优势度与均匀度呈负相关,它描述景观由少数几个生态系统控制的程度。

$$RD = 100 - (H/H_{max}) \times 100\%$$

式中　RD——相对优势度指数；

H——多样性指数；

H_{max}——H 的最大可能取值。

(4)均匀度指数：

均匀度描述景观中不同组分(或生态系统)分布的均匀程度。

$$E = (H/H_{max}) \times 100\%$$

式中　E——相对均匀度指数(百分数)；

H——多样性指数；

H_{max}——在给定丰富度 T 条件下景观最大可能均匀度。

H_{max}的计算公式为

$$H_{max} = \log_2 T$$

式中　T——景观中生态系统的类型总数。

2.距离指数和连接度指数

斑块间的距离是指同类斑块间的距离。用斑块距离构造的指数称为距离指数。距离指数有两种用途：①是用来定量描述景观中斑块的连接度或隔离度；②是用来确定景观中斑块分布是否服从随机分布。下面是两种距离指数：最小距离指数和连接度指数(傅伯杰等，2002)。

(1)距离指数：

$$N_n = \frac{M_{nnd}}{E_{nnd}}$$

式中　M——最小相邻指数；

M_{nnd}——同类最近斑块间的平均距离；

E_{nnd}——随机分布时的期望值。

M_{nnd}和 E_{nnd}的计算公式为

$$M_{nnd} = \sum_{i=1}^{n} nnd(i)/n$$

$$E_{nnd} = 1/(2\sqrt{d})$$

式中　$nnd(i)$——斑块 i 与其最近相邻斑块间的最小距离；

d——景观中给定斑块类型的密度。

应该注意，这里假定斑块为其中心上的一个点，忽略其面积，故 $nnd(i)$必须是斑块 i 中心到其最近邻斑块中心的距离。由于斑块形状常常是不规则的，在实际量测时其中心很难确定，所以改用斑块重心代替其中心(傅伯杰等，2002)。斑块密度 d 由下式给出：

$$d = N/A$$

式中　N——给定斑块类型的斑块数；

A——景观总面积。

(2)连接度指数：

连接度指数可用来描述景观中同类斑块联系程度。连接度指数是最近相邻斑块距离的反函数，它使用斑块面积作加权数：

$$PX = \sum_{i=1}^{n} \left[\frac{A(i)/nnd(i)}{\sum_{i=1}^{n} A(i)/nnd(i)} \right]$$

式中 PX——连接度指数；

$A(i)$——斑块 i 的面积；

$nnd\ (i)$——斑块 i 到其相邻斑块的最小距离。

PX 取值从 0 到 1，PX 取值大时，则表明景观中给定斑块类型是群聚的（傅伯杰等，2002）。

3. 镶嵌度指数和聚集度指数

镶嵌度和聚集度是两个描述相邻景观组分关系的景观异质性指数。镶嵌度描述景观相邻生态系统的对比程度，由 Romme (1982) 在对美国黄石国家公园林火格局的研究中提出并使用。聚集度描述了景观中不同生态系统的团聚程度，由 O'Neill 等(1988)首先提出，它与镶嵌度都包涵空间信息。

$$P_T = \frac{1}{N_b}\sum_{i=1}^{r}\sum_{j=1}^{r}E_{E_{ij}}D_{D_{ij}}$$

$$R_C = 1 - \frac{C}{C_{\max}}$$

$$C = \sum_{i=1}^{r}\sum_{j=1}^{r}P_{ij}\lg P_{ij}$$

$$C_{\max} = 2\lg T$$

式中 P_T——镶嵌度指数；

N_b——边界总长；

E_E——共同边界；

D_D——两组分之间的相异度；

R_C——聚集度（肖笃宁等，1997）。

C——复杂性指数；

$C_{\max}$——C 的最大可能取值。

4. 生境破碎化指数

生境破碎化是现存景观的一个重要特征，同时是景观异质性的一个重要组成。破碎化意味着斑块数量增加而斑块面积减少，斑块形状趋于不规则，斑块彼此被隔离，可能导致作为物质、能量和物种交流的廊道被切断。生境破碎化指数取值 0～1。0 代表无生境破碎化存在，1 代表完全破碎化。

$$FN_1 = \frac{N_p - 1}{N_C}$$

$$FN_2 = \frac{S_{mp}(N_f - 1)}{N_C}$$

式中 FN_1 和 FN_2——某两个景观类型斑块破碎化指数；

N_P——景观里各斑块的总数；

N_C——景观数据矩阵的方格网中格子总数；

N_f——景观中某一景观类型的总数；

S_{mp}——景观里各斑块的平均斑块面积。

10.3.2 群落数量分类方法

在生态学研究中，有大量有关生物物种与环境因素的观测数据。对这些繁杂的数据，

要想了解其内部的关系,需要借助数量分类的方法。下面对群落的聚类方法做重点介绍:

1. 群落或研究实体的聚类分析方法

聚类是利用多个调查实体的多种变量,根据所研究实体间的相似性或相异性,定量的确定研究实体间的亲疏关系,将研究实体逐步分组,使组内研究实体尽量相似,组间尽量相异,然后通过一定的方法,找出各组实体的相似性格局,产生各组研究实体的分类等级树状图,确定各组之间及群落分类单位与环境变化之间相互联系的形式以及演变过程中的位置。

聚类方法这里只介绍常用的组平均聚合法,其他方法也有很多这里不做介绍。组平均聚合法是按照平均性质的一种聚合方法,又称平均联结法。

2. 样方组间的距离

样方组间的距离是指设样方组 A 与 B 各含有 n_A 和 n_B 个样方,从 A、B 组各任取一样方 j、k,求出两者的距离 D_{jk},这样的样方共有 $n_A n_B$ 个,它们的平均距离就定义为组 A 和 B 间的距离 D_{AB}。

$$D_{AB}=\frac{1}{n_A n_B}\sum_{\substack{j\in A\\k\in B}} D_{jk}$$

现设 A 与 B 合并组有 $n_{A+B}=n_A+n_B$ 个样方;C 为另一样方组,有 n_C 个样方,可推出:

$$D_{CA+B}=\frac{1}{n_C n_{A+B}}\sum_{j\in C} D_{jk}=\frac{1}{n_C n_{A+B}}\Big[\sum_{\substack{j\in C\\l\in A}} D_{jl}+\sum_{\substack{j\in C\\k\in B}} D_{jk}\Big]=\frac{1}{n_C n_{A+B}}(n_C n_A D_{CA}+n_C n_B D_{CB})$$

$$=\frac{n_A}{n_{A+B}}D_{CA}+\frac{n_B}{n_{A+B}}D_{CB}$$

10.3.3　生态治理(恢复)效益分析模型

区域综合治理效益分析模型

(1)静态效益分析 - 投资回收年限 T_D 模型。

$$T_D=\frac{K}{B-C}$$

式中　K——治理投资;

B——平均年水保效益;

C——平均年运行费。

(2)动态经济分析。

①投资折算总值 K 模型

$$K=\sum_{i=1}^{m} K_i(1+r)^{T_i}$$

式中　K_i——基准年之前 T_i 年的工程投资总额;

r——经济利率;

m——工程投资年限。

②行费的折算总值 C 模型:

$$C=\sum_{i=1}^{n} C_i(1+r)^{-T_i}$$

式中　C_i——基准年之后第 T_i 年的年运行费用;

n——基准年之后工程投资年限。

③效益的折算总值 B 模型：

$$B = \sum_{i=1}^{n} B_i (1 + r)^{-T_i}$$

式中 B_i——基准年之后第 T_i 年的年效益。

10.4 观测地的选择

观测地（监测样地、样点）是进行生态恢复监测的具体位置和场地。观测地的好坏，或选择是否正确，不仅关系到监测结果是否具有典型性或代表性，还涉及监测的可行性、准确性和持续性。因此，观测地样点的选择，必须根据一定的目的，按照一定的原则，采取规范程序进行。

10.4.1 观测样地（监测样地）的主要类型

因分类方法不同，可将监测样地分为不同的类型。监测样地的主要分类方法包括：按生境分类，按样地设置时间长短分类，按监测目的分类，等等。下面简单介绍一些常用分类方法。

1. 按照生境类型分类

（1）按照环境类型划分。环境是指生物周围物质的综合体，包括生物环境和非生物环境两个部分，但一般大多强调水、土、气等非生物环境。按照环境特征可将环境划分为多种类型。例如，根据热量条件可将环境划分为热带、亚热带、温带、寒带等；根据水分条件可将环境划分为湿润、半湿润、半干旱、干旱等；根据土壤质地可将环境划分为黏土、壤土、砂壤土、沙土等。根据环境条件进行样地设置时，可将观测样地按环境类型进行类型划分。例如，按照农田环境条件的不同，可将农田观测样地划分为水浇地观测样地、水田观测样地、旱作农田观测样地等。由于这种分类方法仅注重于环境变化的监测及其不同环境之间的比较研究，因而一般只在小尺度环境恢复监测中使用。

（2）按照生态系统类型分类。地球上的生态系统虽然种类繁多、复杂多样，但可根据需要对其进行分类。例如，在小尺度上，可将农田划分为果园、人工草地、棉田、麦田等生态系统；在中小尺度上，可将山地生态系统分为高山生态系统、中山生态系统、低山丘陵生态系统等；在大尺度上，可根据植被类型将陆地生态系统划分为森林、草原、荒漠、绿洲、农田、湿地、水体等生态系统。相应的，对这些不同类型、不同尺度生态系统进行观测，其观测样地也就进行了划分。例如，在小尺度上对农田生态系统观测，其样地可分为果园、人工草地、棉田、麦田等观测样地；在中小尺度上对山地生态系统进行观测，其样地相应可划分为高山观测样地、中山观测样地、低山丘陵观测样地；而在大尺度上对植被的观测，就需要分别对森林、草原、荒漠、绿洲、农田、水体、湿地等系统设置观测样地。这种样地的分类方法，不受空间尺度的限制，适用于不同类型生态系统之间的综合比较研究。

2. 按照观视时间长短划分

按照观测时间长短对样地进行类型划分是目前最常采用的一种方法。根据观测时间

的长短,样地可划分为以下几种主要类型:

(1)临时观测样地。临时观测样地是为了临时取样而设置的样地。这类样地一般只使用1次(或为数不多的几次),以后便放弃不用。因此,此种样地一般不用看护和管理,在选择样地时只要基本符合观测要求即可。

(2)短期观测样地。一般指观测时间在3年以下,甚至仅为几个月的监测样地。这类样地主要用于对那些变化较快指标的监测,如对河流污染的监测,由于其污染程度容易受到水流影响而迅速变化,因此有时只需进行短期观测。这类样地设置特点为:条件宽松,管理较差,根据需要设定数量。

(3)中短期监测样地。一般指观测时间在3~5年,最长不超过10年的观测样地。这是一类生态建设或环境整治中最常设的一种生态恢复或生态观测的样地。一般主要设在生态治理区及其对照区,用于监测治理前后环境变化的比较。这类样地的选择也较为严格,需要良好的管理,一般根据需要而定其数量的多少。

(4)长期观测样地。长期观测样地是指那些监测时间长达数年,甚至几十年的样地。如果样地设置时间无限期延长下去,则可能成为永久性观测样地。这类样地一般用于长期生态监测,而不是作为恢复监测样地,或前期作为生态恢复监测样地,后期转为生态监测样地。由于这类样地是为了获取长期监测资料,因此对样地选择较为严格,而且对看护和管理的要求较为严格,所设数量一般也较少。

3.按照重要性分类

根据样地的重要性,可将样地划分为主观测样地(观测场)和辅助观测样地(辅助观测场)两种类型。

(1)主要观测样地。主要观测样地又称为主观测场,是进行生态恢复监测或生态监测的主要监测样地。其样地的设置,除了要求具有代表性和典型性外,还应满足生态观测或取样的主要目的和基本要求。对这类观测场的选择,一般较为严格,管理也应较为规范。

(2)辅助观测样地。辅助观测样地又称为辅助观测场,它的设置主要为了辅助主观测场观测。辅助观测场在生态、环境或生态系统类型上应和主观测场基本保持一致,因而也可认为是为主观测场设置的一个重复样地。但也可与主观测场不同,或在植被和植被类型、土地利用方式等某些方面有些差异,这时它则只能作为主观测场的一种补充。

4.按照监测内容进行分类

由于监测目的和内容不同,可将监测样地分为多种类型。从目前生态恢复的监测实践看,按照监测内容可将监测样地分为以下几种主要类型:

(1)水体观测样地。水体观测样地是专门用于监测水体中水的物理化学特性变化的一类样地,这类样地都设置于水体中。监测对象包括海洋、河流、湖泊、湿地等水体,监测目的主要是对水体污染情况或水体水质恢复情况进行监控。

(2)大气观测样地。这里的大气观测不是对降水、气温、光照、风速等气候变化的观测,而是对大气烟尘、有毒有害气体污染物的观测,因而其观测样地不同于常规的气象站。这种观测样地即可是临时样地,也可以是长期或永久样地,一般只设在城市中或具有大气污染源的工矿企业周围。

(3)土壤观测样地。土壤观测样地是专门用于监测地表土壤变化的一类样地。也是野外最常设的生态监测样地。其主要观测内容包括下垫面特征(如凋落物数量、地表风蚀风积情况等)、土壤物理特性(如机械组成、土壤孔隙度、土壤温度、水分含量等)、土壤化学特性(土壤 pH 值,离子含量,土壤 N、P、K 含量,土壤电导率)等。用于生态恢复监测的这类样地主要设置在生态建设区,必要时在非生态建设区外也会设置一些对照样地。

(4)生物(植被)观测样地。植被观测样地是专门用于观测植被结构、功能变化或植被演替的一类样地。这是在野外最常设的一类样地,可用于森林、草地、湿地、农田等各种植被的监测或调查。这类样地即可设置于生态建设区或植被建设区,又可设置于生态保护区,以及需要进行植被监测的各种类型区。

(5)小气候观测样地。小气候观测样地是用来观测治理区或生态建设区内小气候变化的一种样地。主要用于观测由于局部微环境改善而导致的局地近地面太阳辐射、气温、湿度、风速、地面温度等小气候条件的变化。用于生态恢复监测的这类样地一般设置于人工植被区或天然植被的封育恢复区内。

除了上述样地外,也还有其他一些观测样地。例如,如果需要对地面固体污染物、野生动物等进行观测,就需要设置另外一些类型的监测样地。

10.4.2 监测样地选择的基本原则

样地选择正确与否不仅关系到观测或采样的是否方便可行,而且直接影响观测或采样分析结果的准确性和代表性。对于长期定位观测样地或观测场而言,则可能会影响其观测的持续性。因此,监测样地的选择必须按照一定的原则和规范进行。

1. 代表性和典型性原则

(1)代表性原则。样地的代表性是指样地所代表的生态类型在监测区内面积最大,或所代表的生态系统在监测区内占主导地位。样地的代表性所反映的样地对分布区监测对象的构成、性质与变化过程的代表程度。生态恢复监测不可能将整个恢复系统作为监测指标的实施对象,只能选择具有能够最大反映或者是代表恢复系统的样地或者样地系列进行监测。

(2)典型性原则。样地的典型性是指样地必须具有所代表的生态类型或生态系统的典型特征。样地的代表性和样地的典型性是两个完全不同而又互相关联的两个概念,前者是选择能够代表监测区内面积最大的生态类型,或占主导地位的生态系统,而后者是在确定所监测的生态类型或生态系统之后,再在其中选择具有该种生态类型或生态系统典型特征的地段或位置设置样地。因此,选择样地时在充分考虑样地代表性的基础上,还要认真考虑样地的典型性,只有这样才能真实反映生态环境或生态系统的变化。

2. 因需设置的原则

(1)根据监测内容设置的原则。由于不同的监测内容需要不同的监测样地,因此在选择和设置生态恢复的监测样地时,监测内容是决定样地类型、选择标准、样地大小等指标的重要因素。所以,为了满足未来监测的需要,一般要求在选择和设置监测样地之前就必须确定要监测的内容,然后再根据监测内容确定样地的类型、大小,按照一定的标准进行样地的选择。

(2)根据监测目的设置的原则。样地的选择具有很强的目的性。选择监测样地,首先要有明确的监测目的,然后根据监测目的确定样地选择的其他原则。目的不同,所设样地的种类、样地的选择方法以及样地位置、大小和样地的管理等都会有所不同。例如,监测目的仅是为了了解植被重建过程中植被盖度和生物量的变化，就仅需设置一些短期的植被监测样地即可，如果是为了了解植被恢复重建后生态系统的综合变化，则需建立长期定位的综合监测样地。

(3)根据监测时间长短设置的原则。监测时间的长短也是样地选择的重要参考指标。一般情况下，长期监测样地不仅对样地及其周围环境的稳定性具有较高要求，而且对样地的代表性、样地管护是否方便等其他方面的选择也很严格，所以对长期监测样地，特别是永久监测样地的选择总是严之又严。而对于那些临时观测样地，一般只要求其具有一定的代表性和典型性即可，对其他方面的要求一般较为宽松。

3. 方便性原则

对于长期生态恢复监测样地的选择，由于需要长期多次的监测，因而除了考虑上述原则外，还要考虑交通便利，观测方便，样地受外界干扰少，容易管护等原则。

(1)交通便利。交通便利是指通往观测样地的道路较为便利和畅通，在正常雨雪天气下，能够保证监测人员乘车或步行顺利到达，并方便各种观测仪器的运输，而且不易受到气候灾害或地质灾害的影响。

(2)管护方便。为了保证监测样地不受各种人为因素和自然因素的破坏，搞好样地的看护和管理是十分必要的。为了搞好样地的管理，在样地选择时，就应考虑所选样地管理是否方便。在那些看护和管理不够方便，或各项看护和管理措施不易起效的地区，最好不要设置监测样地。

(3)外界干扰少。监测样地应远离人类强烈活动区，除了一些特殊需要设置的样地外，大多数生态监测样地，特别是长期生态监测样地，应与交通干线、城镇、工矿企业等保持一定距离，以便尽量减少人类活动干扰对监测结果的影响。

4. 均匀性和稳定性原则

(1)环境均匀性原则。样地的均匀性是指样地内各种生物和环境条件在水平或垂直空间上分布较为均匀，随意取样时其空间变异性所导致的误差要小于取样所产生的随机误差或系统误差，而且也应小于监测指标的时间变化率。如果样地均匀性较差，进行生态监测或取样分析时，样地空间异质性所产生的数据分异就有可能大于监测项目的时间变化速率以及取样造成的误差，从而掩盖了生态变化的真实过程或速率。以陆地生态系统为例，样地的均匀性原则要求选择样地时，应该尽量选择地势较为平坦、开阔，水、土、气、生物等分布较为均匀的样地。如果由于条件限制或为了特殊目的而必须要在那些非匀质的地方设置样地，就需要采取特殊的取样或观测方法，以便降低因环境异质性较大而对观测或取样结果产生的影响。

(2)基质稳定性原则。陆地生态系统中，土壤不仅是绝大多数动植物生存、繁衍和活动的基质或庇护场所，而且还是众多动、植物种类水分或养分来源的根源，特别是土壤作为一种介质，还担负着记录环境变化的重要使命。如果土壤基质不稳定，如风蚀、水蚀严重，而出现塌陷、垮塌等现象，不但不能有效保证动植物的生存或生活，而且也无法很好记录环境的变化。因此，对于那些用于长期或永久进行生态监测的样地，坚持土壤基质的稳定性尤为重要。另外，对于长期或永久性观测样地的选择，还要注意样地的持续性，即在较大时间尺度下不会受到人类活动的强烈干扰而改变性质或受到破坏。

10.4.3 观测样地的大小和重复

在监测地点选定之后，合理确定样地的大小、形状以及如何搞好样地的看护和管理，就成了影响监测结果的关键。

1. 样地的大小和形状

(1)样地的大小。样地的大小随监测对象和监测时间长短的不同而有很大差异。下面是根据监测时间长短而划定的不同生态系统分类常见样地的尺寸。

①短期或临时监测样地：对于这类监测样地，其面积没有硬性规定，一般是按照不同类型样地取样样方的大小、重复数和总的取样次数而定。例如，典型草原取样样方一般为1 m×1 m，每次取样3个重复，一个生长季测5次，如果考虑不重复取样等问题，其监测1年的最小面积可以定为10 m×10 m。

②中期监测样地：对于森林、草原、荒漠等天然生态系统，其样地多为0.25 hm^2(即50 m×50 m)，对于农田生态系统或土壤专用取样样地，其样地面积一般为0.0 625 hm^2(25 m×25 m)。对于中短期气象或小气候观测，其样地面积可缩至0.04hm^2(20 m×20 m)。

③长期监测样地：对于森林、草原、荒漠等天然生态系统，其样地多为1.0hm^2(即100 m×100 m)或2.25 hm^2(150 m×150 m)：对于农田生态系统或土壤专用取样样地，其样地面积一般为0.25 hm^2(50 m×50 m)。长期定位气象站面积一般为0.0 625 hm^2(25 m×25 m)。但如果受地形、场地的限制，其面积可适当缩小。

(2)样地的形状。样地的形状可以采用正方形，也可采用长方形。其中，长方形的长宽比例多为4:3。有时还可根据需要，将样地形状设计成圆形或其他形状。如沿河设置样地时，样地的形状可根据河流的弯曲程度，将样地设置为弯曲形。

2. 观测样地的设置方法和重复

(1)观测样地的设置方法。确定了样地的大小和形状后，可在观测地设置观测样地了。其方法是先在地面拉线打桩，然后设立界限标志。对于长期监测样地或观测场，为了便于管理和看护，有条件的情况下可建围栏将其围封起来，并且需要在其外围建立保护区。对于森林、草地、湿地、荒漠等生态系统的长期监测样地，其保护区宽度应在50 m以上，而且保护区也应用围栏围封。对于农田长期监测样地，其保护区宽度应在5～10 m以上。对于短期或临时监测、取样样地，如需要，可不设保护区而采取临时方法予以保护。

(2)监测样地的重复。根据监测的需要而设置重复样地。对于长期或永久性监测样地或观测场，一般需要设立2个重复，其中一个作为主要监测样地或主观测场，另外一个作为辅助监测样地或辅助观测场。对于短期监测样地或临时取样、监测样地，一般最少应设立3个重复，其中1个作为主监测样地，其余2个作为辅助观测样地。

3. 样地的管理

(1)样地本底调查。长期监测采样地设定之后，应对样地进行一次本底调查。对于陆地生态系统，其本底内容包括样地的自然地理背景、地形地貌、植被、水文、土壤等相关因素，也可做地形、植被、土壤分布图。同时，还需调查周围环境、当地社会经济情况、主要生态问题等情况，以备后用。对于短期监测或临时取样样地，一般不需做本底的详细调查，但也需对相关问题做些简要描述。

(2)样地的保护和管理。对于长期监测样地或观测永久样地,建成之后的样地看护和管理极为重要。一般来讲,长期监测样地需要建立良好的保护设施,如铁丝围栏、铁栅栏等,而且还需要专人看护和管理。如果是容易遭受大风、洪水、风蚀、水蚀等侵害的样地,应定时巡视,发现问题及时予以消除。

10.5　生态恢复监测指标体系

生态恢复监测的基础是建立指标体系。监测指标体系的特点是:系统性、科学性、实用性、可测度性,还有可延性和监测因素之间的关联度。这是因为在指标体系的建立过程中,研究者不但要考虑退化生态系统的恢复过程、恢复程度、恢复目标的阶段性、判定恢复成功的参照系统、恢复的发展及其稳定性等系统过程外,还要考虑影响系统演变与恢复的自然与社会因素的变化。因此,生态恢复监测指标是一个设计系统自然、社会和经济因素在内的系统工程。

10.5.1　监测指标的选择

确定和设置监测样地后,根据监测目的和目标,选择需要监测的内容和指标,确定监测的频率。这项工作对于短期或临时性监测而言较为容易,但对于长期或永久性的生态监测来讲难度较大,因为对于前者即使监测指标选择不当,还可以通过及时补测加以弥补,而对于长期观测,如果监测指标选择不当,或可能增加监测强度,或可能丢失某些该观测的项目和数据。

1. 监测指标的分类

(1)水环境监测指标。水环境监测指标分为水物理环境和水化学环境监测,主要监测内容包括水域面积、宽度、深度、水流速度、交换率、污水流入量、水温、水质、透明度、水色、悬浮物、电导率、溶解氧、化学需氧量、生物需氧量、碱度、有机碳、N、P、K、氯化物、硫酸盐、生物种类、种群数量、密度、生物量等。也可根据需要增加对水体各种污染物、菌群、生物毒素等方面的监测。

(2)土壤监测指标。土壤监测指标主要包括:土壤理化性质变化、土壤生物特性的监测、污染程度的监测内容。一般情况下,土壤监测指标主要包括土壤机械组成、土壤温度、土壤水分、容重、土壤有机质含量、N、P、K 含量、pH 值、土壤各种盐离子含量等,必要时可以增加对土壤重金属或污染物含量的测定。

(3)生物监测指标。生物恢复监测包括对动物、植物和微生物的监测。但一般情况下只对植物和微生物的变化进行监测,因动物具有较强的活动性,不仅监测较为困难,而且大多数监测点的相关监测技术力量也不足,除了特殊需要外一般不对动物进行监测,植物的监测内容主要包括植物种类、种群高度、植被盖度、层片结构、物候、生产力、凋落物产量等,也可根据需要增加对植物营养物质含量以及植物解剖结构、水分生理和光合生理的监测内容。

(4)气象和小气候监测指标。该项指标体系主要包括风向、风速、辐射、降水、气温、地温、蒸发、湿度等内容,也可根据需要增加对大气干湿降尘、大气污染物等方面的监测内容。

(5)其他监测内容。其他监测指标内容是指上述四类指标体系中没有或无法包含的内容,如地形地貌变化的监测、对社会经济指标的监测、地表非生物固体物质变化的监测、生产管理方式变化的监测等。这些监测内容,可根据实际需要设定。

2. 监测指标的筛选原则

(1)应充分考虑监测指标的可行性。监测指标的筛选,除了考虑监测目的和需求外,还应考虑其可行性。监测指标的可行性包括 3 方面内容:①监测指标的可行性,或者说所设指标是否能够监测的了,如在没有任何污染的地方监测污染物,在缺少痕量元素的地方去监测痕量元素等,将这些无法监测出来的内容列为监测指标,既缺乏实际意义,又没有可操作性;②监测指标的技术条件可行性,即有没有相应的技术条件,如仪器、设备、技术人员等用于相关指标的监测和分析;③物力、财力的可行性,即有没有足够的经费支持完成所设指标的监测,特别是长期生态恢复监测,需要较多的经费支持,如果没有相应的经费支持,其监测指标也缺乏可行性。

(2)能满足监测目的的最低要求。监测指标的内容和数量,是根据监测目的和监测需要而定的,既不是越多越好,也不是越少越好。其筛选的基本原则是要能满足监测目的的最小要求,即所设监测内容在能够满足监测目的,能够说明监测对象变化的前提下,其内容越少越好。既可以减少人力、物力、财力的支出,又可以较好地满足监测目的。但是,有时监测目的和监测需求也在变化,如果从长远考虑,也可在满足当前监测目的的基础上,在各方面条件许可的基础上,适当增加一些潜在需求的观测内容,以便满足未来可能存在的长远目的。

(3)监测指标的系统性原则。无论是长期监测,还是短期监测或临时性监测,其监测指标的选择都要考虑指标的系统性和完备性,其监测结果应能较为系统的说明监测对象的变化。当然,监测指标的系统性和完备性是相对的,而不是绝对的,它是在满足监测目标最低需求的基础上,尽量保证能够满足对目标对象的全面监测和最终说明。

10.5.2 监测指标体系和监测频率

近年来,随着国家对环境保护的重视,国内很多部门都陆续开展了生态与环境变化的监测,并根据需要建立了各自的监测指标体系。由于不同部门监测的目的有很大差别,监测内容和监测频率也有很大不同,因而产生了不同的监测指标体系。现列举几种:

1. 土壤监测指标体系和监测频率

土壤监测主要包括对土壤物理特性、化学特性的监测,有时也包括对土壤动物和土壤微生物的监测。土壤物理特性的监测内容主要包括土壤质地(机械组成)、容重、温度和水分含量等,土壤化学特性监测内容主要包括土壤 pH 值、土壤有机质、全氮、全钾、全磷、速效氮、速效钾、速效磷等,土壤生物监测指标主要包括土壤动物的种类、数量、生物量、微生物的种类和数量等。对于大多数生态系统的土壤而言,除了一些速效养分外,大多数环境指标变化较为缓慢。因此,土壤环境监测属于长期监测,除了速效养分监测频率较高外(每年 1 次),大多数监测频率较低,如土壤质地、容重等,一般都是 1 次/5 年。但是,对于水蚀风蚀严重的生态系统而言,由于受土壤侵蚀的影响,土壤变化也是非常迅速的,因而应适当增加其监测频率。

2. 水体生物的监测指标体系及监测频率

水体生物监测主要是对湖泊、河流、水库、湿地、浅海等水体中的水生植物、浮游植物，浮游动物、游泳动物，以及水体细菌的种类、数量和生物量的监测。水体生物监测一般分为长期定位监测和短期定位、非定位监测，前者每隔 4 年做 1 年监测，监测时根据需要可每月或每季度监测 1 次，也可 1 年只监测 1 次。对于短期监测，或针对某种特殊需要的临时性调查或监测，可根据需要每月或每季度监测 1 次（表 10.3）。

表 10.3　水体生物监测指标体系

监测项目	适用对象	监测频率
大型水生植物的种类	水体、湿地生态系统观测	1 次/a（短期）或 1 次/5a（中长期）
大型水生植物的高度	水体、湿地生态系统观测	1 次/a（短期）或 1 次/5a（中长期）
大型水生植物生物量	水体、湿地生态系统观测	1 次/a（短期）或 1 次/5a（中长期）
浮游植物种类	水体、湿地生态系统观测	(1 ~4) 次/a（短期）或 1 次/5a（长期）
浮游植物密度	水体、湿地生态系统观测	(1 ~4)次/a（短期）或 1 次/5a（长期）
浮游植物生物量	水体、湿地生态系统观测	(1 ~4)次/a（短期）或 1 次/5a（长期）
浮游动物种类	水体、湿地生态系统观测	1 次/a（短期）或 1 次/5a（中长期）

第 11 章 可持续发展、低碳经济与退化生态系统的恢复

随着全球人口数量的上升和经济规模的不断增长，化石能源、生物能源等常规能源的使用造成的环境问题及其后果正不断地为人们所认识。近年来，废气污染、光化学烟雾、水污染和酸雨等的危害，以及大气中 CO_2 浓度升高将带来的全球气候变化，已被确认为是由于人类破坏自然环境、不健康的生产生活方式和常规能源的利用所带来的严重后果。人们开始审视和反思工业经济中普遍奉行的“高增长、高消耗、高污染”的不可持续发展战略，研究和探索人类社会发展道路。自 1986 年以后，可持续发展成为一个热门的话题。能源与经济以至价值观实行大变革的结果，可能将是逐步迈向生态文明走出的一条新路，即摒弃 20 世纪及以前的传统增长模式，直接应用新世纪的创新技术与创新机制，通过低碳经济模式与低碳生活方式，实现社会可持续发展。对退化生态系统进行恢复与重建，最终的目的也是实现生态系统的可持续发展。

11.1 可持续发展与低碳经济的概念

11.1.1 可持续发展的概念与内涵

11.1.1.1 可持续发展的概念

“可持续发展”一词最早出现于 1980 年世界自然保护联盟（IUCN）在世界自然基金会（WWF）的支持下制定发布的《世界自然保护大纲》。可持续发展（sustainable development）的概念最初应用于林业和渔业，指的是对资源的一种管理战略，即如何将全部资源中的合理的一部分加以收获，使得资源不被破坏，而新成长的资源数量足以弥补所获的数量。可持续发展的概念，可以从不同的属性角度加以理解。

1. 自然属性的可持续发展概念

1991 年国际生态学联合会（INTECOL）和国际生物科学联合会（IUBS）联合举行关于可持续发展的专题研讨会。该研讨会的成果发展并深化了可持续发展概念的自然属性：可持续发展是不超越环境系统更新能力的发展，以寻求一种最佳的生态系统以支持生态的完整性和人类愿望的实现，使人类的生存环境得以持续。

2. 社会属性的可持续发展

1991 年 IUCN、UNEP 和 WWF 共同发表《保护地球——可持续生存战略》，将可持续发展定义为：可持续发展是指在生存于不超越维持生态系统涵容能力的情况下，提高人类的生活质量，强调可持续发展的最终落脚点是人类社会，即改善人类的生活质量、创造美好环

境，人口规模处于稳定、高效利用可再生能源、集约高效的农业、生态系统的基础得到保护和改善、持续发展的交通运输系统、新的工业和新的工作、经济从增长到持续发展、政治稳定、社会秩序井然的一种社会发展。

3. 经济属性的可持续发展概念

这里指的经济发展已不是传统意义上的以牺牲资源和环境为代价的经济发展，而是不降低环境质量和不破坏世界自然资源基础上的经济发展。巴比尔在其著作《经济、自然资源、不足和发展》中认为：可持续发展旨在保持自然资源的质量和其所提供服务的前提下，使经济的净利益增加到最大限度；自然资本不变前提下的经济发展，或今天的资源使用不应减少未来的实际收入；不降低环境质量和不破坏世界自然资源基础的经济发展。

4. 科技属性的可持续发展概念

倾向于这一观点的学者认为：可持续发展是转向更清洁、更有效的技术，尽可能接近零排放，或密闭式工艺方法，尽可能减少能源和其他自然资源的消耗；可持续发展就是建立极少产生废料和污染物的工艺或技术系统；可持续发展就是在人口、资源、环境各个参数的约束下，人均财富不能实现负增长。

世界环境与发展委员会（WCED，1987）给出的可持续发展定义是："既满足当代人的需求，又不损害子孙后代满足其需求能力的发展"。这一概念在最一般的意义上得到了广泛的接受与认可，并在 1992 年联合国环境与发展大会上得到全球范围的共识。该定义体现以下原则：①公平性原则，包括代内公平、代际公平和公平分配有限资源；②持续性原则，即人类的经济和社会发展不能超越资源和环境的承载能力；③共同性原则，意指由于地球的整体性和相互依存性，某个国家不可能独立实现其本国的可持续发展，可持续发展是全球发展的总目标。

11.1.1.2　可持续发展的内涵

1. 可持续发展是一个综合的和动态的概念

可持续发展是一个涉及经济、社会、文化、技术及自然环境的综合概念。可持续发展主要包括自然资源与生态环境、经济和社会的可持续发展这三个方面。可持续发展以自然资源的可持续利用和良好的生态环境为基础，以经济的可持续发展为前提，以谋求社会的全面进步为目标。人类的最终目标是在供求平衡条件下的可持续发展。可持续发展不仅是经济、社会和生态环境某一方面单独的问题，而且是三者互相影响的综合体。往往是经济学家强调保持和提高人类生活水平，生态学家呼吁人们重视生态系统的适宜性及其功能的保持，社会学家则将他们的注意力集中于社会和文化的多样性。

可持续发展也是一个动态概念。可持续发展并不是要求某一种经济活动永远运行下去，而是要求不断地进行内部和外部的变革，即利用现行经济活动剩余利润中的适当部分再投资于其他生产活动，而不是被盲目地消耗掉。

2. 不同学者对可持续发展内涵的理解

有人把可持续发展的基本内涵概括为五个方面：一是可持续发要求以自然资产为基础，同环境承载能力相协调；二是可持续发展不可否定经济增长，尤其是穷国的经济增长，但需要重新审视如何推动和实现经济增长；三是可持续发展承认并要求产品和服务在价格中体现出自然资源的价值；四是可持续发展以提高生活质量为目标，同社会进步相适应；五是可持续发展的实施以适宜的政策和法律体系为条件，强调"综合决策"和"公众参与"。

这种发展不能只求眼前利益而损害长期发展的基础,必须近期效益与长远效益兼顾,绝不能“吃祖宗饭,断子孙路”。

总结这些学者的观点,可持续发展的内涵在根本上包括了三个方面的内容,一是需要,发展目标是满足人类需要;二是限制,社会组织、技术状况对环境能力施加限制,限制因素为人口、环境、资源,即生命系统;三是平等,当今世界,不同地区、不同人群之间的平等。

11.1.2 低碳经济及其相关概念

所谓低碳经济,是指在可持续发展理念指导下,通过技术创新、制度创新、产业转型、新能源开发等多种手段,尽可能地减少煤炭石油等高碳能源消耗,减少温室气体排放,达到经济社会发展与生态环境保护双赢的一种经济发展形态。2010 年 8 月,我国发改委确定在 5 省 8 市开展低碳产业建设试点工作。

近年来,随着全球人口数量的上升和经济规模的不断增长,人们看到经济的发展带来的物质精神生活满足的同时也意识到废气污染、光化学烟雾、水污染和酸雨等的危害,以及大气中 CO_2 浓度升高将带来的全球气候变化等一系列环境问题。在此背景下“碳足迹”、“低碳经济”、“低碳技术”、“低碳发展”、“低碳生活方式”、“低碳社会”、“低碳城市”、“低碳世界”等一系列新概念、新政策应运而生。

“碳足迹”碳英文为 Carbon Footprint,是指企业机构、活动、产品或个人通过交通运输、食品生产和消费以及各类生产过程等引起的温室气体排放的集合。它描述了一个人的能源意识和行为对自然界产生的影响,号召人们从自我做起。目前,已有部分企业开始践行减少碳足迹的环保理念。

“低碳技术”是指涉及电力、交通、建筑、冶金、化工、石化等部门以及通过可再生能源及新能源、煤的清洁高效利用、油气资源和煤层气的勘探开发、CO_2 捕获与埋存等领域开发的有效控制温室气体排放的新技术。

“低碳生活”代表着更健康、更自然、更安全的生活,同时也是一种低成本、低代价的生活方式。低碳不仅是企业行为,也是一项符合时代潮流的生活方式。如:冰箱内存放食物的量以占容积的80%为宜,放的过多或过少,都费电;在同样长的洗涤时间里,弱档工作时,电动机启动次数较多,也就是说,使用强档其实比弱档省电,且可延长洗衣机的寿命;任何电器一旦不用立即拔掉插头;尽量选用公共交通,开车出门购物要有购物计划,尽可能一次购足;多步行,骑自行车,坐轻轨地铁,少开车等等低碳生活方式需要我们大家一起从点滴做起。

“低碳社会”就是通过创建低碳生活,发展低碳经济,培养可持续发展、绿色环保、文明的低碳文化理念,形成具有低碳消费意识的“橄榄形”公平社会。

“低碳城市”指以低碳经济为发展模式及方向、市民以低碳生活为理念和行为特征、政府公务管理层以低碳社会为建设标本和蓝图的城市。图 11.1 为中国第一个低碳城市保定。近年来保定市已形成光电、风电、节电、储电、输变电与电力自动化六大产业体系,新能源企业达 160 余家,“中国电谷”和“太阳能之城”享誉海内外。保定已成为 WWF(世界自然基金会)“中国低碳城市发展项目”的首批两个试点城市(另一个是上海)之一。

图 11.1　中国第一个低碳城市保定

11.2　可持续发展的思想与恢复生态学

11.2.1　可持续发展与生态环境保护

可持续发展与生态环境保护两者是密不可分的，相辅相成的，要实现可持续发展就必须维护和改善人类赖以生存和发展的生态环境，环境保护是可持续发展的关键，生态环境保护也离不开可持续发展。

11.2.1.1　可持续发展与生态环境之间的相互作用

1. 生态环境对发展的促进作用

环境是人类生产生活的物质基础，为人类活动提供不可缺少的自然资源和生存发展空间。环境既是人类生存和发展的前提与保障，又是其他生物生存的基本条件。同时，环境利用自己的自净能力对人类生产生活产生的废气物和能量进行消纳和同化，维持环境自身的协调与平衡。另外，环境不仅是提供给人类经济活动的物质基础，还为人类提供精神上的舒适享受，这是人类健康愉快生活的基本需要。

2. 生态环境对发展的制约作用

环境的容量、自净能力是有限的，超出环境容量的人类经济活动必然受到一定程度的限制，人类的生存就会受到威胁；同样，作为人类社会发展的物质资料的资源也是有限的，其补给、再生和增值都需要一定时间，一旦超出这个极限，极有可能造成不可恢复的后果。

11.2.1.2　环境保护是实施可持续发展战略的重要保障

1. 可持续发展战略源于环境保护

当"环境危机"成为威胁人类生存、制约经济发展和影响社会稳定的直接因素时，人类终于开始认真思考人与环境的关系，并对传统的发展模式进行反思：传统的发展模式虽然带来了巨大的财富，但同时也酿成了严重的环境污染和生态破坏，并将危及人类今后的生存与发展。从而提出了可持续发展理论，可持续发展战略作为可持续发展理论的具体实施计划与方案，同样起源于环境保护。作为一种新的发展观，可持续发展必然是一种全面综合的发展战略，它包含环境保护战略，但并不等于环境保护战略，它要求通过社会的整体发展与全面进步促进各个领域的发展与进步。由此可见，可持续发展战略源于可持续发展对新的发展战略的要求，也就是源于环境保护运动。

2. 环境保护是实施可持续发展战略的根本保证

良好的生态环境是可持续发展的物质基础，生态环境保护与可持续发展密不可分，离开了环境保护，可持续发展就是空谈。

可持续发展从环境和自然资源的角度提出关于人类长期发展的战略和模式，并从环境保护的角度来倡导保持人类社会的进步与发展，它关注的是长期的环境承载力，这就使得环境保护成为可持续发展的重要组成部分。经济发展离不开环境和资源的支持，发展的可持续性取决于环境和资源的可持续性，人类的生存环境更是直接取决于生态环境的质量。

3. 实施可持续发展战略是促进环境保护的主要途径

可持续发展是一个由经济、社会、资源、环境人口、科技、教育等子系统组成的复杂系统，它包括社会发展的各个领域，可持续发展战略就是可持续发展在这些领域的具体实施。环境保护作为可持续发展的一部分，离不开可持续发展。可持续发展战略的实施为环境保护提供以下几方面的保障与支持：

（1）可持续发展战略的正确实施，促进科学技术的飞速发展与进步，这为环境保护提供技术上的支持，使环境保护以一种更科学、更合理、更经济、更有效的方式进行。

（2）可持续发展的正确实施，促进经济的高速增长和社会财富的极大丰富，从而确保国家和社会有足够的经济实力，拿出足够的资金用于环境保护运动的各个方面。

（3）可持续发展战略的正确实施，促进社会的全面进步、教育的迅速发展和人口素质的提高，从而提升公民的生态环境保护意识，为环境保护提供良好的社会环境，降低开展环境保护工作的难度。

11.2.1.3 生态环境保护的对策

1. 鼓励企业善待生态环境的行为

企业是各种污染物的产生者和排放着，为保护生态环境，防污减污，企业必须转变观念，摒弃“生态环境保护不经济”的观念，积极倡导绿色工业，增加资金投入，改进生产工艺，建立无（少）废工艺系统，实行清洁生产，加强废弃物无害化处理和循环利用，提高资源利用率。采取切实有效的措施，尽可能地削减排污量，实施产业生态工程，推动环保产业的发展，实现社会、经济和生态效益的统一。

2. 强化政府的生态环境监控职能

深入开展环境教育，提高全体公民的生态环境意识；制定社会、经济与环境综合决策，把生态环境保护与其他政策的制定和执行结合起来，提高政策效能；加强生态环境立法、执法等生态环境法制建设，依法管理生态环境；加大生态环境保护行政监督力度，推动科技进步，培育环保产业市场，为解决生态环境问题提供科技服务；引入市场机制，重视经济手段；积极培育环境资源市场，采取排污收费制度、排污权制度等经济手段，建立生态环境基金，真正做到在经济发展过程中解决生态环境问题。

3. 提高公众意识，规范公众行为

保护生态环境，人人有责。公众既是消费者，又是生产者，其行为在很多方面都影响着环境。因此，规范公众对待环境的行为十分重要。要加大生态环境教育力度，大力开展全民环保教育，提高公众环境意识和可持续发展意识。加强舆论监督，坚决制止破坏生态环境的行为。同时，要积极鼓励公众购买生态标志商品，转变消费模式，进行可持续消费。

11.2.2　可持续发展的思想与恢复生态学

可持续发展的重要基础与核心是群落和生态系统的基本生态过程。这是由于群落与生态系统的结构、功能和动态特征总是通过基本的生态过程来表达的。群落与生态系统的结构是物种的发展及种间相互作用的基本生态过程的反映；能量流动和物质循环等基本生态过程来实现群落与生态系统的功能，其中生产力和生物量的积累过程是生态系统发展的根本驱动力；群落与生态系统的动态包括波动、演替和更新等，是人与生命生存和继续发展的基础。对受损的生态系统恢复其结构、功能和动态也是实现可持续发展的基础。

可持续发展就是要正确处理自然资源利用与生产废弃物排放之间的关系，强化环境的价值观念和生态道德、促进资源的有效利用、抑制环境污染的发生，积极开辟新的资源途径，尽可能利用可再生资源，实现经济效益、社会效益与环境效益的协调统一。退化生态系统恢复与重建中重要的一个方面包括了自然资源的合理利用和废物的再生利用，以实现生态、经济和社会的和谐发展。

人类与其赖以生存和发展的地球系统共同构成复杂的人地系统，被称为“社会－经济－自然复合生态系统”，其中的各子系统相互作用、相互联系、相互制约。实施可持续发展必须扬弃人地二元论，树立“天人合一”的人地系统观，从整体上把握和解决人口、资源、环境与发展问题。可持续发展简言之就是实现人地系统的最优化发展。而恢复生态学是根据人类已对地球造成巨大的损害的现状，通过恢复与重建来实现人地系统的最优发展。

可持续发展就是追求在保护地球自然生态系统基础上实现经济的持续发展，经济发展与生态保护相统一，经济效益、社会效益与生态效益相统一。资源的永续利用和生态的良性循环是可持续发展的重要标志。此外，主张公平分配地球资源，既满足当前发展的需要，又考虑未来长远发展的需要；既满足当代人的利益，又不损害后代人的利益。这两个方面也是恢复生态学最终追求的目标。

人类如何与大自然和谐共处的问题是可持续发展的实质。人类一方面要提高可持续发展的意识，增强可持续发展的能力；另一方面要把人口控制在可持续发展的水平上，减轻对资源和环境的压力，从而实现与大自然的和谐相处。退化生态系统的形成与人类活动，尤其是人口大量增加有密切的关系。实现可持续发展将可避免退化生态系统的进一步产生。

11.2.3　可持续发展研究的发展趋势

可持续发展的核心是使人口、资源、环境与经济相互协调，当代人的利益与未来后代人的利益得以公平的体现。可持续发展的实践迫切需要可持续发展理论作为支撑，为此人们会在以下方面做重点研究：可持续发展的科学理论构建；可持续发展的技术及技术体系；可持续发展的评价与度量方法研究，尤其是建立人口－资源－环境－经济总体分析模型；区域可持续发展战略研究；可持续发展的体制与机制研究；可持续发展的国际合作研究。如果这些发展趋势与恢复生态学相联系的话，则可以为退化生态系统恢复与重建提供较好的理论与技术指导，为恢复的不同阶段提供监测指标，并为全社会协同进行生态环境综合治理和恢复提供可行的机制。

11.2.4　中国的可持续发展观

可持续发展的核心是发展，落后和贫穷是不可能实现可持续发展的目标的，经济发展是实现人口、资源、环境与经济协调发展的根本保障。而中国是一个发展中的大国，人口众多、人均资源相对不足、经济基础比较薄弱、总体技术水平相对落后。中国对可持续发展的理论与实践的理解有别于发达国家，代表着发展中国家的普遍要求和利益，也体现了其作为一个特殊的发展中国家的特殊要求。

中国在经济保持旺盛的发展势头的同时，诸如资源和环境的制约、发展不平衡、社会转型期的矛盾，以及国内体制和外部环境中的新问题也集中表现出来。为此，需要以转变增长方式和优化结构减轻资源和环境的压力，以协调发展、战略缓解发展不平衡的矛盾，以全民共享改革发展成果、促进社会和谐，在经济全球化的背景下提升国际竞争力，进一步完善体制改革和制度建设（王梦奎，2007）。

建立可持续发展的经济体系、社会体系和保持与其相适应的可持续利用的资源和环境基础，以最终实现经济繁荣、社会进步和生态环境安全，是中国可持续发展战略的总目标。为了实现这一目标，首要的任务是通过对生态系统健康状况进行评估，对退化的生态系统进行合理恢复与重建以提高其生产力，对残存的天然生态系统进行合理的生态系统管理，最终实现生态系统的可持续发展。

11.3 低碳社会生活与恢复生态学

低碳经济主要是两种：一种是低碳生产，一种是低碳消费。低碳生产是一种可持续的生产方式。发展低碳经济是一种经济发展模式的选择，它意味着能源结构的调整、产业结构的局部调整以及技术的革新，是中国走可持续发展道路的重要途径。

所谓低碳经济，是指在可持续发展理念指导下，通过制度创新、技术创新、产业转型、新能源开发等多种手段，尽可能地减少煤炭石油等高碳能源消耗，减少温室气体排放，达到经济社会发展与生态环境保护双赢的一种经济发展形态。

11.3.1 低碳经济目的

低碳经济（Low - carbon economy）的特征是以减少温室气体排放为目标，构筑以低能耗、低污染为基础的经济发展体系，包括低碳技术、低碳能源系统和低碳产业体系。低碳技术包括清洁煤技术（IGCC）和 CO_2 捕捉及储存技术（CCS）等等。低碳能源系统是指通过发展清洁能源，包括风能、太阳能、核能、地热能和生物质能等替代煤、石油等化石能源以减少 CO_2 排放。低碳产业体系包括火电减排、新能源汽车、节能建筑、工业节能与减排、循环经济、资源回收、环保设备、节能材料等等。低碳经济实质是能源高效利用、清洁能源开发、追求绿色 GDP 的问题，核心是能源技术和减排技术创新、产业结构和制度创新以及人类生存发展观念的根本性转变。

11.3.2 低碳经济对于中国未来发展的意义

发展低碳经济，一方面是积极承担环境保护责任，完成国家节能降耗指标的要求；另一方面是调整经济结构，提高能源利用效益，发展新兴工业，建设生态文明。这是摒弃以往先污染后治理、先低端后高端、先粗放后集约的发展模式的现实途径，是实现经济发展与资源环境保护双赢的必然选择。低碳经济是以低能耗、低污染、低排放为基础的经济模式是人类社会继农业文明、工业文明之后的又一次重大进步。能源与经济以至价值观实行大变革的结果，可能将为逐步迈向生态文明走出一条新路，即摒弃 20 世纪的传统增长模式，直接应用新世纪的创新技术与创新机制，通过低碳经济模式与低碳生活方式，实现社会可持续发展。

11.3.3　实现方法

应规范好"低碳经济"扎实、有序的推进，使党中央、国务院提出的减排指标得以实现，使"低碳经济"真正成为促进社会可持续发展的推进器。

第一，将减排目标纳入"十二五"规划。

到 2020 年实现我国单位国内生产总值（GDP）CO_2 排放比 2005 年下降 40% ~45%。一方面，它标志着我国必须转变经济增长方式、调整经济结构，向低碳经济转型；另一方面，它标志着从政府到民间组织、从企业到个人都必须成为这一场革命的当事人、参与者、奉献者和受益者。

第二，成立专门机构指导"低碳经济"。

推行低碳经济是一项系统工程，需要全社会通力合作。要改善环境，形成一个资源节约、环境友好的经济发展模式，需要行政、法律、经济手段并重。为确保全社会都步调一致、齐心协力使"低碳经济"沿着正确的轨道前行，并顺利完成这一艰巨而伟大的彻底改变人类社会经济秩序和生存方式的革命，国家完全有必要成立"低碳经济指导机构"。

第三，制定出台相关政策，保证"低碳经济"健康发展。

学习国际先进经验，制定出台产业导入政策；土地使用配套政策；资金配套政策；完整的技术理论；系统的产业、产品认证及检测标准以及加速人才培训。

第四，抓好试点，树立典型。

目前，深圳成为国家住房和城乡建设部批准的第一个国家低碳生态示范市，就是一个很好的范例。住建部支持将国家低碳生态城市建设的最新政策和技术标准优先在深圳试验，引导相关项目优先落户深圳，并及时总结经验向全国推广；深圳负责承接国家低碳生态城市建设的政策技术标准和示范任务。在条件具备的省市、地区、行业中及各省，都应有目的地选择试点和典型，扎实推进，建之有效，确保我国经济在低碳经济促进下又好又快发展。

第五，大力发展"低碳产业"。

为了实现低碳，停止发展与低速发展都不可取，唯有加速发展，同时提高我国在低碳经济与技术方面的竞争力。全国第一个规模达 50 亿元的杭州市"低碳产业基金"就是政府主导的典型的低碳产业，其投资方向有三大类：即高碳改造、低碳升级和无碳替代。高碳改造包括节能减排；低碳升级包括新材料、新装备、新工艺升级原有设备；无碳替代包括新能源、核能、风能、太阳能等。

第六，认真做好宣传教育普及及舆论监督工作。

各级政府应利用各种方式宣传低碳经济的重要性、必要性及利害关系，经常向社会通报减排进展、成效与不足，同时要组织媒体配合政府号令及时进行相关报道和揭露。开通低碳经济网络专线，搭建老百姓与政府沟通的桥梁，发挥人民群众"低碳经济"主人翁作用。

第七，处理好"一抓""三防"关系。

"一抓"就是抓低碳经济建设；"三防"就是防一哄而起、防乱上项目、防浪费。这是历史的经验教训。必须在开始时就让各级政府、行业、社会头脑清醒、思路明确、认识一致、步调统一。

第八,充分发挥人大、政协在低碳经济运行中的作用。

各级政府在新上项目、投资方向、减排成效等工作中,充分尊重人大、政协的审批、监督权力和作用。除经常组织代表、委员视察新上低碳经济项目外,在每年两会上都应由政府向代表、委员通报“低碳经济”运行情况、“低碳经济”在 GDP 中的比重及“低碳经济”对人民幸福度的贡献率。

11.4.4　低碳与恢复生态学

低碳与恢复生态学乍看来关系不大,但从可持续发展的角度来看,两者有互相包容、互相促进的关系。低碳经济是“生态文明”、“和谐社会”、“科学发展观”战略思想的要求,也是中华传统文化“天人合一”、“道法自然”、“仁信礼德”与当代社会经济发展的价值通道。

采用低碳经济的战略应对气候变化,如果能在中国付诸实施,那么许多环境与发展问题都可能迎刃而解。中国文化中,可持续发展的观念由来已久,即所谓“前人种树,后人乘凉”。企业经营,应当遵循“君子爱财,取之有道”的古训,肩负起社会责任。中国正处于工业化进程中的关键时期,不可能在减排方面“唱高调”,应强调节能优先,从节能与减少 CO_2 排放的一致性上,强调低排放发展。

发展低碳经济是一种经济发展模式的选择,它意味着能源结构的调整、产业结构的局部调整以及技术的革新,是中国走可持续发展道路的重要途径。

同时,在考虑生态恢复的技术和方法上要把低碳的概念融入进去,使最小的经济与资源消耗获得最大的效益。

总之,节能环保、新能源产业必将是未来各国产业发展的主要方向和新的利润增长点。我们必须通过各方面的不断努力,大踏步向低碳经济迈进。

第12章　森林生态系统恢复重建

森林作为陆地上面积最大、分布最广、组成结构最复杂、物种资源最丰富、生物生产力最高、适应性最强、稳定性最大、功能最完善的生态系统，不仅是自然界功能最完善的资源库、生物基因库、水、碳、养分、能源储存库和调节库，而且对净化空气、调节气候、改善生态环境、维护生态平衡具有不可代替的作用。

由于各种自然和人为的原因，森林资源在不断减少。随着森林资源的不断减少，森林生态系统也在不断退化。由于森林的特殊性，森林生态系统一旦遭到破坏，其恢复和重建的周期和时间长，投入的资金和人力大，而且有些破坏是不可逆的。这些已经严重威胁到人类社会经济的发展和人类自身的生存。因此恢复和重建退化森林生态系统已经成为社会经济可持续发展和人类生存的必然趋势和要求。本章通过分析森林生态系统的退化特征和成因，讨论森林生态系统恢复的主要目标和原则以及系统恢复的基本原理、途径和方法。

12.1　森林生态系统的概念与功能

森林是以乔木为主体，具有一定面积和密度的植物群落，是陆地生态系统的主干。

森林生态系统(forest ecosystem)主要以乔木为建筑群种或优势的生物群落与其所在生态系统相互作用，形成一个相对稳定的生态系统。

森林生态系统是陆地生态系统中分布最广、生物总量最大的植被类型。它不仅对于维持全球的能量流动、物质循环和信息传递具有十分重要的作用，同时还为人类生产和生活提供了直接和间接的生态服务功能。

第一，森林生态系统的能量转化具有很高的效率。森林生态系统是地球上生产力最高，现存量最大的生态系统，是生物圈的能量基地。目前，从陆地生物总量看，整个陆地生态系统中生物总量为 180×10^{10} t，其中森林生态系统生物总量达到 160×10^{10} t，约为陆地生物总量的89%。全球各种生态系统每年通过光合作用产生的有机物质约为 8.3×10^{10} t。其中陆地生态系统为 5.3×10^{10} t，占总量的64%，而陆地生态系统中又以森林生态系统居首位，森林生态系统每年通过光合作用产生的有机物质为 2.83×10^{10} t，占陆地有机物质生物总量的53%。

第二，森林生态系统具有信息传递的重要作用。森林生态系统的营养级次和食物网络的有序排列，表明其是一个高度自组织化的系统，具有明显的反馈和负反馈作用。生物接受外界环境的影响，构成信息反馈；而其信息传递又因具有选择、加工和调节能力而表现为系统的自我调节、自我限制和自我组织的负反馈过程，形成有序而统一的结构整体。森林生态系统的信息有序传递功能，保证了有机体的正常生命活动和系统物能运动的良性循环。

第三，森林生态系统对全球生物地球化学循环具有重要作用。森林生态系统的养分在系统内部和系统之间不断交换。森林中的大量叶片有助于养分的吸收,岩石的化学风化也能增加生态系统的养分量。山体上坡的雨水通过土壤渗透也可以为下坡的生态系统带来养分。多种微生物依靠自身或与固氮植物结合获取空气中的游离氮(这种氮不能被植物直接吸收利用),并把它转化成有机氮被植物所利用。

第四,森林生态系统还为人类提供了多种生态服务功能,主要表现在:

1. 森林生态系统具有涵养水源的有益性能

森林对水的调节主要在于林下的枯枝落叶层及活的地被植物能阻挡并吸收水分。林木根系能固定土壤并使降水渗入水中,延续一段时间后再缓慢地补充河川流量,同时对水中的各种污染物进行直接过滤和净化。因此,它可以增加生态系统中的有效水,减少无效水,起到蓄水,净水、减洪和保持水土的作用。

2. 森林生态系统具有产品生产的有益性能

森林生态系统不仅为工业提供各种优良木材,而且还可为各种林副产品、造纸工业、有机化学合成工业、人造丝工业等部门提供原料。随着现代生活水平的提高,木质的家庭用品也越来越多地出现在日常生活中。许多森林植物或作为重要的工业原料,或作为木本粮油植物,有的还是珍贵的野生药材。森林动物也可以提供珍贵的毛皮、肉类和名贵的药材。这些林副产品不仅用途广泛,而且经济价值高,在经济建设和人民生活中占重要的地位。

3. 森林生态系统可以净化空气

森林通过绿色植物的光合作用吸收 CO_2,放出 O_2,并有效地维持了空气中 O_2 和 CO_2 的比例平衡。这也是人们常把森林比喻为"O_2 制造厂"或"CO_2 净化厂"的原因。此外,某些森林叶子的挥发气体及根系的分泌物可以杀灭空气中的一些病原菌,对大气进行消毒,成为"天然的防疫员"。有些森林叶子可以看做是"天然的吸尘器",具有阻挡、滞留、黏附、过滤粉尘的作用。

4. 森林生态系统具有调节气候的性能

研究结果表明,夏季和白天林地的气温比林外低 1 ~ 3 ℃,冬季和夜间则相反。林内相对湿度和绝对湿度在各种条件下均高于林外。风速则在任何条件下均小于林外。

5. 森林生态系统是农作物稳产、高产的重要保障

保护森林生态系统有利于从根本上改善农业生产的生态环境,从而为农业的发展提供生态屏障。

6. 森林生态系统具有保护生物多样性的作用

森林作为最复杂的生态系统是自然界最完美的资源库。近年来,我国的森林覆盖率在增长,但作为生物多样性资源库的天然林仍在减少,并且残存的天然林也处于退化状态,从而引发物种濒危和灭绝,生物多样性锐减。这种损失使生物圈的稳定性变得十分脆弱,最终危及人类自身的生存。

12.2 森林生态系统退化特征和成因分析

长期以来,由于人口急剧增加和经济快速发展,对森林资源日益增加的需求远远超过了森林的承载能力,加之人们重采伐轻保护、重利用轻培育、重经济效益轻生态效益和社会

效益思想的影响，以及各种自然因素，如火灾、病虫害、滑坡、泥石流等，致使森林资源锐减，森林结构和功能发生改变，形成了全球性的森林资源危机和森林生态系统退化。

12.2.1　森林生态系统的退化特征

1. 系统结构改变

(1)系统组分结构变化

森林生态系统的退化，原有的复杂层次结构遭到破坏，甚至是森林中乔木层、灌木层、草本层、地面层这四个基本层次也受到影响和破坏，从而导致系统结构简单，林分单一，系统各组分质量低劣，林分缺乏或丧失自调的能力，对外界干扰的抵抗能力十分脆弱，引起病虫害频发，加之其他因索的干扰，系统中的一些原有的物种消失，而一些外来物种的入侵，又使得系统的种类组成发生改变。此外，由于森林的破坏，森林生态系统的年龄结构也发生了变化，成熟林减少，中幼龄林相对增加，从而造成系统中年龄结构不合理，使系统的稳定性降低，抗干扰能力下降。

(2)生物多样性的改变

世界上的森林生态系统保持着最高的物种多样性，是世界上最丰富的生物资源和基因库。仅热带雨林生态系统就约有 200 ~ 400 万种生物。森林生态系统一旦退化，就会导致其中一部分物种种群数量减少或消失。例如，不合理的森林采伐引起森林生态系统中小环境的变化，会使生物多样性瞬间增大，但小环境的变化对生物生存是有一定阈值的，超过这个阈值原有的生态环境就不复存在，自然也不能正常维持系统的生物多样性，将导致许多物种毁灭。资料显示，近 40 年来，长江上游高山、亚高山地区的森林生态系统中约有 5% 以上的种类已经消失。由于森林面积缩小，物种生存条件受到破坏，一些物种，如岷江柏木、紫果云杉、长苞冷杉、三尖杉、红豆杉等珍稀植物和经济植物种类及数量明显减少(李贤伟等，2001)。

生物多样性的降低甚至丧失，无疑将会使原系统中建立起来的各种稳定共生关系(如植物与植物、植物与动物、植物与土壤微生物、动物与动物、动物与土壤微生物以及土壤微生物之间等)发生改变，必将导致系统稳定性的改变，并且很有可能进一步导致原有系统的演替途径发生变化。

2. 系统功能改变

(1)系统生产力下降。退化森林生态系统由于结构和环境发生变化，系统内植物对光能利用率减弱，光效率降低，植物消耗在克服不良环境影响上的能量以呼吸作用的形式释放增多，净初级生产力下降，第一性生产者结构和数量的不良变化也导致次级生产力降低；另一方面由于森林群落中的种类组成和群落结构不断的简单化，群落异质空间的多样性程度不断降低，植物利用空间的层次也不断减少，森林生态系统对太阳能的利用率下降，从而使系统生产力显著下降。

(2)物质循环和能量流动发生改变。正常情况下，林木从土壤中吸收的养分，有相当大的部分以凋落物的形式归还土壤。通过自身的物质循环，实现养分自给。若在完全没有人类干扰的环境中，森林生态系统可以以凋落物的形式归还土壤的养分，也是相当可观的。退化森林生态系统中，由于生产木材等活动，随着产品的输出，一部分营养物质流出系统之外；由于人类的干扰，将森林凋落物带出林区，全部或大部分凋落物养分不能回归土壤，而人为活动又将一些有毒有害的物质带入系统，破坏了系统的生物积累和物质循环。此外，退化系统中，人为或自然因素干扰下，随着一些物种数量的减少或消失，造成食物链断裂，食物网解环，营养结构发生变化，从而导致系统能量流动发生改变。

(3)服务功能衰退。由于森林生态系统的结构改变，其功能也随之发生了极大的改变。随着原始或天然林资源锐减，疏林、灌木林、次生林增加，森林质量下降。人工林和纯林增加，结构简单，林分单一，使得森林生态系统对气候的调节作用降低；森林内林冠截留降水，林下植被及枯枝落叶层储藏水分、固持土壤、防止水土流失、防止或减轻洪涝灾害的能力减弱，吸收 CO_2 和释放 O_2、净化空气、调节林内外温湿度、减缓温室效应等生态服务功能衰退；改善生态环境，维持生态环境平衡等方面的生态效应的能力都有所降低。

3. 生态环境恶化

(1)生态环境恶化。森林生态系统的退化，使系统中原有的土壤环境以及小气候环境趋于恶化，水土流失、土壤板结，蓄持水分功能差，调蓄水分的功能降低，造成林内径流量增加，径流系数增大；系统内温度升高、湿度下降；林地营养元素储量减少，有机质大幅度降低，最终导致林地肥力严重衰退。而系统内环境条件的变化，又使得系统一些原有的适生物种变得不适生，造成一些物种数量的减少，甚至灭绝。李贤伟等(2001)的研究表明，热带雨林的各种退化生态系统的水土流失十分严重，如表 12.1 所示。

表 12.1 热带雨林与各种退化生态系统的水土流失比较(1965～1966 年)

类型	径流量/($mm \cdot a^{-1}$)	为雨林倍数	冲刷量/($kg \cdot hm^{-2} \cdot a^{-1}$)	为雨林倍散
热带雨林	6.57	1	62.55	1
橡胶+茶树	13.75	2	2 091.15	33
单橡胶林	19.56	3	2 690.10	43

(2)土壤退化，土壤种子库改变。森林生态系统的退化使林地土壤的理化性质发生了一定的改变，土壤肥力和土地生产力下降，同时由于组成系统的种类发生变化，土壤种子库也发生了一定的改变；而土壤环境及小气候的恶化又不利于原生境中土壤种子库的发芽及生长。因此，造成原有森林生态系统的更新和抚育困难(高大鹏等,2003)。

12.2.2 森林生态系统退化的成因

森林生态系统退化的直接原因是人类活动的干扰，部分来自于自然灾害，有时这两种因素相互叠加发生作用。而系统退化的过程和程度由干扰的强度、持续的时间和规模所决定。

1. 自然干扰

自然干扰指无人为活动介入情况下自然环境发生变化而产生的干扰，包括风暴、雪压等气候干扰和洪水、泥石流、滑坡等地质干扰以及生物入侵、病虫害等生物干扰(付志军、彭珂珊,1998；彭珂珊,2002)。当这些自然干扰超过了生态系统的忍受能力或调节能力时，就会导致生态系统的退化。

2. 人为干扰

人为干扰是区别于自然干扰的另一种主要干扰方式，是指由于人类生产、生活和其他社会活动形成的干扰体对自然环境和生态系统施加的各种影响。从某种角度来看，人类对森林生态系统的作用力和影响范围,已经远远超过了自然干扰。随着工业化的逐步兴起和人口的迅速增加,人类对森林生态系统的需求和依赖性增大,破坏性也随之增大。并成为森林生态系统功能衰退的主要原因。

(1)过度采伐和利用。

①过度采伐。长期的过度采伐和利用是森林生态系统严重退化的重要原因。在许多地区,大面积采伐使人类干预森林的强度超出了森林生态系统所能承受的极限,从而导致了森林生态系统的退化崩溃。

②毁林开荒。毁林开荒对资源和环境带来的巨大压力。一方面,它减少了林业资源,并使得木材资源储备量下降;另一方面,土地由林地转化为耕地后,由于土壤植被覆盖度下降,土壤侵蚀的速率加重。此外,林地向耕地的转化减少了植被对温室气体的吸收,从而加剧了全球气候变化所带来的负面影响。

(2)森林旅游。森林生态系统是陆地生态系统中面积最大的生态系统,其秀丽的风景、宜人的气候、良好的环境使之成为人们进行野外旅游活动的最主要目的地之一。自 20 世纪中叶以来,世界森林旅游业发展迅速,现在每年进行森林旅游活动的游人已达 10 亿人次。由于大量游人的涌入及旅游服务设施的急剧增加,旅游活动干扰可能使处于自然进展演替中的森林演替过程停止或突变为由高级阶段向低级阶段的逆行演替,对森林生态系统造成了巨大的负面影响。即便是诸如观赏野生动植物、徒步旅行这类“软旅游活动”也是如此。如果对其管理不当,其破坏程度并不亚于乱砍滥伐、无计划开采矿产、过度放牧以及各种工业污染(罗艳菊,2002)。

(3)工业污染。

①空气污染的危害。随着现代工业的迅速扩张,工业产生的废气污染物严重危害着森林生态系统的健康发展。酸雨中的各种离子及氮氧化物等是危害树木的主要因子,酸雨对森林生态系统的危害与影响除造成对树木的直接伤害外,更重要的是它会加速森林生态系统养分损失,导致土壤酸化,引起铅和其他重金属元素对树木的毒害,降低土壤中微生物的活性,最终导致林木衰退和死亡。

②重金属污染危害。除此以外,工业污染物还造成重金属污染,污染土壤,从而造成森林生态系统的退化。

(4)其他人为因素。

①不合理的经营管理。在森林生态系统的经营管理中人类往往过分强调了森林的经济效益,而忽视了森林的生态和社会效益,只重视森林的产出和收益,对森林的合理经营管护没有给予应有的重视。这使得林木资源不断减少,林分质量不断下降。疏于管理,还导致林地地力衰退,林木生长不良,甚至出现部分树种的不适应现象,导致物种的减少或丧失,生物多样性的降低,又反过来影响到了森林生态系统的稳定和发展。

②人为森林火灾。森林火灾是造成森林退化的因素之一,能在短期内烧毁大面积的森林和大量的林业副产品,破坏林分结构,有时候会使大片的森林在瞬间化为乌有。森林火灾后若不能及时地人工种草植树,就会引起山洪暴发,山体滑坡,水土流失,土壤贫瘠化。

此外,战争、开采矿山、修路、非法狩猎等人类活动也是毁坏森林,造成森林生态系统退化的因素。

12.3 森林生态系统恢复的途径与方法

森林生态系统的恢复重建是一种有目的、有计划,应采取一些科学方法和技术。

1. 退化森林生态系统恢复的途径

根据退化生态系统的退化状况,系统的受损程度,将退化生态系统分成不同的类型,分析不同类型的受损情况,从而得出其恢复与重建的途径如表12.2所示。

表12.2 森林生态系统恢复与重建途径

恢复与重建途径	对象	主要方法	预期达到的效果
退化林地的保护	郁闭度0.3以上的乔木林、盖度为30%以上的灌木林及造林成活率80%以上的未成林造林地	通过对大部分天然林及轻度退化森林进行封育保护、封山育林	森林生态系统在自然力作用下进行自行修复,使其恢复到原始状态
人为干预下的林地恢复	郁闭度0.3以下的疏林地、盖度在30%以下的灌木林地及造林成活率80%以下的未成林造林地	通过封山育林、抚育更新、补植造林等措施	恢复到原始状态或重新获得一个既包括原有特性,又包括对人类有益的新特性的状态
植被重建	宜林荒山荒地、退耕还林地和河滩地	通过营造用材林、经济林、水土保持林和封山育林、动态经营等措施	恢复到重新获得一个既包括原有特性,又包括对人类有益的新特性状态或恢复到满足生态林业发展要求,符合某一经营目的的较为稳定的状态
	大面积火烧被毁林地	人工栽植	建立新的森林生态系统
维持	土壤瘠薄的石质山地、干旱缺水的河滩地和其他造林难以成活的林业用地	严格的封禁措施,杜绝人为干扰	主动与现实生存环境相适应,主动改善生境质量

2. 退化森林生态系统恢复的方法

退化森林生态系统的恢复与重建是一个复杂的长期过程,一般在森林生态系统恢复重建中常采用如下一些方法。

(1)封山育林,保护现有森林资源。封山育林是恢复退化森林生态系统的最有效、最经济、最省力的方法。封山育林是以封禁为基本手段,促进植被恢复的有效措施,把长有疏林、灌丛或散生树木的林地封禁起来,消除或减少人为或其他干扰因素,借助林木的天然下种或萌芽更新能力逐渐培育成森林。封山育林应具备两个基本条件：第一，具备乔木或灌木更新潜力的地段；第二，人为破坏和人为干扰影响严重的阶段。封山育林应以封为主，封管、抚、补、改相结合。对新造林、飞播造林、难于改造的低效林，依据具体情况实行常年封山或季节封禁，禁止人畜破坏，以便尽快发挥防护效益。此外，对于岩石裸露、悬崖陡壁、难以造林的地段，为防止水土流失也应列入封山育林范围。

封山育林要充分利用天然更新，在更新条件缺乏的地段，要施以人工更新或人工促进更新。具有更新种源和可萌芽的伐桩以及一定数量的幼苗、幼树，是依靠天然更新自然恢复成林的先决条件，而封山则是依靠自然力恢复成林的可靠保证，二者缺一不可。

(2)人工造林，增加森林资源。通过封山育林，禁止砍伐天然林等保护现有森林资源措施的基础上，恢复和培育森林资源，还需要大力发展人工造林事业。

人工造林是在宜林荒山、荒地及其他无林地上人工植树或播种营造森林，以达到增加森林资源和改善环境，提高林业用地的利用率，增加生物物种数量，提高生物多样性的目的。

造林时，应注意：①大力发展速生、优质用材树种的工业原料林，缓解天然林禁伐和封山育林后的木材供需矛盾；②多营造混交林，深根树种与浅根树种、阳性树种与阴性树种相搭配，做到乔、灌、草一起上；③建立高效、优质、高产的林业生产系统，重视发展速生、优质、丰产的人工林和工业原料林，加速退耕还林地带速生丰产林营造技术试验、示范和推广，促进天然林保护工程的实施，为封山育林措施的实施提供保障。

总之，人工造林就是要注意模拟自然群落，选用适宜的当地乡土树种，构建多层次结构的林分类型。并考虑改良土壤与固土能力强弱，经济价值高低等因素组合成不同类型的林分结构模式。同时，人工造林要注意与发展地区经济和群众脱贫致富相结合起来，发展林农、林牧、林药、林果、林经（经济植物与经济昆虫）等林分模式。

(3)加强森林抚育管理，提高森林质量。森林抚育管理是维持森林生态系统稳定和健康发展的必要手段。无论是封山育林还是人工造林，对林分进行必要合理的抚育管理，都是必不可少的环节。应当根据林分的不同选择合理恰当的抚育管理措施。如水源涵养林的抚育管理，日本的经验是经常保持最小限度的林冠，使负功能受到削弱。同时做好森林火灾的预测预报，加强森林火灾的防治措施。如营造生物防火林带就是防止林火扩展的重要手段。这种方法可以通过栽植防火性能好的树种、减少林内可燃物积累，增加森林自身的难燃性和抗火性。

12.4　森林生态系统恢复重建的实例分析

近些年来，国内外在退化森林生态系统的恢复与重建方面进行了大量的研究与实践工作。在这些研究中提出了许多切实可行的生态恢复与重建的方案和技术措施，并取得了丰硕的成果。而一些正在进行的恢复工作也可以增加我们对森林生态系统恢复与重建的认识程度。

1. 美国西南部黄松林生态系统恢复与管理

(1)项目背景。由于近一个世纪以来的人类活动如放牧、伐木、建设道路、火烧和外来物种引进等，美国西南部（新墨西哥以及犹他州，亚利桑那州和科罗拉多州的交界处）的黄松林组分、生态结构和生态过程发生了重大的变化。林下植被和非禾木草本植物数量和多样性大量减少，养分动态循环被破坏，总体生物多样性水平下降；原始黄松林开始退化，草场萎缩，动物种类由于栖息地减少而数量大幅下降。

（2）黄松林恢复重要影响因素。美国西南部黄松林的生态恢复需要开阔的视角，需要对森林景观异质性、野生动物的栖息地和生物多样性等方面进行综合考虑，根据森林环境运用多种方法来进行。

2. 恢复原则

为恢复美国西南部黄松林，主要部门根据实际情况制定了以下原则：

（1）减少林冠火的威胁。恢复的一个关键问题就是必须尽可能地降低非自然的林冠火的威胁。最简单的方式是降低每个地点受火烧威胁的程度。

（2）发展特定试点的参考条件。特定试点的历史生态数据可以提供森林的关键性质在自然状态下的变化趋势，例如树龄结构和火源信息可为恢复设计提供一定的参考条件。

（3）处理区域的优先顺序以及战略目标。对于恢复区域的处理需要优先考虑的是林冠火风险的等级、临近人类活动的区域，以及古树和敏感物种栖息地的保护等。

（4）实现多重保护干预手段。通过复合手段进行恢复是取得所需成果的保护方法。在很多区域，初步的保护手段是降低非自然树冠火的风险。在广阔的区域内，单独依靠火烧不能安全地降低树木的密度而且有很多易燃物，因此，在火烧前需要进行一些机械处理。

（5）恢复生态系统的构成要素。在火烧被抑制的地方，会让火焰敏感树种在黄松林中非常旺盛，应当努力恢复耐火黄松林作为优势种。但是不应当机械地移除所有火焰敏感入侵种，应该使森林具有异质性和动态性。林下层的灌木丛、草本和非禾木植物直接影响树木的再生模式、林火的火迹、野生动物的习性和生物的多样性，因此需要进行恢复。已消失的脊椎动物和无脊椎动物，再生态系统中也非常重要。同样需要进行恢复。土壤有机质可以影响种群的组成和动态，也需要进行恢复。

（6）利用已存在的森林结构。恢复活动需要建立在已存在的有价值的森林结构之上。这些特征对于一些野生动物如松鼠和苍鹰来说非常重要，因此不能为了重建特定的树木而完全移除已存在的森林。恢复过程中应该根据树木空间分布现状选择性的保留树木。通过对现存林分结构最大化的使用加快恢复林分结构。留下一些相对密集的斑块并不会影响景观层次树冠火风险的降低。

（7）保留重要的大型或者大龄树木。大型和大龄树木非常珍贵、重要，并且很难移植。这些树木的尺寸和结构的复杂性给野生动物提供了大型的树冠，可作为野生动物遇到紧急情况时的栖息地，同时影响林下层植被的模式，并且在以后会变成枯木。生态恢复应该保护最大的和最老的树木，防止他们被砍伐或遭受林冠火的侵害。恢复计划应该确定、记录和保护这些资源。

（8）整合过程和结构。生态稳定性需要对系统过程和结构进行恢复。林火、虫害爆发和干旱、自然扰动过程是不可替代的森林塑造者。特别是林火动态和林分结构的相互影响，必须以综合的方式恢复，只进行机械疏伐不能提供足够的干扰。同样，只用火烧在很多时候也不太精确或者不够安全。因此，各种处理方法的结合是最为安全的恢复方法。

（9）考虑统计学步骤。在恢复设计中应该对自然树木再生和死亡的潜在过程进行数据整合。西南针叶树的间断性再生，通常整个区域一起发生，这与温暖潮湿的气候条件有关，并且降低了火灾的发生率。一些再生过程是在自然条件下进行的，对这些过程进行综合可以使生态系统的恢复达到最优的目标

（10）保护地方异质性。美国西南部是一个地形、水文和土壤都很复杂的地区。因此，生物群落随地域、地形和地区范围而不同，恢复工作应该异地制宜。生态恢复也应该与不同地形条件下干扰动态的自然变化相结合。

（11）控制并避免使用外来物种。应该禁止外来草本和非禾木植物的播种。一旦种群建立起来，将很难或者根本无法移除外来物种。

（12）保护敏感群落。特定的生态群落镶嵌在黄松林之中，例如一些河岸区域会因为火烧或者机械疏伐而受到负面影响。恢复工作应该保护这些河岸区域以及其他稀有敏感栖息地，这些栖息地通常是生物多样性保护的重要地区，特别是对于那些丰富度和质量下降的区域来说极其重要。

第 13 章　草地生态系统恢复重建

世界草地总面积大约占陆地面积的 1/3，是世界主要陆地生态系统类型之一。草地不仅具有丰富的物种资源，是世界重要的可更新资源和畜牧业生产基地，而且具有调节气候、防风固沙、涵养水源、净化空气、美化环境以及生物多样性保护等重要功能，在全球生态系统中占有重要的地位（宋浪、杨春华，2002；师守祥、杜立钊，2003）。但由于长期以来人们对草地资源采取滥垦、滥伐、滥采、滥牧等掠夺式生产经营方式，导致世界很多地区草地退化、沙化、盐碱化等问题日益严重，生态系统受到破坏（赵同谦等，2004）。近年来，随着国际社会对自然资源合理利用和生态环境保护问题的日益重视，草地生态系统的保护及其恢复重建问题才逐步得到了人们的普遍关注。

13.1　草地生态系统的概念及其功能

1. 草地生态系统的概念

草地在地球陆地上有广阔的分布。草地有多种类型，主要有山地草原、高寒草原、荒漠草原、高寒荒漠、山地荒漠，以及高寒沼泽、山地草甸、高寒草甸等。

草地生态系统（grassland ecosystem）是在一定草地空间范围内，其中的所有生物（即生物群落）与环境之间不断进行着物质循环、能量流动和信息传递的综合自然整体（周寿荣，1996）。草地生态系统包括天然草地生态系统、人工草地生态系统及两者结合的复杂生态系统。

2. 草地生态系统的功能

草地生态系统的功能主要有产品生产、土壤形成、水土保持、防风固沙、净化空气、调节气候、维持碳氧平衡、美化环境等。

（1）产品生产。草地是家畜重要的饲料资源，尤其是禾木科、豆科的一些种是优良的牧草，畜牧业为人类提供了大量的肉、禽、蛋、奶、皮、毛等产品。天然草地也是绿色食用植物及菌类的重要产地，黄花菜、蕨菜、白蘑等已被广泛利用。草地还是许多经济作物的生产基地，草地可以提供多种药用植物、野生花卉植物、纤维植物、蜜源植物、资源动物、珍惜动植物和许多珍贵的家畜品种。

（2）土壤形成。在土壤的形成过程中，草地的作用尤为重要。栗钙土、黑钙土、草甸土、沼泽土等草原土壤的形成，是草地植被作用的结果。与木本植物相比，草地植被对土壤形成和改良的作用十分重要，而且很具特色：草地中的豆科植物根系上生长大量的根瘤菌，具有固定空气中游离氮素的能力，可为草地生态系统提供大量的氮肥；草地植被在土壤表层下面具有稠密的根系并残遗大量的有机质，这些物质在土壤微生物的作用下，可以改善土壤的理化性状，并能促进土壤团粒结构的形成；草地植物根系中的矿质元素，在吸收、积累、分解过程中，对土壤碳酸钙淋溶与积淀，对钙积层的形成和黏土矿物形成都有一定作用。

(3) 水土保持。草地的水土保持功能十分重要。草本植物的根系发达,而且主要都是直径≤1 mm 的细根,这样的根系具有强大的固结土壤、防止侵蚀的能力;草本植物地表茎叶的覆盖,可以减少降雨对地表的冲刷。

(4) 净化空气。草本植物通过光合作用进行物质反循环,可吸收空气中的 CO_2 并放出 O_2。草地还能吸收、固定大气中的某些有害、有毒气体。据研究,草坪草能把氨、硫化氢气体合称为蛋白质;能把有毒硝酸盐氧化成有用的盐类。另外,茂密的绿地可不断的接收、吸附空气中的尘埃,起到降尘作用。

(5) 调节气候。第一,草地可截留降水,且比裸露地的渗透率高,对涵养土壤中的水分有积极作用。第二,草地的蒸腾作用具有调节气温和空气中湿度的作用,与裸地相比,草地上湿度一般较裸地高 20% 左右。第二,草地可以吸收辐射外地表的热量,故夏季地表温度比裸地低 3 ~5 ℃,而冬季相反,草地比裸地高 6 ~6.5 ℃。

13.2　草地生态系统的退化特征和成因分析

这里所说的草地主要是指分布于干旱、半干旱地区的天然草地,也包括分布于其他气候区和地形区的隐域性或半隐域性天然草地。这些地区自然条件相对较差,一般既不适于林木生长,也不适于农耕,主要以草食性家畜或动物自然牧食利用为主。

1. 草地生态系统退化的概念

草地退化是指草地生态系统的结构被破坏,生态系统中能量流动与物质循环失调,功能下降,稳定性减弱。广义的草地退化包括草地植被退化、土地沙漠化、土地次生盐渍化、水土流失及环境条件恶化;狭义上的草地退化,仅指草地植被退化(昂毛等,2000)。从生态学角度而言,草地(植被)退化是草地生态系统背离顶极的逆行演替过程;而从草地经营的角度而言,草地退化则是指草地生产力下降、质量降低和生态环境变劣的过程。

2. 草地生态系统退化的特征及成因

(1) 我国草地生态系统退化的主要特征。

①草地植被结构简化。退化草地最显著的特征是植被层次的减少和植被的矮化。草地植被一般具有 3 ~4 个层片组成,包括高草层、低草层、地衣层、苔藓层,有些还有灌木层。当草地退化较严重时,草地植被层次就会减少,首先高草层消失,地衣层破坏,如果继续受到破坏,低草层和苔藓层则可能也受到破坏,甚至消失。在草层减少的同时,原有大多数植物种的高度也会降低,导致植被整体高度下降。

草地植被结构简化的另一个特征是群落物种组成数量减少,群落结构趋于简单。

②草地生产能力下降。由于草地退化,牧草高度降低,牧草产量急剧减少。20 世纪 60 年代中国科学院曾对内蒙古草原进行综合考察,在锡林郭勒草原做测产样地 115 个,草地产草量平均为 2 745 kg/hm^2。20 年后国家在该区实施的另一次调查结果显示,其牧草高度降低 40.3% ~76. 7%,盖度降低 35% ~85%,草地平均产量下降到 1 700 kg/hm^2。

③土壤环境恶化。草地退化过程中,土壤环境也会也发生明显变化。一是土壤物理性质恶化,如土壤裸露,表层土壤的流失量增加,下层的石粒逐渐裸露,土层中的孔隙增多,容重增加或减少,相对含水量增大,粘粒含量也大大降低,表层的粗粒化等(苏德毕力格等,

1998)；二是土壤化学性状恶化，如有机质含量减少、全氮、全磷含量降低，土壤 pH 值明显升高等(李青丰等，2001)；三是土壤微生物数量和活性明显降低，导致土壤养分转化受阻，土壤肥力严重降低。

④草地质量下降。草地中优良牧草比重下降，劣质牧草比重增加，反映了草地质量的降低。草地质量退化的另一个表现是草地中不可食或有毒的植物增多。在鄂尔多斯高原，油蒿草场占据绝对优势，但长期的过度放牧，引起油蒿大片死亡，不可食的牛心朴子大面积成片出现，可食性产草量降低。

⑤草地生态系统的服务功能衰退。草原植被的衰退和地被物的消失，导致反射率增高、潜热交换份额降低，植被水源涵养和存储能力降低，风蚀与风积过程或水蚀过程增强，小环境变劣。水分蒸发的增加和水位下降又加重了干旱化的威胁，使得草地向干旱化发展，草地在生物地球化学循环过程中的作用降低。

(2)草地退化的原因

大量研究结果表明，无论是天然草地还是人工草地，其退化主要是自然因素和人为因素共同作用的结果(贾慎修，1995；闫敏华、邓伟，2001)。

①自然灾害频繁。我国幅员辽阔，地理气候条件复杂，是世界上受自然灾害影响最为严重的国家之一，灾害种类多、发生频率高、损失严重。草地遭受雪灾、火灾、沙尘暴、荒漠化和鼠害等自然灾害以及过度放牧等人为因素，极易造成草原生态系统的退化。

②气候暖干化。草地生态系统极其脆弱，对外界环境条件变化异常敏感，气温升高等气候小幅变化会对区域生态系统产生深刻影响(程国栋等，1998)。20 世纪 50～80 年代，我国草原区年均气温在波动中呈现增高的趋势，特别是从 80 年代开始以来增温的趋势更为明显。由于气候变暖，使土壤水分损失增加，导致区域干旱化，进而加速了草地退化的过程(王庆锁等，2004)。

③虫鼠害肆虐。虫鼠害也是草地退化的主要原因之一。虫鼠危害导致草地退化的原因，主要表现在两个方面，一是打洞和挖掘草根，破坏草场，挖洞、穴居是鼠类的习性，挖洞和食草根，破坏牧草根系，导致牧草成片死亡。二是虫鼠类与牲畜争食牧草，加剧草畜矛盾。

④滥垦滥伐。现代沙漠化主要是由于过度经济活动对资源的破坏造成的，草地过度开垦是造成草地退化沙化的重要原因。滥伐也是导致草地植被破坏的重要原因。从 20 世纪 90 初开始，数以万计的人涌入内蒙古搂发菜，使近 20% 的内蒙古大草原遭受到严重破坏。

⑤超载过牧。草地长期超载过牧是草地退化、沙化的主要原因。草地超载主要来自两方面的因素，一是草地面积的绝对量减少，导致可供牲畜放牧的草地面积大幅度下降；二是牲畜头数明显增加，使牲畜平均占有草地面积减少。目前我国天然草地几乎都有不同程度的超载现象，如新疆草地牲畜载畜量超载近 1 倍，青海省青海湖以北地区的草原超载率达 140%(徐风君，2002)。

13.3 草地生态系统恢复与重建的主要途径与方法

1. 草地生态系统恢复与重建的途径

草地生态系统恢复和重建是一项庞大的系统工程，其基本途径有：①正确进行土地利用区划和农牧业生产区划；②合理调配水源，提高水资源的利用效率；③严禁“三滥”，保护天然植被和建立人工农牧地防护林网；④调整农林牧生产结构，增加生产收入，提高农业生产水平；⑤对沙化草地进行全面围封和整治，防止进一步蔓延。

2. 草地生态系统恢复重建的主要方法

（1）围栏封育，促进草地自然恢复。研究结果表明，围封育草能显著增加草地牧草产量，加快草地植被的恢复，改善牧草的质量；在提高草群高度、密度、盖度的同时，地下根量也有明显增加；还可培育优良的割草场，为草地的合理轮牧创造条件；是一项投资少，见效快，简单易行的有效技术措施，比较适合我国国情（吴德东等，1997）。但与草场总产量的变化情况相比较，在围封恢复过程中，草场质量的恢复速度比较缓慢，通常需要6～7年的时间才能恢复到接近原生状态的水平。因此，围封只能作为一种辅助手段，以促进和保护其他恢复方法的成功。

（2）划区轮牧，以草定畜。划区轮牧是将草地划分成若干轮牧小区，按照一定次序逐区采食、轮回利用的一种草地放牧利用方式。划区轮牧可以有效对放牧家畜的种类，家畜密度，放牧季节、频率和持续时间进行有效调节，使之符合草地牧草生长、发育规律，因而是一种较为合理的草地放牧制度。

实行以草定畜，确定适宜的家畜品种和载畜量，经过调整逐步实现草畜平衡。合理调控畜群是改善草原生态系统的物质循环、促进植物生长、改良草地的关键举措。

（3）改善土壤结构。土壤结构（粒径、孔径、缝隙）会影响土壤湿度和植物的萌发。草地松土、浅耕翻、划破草皮等措施均是改善土壤物理性状、促进草地恢复的良好方式（戎郁萍等，2002）。松耙和浅耕翻是两种治标改良措施，这两种措施多用于根系较为致密的根茎禾草草甸和干草原，一般可提高草地产草量50%～120%，持续效果可达3～5年，但在西部干旱多风区慎用。浅耕翻松土之后，土壤通气性好转，有利于土壤动物和微生物的活动，同时还可切断牧草的地下茎而促进其萌蘖，从而增加其恢复速率（龙章富、刘世贵，1996）。

（4）增强土壤肥力。草地生态系统要想保持持续、永恒的良性循环，那么保持土壤养分平衡是关键。草地之所以发生退化，土壤养分含量持续下降，土壤养分平衡受到破坏，是其重要原因之一。因此，增加土壤肥力，恢复草地养分平衡，对于退化草地的恢复极为重要。

（5）草地补播。草地补播是一种在不破坏或少破坏自然植被的前提下，在草地中播入一些适应性强、饲用价值高的牧草，以加速植被恢复。补播牧草可以改善草地植被的种类组成，提高草地产草量，加快某些优良牧草繁殖或扩张速率，是实现快速恢复的有力措施（Irigoyen，1992）。

草地补播一般只适用于退化较为严重的，植被盖度低于30%的草地或沙地。因为退化较轻的草地，其植物密度和植被盖度较高，植物个体之间竞争较为激烈，补播的牧草由于苗期生长慢竞争力弱而不易成活。当植被盖度低于30%时，植物个体间竞争减弱，有些草地甚至出现裸斑，这有利于补播植物的成活和生长。

（6）控制草地病、虫、鼠害和杂草危害。一般来讲，对于因病虫鼠害引起的草地退化，只要消除病虫鼠害，草地即可逐步恢复。但是，草地病、虫、鼠害的彻底消除，并非易事，也没有必要。因为草地生态系统是一个开发的生态系统，不同区域、不同生态系统类型之间的物质交流总是在不断进行的，对于病、虫、鼠类的传播也是如此。因此，一般只对草地病、虫、鼠进行控制，使之不形成严重危害或灾害即可。另外，病原菌、各种昆虫和啮齿动物也是草地生态系统中的重要成员，在草地生态系统物质循环和能量流动中担负着重要作用，将其完全灭除，对于维持生态系统的结构和功能也是不利的。

13.4 草地生态系统恢复重建的实例分析

对退化草地生态系统的恢复与重建，应根据不同区域、草地退化程度及原因的差异，采取不同的途径和方法（章家恩、徐琪，1999；Parham，1993）。现以科尔沁草原的恢复过程为例，如图 13.1 所示。

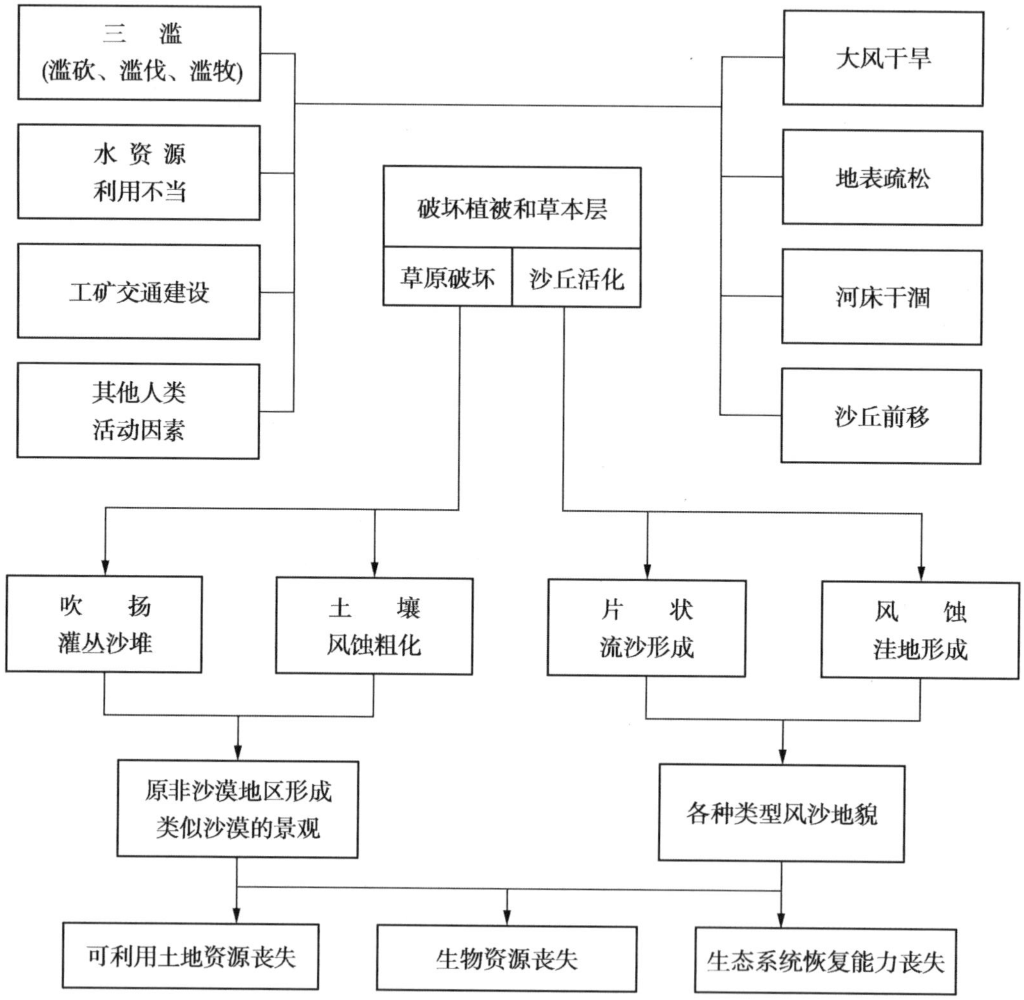

图 13.1 科尔沁草原沙漠化的形成过程（刘新民等，1993）

科尔沁退化草原生态系统的生态恢复目标，就是让沙漠化过程逐渐逆转、生态系统逐步恢复并趋于良性循环，建立高效沙地农业生态系统（agricultural ecosystem），逐步形成社会－经济－自然复合系统（赵晓英等，2001）。

科尔沁退化草原生态系统的生态恢复，其中一些区域就是采用封育禁牧恢复自然植被的措施，对半固定、固定沙丘采用围封并补播草籽的方法，建立自然—人工植被（刘新民等

1996）。

依据不同退化程度及小区域自然、社会经济条件及发展需求，采用“小生物圈”恢复模式有良好的效果（赵晓英等，2001），即：①中心区。滩地绿洲高效复合农业生态系统，以重建及农业生态系统恢复为主；②保护区。软墚台地径流区建立人工－自然复合生态系统，自然恢复与人工促进恢复相结合，建立防护体系和天然草场恢复带；③缓冲区。即硬墚/流沙地灌草防护带，以保护性自然恢复为主，防风固沙，逐步恢复自然植被。图 13.2 为科尔沁草原沙漠化综合整治的具体途径。

科尔沁草原恢复区经过 10 年的生态恢复与重建，原来的沙丘区形成了较稠密的沙地灌草植被系统；自然－人工恢复的草地植被产草量增长了 1.5～3 倍；形成了具有防沙固沙效果的乔－灌人工植被系统；流沙得以有效控制，流沙面积下降了 2/3；人均纯收入提高了 375%（赵晓英等，2001）。

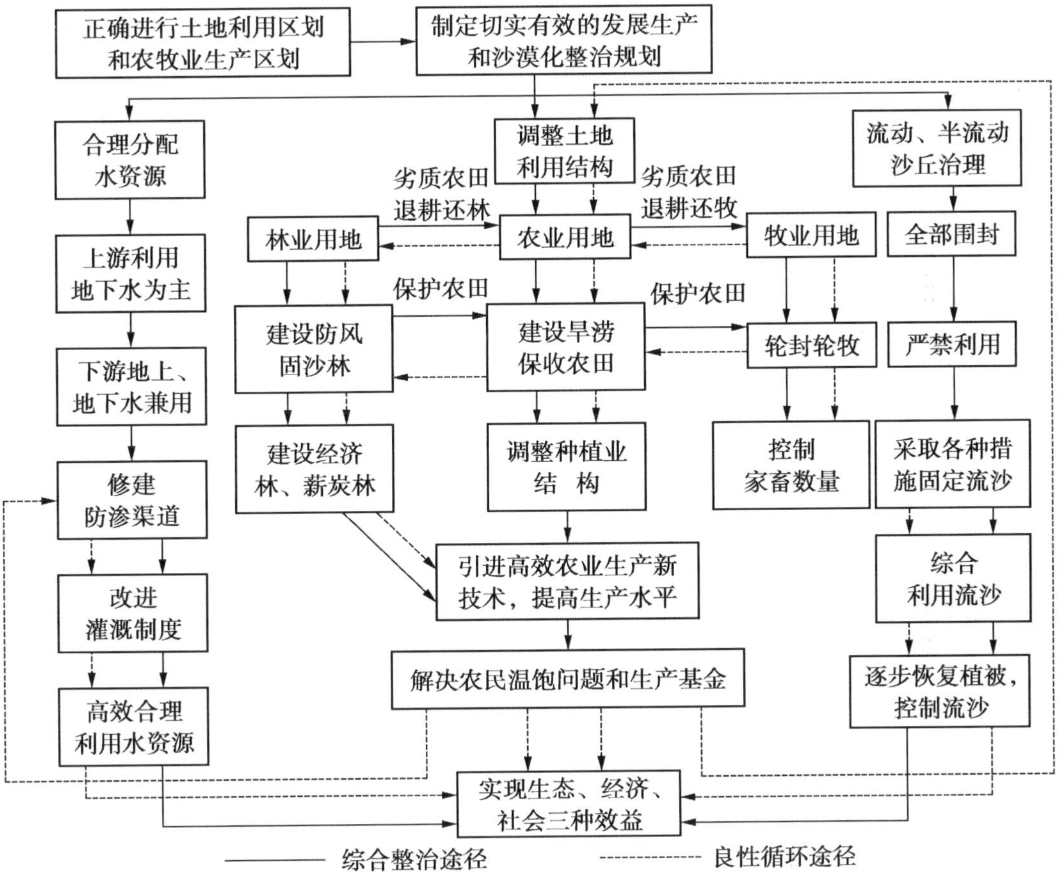

图 13.2　科尔沁草原沙漠化综合整治途径（赵晓英等，2001）

第 14 章　荒漠生态系统恢复重建

随着世界人口的增加和人类对自然资源利用强度的加深，导致了有限资源的过量消耗和生态环境的破坏，已经引发了荒漠地区生态系统的受损和生态环境的退化，直接威胁到荒漠区社会经济发展和生态安全（吴建国、常学向，2005）。据统计，目前全球荒漠化面积达到了 $3.592\times10^{7}\ hm^{2}$，占陆地总面积的 1/4，危害国家和地区达到 100 多个，荒漠化已经成为威胁人类生存的主要环境问题之一（卢琦等，2004）。

14.1　荒漠生态系统的概念及荒漠化的危害

1. 荒漠生态系统的概念

荒漠生态系统（desert ecosystem）是指分布于干旱区的，由稀疏的、超旱生的小乔木、灌木和半灌木占优势的生物群落与其周围环境所组成的生态系统。荒漠有石质、砾质和沙质之分。人们习惯称石质和砾质的荒漠为戈壁或戈壁沙漠，沙质的荒漠为沙漠。其共同特点是气候干燥、降水稀少、蒸发量大、风沙活动强烈、植被稀疏，生物量和生物多样性都很低，食物链也很简单，整个生态系统极为脆弱。

荒漠化是指在干旱、半干旱地区和一些半湿润地区，生态环境遭到破坏，植被稀少或缺失，土地生产力有明显的衰退或丧失，呈现荒漠或类似荒漠景观的变化过程。

2. 荒漠化的危害

对土地资源的损害：荒漠化的实质是土壤风蚀，它从根本上毁损土壤肥力，是一种长期的潜在危害。一经风蚀沙化，要恢复到原来的肥力状况一般需要数年甚至更长时间。

造成作物死亡和产量下降：据试验表明，3 天或 9 天大的棉苗受到风沙打磨，成活率平均降低 30% 和 36%，并且植株生长推迟 8 ~ 15 天。

毁坏各种建筑工程：荒漠化对交通运输业的危害严重影响正常运行和干扰了边疆地区与内地经济交往。

对通讯和输电线路的危害：大风不仅会刮倒电杆、刮断电线，而且在风沙频繁互动的季节会出现风沙电现象。

损害水力、河道的正常效益。主要表现在风沙对各种水利工程和河道的淤积、风沙大量进入河道，使河床淤积增高，甚至地坝溃决。

14.2　荒漠化生态系统的退化特征和成因分析

1. 荒漠生态系统的退化特征

荒漠生态系统退化是以严酷的自然条件为背景的，人类的不合理利用加速和强化了这一退化进程。荒漠生态系统的退化，导致土地资源散失、土地生产力下降、水资源短缺、生物多样性减少、气候干旱、沙尘暴频繁等。

(1)荒漠化严重。荒漠化在荒漠地区非常突出，这是由于过度的人类经济活动及缺水干旱造成的环境退化问题，不仅表现为强烈的水蚀与风蚀相结合，而且具有在冬春植被枯萎季节土壤易被吹扬的特点。由过度农垦、超载放牧、滥伐薪柴、不加保护的开矿和道路建设等引起的植被退化，使得植被稀疏、地面裸露，流沙面积扩大。据陕西、甘肃、青海、宁夏、西藏、内蒙古、新疆七省(自治区)1999 年的统计资料，沙化土地面积为 $1.625\,5\times10^{6}$ km^2，占全国沙化土地总面积的 90% 以上。

(2)植被退化。荒漠生态系统的退化首先表现为植被的退化，包括森林、草场面积锐减，群落的物种多样性下降，群落层片结构和生活型趋于简单，植被盖度和地上生物量下降等。在荒漠地区，无论沙地还是戈壁，原生植被的盖度和地上生物量均比较高，这主要是各种植物在对环境长期的适应过程中，逐步形成了最适合环境条件的群落组成、密度、盖度和生产能力。在植被的生物多样性和种群密度降低的同时，植被的盖度和生物量也开始急剧下降。由于受到人类活动的影响，原有的环境条件受到破坏，相应植被也受到影响。

(3)土壤退化。荒漠地区，风沙活动是导致土地退化的重要因素。在风蚀的作用下，土壤结构遭到破坏，导致土壤营养元素损失、土地肥力下降、土质变劣。研究表明，在土壤退化过程中，我国北方东、中、西部不同沙漠化程度的土壤养分含量差异极大。其中，土壤有机质、速效 P、速效 K 的受损程度为西部区 > 中部区 > 东部区(王葆芳等，2006)。

土壤是生态系统最主要的水分库，对于维系生态系统的正常水分循环具有重要作用。在土壤退化过程中，由于土壤黏粉粒和有机质的吹蚀，使土壤质地和结构发生根本性改变，因而导致土壤水分含量的降低。土壤温度的变化，既影响土壤水分的蒸发，又制约作物的蒸腾，进而影响作物的生长。

土壤也是土壤微生物和土壤小型动物赖以生存的场所，其环境的恶化，不仅会给植物的生长带来危害，更使土壤微生物和土壤动物处于逆境之中而使其退化(赵哈林等，2003)。

(4)水资源衰竭、水质下降。水资源是荒漠地区最为宝贵的资源之一。由于地区分布不平衡，年内、年际变化大，降水稀少，地下水蕴藏量少，整个荒漠地区都属于自然资源型缺水地区，水的供需矛盾尖锐。水资源可持续利用受到严重影响，已成为荒漠地区经济发展的限制因素。具体表现为水资源枯竭，缺水问题突出；地下水超采日益严重，引起地面下沉；水源污染问题严重，威胁饮用水水源等。新疆湖泊面积从 20 世纪 50 年代的 9 700 km^2 锐减到 70 年代的 4 748 km^2。

2. 荒漠生态系统退化的成因分析

导致荒漠生态系统退化的原因是多方面的。有自然的、历史的原因，也有人类与自然因素共同作用的结果。本节主要以荒漠生态系统退化中最主要的退化形式的沙漠化发生原因，阐述荒漠生态系统退化的主要成因。

(1)自然因素。

①气候暖干化。荒漠地区降水少、分布不均且变化大是易发生生态系统退化最基本的自然因素之一。近几十年来，在全球性气温升高的大背景下，我国荒漠地区也出现了明显的气温升高趋势。其中，冬季温度升高 0.6 ~0.8 ℃，夏季气温升高 0.3 ~0.6 ℃。虽然，很多地区降水量并未出现明显减少，但随着温度的升高和干燥度指数增加，显示出明显的暖干化趋势。对于荒漠地区来说，本来降水就少，气候的暖干化将对植物生长产生更为不利

影响,导致植被更加稀疏低矮,生态防护功能减弱,土地荒漠化则更容易发生。

②生境脆弱。荒漠地区生境脆弱主要表现在五个方面:(a)土层薄,土壤含沙量很高,在风力的作用下,土壤颗粒容易发生侵蚀,形成风沙流,既破坏土层,又危害环境;(b)很大一部分地区地表被流沙覆盖,而且地下埋藏深厚的河湖相松散沉积物,如塔克拉玛干沙漠、科尔沁沙地等,这些沙物质为风沙活动提高了丰富的沙源,在风力作用下,使沙漠化土地迅速扩展;(c)气候极为干旱,大部分地区降水量都在300 mm以下,部分地区不足100 mm,甚至只有20~50 mm,而且降水年变率很大,很多地区降水年变率高达30%~50%以上,降水还多以暴雨形式落下,造成水分流失严重;(d)风力强劲,起沙风频繁,很多地区的起沙风日超过60天,部分地区超过150天,强劲频繁的大风为土地沙漠化提供了强大的动力;(e)植被稀疏,抗侵蚀能力很弱,特别是植被枯黄期与春季风季相叠加,更使其抗侵蚀能力弱化(朱震达等,1984)。这些不利因素的叠加,导致荒漠地区的生态环境十分脆弱,在人为的干扰下,极易受到破坏。

③自然灾害频繁。由于生态环境恶化,导致自然灾害频繁发生,干旱、冰雹、雪灾、洪涝、霜冻、沙尘暴等自然灾害造成的损失日趋严重。我国西北荒漠区是沙尘暴的多发地区,每年春季又是沙尘暴的多发时段。该地区生态系统极为脆弱,而且抗灾、调控能力极差,加大了沙尘暴天气的发生几率及其破坏力。沙尘暴所过之处大量剥蚀地表沃土,风沙流掩埋农田。据资料显示,近50年来,青海省发生大范围的自然灾害15次,其中前30年为8次,后20年中为7次。1998年全省仅鼠害发生面积达6.8×10^6 hm^2,虫害发生面积1.536×10^6 hm^2导致了黑土型退化草地的迅速扩展(杜祁林,2006)。

④生物群落的不稳定性。干旱、半干旱荒漠区特殊的气候和土壤条件所孕育的植被,层次简单,覆盖率低,发育差,导致生物多样性异质性差异较大。

(2)人为因素。荒漠生态系统退化除了自然因素的影响以外,主要是人为因素作用的结果。

①人口增长与滥垦草原。人口增加,对粮食需求的增加,在生产水平较低的情况下,引发大规模的草原开垦,提高垦殖指数。将不宜农的土地变成耕地,实施风险性旱作农业,造成土地退化(刘玉平、慈龙骏,2000)。从20世纪40年代开始,尤其是新中国成立后,中游地区成为我国西部重要的商品粮基地,大规模的农垦导致流域生态环境不断演变并趋于恶化。

②过度樵采。随着人口的不断增长,农村生活燃料需求量也在不断增加,每年需要消耗大量的薪柴。在科尔沁沙地和黑河流域过去滥伐滥采的现象相当普遍,这也是导致其天然植被破坏的原因之一。同时,随着近年来该类植物价格的上涨,诱发农民在农闲时期大量涌入草原,疯狂挖掘各种药材和野菜,使本来很脆弱的草原生态系统又遭到了严重破坏。

③不合理的利用草地。草地严重超载,掠夺式经营,也是加重荒漠生态系统退化的又一重要原因。由于长期过度放牧,蒙、新、甘三省(自治区)草地退化面积分别已占草地面积的51.8%、63.6%、87.8%,其中内蒙古大草原牧草平均高度已由20世纪70年代的70 cm,下降到现在的不足25 cm(孟树标等,2002)。

④不合理开发利用水资源。在退化严重地区,普遍存在对地表、地下水资源的不合理开发利用问题。滥开、滥采水资源,致使湖泊干涸,河水断流,地下水位下降。天然植被因得不到必需的水分,大面积枯萎死亡,地表裸露,荒漠化面积蔓延扩展。特别是干旱绿洲区,由于上、中游水库的地表径流截留,下游水资源减少、地下水位下降,造成大面积防风固

沙人工林严重衰退甚至死亡,普遍出现了退化现象。

⑤工矿交通、城市建设。工矿交通、城市建设也是引起土地现代土地沙漠化的重要原因。这类沙漠化土地当前虽占比重较小,但发展速度很快。主要是由于人口大量集中,樵采活动频繁,加之机械施工破坏植被极为严重,具有突发性,多分布在交通线附近及工矿、城镇周围(殷成刚、胡俊达,2000)。

14.3　退化荒漠生态系统的恢复途径与方法

1. 退化荒漠生态系统的恢复途径

根据退化生态系统修复的生态效益、经济效益、社会效益的高度统一原则,荒漠退化生态系统修复大致存在以下几种恢复、建设植被,实现生态平衡的途径。

(1)调整农、林、牧土地利用结构,建立复合生态系统。首先是调整土地利用结构,增加草地、林地在土地覆盖中的比例,在此基础上再调整种植结构,根据需要,扩展既有明显生态效益,又有明显社会经济效益的植物种类或作物种类;其次是建立绿洲和农田防护体系;再次是对于片状流沙区,通过沙丘上人工栽植固沙灌木、丘间地营造片林等措施,建立人工植被,增加地表覆盖度,促进荒漠生态系统退化的逆转;最后是采用自然力和人工促进营造“绿带”的综合措施,包括保护天然植被保护、机械防风沙障的设置、防沙林、护田林网的营造、人工草地建设以及居民区建设等,全面对退化生态系统进行综合治理。

(2)退化土地治理和植被自然恢复。根据不同荒漠地区地表植被破坏的原因与状况,积极保护现有的天然植被和封育已退化的地块,实行退耕还牧、压缩牲畜头数、人工封育等办法,让地表自行恢复天然植被,以重建与当地气候带相适应的自然生态系统。这是以人类活动不超过生态系统的自我恢复阈值为前提,随着天然植被的逐步恢复与自然更新,生物生产力提高,荒漠生态系统退化程度便会相应减轻和逆转。

(3)合理利用资源。在干旱荒漠地区,合理利用资源主要包括五项内容:①水资源在时间和空间上的合理配置,如合理分配河流上、中、下游的水量,制定合理的输水时间,以确保全流域生产和生态用水。②人口与资源的合理配置,使人口压力与资源生产潜力相匹配,保持人类需求与资源现实生产力相平衡。③生物资源与水土资源的合理配置,根据各地水土资源条件,因地制宜的选择合适植物或作物种类,既要尽量减少对资源的浪费,又要尽量获取高的生态经济效益。④合理利用农林牧生产的副产品,通过加工增值或循环利用,提高资源在生产流程中的利用效率和经济效益。在这一过程中,加强对水土资源利用的管理极为重要。首先,应制定相关政策,鼓励和奖励资源的合理利用,批评和惩罚对资源的破坏和浪费;其次是制定水土资源合理利用规划或计划,做到资源利用有计划地进行;再次是制定相关制度和措施,保障各项相关政策和计划的落实;最后是依靠科技进步,加大投入,促进各项技术指标实现。⑤通过引进种植低耗水植物或作物、修建衬砌渠道、发展节水灌溉等措施,提高水资源的利用效率。

2. 退化荒漠生态系统的恢复方法

根据荒漠生态系统退化的特点,其生态恢复主要采取以下几类基本方法。

(1)搞好生态规划。荒漠地区生态规划就是在全盘考虑各种因素的基础上,确定最合适的土地利用配置、最佳的林农牧群落布置,使其结构合理,以逐步使生态系统恢复到一定的功能水平。在荒漠退化生态系统生态恢复规划技术中,3S 技术是生态系统重要的规划技术。在大的空间尺度上,生态恢复研究所需要的许多数据往往是通过遥感手段获得的,而在收集、存储、提取、转换、显示、分析这些容量庞大的空间数据时,地理信息系统是一个极为有效的计算机工具。

(2)生物固沙和工程措施。生物固沙是指通过种植不同种或品种植物,覆盖地面,固定流沙的一种措施。实践证明,生物固沙是目前最经济有效和可持续的生态恢复措施。采取植物固沙措施时,需要注意以下问题:①在建造人工防护林体系时,选用节水保墒的栽培种植技术,降低水分消耗;②培育或引进耐旱、耐风沙、耐贫瘠、低耗水、高产值的物种或品种,提高植物对风沙环境的抵抗力;③在建立人工植被沙障时,对于那些流沙活动强烈,直接栽植植物不易成活的地段,应先采用现代工程技术措施,为植被恢复营造较为适宜的生长发育环境;④注意固沙植物的多样性,尽量多的使用不同物种和品种,并在空间上合理配置,以保证植物群落的稳定性。

一些需要进行快速固沙防护的地方或地段,由于植物固沙在短期内难以奏效,也不能采取植物固沙。在这些情况下,就需要采取工程措施进行固沙。工程固沙是通过设置各种人工沙障,或采取喷洒化学固沙剂等措施,阻截或固定流沙的一种方法,它主要适用于那些不适于生物固沙,而又急需进行流沙固定的地方或地段。一般只适用于工矿、交通、通信、管道等重要工程设施的风沙防治,或为了保障生物固沙的成功而在其前期少量应用。工程固沙的特点是适用于各种地形或工程设施,而且见效快,但成本高,不具可持续性。

(3)封沙育林育草,退耕还林还草。封沙育林育草是通过对沙地的封育,防止各种人为干扰的进一步破坏,给予天然植被休养生息的机会,促进其自然恢复的一种方法。在荒漠绿洲地区,特别是绿洲边缘的风沙区,实施大规模的退耕还林还草,既可以有效恢复植被,防治风沙危害,又可以有效节约农业用水,是搞好生态建设的一项重要措施。因此,在有条件的地区,应加大退耕还林还草力度,使该退的耕地都退下来种草种树,促进植被的恢复。

(4)控制家畜数量,实施合理轮牧。削减家畜数量,减轻草地超载过牧是解决放牧草地退化的首要问题,应严格实施以草定畜,用法律和经济手段限制家畜数量。也可通过增加总增,控制净增,加快畜群周转的方式,发展季节畜牧业,稳定控制家畜数量。另外,加快草地围栏建设,采取草地划区轮牧,也是合理利用草地,保障退化草地恢复的重要措施。要实施草地划区轮牧,既要全面实施牧区草地划分到户,又要增加对围栏的建设投入,同时还要注意向牧民传授草地轮牧技术。

(5)加强水资源合理利用,提高水资源的利用率。在水资源总量不变的情况下,加强水资源的合理利用,提高水资源的利用效率,是解决该区水资源不足的重要措施。做到水资源统一管理、统一调度,确保生态用水和上下游用水,为荒漠区生态修复创造条件。同时,通过采取节水灌溉技术,控制灌溉水量,提高水的利用效率;加大渠系衬砌力度,减少因渠系漏水带来的水资源损失;在风沙区,还要严格控制机井密度,防治过量提取地下水所引起的地下水位下降。

(6)大量发展生态农业。在荒漠地区,要继续严格禁止乱开草地,坚决压缩沙地和地表下半米内即为古风成沙又无防护措施的轻壤土旱作耕地以及坡度超过 20°~25°的陡坡耕地,集中力量把水、热、土、肥等条件较好的水浇地建成有防护林体系的稳产高产田。腾出更多的劳力、土地、资金用于种树种草,治理退化土地,发展畜牧业和副业,以便进一步扩大畜牧业,特别是林业和副业的比重,使整个经济和生态环境逐步趋于协调发展。充分利用农业自然资源的潜力，不断促进农业生产系统各组成成分的相互协调及系统水平的最适化，以最少的人工投入取得最大的生态、经济、社会综合效益。

14.4　荒漠生态系统恢复重建的实例分析

近些年来，随着国际社会对环境保护和生态恢复问题的关注，很多国家都陆续实施了一大批退化生态系统恢复重建计划，并已取得了显著成效。下面通过黑河流域张掖绿洲沙化土地的生态修复来具体说明。

1. 自然概况

黑河流域是我国西北干旱地区第二大内陆河流域，河流长 821 km，流域地跨青海、甘肃和内蒙古三省（自治区）。该地区的气候类型属典型的温带干旱区。年平均降水量 150 mm 左右，约 60% 的降水集中在 7 ~9 月，只有 3% 分布于冬季，降水强度很弱。年潜在蒸发量超过 3 000 mm，约为年雨量的 20 余倍，年平均气温为 7.6 ℃，最高达 39.1 ℃，最低为 −27.3 ℃，无霜期 168 d。灾害性天气主要是干旱、冰雹、霜冻、大风、干热风、扬沙浮尘、沙尘暴。

2. 存在问题

林线上升，水源涵养功能减弱；地下水位下降，植被枯死；沙漠化加剧，沙尘暴频繁发生；滥采野生植被资源现象严重。

3. 采取的主要措施

针对黑河绿洲的退化现状，采取了以下几种措施：

（1）封山育草，保护森林。加强对祁连山区的植被建设和保护，包括对海拔 3 300 m 以上的高山草甸实行封育，让其自然恢复；对海拔在 2 600 ~3300 m 的宜林地，逐步扩大青海云杉林种植面积，提高森林覆盖率，恢复森林的水源涵养功能。

（2）以草定畜、合理放牧。山区的畜牧业发展，以草场的承载力为基础，以草定畜，逐步消除盲目超载；同时，加强对草场的管护，进行草场划管，合理轮牧，把草场的使用、持续发展保护和建设统一起来，既重视当前生产，又重视可持续合理开发沙产业。

有效地利用石砾、沙子、炉渣、有机肥料、农作物秸秆等自然资源，配制成有机土壤，建造节能温室，将人工合成土壤填入节能温室的栽培槽内代替土壤，安装滴灌设施，进行灌溉。栽培槽内多余的水分流入储水池，可循环利用，从而节约水资源。生产出无公害绿色蔬菜，拓宽绿色作物栽培领域，提高了光照资源、土地资源利用率，同时也为废弃物的综合利用找到了行之有效的途经（秦嘉海、金自学，2006）。

（3）加强绿洲农牧区建设。在绿洲边缘营造防风固沙林带，固沙造林树种选择梭梭、柽柳、沙拐枣、叉枝亚葱、柠条、花棒、骆驼刺、霸王、沙枣和旱柳等；在绿洲与沙漠、戈壁交界处，先设置沙障，然后采用乔灌结合、多树种混交造林，乔木选择新疆杨、二白杨、毛白杨、臭椿、刺槐和国槐，灌木选择紫穗槐、柽柳和沙枣树。

建立用水总量控制指标，层层分解落实到各级用水单位、用水户；建立定额指标水价体系，定额内用水实行基本水价，超过定额加倍收费。

4. 取得成效

经过一系列措施的实行，此流域逐步形成了沙化产业为主的发展模式，植被有所恢复，生态环境日益好转。

第 15 章　农田生态系统恢复重建

15.1　农田生态系统概述

1. 农田生态系统的概念

农田(业)生态系统(ecosystem of farmland)是指在自然基础上经人工控制形成的农业生态系统中的亚生态系统,是人类为了满足生存需要,积极干预自然,依靠土地资源,利用农田生物与非生物环境之间以及农田生物种群之间的关系,来生产人类所需食物和其他农产品的半自然生态系统,是一个在人类参与及主宰下,由社会、经济、自然诸多因素结合而成的,具有多种经济、生态、社会功能和自然、社会双重属性的复合生态系统(陈进红等,1998)。

农田生态系统与自然生态系统相比,增加了一个特殊组分,即人类。人类的参与和有目标、有方向的管理,使得农业生态系统的结构、机能演替方向、生产目标都发生了根本性的变化。人类在操纵与管理农业生态系统时,利用社会经济的力量,通过农业生物对自然资源的加工转化,使环境的潜在生产力转变为现实生产力,从而为人类提供更多的农副产品。

2. 农田生态系统的特点

由于农田生态系统是受人类强烈干扰的系统,导致它在结构和功能上明显不同于自然生态系统,概括起来主要有以下几个特点:

(1)目的性。具有高度的目的性是农田生态系统的本质特点,也是其产生的根源和存在的基础。农田生态系统最主要的目的是进行农产品生产,满足人类社会生存和发展的需要。这是农田生态系统所有特点的根本所在。因此,生态系统内的物种类型只有符合人类要求的才予以扶持和发展,而对妨碍此类生物正常生育的其他生物种群,则采取控制以至消灭的手段。为了长期持续增产,人类采用保护与环境改造的措施,使之长期处于发展阶段。而自然生态系统是自发的向顶级群落发展,有利于保护系统平衡和生物种群稳定,但生产力比较低。

(2)开放性。农田生态系统属于开放性生态系统,通过粮、油、饲料等形式,系统向外界输出大量能量,同时人类又通过矿物燃料、人畜力、有机肥等辅助能向系统补充能量,使得农田生态系统具有独特的、开放式的物质循环和能量流动过程。

(3)易变性。农田生态系统的运行既要遵循自然生态规律,又要服从社会和经济的共同需要。在国家农业政策和市场经济规律的指导下,人类采取多种管理措施,以获得最多的符合市场需要的农产品和最大的经济效益,这种驱动因素致使农田生态系统的结构及生态过程的变动性远高于自然生态系统。

(4)高效性。这是因为农田生态系统的优势种主要是粮食作物、经济作物、牧草、果木、家畜、家禽等。它们是经过人类长期有目的的选择，具有优良生产性状的物种群，人类总是采取各种农业技术措施，保持其优良性及高的生产力。

（5）脆弱性与依赖性。农田植物区系主要由一个或少数几个作物种群及田间杂草组成，再加上近些年大量使用杀虫剂和除草剂，农田生态系统中生物多样性较低，营养结构简单，自我调节能力很小。所以，农田生态系统对人类管理活动的依赖性很大，只有进行连续不断的、有目的的、科学合理的人为干预，才能保持农田生态系统的存在和正常运行。

15.2　农田生态系统的退化特征和成因分析

1. 农田生态系统的退化特征

（1）水土流失。水土资源是人类赖以生存和生产的自然资源，但由于自然和人为的原因，水土侵蚀问题日益严峻。土壤侵蚀问题是人类生存发展过程中所面临的重大环境问题，世界各国都遭受不同程度的土壤侵蚀。据统计，在过去的 50 年里，全球 38.1% 的土地表面受到轻微破坏，46.4% 受到中等程度的破坏，15.5% 则遭到严重破坏。

（2）沙漠化。不当的土地利用方式（如森林破坏、无远见的垦殖、过度放牧等）和由于移动沙丘占据农用地或牧场，都可导致农田沙漠化。目前，受土壤沙漠化威胁的地区涉及全国 11 个省（自治区）的 212 个县。中国土地沙漠化严重的地区基本上分布在中国北部和西北部，特别是农牧交错地带。正是这些地区多存在过度开垦、过度放牧、过度砍伐等现象，导致了生态平衡的破坏，使得整个荒漠地区面积的 65.4% 是由土地沙漠化造成的。

（3）盐渍化。这里的盐渍化通常指由于人为灌溉造成的土壤次生盐碱化。我国现受盐碱化影响的耕地主要分布在黄淮海平原、东北平原西部、黄河河套地区、西北内陆地区，东部沿海地区也有小面积的分布，约占全国土地总面积的 7%。干旱与半干旱地区耕地的盐碱化主要是人为灌溉所致。

（4）贫瘠化。由于过度垦殖，土壤因有机质匮乏而导致养分状况失衡，土壤养分长期的低投入、高支出造成土壤肥力下降。我国第二次全国土壤普查表明，全国耕地土壤的平均有机质含量低于 1.5%，甚至 11% 的耕地土壤有机质含量低于 0.7。

（5）作物长势减弱、产量下降。农田土壤退化必然引起作物长势和产量的下降。农田侵蚀对土壤肥力的不利影响可以反映到作物生产指标上，因为无论是土层厚度、容重、质地等物理性质，还是有机质、N、P 和 K 等营养元素的改变，都会直接影响作物产量（苏正安、张建辉，2007）。这是因为在耕作导致的土壤退化过程中，首先是最肥沃的表层被侵蚀掉，当表土层被侵蚀后，便失去固有的生产能力，造成减产。

（6）土壤污染。随着化学农业（化肥、农药、杀虫剂等使用）、乡镇企业的发展和城市化对农田的影响，土壤中的有毒物质积累并超标，对土壤性状、环境和人类健康产生严重的影响。近 20 年来，社会经济的快速发展给环境带来了巨大的压力，土壤受污染的报道越来越多。越是经济发达的地区，土壤受污染的程度越高，如长江三角洲和珠江三角洲地区，农田土壤污染状况都十分严重（张学雷、龚子同，2003）。

2. 农田生态系统退化的成因

（1）自然因素。

①全球气候变化。全球气候变化是 20 世纪 90 年代以来最为引人注目的环境和科学

问题之一，目前有关全球气候变化的研究主要集中在大气中 CO_2 浓度升高、酸雨增加、O_3 增加、紫外线增强等对作物的影响以及农田和反刍动物的 CH_4、N_2O、SO_2 等温室气体的排放规律等方面。大部分土壤过程依赖于温度和水分，因此对气候变化的反应敏感。

高温可加快土壤有机质消耗，降低肥力。在海拔较低、未被保护的海岸区，由于海水侵蚀，几十年后可能引起酸性硫酸盐土层的形成。全球气温升高后，某些病虫的分布区域可能扩大，同时温室效应还使一些病虫害发生的起始时间提前，使多世代害虫繁殖代数增加，一年中危害时间延长，从而影响农业生产。气候变暖也加剧了气候灾害对农业生产的影响。一些研究认为，气候变暖会使热带风暴增强，从而对低纬度地区，尤其是对海岸线上的农业生产产生严重影响。大气温度升高导致土壤蒸发量加大，加重了干旱和半干旱地区的旱情。另外，气温升高，大气热浪将会频繁发生，尤其在热带、亚热带地区更为突出；大气层中气流交换增强，大风天气会增多，风暴频率和强度都会有所增强，某些区域的风蚀作用和水土流失加剧(Turner 等，1993)。

②土壤条件。在我国的西北和华北地区广泛分布着第四纪沉积物(黄土)。第四纪沉积物大多数没有经过硬结成岩作用，为松散的堆积物，具有较大的移动性。这种物质在风力作用活跃的干旱、半干旱地区，物理风化作用强烈，易遭受土壤侵蚀，导致土壤沙化；在地形复杂的山区受降水影响，易遭受重力侵蚀，为水土流失、山体滑坡、泥石流等土壤灾害的形成提供了条件(王遵亲、祝寿泉等，1993)。

(3)病虫害。农田有害生物主要包括危害农作物的害虫、植物病原真菌、细菌、病毒、线虫、农田杂草及害鼠等。由这些有害生物群体所形成的虫害、病害、草害和鼠害等生物灾害，对农作物的产量和质量造成很大的影响。农田有害生物一般具有繁殖迅速、生存适应能力强等特点，当环境条件满足其生理和生态特性需要时，形成高密度的种群数量，对农作物造成危害。

(4)水蚀风蚀的影响。普遍发生于我国黄土、黑土和红壤区的水蚀使农业生产条件变劣、生态环境恶化，土壤的保水、保土、保肥性能变差，抵御自然灾害的能力降低，致使农业产量低而不稳，农民收入长期在低水平徘徊。风蚀造成我国土地沙漠化加剧的趋势。风蚀的本质是在风沙作用下，土壤中细粒物质逐渐减少，颗粒组成变粗；土壤有机质及养分含量减少，保水保肥性能降低，从而导致生产力不断下降。风蚀除影响环境质量外，直接的后果是造成农田生产力下降。

(2)人为因素。

①滥垦草原。由于农田风蚀的不断发生，农田生产力不断下降，农民为了获取维持基本生存，只好继续开垦新的草地，而这种人口不断增长和土地生产力低下的矛盾，意味着该区始终存在草地被继续滥垦的危险。事实上，正是由于草地的不断滥垦，使那些不适于农耕的草地被开垦为农田，加之不断受到风蚀，才使这一地区农田生态系统处于不断退化之中。

②滥施化肥。由于长期过分依赖化肥的增产效果而忽视农家肥料，特别是过量施用化肥和使用比例失调，使得农业系统内部结构受到破坏，农田耕作层土壤有机质含量下降，团粒结构破坏并减少，蓄水保肥能力下降，肥效作用降低。因土壤结构的破坏，磷素肥料有效磷含量降低，并且由于大量吸附在土壤颗粒表面，造成磷肥随农田排水和地表径流而损失，降低了肥料的有效利用。化肥施用不当或过量，可使土壤化学性质发生畸变，促使产生植物毒素的真菌发育。

③不合理的耕作制度。在农业生产中，土壤耕作措施占有十分重要的地位。传统耕作法是每季作物收获后均要翻耕土地再种植下季作物，这样就形成了连年翻耕土地的传统整地法。传统的耕作方法由于田间作业次数过多，农机具将土壤压实，耕作层遭到破坏，土壤结构遭到破坏，并且增加油料消耗、提高作业成本、使水蚀、风蚀增加，这些均将导致农田土壤退化和农作物减产（田慧等，2006）。

④不合理的种植制度。不合理的种植制度会引起作物害虫的频繁发生和猖獗。在现代农业生态系统中，由于为数不多的农作物品种替代了自然生态系统中的生物多样性。这种单作物人工生态系统需要人们持续不断地"干预"，人为"干预"过程导致了相应动物区系（昆虫、螨类、线虫）进入了一个新的简单化环境。生态学方面的研究已经揭示，害虫危害单作物比危害混作作物或自然植被更严重。由于生物具有动态变化特点，也使某些物种对这种新环境从不适应变为适应，随着新的作物的出现和适应机制的产生，一些动物物种的地理分布，行为特征及抵御外界环境的能力随之改变，使早先不危害这些作物的物种变为有害物种（蒋际清等，2004）。

⑤水资源利用不当。由于对水资源利用不当造成的农田退化，经常发生在绿洲生态系统。由于流域下游土壤富含盐性，降水稀少的弱淋溶性，地下水超采使整个地区旱化、盐碱化程度加剧，表现为土壤盐分的积累特征由深层向浅层转移，逐渐向耕作层积累。除此之外，地下水降落漏斗形成以后，周围的高矿化度水补给绿洲，加之反复提灌、消耗、浓缩，促使土壤次生盐渍化快速发展（汪杰等，2006）。

⑥农田缺少防护。植被因子表征着植被的种类、数量和排列方式对风蚀的作用效能。其中，土壤内部植物的根系对土壤有很好的穿插、缠绕和固结作用，可增强土壤抗蚀力；土层上面的植物可以吸收一部分侵蚀性风能，从而削弱风力，土壤表面受到保护，减少了风蚀的可能性，因此植被覆盖多少决定着土壤风蚀的强弱。

15.3　农田生态系统恢复的途径与方法

不同种类农田生态系统恢复的途径，如表 15.1 所示。

表 15.1　不同种类农田生态系统恢复途径

不同农田种类	恢复途径
风蚀沙化农田生态系统	农田上风向具有流沙活动的地段营造防风阻沙林带，抑制流沙对农田的侵袭 在农田四周营造农田防风林网，降低流经农田气流的速度和对土壤的侵蚀力 采取留茬越冬、冬灌或秋灌等农艺措施，增加农田抗风蚀能力 采取免耕、少耕等保护性耕作措施，减少风季对土壤的扰动。通过上述途径，一般即可达到农田风蚀沙化的防治目的
水蚀农田生态系统	工程防治，如可通过修建谷坊、沟台地等工程措施来减少地表径流，也可通过在农田上方修建引水沟将地表径流引向其他地方等 保护农田四周的植被，禁止乱砍滥伐或放牧、割草、铲草皮，通过植被的恢复减少地表径流的形成和对农田的冲刷 通过在田埂地头种植灌木或多年生草本植物，阻碍水流对地埂、地坡的冲刷

续表 15.1

不同农田种类	恢复途径
盐渍化农田生态系统	合理规划,建立灌排配套的灌溉体系,并通过大力营建深沟式排水体系,降低农区地下水位 在有沙源的地方,可通过工程措施,每年往农田土壤中适量掺入细沙,通过增加土壤的沙性,减弱毛管水的作用从而减少土壤水分的蒸腾,也可在农田表土之上铺上一层细沙,通过切断土壤毛管作用,减少土壤蒸腾,降低土壤含盐量 在农田中施入石膏,通过石膏与土壤发生离子代换作用,减轻可溶性盐的危害 根据土壤盐分向高处聚集的特点,在农田中修建一些聚盐台或聚盐垄,然后把聚集在聚盐台或聚盐垄上的盐土铲除
污染农田生态系统	生物修复途径,包括引入土壤动物,种植超积累植物,投放可分解污染物的微生物等,通过这些生物对土壤污染物的吸附、吸收、转化、降解等作用,减少土壤中污染物的浓度 化学修复途径,通过化学淋洗、化学固定、化学氧化、化学还原和化学可渗透反应墙等方法,使土壤中的污染物被淋洗、固定、氧化、还原等,从而降低土壤中污染物的浓度和毒性 物理修复途径,通过物理分离、蒸汽浸提、物理固化、电动力学和热动力学等物理方法,使土壤污染物浓度降低或毒性降低

不同种类农田生态系统的恢复方法,如表 15.2 所示。

表 15.2 不同种类农田生态系统的恢复方法

不同种类农田生态系统	恢复方法
退化红壤农田	农田害酸(1)施用石灰 (2)选用耐酸作物 (3)施用钙镁磷肥
水蚀退化农田	(1)调整地区的产业结构 现阶段,应当在传统种植业的基础上,将产业向外扩展,扩大与外界的经济联系。通过建立龙头企业,发展规模化种植、规模化养殖和规模化加工,延伸产业链。一方面可增加就业渠道,减轻对耕地生产粮食的压力,另一方面改变单一种植自给型粮食的产业结构,形成当地的主导产业,参与市场竞争,增加收入 (2)加强基本农田建设和管理 首先应该有计划地缩小坡耕地面积,退耕陡坡地,合理利用土壤,有效控制水土流失。同时,对宜耕农田加大投入,精耕细作,逐步提高土壤生产力 (3)水土流失防治 (4)合理施肥,提高土壤有机质含量

续表 15.2

不同种类农田生态系统	恢复方法
盐碱化农田的修复	(1)地表覆盖技术 “盐随水来,盐随水去”是水盐运动的特点,只要能控制土壤水分蒸发就可以减轻盐分在地表积聚,达到改良的目的 (2)施加改良剂 国内有许多人将磷石膏、糠醛渣、沼气肥等施加到碱土上,改变了土壤结构,使作物明显增产,也起到了保护周边环境不受污染的目的 (3)培肥地力 盐碱下湿地土壤瘠薄,地温低,如果增施有机肥,特别是骡马粪、鸡粪、羊粪等热性肥料,再配合施用氮磷肥,可以有效改良土壤和提高作物产量 (4)种植耐盐作物
沙漠化农田	(1)建立农田防风阻沙林和防风林 (2)改变耕作制度 轮闲耕作制是导致我国风沙区农田沙漠化的重要原因之一。要对沙化农田进行治理,首先要摈弃这种落后的、生态破坏严重的耕作制,采用集约化精细耕作方式 (3)发展灌溉农业 (4)增施肥料 (5)引进优良品质和丰产栽培技术 引进和应用种子包衣、地膜覆盖、大棚栽培、林粮间作、粮草轮作等农业丰产栽培技术。通过引进优良品种和丰产栽培技术,提高农业生产水平

15.4　农田生态系统恢复实例——盐渍化农田综合治理实例

1. 治理区域概况

位于甘肃河西走廊中部临泽县境内,总土地面积 666.7 hm^2,盐渍化土地 233 hm^2。土壤为盐渍化风沙土和盐化草甸土,土壤有机质含量 0.42% ~1.62%,pH 值为 8.1 左右,0 ~30 cm 土层土壤平均全盐量 1.49%,盐结皮面积高达 30%。表层盐分含量很高,盐分类型以硫酸盐为主,土壤溶液浓度过大,造成植物生理干旱,致使农作物生长受抑制。盐化草甸植被主要有芦苇、赖草、盐爪爪、多枝柽柳、猪毛菜、白刺和骆驼刺等。

2. 综合治理方法

(1)挖排水沟及造林,控制地下水位低于临界水位。根据土壤结构与组成,该区土壤临界地下水水位约为 1.6 m,因此降低地下水位,减少土壤蒸发所造成的盐分表聚,是盐碱地改良主要措施。采取的主要措施有:①建立排水沟体系,降低地下水位。经观测化验,1997 年 4 ~11 月 1 条长 890 m 的排水沟年排水量为 9.22×10^4 m^3,排出全盐量 250.6 t。控制排水范围宽 450 m,效果十分明显。②植树造林,增加蒸腾,降低地下水位。试验区主栽树种是新疆杨和沙枣,据观测,随着树龄的增加,蒸腾量越大,降低地下水位作用越明显。

(2)选育种植耐盐良种作物,改良盐碱地。为适应产业化发展,通过对大量的作物耐盐试验,采用实地种植和盆栽加盐结皮浸泡液的方法测定植物的耐盐性。初步选育出民勤小枣、樟子松、新疆和田大叶苜蓿、德国耐盐碱苜蓿、甜甘草、中麻黄等耐盐碱性品种。

(3)发展畜牧,建立盐渍化土地综合治理技术系统模式。盐渍化土地改良过程中应注重发展畜牧业,以畜养地,改善单一的农业结构,延长食物链,增加土壤中有机肥施入,改善盐渍土结构,提高土壤肥力,稳定农业生产。

第 16 章　湿地生态系统恢复重建

湿地广泛分布于世界各地，是自然界最富生物多样性和生态功能最高的生态系统之一，它具有稳定环境、物种基因保护及资源利用功能，被誉为自然之肾、生物基因库和人类摇篮（图 16.1）。

图 16.1　我国龙凤湿地景观

16.1　湿地的定义

尽管对世界上各类湿地的研究已有上百年的历史，但迄今为止，国际上对湿地还没有统一的定义。从不同科学角度和区域特点出发而提出的定义形形色色。湿地的定义可以归纳为以下几类：

（1）从系统论上讲，湿地是一个半开放半封闭的系统，一方面，湿地是一个较独立的生态系统，它有其自身的形成和演化规律；另一方面，湿地又不完全独立，它在许多方面依赖于相邻的地面景观，与它们发生物质和能量的交换，也影响邻近系统的活动。

（2）从资源学上讲，凡是具有生态价值的水域（只要其上覆水体积不超过 6 m）都可以视为湿地，不管它是天然的或是人工的，永久的还是暂时的。

（3）从生态学上讲，湿地是介于陆地与水生生态系统之间的过渡地带，并兼有两类系统的某些特征,其地表为浅水覆盖或者其水位在地表附近变化。

(4)《湿地公约》中对湿地的定义是“不论其为天然或人工、长久或暂时性的沼泽地,泥炭地或水域地带,静止或流动的淡水、半咸水、咸水水体,包括低潮时水深不超过 6 m 的水域;同时,还包括邻接湿地的河湖沿岸、沿海区域以及位于湿地范围内的岛屿或低潮时水深不超过 6 m 的海水水域”。湿地包括海岸地带地区的珊瑚滩和海草床、滩涂、红树林、河口、河流、淡水沼泽、沼泽森林、湖泊、盐沼及盐湖。这是在众多定义当中,被我国广泛接受也是国际公认的、具有高度科学性的定义。

16.2 湿地生态系统的退化特征、原因

1. 湿地生态系统的退化特征

湿地的基本要素包括多水(积水或饱和)、独特的土壤和适水的生物活动,既不同于陆地生态系统也不同于水体系统的本质特征(吕宪国、刘红玉,2004)。当湿地生态系统受到自然作用和人为干扰破坏后,系统原有的平衡状态被打破,系统的结构、组分和功能都会发生变化,随之而来的是系统的稳定性减弱、生产能力降低、服务功能弱化。其退化特征主要表现有:

(1)水文状况恶化。湿地在空间分布上处于陆地系统和水体系统之间的过渡地带,对水文状况非常敏感。水文特征控制着湿地生物和非生物的特征。降水、地形和与湿地相连的湖泊、河流都会影响湿地的水文状况,当这些因素受到自然和人为的干扰破坏后,就会引起湿地水文状况的改变,包括湿地输水量和水面积的减少,城市和工业污水排放导致的水质恶化,水位和地面高度的变化等,最终将导致湿地水文状况的恶化。

(2)食物网结构简化。由于湿地生态系统结构受到损害,导致层次结构简单化以及食物网的断裂,然而食物网直接或间接的联系着湿地生态系统的各种生物成分,保持着生态系统结构的完整性和功能的相对稳定性。食物网是湿地生态系统运行过程中长期发展形成的,如果生态系统内部的营养结构在外界干扰下发生变化,就会波及整个生态系统的变化,使系统生态平衡失调,甚至会造成生态系统的破坏。

(3)生物多样性降低。在系统的退化过程中,首先是系统的特征植物种类即优势种类消失,与之共生的其他植物种类也逐渐消失。接着依赖其提供环境要素的从属植物种由于不适应而相继消失,而系统的伴生植物种则迅速发展,种类增加。对退化生境忍耐程度较高的先锋植物种类也开始侵入,滋生繁殖。最终造成生物多样性的性质发生变化,质量明显下降,价值降低,功能衰退。同时,系统植物种退化还会导致动物数量和种类的减少和消失。

(4)物质循环受阻。生物循环减弱,地球化学循环增强是湿地生态系统退化的另一个主要特征。生物循环主要在生命系统与活动库中进行。由于退化,系统层次结构简单化,食物网解链、解环或食物链缩短、断裂,甚至消失,使得生物循环的周期时间变短,周期率降低,致使系统的物质循环减弱,活动库容量变小,流量变小,生物的生态学过程减慢。同时,由于生物多样性及其组成结构的不良变化,使得生物循环和地球化学循环组成的大循环功能降低,特别是水循环、氮循环和磷循环受到破坏,造成整个系统的退化(李洪远、鞠美庭,2005)。

(5)生产力下降。因为系统结构组成的变化,使植物对光能的利用率减弱;由于竞争和对资源利用的不充分,植物为正常生长而消耗在克服不良环境影响上的能量增多,导致净初级生产力的下降;同时,第一性生产者结构和数量的不良变化也导致了次级生产力的降低。

2. 湿地生态系统退化的原因

大量研究结果表明,我国湿地退化的原因可以归结为两个方面,即自然因素扰动和人为因素扰动(姜明等,2005)。其中,自然因素主要包括区域水文气候波动及原生环境改变,人为因素主要为湿地的破坏和不合理开发利用。同时,人为因素对自然因素的放大作用也不可忽视(郭跃东等,2004)。

(1)自然干扰。自然干扰是指无人为活动介入的自然环境条件下发生的干扰,如火、风暴、火山爆发、地壳运动、洪水泛滥、病虫害等。自然干扰是一种偶然发生的不可预知的事件,是在不同时间和空间尺度上发生的自然现象。各种类型的干扰是自然生态系统演替过程中的一个重要组成部分,湿地众多植物群体和物种与干扰具有密切关系,尤其在自然更新方面具有不可替代的作用。

①气候变化。气温升高、降水变化是影响湿地分布和功能的主要气候变化因素。这些变化将会影响到地表水、地下水系统,也会影响到湿地需求、家庭供水、灌溉、航运和观光旅游等。目前,被广泛认同的是大气中的 CO_2 和其他温室气体的排放量不断增加,特别是 CO_2 和 CH_4 等温室气体的积累会加强温室效应的影响,从而使地球表面温度逐年上升,引起全球气候变化。20 世纪 50 年代就有科学家指出,如果大气中的 CO_2 浓度增加 1 倍,地球表面温度将增加 2 ℃。河流和湖泊湿地,因温度、降雨量和蒸发量变化将受到影响。干旱和半干旱地区对降水变化尤其敏感,因为降水减少可以大大改变湿地面积。另外,温度的升高也将可能导致湖泊水质下降,而它也能促进外来物种的入侵和蔓延。海岸湿地将更容易受到海洋表面温度升高和更加频繁和强烈的风暴活动的影响。海水温度的升高和 CO_2 浓度的增加将威胁到珊瑚礁的存在,水温短期上升 1 ~2 ℃,就足以使珊瑚礁"褪色";当温度持续升高 3 ~4 ℃,就可造成珊瑚大面积死亡。

气候变化预计将会加剧全球水循环,导致水分的分布和水供给在地区和季节之间的分配不均,特别是生态环境相对脆弱,而且主要依赖降水补给河流水量的地区。例如,温度上升导致冬季径流增加,春季水量减少,这将意味着冬季水害可能会有所增加,而正值用水的春季则水量减少。气候气候变化还会影响湿地生物多样性和生物群落,如一些种群可能会逐渐消失或是发育新的变种。特别是区域年降水量的变化会使得一些依赖湿地生存而且相对容易迁移的鸟类将会飞离原来的生境,而那些温暖地区的季节性湿地,则为疟疾、丝虫病、血吸虫病等病虫害的滋生创造了环境,从而改变这些疾病的时空分布。

②火灾。对湿地生态系统的植被而言,火灾的作用是有利有弊的。利在于火灾的发生可以加快枯落物的矿化过程,导致营养有效性的短期增加,促进或是保持生态系统较高的第一生产力。同时,使地表基质暴露,有利于土壤温度升高和降水补充土壤水分,从而有利于种子的萌发。弊则是火灾干扰会使植被破坏,种子损失,造成一些生态系统生产力的下降以及系统植被盖度、分布和丰富度发生大的变化。另外,火灾的发生减少了植被和枯枝落叶层,使系统降雨的分配格局发生深刻变化,导致土壤侵蚀、暴雨流量和物质流失量增加,渗滤能力降低,湿地的涵养水源的能力下降,特别是波及范围广、强度高、频度大、扩展速度快的火灾对湿地植被群落结构和组成具有重大的影响。

火对湿地生态系统动物的影响主要取决于火灾发生的频度、规模和强度。高强度、低频度的火灾会对湿地动物产生较大的影响。

③外来种入侵。外来种入侵是指某种生物从原来的分布区域扩展到一个新的地区,在新的区域里,其后代可以繁殖、扩散并持续维持下去。自然入侵主要指植物的自然移动和迁移,人类作用主要指引种。外来种的命运有两种,一种是外来种不能适应当地的环境,或受到本地种的排斥,种群不能自我维持;另一种情况则相反,外来种在当地居留成功,居留成功的外来种如果只是停留在引入地,没有扩散到相邻的地区,当地的群落外貌通常不会有显著改观,生态系统的功能也保持相对的稳定,这时的外来种称为非入侵种。反之,如果居留成功的外来种大量繁殖占据自已的生态位,并不断向四周地区迅速蔓延扩张,将会对当地的生态系统的结构和功能造成明显的损害,这时的外来种就变成了入侵种(彭少麟、向言词,1999)。外来种在生长过程中通过种间竞争,占据本地物种生态位,使本地物种失去生存空间,改变了食物链或食物网络的组成和结构,干扰了原生境的生物地球化学循环(高增祥等,2003);加之入侵种对土壤肥力的吸收力强,能极大地消耗土壤养分,对土壤的可耕性破坏十分严重,对原生态系统的结构、功能及生态环境产生严重干扰与破坏(郭传友等,2003)。

④地壳运动。地壳运动能直接造成湿地的退化和消失。其中,首先是湿地生态系统物种构成的改变,由于湿地面积、分布、区域小气候的改变,一些不能适应生境变化的植物种退化或消失,种群结构变化造成物种间的竞争,形成新的种群格局,动物则因为居住环境的变化或是食物的减少而迁徙到其他地方。此外,湿地生物结构组成的变化也会影响到湿地生态系统的生产力、水土环境以及其他的动能。

(2)人为因素。湿地生态系统退化的另一个主要原因是人为干扰。人为干扰是区别于自然干扰的另一种主要干扰方式,是指由于人们生产、生活或其他行为方式形成的对湿地生态系统环境的各种影响,包括湿地植被过度利用、农业开垦、城市开发、污水排放、水利工程、采矿、道路和桥梁建造以及旅游等。

①植被过度利用。湿地植被过度利用包括植被的砍伐、刈割、采集和湿地开垦。这种干扰会导致一系列的生态环境问题的发生,比如湿地植被的退化,水土流失加剧,区域环境恶化,生物多样性丧失;同时还会影响系统物质循环的正常进行,破坏了地被层和动物的生存环境,而且植被状况的改变还间接地影响着湿地土壤和水文状况。

②农业开垦。过度的农业开垦会造成湿地生态环境严重破坏。不仅湿地面积会大量减少,而且会干扰湿地的演化过程,改变了湿地景观格局,使得湿地生物多样性下降,湿地景观破碎化程度加深,同时使得湿地的生境质量变差,生态功能发生退化。过度开垦还会对湿地环境物理过程产生影响,主要表现在影响水位变化、泥沙沉积过程和地貌过程的变化,其中以影响水位变化,加重洪涝灾害的后果最为严重(王树功等,2005)。

③城市建设。造成湿地退化的另一个原因是大规模城市的迅速扩建。随着城市化进程的加快,围垦和城市开发使城市湿地面积锐减,泥沙淤积也使城市湿地面积日益缩小。同时,随着社会、经济的发展以及房地产的大幅度开发,城市湿地大量被城市建筑和人工地表所代替,城市水面率逐步降低,地面硬化面积逐步扩大,由此导致城市湿地系统逐步消失,城市生态环境恶化。

④污(废)水排放。人们在大力发展工农业的同时,也向湿地排入了大量的工业废水、废渣、生活污水以及化肥和农药等有害物质。这是人类社会发展后,对湿地生态系统最主

要的干扰方式之一。这些污染物的排入使湿地水域被污染，水质下降，进而引起湿地生物死亡，破坏湿地的原有生物群落结构，并通过食物链逐级富集进而影响其他物种的生存，严重干预了湿地生态平衡，造成湿地退化。有研究报道：松花江流域每日排放废水量为 5.72×10^{6} t，其中生活污水为 5.155×10^{5} t，占 9%，其余 90% 以上主要是沿江、沿河大城市的工矿企业排放的废水，其中仅哈尔滨、齐齐哈尔、牡丹江、佳木斯四个大城市每日的污水排放量就占整个流域的 58.2%。（师君、张明祥，2004）。

⑤水利工程、采矿、道路和桥梁建造。大型水利工程建设改变了湿地水文分布，增加了水量的输入与输出湿地的速度，使湿地沉积方式发生变化，影响湿地的功能和价值。水利工程建成后，将使河流的径流、输沙量和泥沙结构发生变化，从而影响河流和邻近海域的环境、水资源、生态系统和泥沙冲淤。还会影响湿地小气候。大规模的水利工程不可避免地会侵占湿地，破坏鸟类、鱼类和底栖动物的繁殖场所，并可能导致湿地生物多样性的下降（倪晋仁、秦华鹏，2003）。

⑥旅游。如果湿地旅游开发不合理，极易造成野生鸟类栖息生境的破坏，丧失鸟类资源。由于旅游开发，湿地景区的植被被大面积破坏，取而代之的是用于旅游的道路、宾馆、餐厅和停车场等，旅游者的践踏造成湿地景区内植被倒伏，灌木层高度和盖度降低，草本层和活地被层植物茎、叶大部分受损伤，甚至表土层完全裸露；旅游者的采摘也会对湿地带来不同程度的影响。旅游活动对水禽的影响主要是旅游线路造成了生境破碎化，使鸟类无法在安全范围内活动，人为的缩小鸟类栖息地，影响鸟类的繁殖和觅食。如果旅游线路深入鸟类活动中心区域，将会严重干扰鸟类生活。旅游活动产生的污水和固体废弃物如果处理不当，会造成水体质量恶化，破坏水生生物生存环境，从而通过食物链对鸟类造成影响（唐晓兰等，2004）。

16.3　湿地生态系统修复的途径和方法

1. 湿地生态系统修复的途径

湿地生态系统的恢复一般具有三种途径，即自然恢复、人工恢复以及两者相结合的恢复。

自然恢复是生态系统受损没有超过负荷并在可逆的情况下，当压力和干扰因素消除后，靠自然力自身进行恢复；人工恢复是生态系统受损超过负荷，并发生不可逆的变化，仅仅依靠自然力很难或不可能使系统恢复到初始状态，必须依靠人工措施，才能得到恢复；两者相结合的恢复是生态系统受损超过负荷，但不是很严重的情况之下，如果仅靠自然力恢复存在一定的难度或需要很长的恢复周期，此时在自然恢复的基础上辅以一定的人工恢复措施，将能使生态系统得到较快的恢复。

此外，还需要不断完善相应的政策、法规、管理体制。例如，完善有关湿地保护的法律法规，加强湿地资源管理中法律措施的力度；促进海岸湿地的综合管理体制与协调机制的建设，加强对湿地资源与环境的全面综合管理；建立湿地生态监测网络体系，包括湿地面积，易变环境因子，生物多样性，开发利用和受威胁情况等；构建包括湿地生态在线监测子系统、湿地资源与生态信息管理系统和湿地生态决策支持子系统在内的网络系统，及时上报信息，保障湿地系统协调发展和资源的持续利用；建立退化湿地恢复的示范区，探索一种操作性强的分析与解决湿地恢复问题的实践模式；加强湿地自然保护区的建设，使湿地生态环境尽快恢复，并得到有效保护；充分利用报刊、广播、电视等媒体，利用展览馆、博物馆进行图片、标本、实物陈列展览等多种形式，强化与提高民众保护与合理利用湿地的意识，从而增强公众保护湿地的自觉性（邓培雁等，2004）。

2. 湿地生态系统修复的技术与方法

退化湿地恢复技术包括湿地生态恢复技术、生物恢复技术、生态系统结构和功能恢复技术。湿地生态恢复技术包括：基底改造、湿地水土流失控制、清淤等基底恢复技术；土壤污染控制、土壤肥力提高等湿地土壤恢复技术；筑坝，修建引水渠，污水处理，控制水体富营养化等水状况恢复技术。湿地生物恢复技术包括：物种筛选、物种引入保护、种群调控、群落优化配置与组建等技术（白降丽等，2005）。湿地生态系统结构与功能恢复技术主要包括生态系统总体改良技术和生态系统构建与集成技术等。在许多湿地恢复的实践中，其中一些技术常常是整合应用的，并可取得显著效果。

3. 退化湿地的恢复方法

（1）退化湖泊的恢复方法。对湖泊的恢复来说，由于湖泊是静水水体，尽管其面积不难恢复到先前水平，但其水质恢复要困难得多，其自净作用要比河流弱得多，仅仅切断污染源是远远不够的，还需要加大净水流量进行稀释，并放养耐污染生物。此外，由于水体，尤其是底泥中的毒物很难自行消除，不但要减少点源、非点源污染，增加湖泊深度和广度，挖除营养沉积物，清除过多水草；还需要进行污水深度处理及其生物调控技术等措施。

（2）河流及河缘湿地恢复方法。对于河流及河缘湿地来说，可以通过疏浚河道、切断污染源、增加非点源污染净化带、增加水流的持续性、防止侵蚀或沉积物进入等方法恢复，从而使河流水质得以恢复。

（3）沼泽湿地的恢复方法。对于沼泽湿地而言，由于泥炭提取、农业开发和城镇扩建使湿地受损和丧失。如要发挥沼泽在流域系统中原有的调蓄洪水、滞纳沉积物、净化水质、美学景观等功能，必须重新调整和配置沼泽湿地的形态、规模和位置。具体的恢复策略是减少营养物质输入、恢复高地下水位、割草或迁移草皮、清除灌丛、恢复对富含钙、铁地下水的排泄。

（4）红树林湿地恢复方法。对于红树林湿地而言，红树林沼泽发育在河口湾和滨海区边缘，在高潮和风暴期是滨海的保护者，在稳定滨海线以及防止海水入侵方面起着重要作用。保护和恢复红树林湿地首先要禁止矿物开采和滥砍滥伐，保持陆地径流的合理方式，控制不合理建设，保证营养物的稳定输入，减少废物堆积等，这些都是恢复退化红树林的关键所在（吕宪国、刘红玉，2004）。

16.4 湿地生态系统恢复实例——佛罗里达沼泽湿地恢复项目

佛罗里达沼泽湿地是美国最大的湿地分布区。但是由于①城区和农业发展使湿地生境消失或破碎化；②农田排水使湿地与湖泊含有过量的营养物质；③香蒲与其他外来种入侵湿地，并取代土著植被，成为优势群落；④为了抵御洪水、小区流域管理和交通便利，修建了众多的渠道或将弯曲和河系拉直，如此种种，改变了湿地的水文状况。结果使得佛罗里达湿地面积减小、生境消失、功能衰退，发挥的效益（如净化水质、控制洪水、保护野生生物等）难遂人愿。美国军事工程师协会计划在 20 年内花费 80 亿美元进行湿地恢复与重建工作。项目实施初期，首先进行 Kissimmee 河流湿地的恢复。该河流原来长 166 km，在 20 世纪 60～70 年代，被拉直成 90 km 长、100 m 宽和 10 m 深的运河，河流周边的湿地消失了 65%。

湿地恢复过程包括恢复河流周边的湿地生境和河漫滩深林带和将香蒲群落改造成土著群落，进一步控制和吸收水体中过量的磷素；将拉直的河流恢复成蜿蜒的状态。初期的实验结果令人鼓舞，实验区湿地可使水体中的磷浓度大大降低，并维持在 10 μg/L 的水平。

第 17 章　农牧生态系统恢复重建

农牧交错带(区)是指农业区与牧业区之间存在的一条过渡地带。在这一地带内,大面积的天然草地和各种农田交错分布,畜牧业经济和农业经济协同发展,形成了一种特殊的农牧交错复合生态系统。这种生态系统保持了较多的自然生态系统属性,也有明显的人工生态系统特征,并且这种生态系统多处于半干旱、半湿润气候过渡区,生态环境较为脆弱,在人为活动干扰下容易发生退化,因此这种特殊的生态系统受到了普遍的关注。本章将以我国北方农牧交错带为例,阐述农牧交错复合生态系统恢复重建实践经验。

17.1　农牧交错复合生态系统的退化特征和成因分析

在我国北方,有一条特殊地带,它就是我国著名的北方半干旱农牧交错带,也是我国北方最重要的一条经济、生态带。但是,近百年来由于受气候变化和人类活动的强烈影响,该地区土地沙漠化问题严重,生态系统明显退化,生态环境急剧恶化,不仅严重制约到当地的社会经济发展,还给国家生态安全造成了严重威胁。本节将主要介绍该区生态系统的退化特征及其成因。

1. 我国北方农牧交错带的分布范围和自然概况

(1)农牧交错带的地理界定和空间分布。关于北方农牧交错带的分布和界定,目前国内已有的研究报道认识不尽相同,但对它大体位置的认识基本上是一致的,即该农牧交错带大致沿着降水量400 mm 左右等值线走向,主要分布于内蒙古、辽宁、吉林、河北、陕西、山西、宁夏等地。

(2)农牧交错带的自然环境和社会经济概况。总体来看,我国北方农牧交错带大致沿400 mm 降水等值线两侧分布,该区域内地貌类型差异很大。最北端为呼伦贝尔高原,海拔650 ~ 750 m,向南至科尔沁沙地,为东北平原与内蒙古高原的过渡地带,海拔 200 ~ 700 m,向西至河北坝上为内蒙古高原的南缘,海拔1 300 ~ 1 800 m,西部毛乌素沙地地处鄂尔多斯高原,海拔 1 400 ~ 1 500 m。土壤类型按地表物质组成大致分为风沙土覆盖区和黄土覆盖区。该区地处森林与草原的过渡地带,原生植被为疏林草原,但受人类活动影响,大部分地区多已被退化植被或次生的沙生植被代替。

在我国北方农牧交错带中,人均占有耕地最多的是内蒙古的锡盟、乌盟和兴安盟,最少的是内蒙古的伊盟、辽宁西部和晋北地区。据不完全统计,该区农、林、牧用地比例为 1.0:1.17:3.67。其中黑龙江、吉林、辽宁西部和晋北地区的种植业用地比重较大,内蒙古兴安盟、赤峰市、鄂尔多斯和甘宁交界地区的林牧用地比重较大。

17.2　农牧交错复合生态系统退化现状

近几十年来,在全球气温增高、气候异常和人口增加,人类活动扰动增强的情况下,我国北方农牧交错带植被严重破坏,水土流失加剧,沙漠化迅速发展。沙漠化的急剧发展,造成流沙吞蚀农田、草场,掩埋村庄、道路的现象极为普遍。大量的农田、草场被流沙埋没,造成减产,甚至绝收;黄河、辽河的泥沙入河量大量增加;不仅危及当地社会经济发展和人民的生产生活,还影响到周边的生态环境和河流中下游的生态安全,成为制约我国社会经济持续发展的重要因素。因此,该地区生态环境的治理及其恢复重建非常重要,已被纳入《全国生态环境建设规划》和中央西部大开发战略,在《国家中长期科学和技术发展规划纲要》(2006~2020 年)中,把生态脆弱区域生态系统功能的恢复重建列为全国 62 个优先主题之一。

1. 土地沙漠化

我国的农牧交错带由于受自然条件和人为因素的影响,一直以来都是我国土地沙漠化最严重的区域之一。土地沙漠化动态监测结果显示,北方农牧交错区 20 世纪 80 年代中后期就比 70 年代发展了 $2.48\times10^4\ km^2$,平均每年增加 $2\ 103.2\ km^2$,发展速率 1.47%。在该地区中,以内蒙古乌盟和锡盟沙漠化发展最快,20 世纪 70 年代到 80 年代中期二者的年均增长率分别为 6.2% 和 9.2% 其他地区的沙漠化也十分严重,20 世纪 90 年代,我国共有沙漠化土地 $3.98\times10^5\ km^2$,占全国土地总面积的 4.1%,并以每年 $2\ 460\ km^2$ 的速度扩展。

2. 草地退化

由于草场长期超载过牧,农牧交错带植被退化严重,产量和质量急剧下降,承载能力降低。就整个北方农牧交错区而言,每百亩草地的畜产品产量仅相当于全国平均水平的 24.4%。

3. 水资源匮乏

水资源的多少或丰富与否,既需要绝对量的评价,也需要相对量的比较,还有决定水资源可利用性的时空分布特征。农牧交错区降水量少且降水变率大,年内分布不均,季节性干旱在该区域非常普遍。农牧交错带地表径流匮乏,主要集中于少数的几条河流流域,支流多数为季节性河流,河流径流量在很大程度上取决于降水量的时空变化。

总体来讲,农牧交错带由东部到西部,降水的保证率逐渐减小。地表水和地下水资源也是东部优于西部。但是,近几十年来,由于灌溉农业的发展和工业用水的增加,内蒙古东部农牧交错带地下水资源逐渐减少,在干旱年份,地下水位下降十分明显,河流断流频繁发生。

4. 自然灾害频繁

由于受全球气候变化和区域沙漠化的影响,本区生态环境明显恶化,旱涝灾害发生频率增加。随着气候的暖干化和地面植被的破坏,导致农牧交错带风力增大,沙漠化进程加快,给河流及水利设施带来了严重危害,农牧交错带生态屏障作用已经消失,并且成为新的风沙源,其沙尘天气已影响到华北、东北地区的生态安全。

17.3 农牧交错生态系统退化的成因

我国北方农牧交错区生态系统的退化,既与自然环境的恶劣密切相关,也源于人为活动强烈干扰但主要还是人类活动强烈干扰的结果。

1. 气候因素

我国北方农牧交错带不仅是农业向牧业的过渡区,它也是半湿润气候向半干旱气候过渡的过渡地带。东亚季风在这一地区的影响很大,受其影响,本区不仅降水量少,而且季节分配极不均匀,降水变率大,降水年内分配高度集中,为暴雨发生创造了条件。不仅降低了水分的利用率,还造成强烈的水土流失,为本区生态地质环境灾害的驱动力之一。

另外一个气候因素是干旱多风,侵蚀强烈,恶化了环境条件。干旱年份和干旱季节,牧草发育较差,地表植被稀少,土壤水分散失较快,疏松裸露的地表更有利于风蚀作用。当风作用于裸露地表时即可带动沙粒,形成风沙流,从而造成风沙危害。

2. 土壤基质不稳定

土壤是侵蚀的对象,又是影响径流的因素。农牧交错带土质结构普遍疏松,在内营力和外营力的作用下,土壤易受侵蚀。该地区的地表沙性物质被认为是该区沙漠化发生发展和生态环境恶化的重要物质基础。

3. 不合理土地利用方式

过度放牧是目前该区草地退化的主要因素。过度放牧导致地表植被覆盖和生物产量明显下降,它也是导致草地质量下降的重要因素。

近几十年来随着人口的大量增长,农牧交错带成为内蒙古及长城沿线区毁草滥垦的重点地区。以农挤牧、农牧矛盾日趋严重,不断的毁草乱垦使草场面积日益缩小,使超载过牧情况更加严重,造成大面积草场退化。

4. 农牧交错带北移错位

我国北方农牧交错带大致是沿长城分布的,清朝末期在政府垦荒政策指导下,大批汉民越过长城从事农牧业生产活动,导致农牧交错带越过长城几十至几百千米。农牧交错带的北移错位,使其进入了气候条件相对较差,风大沙多的生态环境脆弱区。

17.4 农牧交错生态系统修复的途径与措施

1. 农牧交错生态系统恢复的途径

现代农牧交错带虽然存在畜牧业和种植业两种生产方式共存的现象,但是由于人口压力的不断增长和对粮食需求的增加,种植业的扩张已经严重威胁到农牧复合生态系统的稳定性。发展种植业其本身并不一定导致环境的破坏,如果在发展种植业的过程中没有认识到环境的脆弱性,采取了诸如滥垦、滥伐、轮闲耕作制等不合理的经营方式,就会使生态环境的控制系统——植被遭到破坏,进而导致生态系统退化。因此,发展农业生产,提高农业生产水平,增加农民收入的同时,也需要解决人口压力与资源承载力的矛盾。所以,我们需要采取适当的生态系统修复措施,整治退化土地和沙化草场,实现农牧生态系统良性循环。

在这种情况下，我们可以采用的修复途径包括：严格控制滥垦滥伐；加强土地的合理利用和人工植被的建设；提高植被的覆盖率等。

2. 农牧交错生态系统恢复重建的措施

由于农牧交错复合生态系统退化的成因既有自然因素又有人为因素，而又以较易控制的后者为主，故防治生态系统退化应首先针对人为因素，同时也要兼顾自然因素。根据这个原因，农牧交错生态系统修复可以采用方法主要为调整土地利用结构和生产结构、退耕、休牧与还林还草、建立农田防护林、引进农业高产稳产新技术等措施。

（1）调整土地利用结构和生产结构。为了提高该地区生态系统的生产能力，增强系统的稳定性，在生态系统恢复重建中首先该调整该区土地利用结构和生产结构。

1）调整土地利用结构。首先，应压缩农田面积，增加林业用地和牧业用地面积在总土地面积中的比重；其次，改广种薄收为建设基本农田，实行精种多收；建立以沙漠化防治为目的的林业；建立以覆盖地表和提高牧草产量的草业；最后对那些退化草地或“泛风地”，实施长期或定期封育，建立临时生态保护区。

2）生产结构调整。①在产业结构方面从以粮为纲的单一种植模式转变为多种产业模式相结合的方式，促进第二、三产业的发展；②在种植结构方面，应建立粮、经、饲料三相种植结构，促进市场经济发展；③在畜群结构方面，促进畜牧业从低效数量型向高效优质型转变。总的来说，农牧交错地区的上述沙漠化治理措施旨在建立一个商品性的畜牧业、保护性的林业和自给性的农业相结合的结构。这一结构应以滩川地或河谷平原为中心，扩大到其周围地区。农牧交错地区沙漠化土地就是要通过建立这样一个人工生态系统的组合，进而形成完整的体系而逐渐得到整治。

（2）退耕、休牧与还林还草。根据地表植被破坏的原因与状况实行退耕、休牧与还林还草等办法，让地表天然植被自行恢复，以重建与当地气候带相适应的自然生态系统。这种自然生态系统强调人类不能过度利用土地资源，特别是不能超过自然生态系统自我恢复的弹性限度，因此该系统随着天然植被的恢复、更新与向顶极群落方向演替之后，生物生产力一般比现在有相当大的提高，土地退化程度也有明显减轻或逆转。

（3）建立农田防护林。农田防护林带建设是农牧交错带退化生态系统修复过程中的重要内容，它的优势在于：①可以有效控制和减缓风沙流，降低土壤风蚀，防止风沙对农业生产的危害；②调节小气候，改善生态环境，为农业生产创造良好条件；③通过乔、灌、草结合，可以生产木材、饲料、燃料和肥料；④可以促进土地利用结构的调整和农林牧生产的紧密结合，使农林牧生产良性循环。

（4）农业高效生产措施。农牧交错带的农业生产活动面临的最大危害是春季干旱、多风；土壤风蚀，沙埋农田，地表粗砾化；风沙吹打作物幼苗，造成死苗。针对这种情况，调整土地利用结构，在旱作农业为主的地区保留有灌溉条件的基本农田，及时将不能作为基本农田的土地退耕还林还草，以灌木带保护牧草带，种草养畜，逐步实现生态环境的恢复重建，在维护区域生态安全的基础上还能提供一定的林牧副产品。

对基本农田实行等高耕作、麦薯或粮草带状间作、轮作等农业耕作方式。引入现代旱作农业技术，如旱地麦类分层带肥补水播种农机作业技术、高产粮食品种种植技术等，推广农林（果）立体种植模式，发展有助于降水效益提高的土壤培肥、模式栽培、耐旱作物品种栽培、农牧结合等优化旱农技术体系，提高基本农田的产量。

17.5 农牧交错生态系统恢复重建的案例分析——宁夏盐池退化生态系统综合治理研究

宁夏盐池县地处于我国北方农牧交错带的西部。地貌类型以沙丘地、滩地和覆沙基岩梁地三大类型为主。年平均降雨量为282.6 mm、气温7.1 ℃、蒸发量为2 596.3 mm、风速为2.8 m/s。

1. 生态系统退化现状

据调查,历史上该地区的生产方式主要以畜牧业为主,家畜以牛和骆驼比较多。近年来,由于人口和家畜成倍增长,政策多变,生产方式就在“以牧为主”和“以农为主”或“农牧并举”之间转变过五次。

2. 生态环境整治措施

(1)潜在沙漠化土地整治措施。对于生长白刺和芨芨草的盐碱滩地,整治措施主要是合理放牧,适度利用草场资源,防止超载,实行草场划管,逐步施行轮封轮牧,科学合理的放牧。在草场植被受到破坏的地方采取封育的措施,使植被逐渐恢复。

(2)轻度沙漠化土地整治措施。固定沙地和白刺沙堆滩地的整治措施是农林牧综合治理,适度合理开发利用自然资源。对草场的利用严格执行以草定畜的方针,防止超载,实行草场划管,逐步实行划分轮牧。对出现在草场中的风蚀破口应及时补植草木樨状黄芪、油蒿、柠条等,防止沙漠化扩展。在白刺沙堆滩地,为了促进堆间低地上自然植被的恢复,应采取轮封轮放的办法,防止牲畜过度啃食,使草原植被有恢复再生的可能。对覆沙梁状高地主要是压缩旱地,退耕还牧,在退耕地上种植苜蓿、柠条等,作为放牧之用。

(3)中度沙漠化土地整治措施。对于半固定沙丘区,采取封育保护为主的措施,同时辅以补播、补植油蒿、柠条、花棒、杨柴等,效果良好。

(4)严重沙漠化土地整治措施。对于流动和半流动沙丘,主要是种树、种草,树种以耐沙性较强的沙柳、花棒、杨柴为主,草种以沙米和白沙蒿(半灌木)为主,树种的配置是在迎风坡1/3以下和丘间低地以沙柳为主,1/3以上则以花棒、杨柴为主。草籽则以撒播的方式,在未种植灌木的地方全面撒播。在有稀疏植被的半流动沙地区则主要采取封育、补播、补植的措施为主,补播植物主要采用沙米、籽蒿、油蒿、花棒、杨柴、柠条、沙柳等。

第 18 章　矿山生态系统恢复重建

随着国民经济的快速发展和人口的不断增加,矿产资源开发的速度越来越快,矿山废弃地的数量也越来越多。尽管我国是一个矿产资源大国,但是矿产的资源开采,无论是表层开采还是深层开采,都会造成土壤和植被被大量迁移或被矿物垃圾堆埋,使土壤及植被受到破坏。随着社会经济发展和生活水平的提高,近些年来,矿山环保工作逐渐得到了各界人士的重视,矿山废弃地的恢复治理向前迈进了一大步。但是以全局的角度来看,我国矿山环境恶化趋势还没有得到有效遏制,每年的工业固体废物排放量中,矿山开采固体排放量高达 85% 以上。矿山开采破坏和占用大量的土地资源,日益加剧我国人多地少的矛盾。

18.1　矿山废弃地的特征和成因

1. 矿山废弃地的特征

伴随着矿产资源开发而形成的矿山废弃地不仅占用大量的土地资源,而且带来土地退化、生态系统和景观受到破坏、农作物减产等一系列影响深远的环境问题。用级别来定量表示采矿、化学和石油加工、冶金、燃料能源、建筑、纸浆造纸和运输七大行业对生态施加综合影响的强度,则矿业对生态环境的影响居于首位(杨福海等,2002)。具体而言,矿山废弃地的主要特征体现在以下几个方面:

(1) 导致土壤物理结构不良。土壤结构主要是指土壤中固体颗粒的配置。自然条件下,土壤结构的形成需要几十年或上百年的时间。大多数土壤都是由孔隙、裂缝和裂纹配置成不同的结构单元。而这种结构配置会影响土壤的孔隙率和持水能力。在采矿作业中表土层被严重破坏或完全不存在,土壤结构和质地变差,再加上采矿中大型机械设备的碾压,结果导致坚硬、板结基质的外露。此外,采矿活动所产生的废弃物粒径通常为几百乃至上千毫米,短期内自然风化粉碎困难,其空隙大、持水保肥能力极差,更加不利于植物的生长定居。

(2) 侵占土地。矿山开发占用并破坏了大量土地。其中,矿山开发过程中生产、生活设施建设所占用或影响的土地为占用的土地,破坏的土地是指露天采矿场、排土场、尾矿场、塌陷区及其他矿山地质灾害破坏的土地面积。

(3) 缺乏营养元素。营养元素的不足是矿业废弃地植被恢复最重要的限制因子之一,而 N 的极端不足又是养分不足中的核心问题(Li, Daniels, 1994)。有些尾矿废弃地如铁矿虽然全磷含量较高,但其他营养元素如速效氮、速效钾含量很低(徐东强等,1995)。

(4) 生物种类减少或丧失。勘矿、采矿引起的地表与地下的扰动可以对生物群落造成很大的危害,且多数为不可逆危害。这种破坏在裸露的矿山废弃地中得以持续,造成废弃地周围,甚至更大范围内生物多样性的减少和生态平衡的失调。从群落演替的角度来讲,许多矿山废弃地处于演替过程的裸地阶段或者说是一种原初演替,对植物生长有利的土壤动物如线虫、蚂蚁、蚯蚓等因为没有植物根系及植物残余物而大部分消失，土壤微生物的数量也因此大量减少。由于矿山人类活动的加剧，以及矿区绿色植被的消失，能够传播种子或果实的鸟类，这类地区分布也很少（蒋高明，1995）。

（5）严重污染环境。矿山废弃地中往往含有多种限制植物生长的污染成分，如过高的重金属含量、极端的 pH 值，以及用于选矿而残留的剧毒氰化物等。这些污染物在大气和水体中广为扩散，严重影响矿山周边地区，污染土壤或地表和地下水体，使得作物质量下降、严重减产甚至失收，生态系统季度退化。重金属污染物很难通过自然过程得以从土壤环境中消失或稀释，对生物体的危害和对土壤生态系统结构与功能的影响不容易消除。

（6）易发生地质灾害。矿山废弃地产生地裂缝、崩塌、滑坡、泥石流、地面塌陷、地面沉降、尾矿坝溃决、地震等危害性较大的地质灾害，常常是由于采矿业对地质结构的强烈扰动，据《2002 年度中国地质环境公报》显示，全国矿区发生的地面塌陷达 180 多处，塌陷坑 1 600多个，塌陷面积为 150 km^2；发生塌陷灾害的城市近 40 个，造成严重破坏的城市 25 个，每年因矿区发生地面塌陷造成 4 亿元以上的经济损失。

（7）导致干旱或生理干旱。在地下采矿的影响之下，为使矿体位于地下水位之上进行开采，必然进行矿床疏干。而矿床疏干是造成区域地下水位下降的原因之一，导致矿区及其周围地下水源枯竭，其中以煤矿最为严重。此外，矿业废弃地由于土壤物理结构不良、持水能力差，加上地表植被破坏，因而基质水分含量极低。部分矿业废弃物中常积累有 Ca、Mg、Na 的硫酸盐和氯化物，导致基质含盐量偏高，过量的可溶性盐可增加土壤溶液的渗透压，根吸收水分受到影响，导致植物生理干旱、脱水死亡，种子不能萌发（麦少芝等，2005）。

（8）影响整体生态环境。中国的丰富的矿产资源存在于干旱、半干旱生态脆弱区，如平朔矿区、准噶尔矿区位于黄土高原水土流失严重区；霍林河矿区、伊敏河矿区位于草原风沙区；神府东胜矿区位于毛乌素沙漠和西北黄土高原过渡地带的沙化区。在全国 1 173 家大中型矿山调查中显示，这些矿区产生水土流失及土地沙化所破坏的面积高达 1 706.7 hm^2 及 743.5 hm^2，治理投资的费用已达 2 393.3 万元。

2. 矿山废弃地的成因

随着工农业生产的发展，世界人口剧增，人类精神、物质生活水平的提高，社会对矿产资源的需求量日益增大。而矿产资源作为人类社会文明必需的物质基础，矿产资源的开发、加工和使用过程不可避免地要破坏和改变自然环境，矿山废弃地在挖损、占压、垮塌、地表污染等现象的出现的伴随下而形成。

（1）矿产资源开发规模迅速扩大。2002 年，中国建成大型矿山 489 座，中型矿山 1 025 座，小型矿山和砂石黏土采场 14 万多处，从业人员 907 万；生产原油 1.67×10^8 t，天然气 3.27×10^{10} m^3；矿石和砂石黏土采掘量 4.849×10^9 t，其中原煤 1.38×10^9 t，铁矿石 2.31×10^8 t，磷矿石 2.301×10^7 t，10 种有色金属产量 1.012×10^7 t。但是，在中国经济的持续健康发展提供了重要保障的前提下，矿产资源开发的快速发展，也使矿山废弃地急剧增加，导致矿山环境污染和破坏越来越严重。

（2）乱采滥挖严重。以铁矿石资源为例，我国已探明的铁矿石储量为 $5.811\ 9 \times 10^{10}$ t，居世界第四位。但是，在利益的驱动下，伴随国际铁矿石价格的上涨，全国各地非法小铁矿蜂拥而上，大发横财。全国大大小小的非法采矿厂多达近万家。据有关专家估计，如果乱采滥挖 5×10^7 t，所糟蹋的资源就是 1.5×10^8 t。正是这种对资源的无节制浪费，不仅导致我国铁矿石的自给率越来越低，而且对环境的破坏程度越来越高。

(3)资源利用结构不合理。防治矿山废弃地形成和扩展的必要措施就是发展以煤炭洗选加工、液化、气化等为主要内容的煤的洁净技术,减少直接燃煤比重,大力发展核能技术,积极发展可再生能源和新能源技术,包括水电、生物质能、太阳能、风能等,把优化能源结构、实施多元化发展作为战略选择,解决能源过度依赖煤炭的问题。

(4)采矿技术落后。我国的矿种比较齐全、储量可观。但富矿较少,贫矿较多,大多数矿石品位低是我国目前现状。如我国铁矿品位一般在 30% ~35%,而国外一般为 60% ~65%;铜矿品位大于 1% 的不到 30%,品位大于 2% 的只占储量的 6%。另外单一矿少,共生矿多,矿产赋存条件差,其中一部分为难选矿石。加上我国现有的生产条件和科学技术水平相对落后的影响,地方企业过多、开采规模过小、经营模式粗放,使得我国矿产资源在开发利用中回收率和综合利用水平较低,废弃物比例较高。

(5)缺少管理法规。目前,我国虽然颁布了《中华人民共和国环境保护法》、《中华人民共和国水土保持法》等与矿山环境有关的法律法规,但这些法律法规在实际运用中可操作性不强是一大弊病。当前,企业主、地方政府与社会的利益冲突为矿产资源开发中最大的矛盾。企业担心承担生态环境保护责任而增加开发成本,降低企业利润,形成企业主抵制环保的局面。地方政府尤其担心要求企业承担环保责任会抑制企业投资的积极性,降低政府的税收,从而影响了环境保护的积极性。

18.2　矿山废弃地生态修复的途径和方法

大多数情况下,退化生态系统需要进行重建,也就是重新引入土著的动植物及微生物物种,构成比较简单的生态系统。另一种修复退化生态系统的途径,是改善资源管理措施,在一定程度上,它可恢复到相对稳定状态。当生态系统遭受破坏后,某些条件已超过不可逆的阈值,成为极度退化生态系统时,就必须采取各种措施,重建生态系统(陈灵芝,1995)。

1. 矿山废弃地的自然恢复

在开矿所导致的恶劣生境以及土壤基质中缺少植物繁殖体的影响下,矿业废弃地的自然恢复是极其缓慢的。有些矿山废弃地虽然会由于自然演替使得某些耐性物种逐渐侵入而实现植物的定居,整体来看,植被的自然恢复往往需要 50 ~100 年,甚至数百年。例如,在粤北某铅锌矿的尾矿,停用 20 年后绝大部分区域仍是完全裸露的,只在边缘区域的尾矿上定居了寥寥几种植物,而且基本上都是草本植物,尽管尾矿周围有较好的植被覆盖和丰富的种源(孙庆业等,2001)。在植被的自然恢复过程中,也会伴随着基质性状的缓慢改善,其中包括污染物浓度的下降,土体结构的改善和养分含量的提高,然而,要实现基质的全面恢复,通常需要 100 年以上,甚至 1 000 年左右的时间(彭少麟,2003)。

从群落演替的角度来看,由于矿山废弃地的植被与种子库都已消失或基本不存在,矿山废弃地的自然恢复实际上就是一个原生演替过程。在原生演替过程中,pH 值、有机 C、P 和水分等这些基质的因子,都会对物种组成产生显著影响;即使在同一矿地上,小斑块的异质性和离周边种源或种子库的远近情况不同,导致先锋植被都会呈现出不同的类型。图 18.1 为德国北部的矿业废弃地的原生演替路径(彭少麟,2003)。该图显示,原生演替的典型过程是不存在的,多种路径从一开始就能观察到,并逐渐呈现出多个阶段,而且每个阶段确切的维持时间及其发育到下一阶段的可能性都无法预测。一般认为,矿山废弃地的原生演替大致可分成原始阶段(无植被)、早期阶段(单种植物)、过渡阶段(随机镶嵌)和成熟阶段(稳定植物群落)四个阶段。

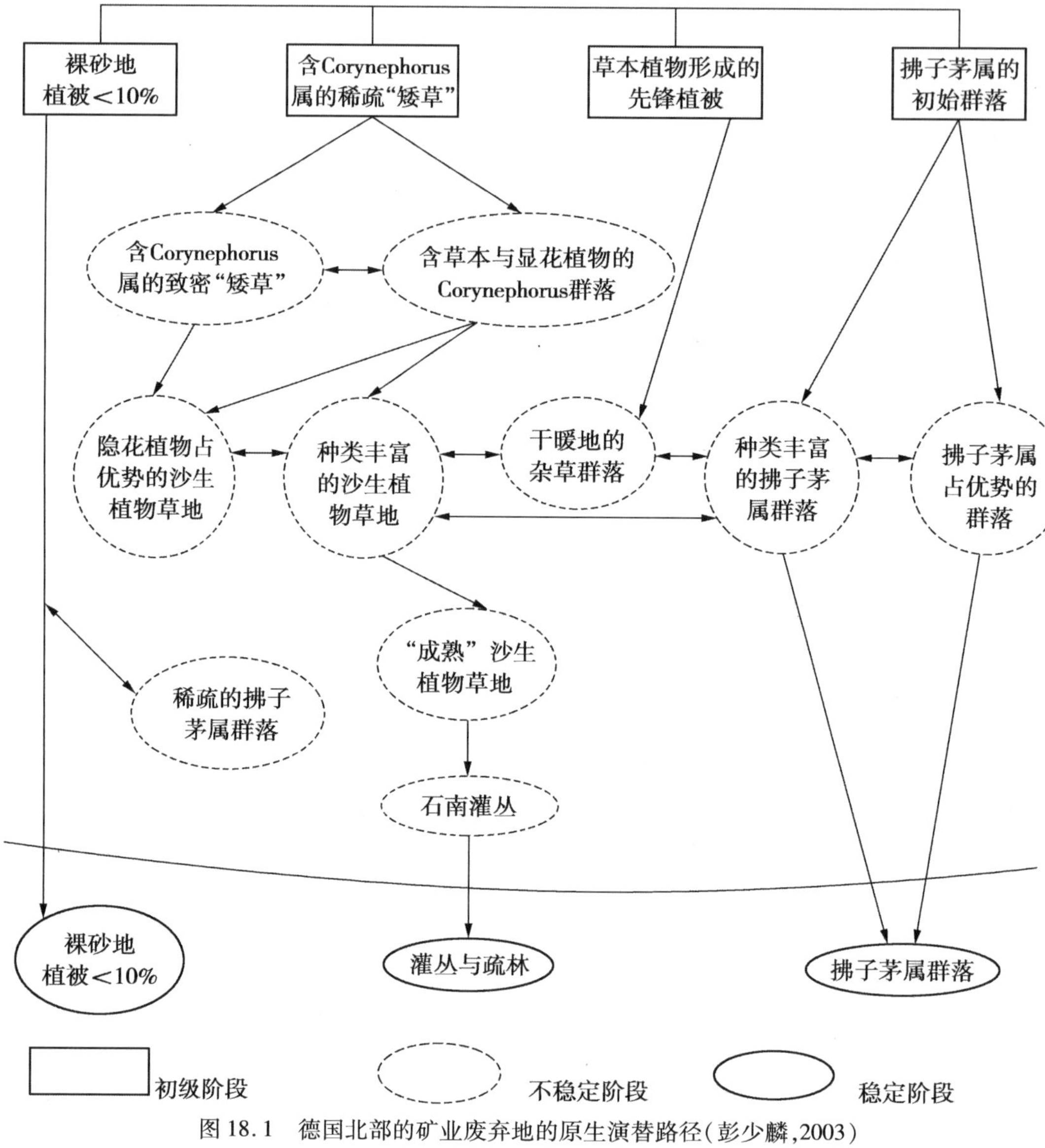

图 18.1　德国北部的矿业废弃地的原生演替路径(彭少麟,2003)

2. 矿山废弃地的人工辅助恢复

由于植物在矿山废弃地上的自然定居过程极其缓慢,因此为了加速矿山废弃地的生态恢复,开展人工修复,特别是根据废弃地的具体条件,十分必要的工作就是利用一定的技术措施开展人工恢复工作。人工恢复所追求的主要目标不是开采前的环境或状态,而是主动按照采矿的时空发展趋向,结合当地社会的发展需求,重建一个高水平、可持续的生态恢复系统。

(1)土壤修复。目前,对于矿山废弃地土壤修复技术主要分为三大类:物理修复、化学修复和植物修复。其中,物理修复方法主要有:①基本技术,包括粉碎、压实、剥离、分级、排放等;②客土/换土法,指在被污染的土壤表面覆盖上非污染土壤,或者部分乃至全部挖除污染土壤而换上非污染土壤;③其他方法,包括污染土壤的物理分离修复、蒸汽浸提修复、玻璃化修复、电动力学修复等。

化学修复方法主要包括:①施用土壤改良剂,其中含有化学肥料、有机物质和黏土矿物、石灰性或酸性物质、离子拮抗剂、化学沉淀剂等;②污染土壤化学淋洗,即采用化学方法将重金属从土壤中去除,所用的淋洗液一般有水、水加添加剂、有机溶剂三种类别;③污染土壤固化/稳定化,即防止或者降低土壤释放有害化学物质过程的一组修复技术,通常用于重金属和放射性物质污染土壤的无害化处理。

利用生物的生命代谢活动,减少存于环境中有毒有害物质的浓度或使其完全无害化,从而使污染了的环境能够部分或完全恢复到原初状态的过程就是生物修复方法(陈玉成,2003)。生物修复主要包括两类修复:①微生物修复,指在土壤中接种其他微生物,利用微生物的生命代谢活动减少土壤环境中污染物的浓度或使其完全无害化,从而使受污染的土壤环境能够部分或完全地恢复到原始状态的过程;②植物修复,是以植物忍耐和超量积累某种或某些化学元素的理论作为基础,利用植物及其共存微生物体系消除环境中的污染物的一种环境污染治理技术。

(2)地形地貌恢复。主要通过利用矿区或城市工业产生的固体废弃物,对矿业开采留下的采空区或塌陷区进行充填平整,来进行对矿山废弃地地形地貌的恢复,为今后的土壤恢复和生态系统恢复奠定基础。我国在生态恢复实践中,充填材料较多为煤矸石和粉煤灰。对一些地势不平或存在积水区的采场,除了充填技术之外,还需要利用一些其他技术进行平整恢复,这些技术包括:疏干法,挖深垫浅法,积水区综合利用等(李洪远、鞠美庭,2005)。

(3)植被恢复。植被恢复被喻为重建生物群落的第一步,是以人工手段促进植被在短期内得以恢复。无论生态恢复的最终目标是污染的控制还是生态系统的复原,植被的恢复都至关重要。由于成功的植被恢复可视为矿业废弃地污染控制的一个最有效手段,同时它也是生态系统复原最主要、决定性的阶段。因此在矿业废弃地生态恢复的实践中的关键所在就是合适植物种类的选择。

在植被恢复过程中,植物种的选择有两方面的最基本考虑:一类为获得持久植被的植物在矿业废弃地上长期定居;另一类植物则要求它们的速生性、高生物量以期基质能得到较快的改善,并为前一类植物提供隐蔽条件等。植被恢复的选种应具体遵循以下几个原则(黄铭洪等,2003):

①根据废弃地的理化性质选种。进行植物种的选择时,除针对不同的重金属污染类型来选择具有耐受力和积累能力的物种外,还要充分考虑到土壤基质的氮、磷、有机质含量、阳离子交换量、营养元素的有效态含量、酸碱性、盐度、地表水、透气性及土壤温度等。

②根据废弃地的生态恢复目标选种。选择一些生物量高、根系发达的多年生耐性草本植物,同时选用部分灌木、乔木,以达到水土流失和污染控制的目的;以农业用地为目标,选用的植物或作物品种必须尽可能避免有害元素在食物链中的大量富集;可以适时地选择一些水生耐性植物,解决一些处于积水期的尾矿问题,以营造湿地;以野生生物保护为目标的生态恢复,则尽可能选择乡土种;当把旅游休闲作为目标时,则在考虑植物耐性的同时,也要考虑到可观赏性花草树木的配置。

③根据当地的气候因素选种。选用耐性强的乡土植物尤为重要,这不仅适应当地气候条件的需要,同时还可以避免盲目引入外来种而导致的生态入侵问题。

④应考虑的其他因素。从基质改良的需要和维护生态统的长期稳定性来说，在物种选择中应考虑如下因素：植物的生长习性、抗病虫害的能力、种间竞争、抗干扰能力和可获得性。

对于草本植物来说，矿山废弃地复绿的物种选择，首选物种往往是禾草与豆科植物，因为这两类植物大多有顽强的生命力和耐贫瘠能力，生长迅速，而且豆科植物具备固氮能力。狗牙根是使用最早、最频繁、最广泛的禾本科植物之一。三叶草和胡枝子等豆科草本植物，金合欢等豆科木本植物在全球很多矿区被广泛应用。对于木本植物来说，根据我国有关研究资料，适宜选择的树种归纳为表 18.1（李洪远、鞠美庭，2005）。

表 18.1 我国不同地区矿山废弃地复绿的木本植物选择

地区	适宜物种
东北地区	小叶杨、旱柳、大黄柳、家榆、小黑杨、垂柳、皂角等
华北地区	臭椿、法桐、柳、柏树、银杏、丁香、苹果、山楂、桃等
西北地区	家榆，榆叶梅、桃叶卫茅、小叶丁香、银杏、臭椿等
华中与华东地区	马尾松、加拿大杨、泡桐、旱柳、毛白杨、火炬树、臭椿、白榆等
华南地区	圆柏、藏柏、栎树、圣诞树、黑荆、蓝桉等

18.3 矿山废弃地恢复实例——南方高岭土采矿废弃地生态修复

1. 背景

地处福建省东南部的闽清县的被处治地，地貌类型为低丘，表层土壤为红壤，1 ~ 2 m 以下为高岭土矿，厚度为 20 ~ 30 m。自 20 世纪 70 年代初零星开采到 90 年代大规模开采，已有 30 多年时间。由于没有采取有效的水土保持防护措施，废弃地水土流失较为严重，在开采矿产过程中大量的废弃岩土往坡下排放，对植被造成较大破坏，堆积物时常出现滑坡，进而使得芝溪淤积、淹没周边农田。矿区废弃地对周边生态环境造成较大破坏，是闽清县强度水土流失区之一。

2. 生态修复措施

（1）适生植物筛选及其配置。在综合考虑废弃地排土场的物理条件、土壤养分状况、水分条件的基础上，进行植物种类选择。由于土壤物理性状较差，氮、磷、钾及有机质含量较低，因此选择较为耐贫瘠、耐干旱的乔木马尾松、豆科灌木胡枝子和禾本科草本植物香根草进行种植。

（2）废弃地整理。主要包括排土场的工程处理和熟土覆盖、采矿场的修整和填埋。由于采矿场位于丘陵地段，采石过程剥离的大量岩土基本是往坡下排放，排弃物粗细不一、松散，所以稳定化问题是必须首先考虑的。采取的工程措施是在排土场坡底修坝、设栏等方式加固，以避免滑坡、崩塌、泥石流等灾害；该区废弃的采矿场坡度较大，由于裸露岩土较为松动，造成很大的安全隐患，需要对坡面进行清理，清除掉松动、不稳定的破碎岩土。

3. 生态修复效果分析

（1）土壤肥力变化状况。土壤 pH 值是植物生长重要的限制因子，废弃地土质 pH 值平均为 6.1，限制了许多植物生长。本试验中，在废弃地堆积物上种植耐酸先锋植物，经过 3 年生长，能使土壤 pH 值达到6.5以上，为今后种植其他树种或经济作物提供了基本生长条件。

（2）植物生长状况。从成活率看，相邻荒地治理小区马尾松、胡枝子和香根草的成活率分别达到 96%、77% 和 100%；进行熟土填穴试验小区成活率分别为 85%、55% 和 100%；未复垦处理的试验小区成活率分别为 58%、35% 和 95%。除相邻荒地外，熟土填穴的三种植物中成活率明显高于未复垦处理的小区，表明前者处理方式对植物的生长更有利。胡枝予成活率虽较低，但因其是豆科固氮植物，对废弃地土壤培肥效果明显，所以仍是应选植物。关于马尾松，作为乔木植物，其成活率在 58% 以上，还是较为理想的，更由于其具有速生、耐贫瘠和适应酸性土壤的能力，对矿区废弃地植被恢复和生态环境改善具有重要作用。

从本治理过程可以看出，对于采矿废弃地生态修复，选择原矿区表层土壤作为坑穴回填物，十分有利于先锋植物的快速生长和定居。在南方高岭土废弃地，选用马尾松、胡枝子和香根草，是一种合适的乔灌草相结合的群落配置，通过适当管理，能达到较高的群落覆盖度，从而尽快达到培肥熟化采矿废弃地土壤效果，为以后经济植物生长创造较好条件，逐步恢复已退化的生态环境（黄义雄、方祖光，2003）。

参考文献

[1] 赵哈林,赵学勇,张铜会,等.恢复生态学通论[M].北京:科学出版社,2009.
[2] 陈桂珠,兰竹虹,邓培雁.中国湿地专题报告[M].广州:中山大学出版社,2005.
[3] 吕国宪.湿地生态系统保护与管理[M].北京:化学工业出版社,2004.
[4] 任海,彭少麟.恢复生态学导论[M].北京:科学出版社,2001.
[5] 胡培兴.中国沙化土地现状及防治对策浅谈[J].林业科学,2003,39(5):140-146.
[6] 蒋德明,宗文君,李雪华,等.科尔沁西部地区荒漠化土地植被恢复技术研究[J].生态学杂志,2006,25(3):243-248.
[7] 马克明,孔红梅,关文彬,等.生态系统健康评价:方法与方向[J].生态学报,2001,21(12):206-211.
[8] 王海英,董锁成.国外可持续农业发展的政策经验及其对我国的启示[J].中国生态农业学报,2004,12(4):15-18.
[9] 尹飞,毛任钊,傅伯杰,等.农田生态系统服务功能及其形成机制[J].应用生态学报,2006,17(5):929-934.
[10] 任海,彭少麟.退化生态系统的恢复与重建[J].青年地理,1998,3(3):17-11.
[11] 张桃林.中国红壤退化机制与防治[M].北京:中国农业出版社,1999.
[12] 吴长文,章梦涛.裸露山体缺口生态治理[M].北京:科学出版社,2007.
[13] 杨爱民,刘孝盈,李跃辉.水土保持生态修复的概念、分类与技术方法[J].中国水土保持, 2005,(1):11-13.
[14] ARONSON J,LI J, E LE FLOCH.生物多样性保护、管理及生态恢复:中国干旱与半干旱地区面临的挑战[C]//金鉴明.生物多样性保护与利用高新科学技术国际研讨会论文集.北京:北京科技出版社,2001:279-301.
[15] 马宗晋.中国重大自然灾害及减灾对策[M].北京:科学出版社,1993.
[16] 周广胜,张新时,高素华,等.中国植被对全球变化反应的研究[J].植物学报,1997,39(9):879-888.
[17] DU W B, LI Z A, ZOU B, etal. Pterismultifida Poir, anew arsenic hyperaccumulator: Characteristics and potential [J]. International Journal of Environment and Pollution. 2005,23(4):388-396.
[18] 谢运球.恢复生态学[J].中国岩溶,2003,1(22):28-33.
[19] 张光富,郭传友.恢复生态学研究历史[J].安徽师范大学学报(自然科学版),2000,23(4):395-398.
[20] 彭少麟,赵平.跨越边界的生态恢复——第十三届国际恢复生态学大会综述[J].生态学报,2001,21(12):1.
[21] 钟祥浩.干热河谷区生态系统退化及恢复与重建途径[J].长江流域资源与环境,2000,9(3):376-383.

[22] 郝文芳,梁宗锁,韩蕊莲,等. 黄土高原不同植被类型土壤特性与植被生产力关系研究进展[J]. 西北植物学报,2002,22(6):1545-1550.

[23] KUYVENHOVEN A,BOUMAAN BA,LUYTEN JC,ET AL. Ecoregional approach for sustainablelanduseand food production[M]. Nether lands:Kluwer Academic Publishers,1995.

[24] 安树青. 土壤因子对次生森林群落演替的影响[J]. 生态学报,1997,17 (1):45-50.

[25] 焦菊菇. 黄土高原植被恢复与土壤环境相互作用研究进展[J]. 水土保持研究,2004,11 (4): 157-161.

[26] 傅伯杰,陈利顶,马克平,等. 景观生态学原理及应用[M]. 北京:科学出版社,2002.

[27] 李团胜. 城市景观异质性及其维持[J]. 生态学杂志,1998,17 (1): 70-72.

[28] 王刚,张大勇. 生物竞争理论[M]. 西安:陕西科技出版社,1996.

[29] 郝敦元,刘钟龄,王炜,等. 内蒙古草原退化群落恢复演替的研究——群落演替的数学模型[J]. 植物生态学报,1997,21 (6): 503-51.

[30] 董鸣. 陆地生物群落调查观测与分析[M]. 北京:中国标准出版社,1997.

[31] 联合国环境规划署. 生态监测手册[M]. 北京:中国环境科学出版社,1993.

[32] 关百钧,施昆山. 森林可持续发展研究综述[J]. 世界林业研究,1995,8(4):1-6.

[33] 李俊清,崔国发. 西北地区天然林保护与退化生态系统恢复理论思考[J]. 北京林业大学学报,2002,22 (4): 1-7.

[34] 孟树标,温素卿,裴更生. 我国北方土地沙漠化的成因及防治对策[J]. 河北林果研究,2002,17 (3): 213-218.

[35] 蒋际清,纪谷芳,柯玲. 农田生态系统演化与害虫再增猖獗的关系[J]. 江西植保,2002,27: 136-139.

[36] 徐光辉,郑洪元. 土壤微生物分析方法手册[M]. 北京:农业出版社,1986.

[37] 邵明安,张兴昌. 东北农牧交错带生态环境恢复与持续发展战略[J]. 干旱区资源与环境,2004,18:129-134.

[38] 赵哈林,赵学勇,张铜会,等. 北方农牧交错带的地理界定及其生态问题[J]. 地球科学进展,2002,17:739-747.

市政与环境工程系列丛书(本科)

建筑水暖与市政工程 AutoCAD 设计	孙　勇	38.00
建筑给水排水	孙　勇	38.00
污水处理技术	柏影方	39.00
环境工程土建概论(第3版)	闫　波	20.00
环境化学(第2版)	汪群慧	26.00
水泵与水泵站(第3版)	张景成	28.00
特种废水处理技术(第2版)	赵庆良	28.00
污染控制微生物学(第4版)	任南琪	39.00
污染控制微生物学实验	马　放	22.00
城市生态与环境保护(第2版)	张宝杰	29.00
环境管理(修订版)	于秀娟	18.00
水处理工程应用试验(第3版)	孙丽欣	22.00
城市污水处理构筑物设计计算与运行管理	韩洪军	38.00
环境噪声控制	刘惠玲	19.80
市政工程专业英语	陈志强	18.00
环境专业英语教程	宋志伟	20.00
环境污染微生物学实验指导	吕春梅	16.00
给水排水与采暖工程预算	边喜龙	18.00
水质分析方法与技术	马春香	26.00
污水处理系统数学模型	陈光波	38.00
环境生物技术原理与应用	姜　颖	42.00
固体废弃物处理处置与资源化技术	任芝军	38.00
基础水污染控制工程	林永波	45.00
环境分子生物学实验教程	焦安英	28.00
环境工程微生物学研究技术与方法	刘晓烨	58.00
基础生物化简明教程	李永峰	48.00
小城镇污水处理新技术及应用研究	王　伟	25.00
环境规划与管理	刘　琨	38.00
环境工程微生物学	韩　伟	38.00
环境工程概论——专业英语教程	官　涤	33.00
环境伦理学	李永峰	30.00
分子生态学概论	刘雪梅	40.00
恢复生态学原理与应用	魏志刚	36.00

市政与环境工程系列研究生教材

城市水环境评价与技术	赫俊国	38.00
环境应用数学	王治桢	58.00
灰色系统及模糊数学在环境保护中的应用	王治桢	28.00
污水好氧处理新工艺	吕炳南	32.00
污染控制微生物生态学	李建政	26.00
污水生物处理新技术(修订版)	吕炳南	25.00
定量构效关系及研究方法	王　鹏	38.00
模糊－神经网络控制原理与工程应用	张吉礼	20.00
环境毒理学研究技术与方法	李永峰	45.00